S. Schulze

Kurzlehrbuch Medizinische Psychologie – Medizinische Soziologie

Susanne Schulze

Kurzlehrbuch Medizinische Psychologie – Medizinische Soziologie

1. Auflage

Mit Lerntipps von
Tina Schwarz, München

Unter fachlicher Mitarbeit von
Jörg Becker, Hamburg

ELSEVIER URBAN & FISCHER

URBAN & FISCHER München

Zuschriften an:
Elsevier GmbH, Urban & Fischer Verlag, Hackerbrücke 6, 80335 München

Wichtiger Hinweis für den Benutzer
Die Erkenntnisse in der Medizin unterliegen laufendem Wandel durch Forschung und klinische Erfahrungen. Die Autorin dieses Werkes hat große Sorgfalt darauf verwendet, dass die in diesem Werk gemachten therapeutischen Angaben (insbesondere hinsichtlich Indikation, Dosierung und unerwünschter Wirkungen) dem derzeitigen Wissensstand entsprechen. Das entbindet den Nutzer dieses Werkes aber nicht von der Verpflichtung, anhand weiterer schriftlicher Informationsquellen zu überprüfen, ob die dort gemachten Angaben von denen in diesem Werk abweichen und seine Verordnungen und Entscheidungen in eigener Verantwortung zu treffen.
Für die Vollständigkeit und Auswahl der aufgeführten Medikamente übernimmt der Verlag keine Gewähr.
Geschützte Warennamen (Warenzeichen) werden in der Regel besonders kenntlich gemacht (®). Aus dem Fehlen eines solchen Hinweises kann jedoch nicht automatisch geschlossen werden, dass es sich um einen freien Warennamen handelt.

Dieses Buch enthält auch Links auf externe Webseiten Dritter. Auf die Inhalte dieser Webseiten haben wir keinen Einfluss, da es sich nicht um unsere eigenen Inhalte handelt. Für die Richtigkeit der über die Links erreichbaren Inhalte ist der jeweilige Anbieter verantwortlich. Wir übernehmen daher keine Garantie für deren Richtigkeit, Vollständigkeit und Aktualität. Eine Überprüfung der Inhalte der von uns verlinkten externen Seiten ohne tatsächliche und konkrete Anhaltspunkte für einen Rechtsverstoß leisten wir nicht. Falls uns aber entsprechende Hinweise bekannt werden, werden wir unverzüglich eine Überprüfung, soweit möglich, einleiten und die dabei erzielten Ergebnisse bei Neuauflagen berücksichtigen.

Bibliografische Information der Deutschen Nationalbibliothek
Die Deutsche Nationalbibliothek verzeichnet diese Publikation in der Deutschen Nationalbibliografie; detaillierte bibliografische Daten sind im Internet über http://www.d-nb.de/ abrufbar.

1. Auflage 2014

Der Urban & Fischer Verlag ist ein Imprint der Elsevier GmbH.

14 15 16 17 18 5 4 3 2 1

Um den Textfluss nicht zu stören, wurde bei Patienten und Berufsbezeichnungen die grammatikalisch maskuline Form gewählt. Selbstverständlich sind in diesen Fällen immer Frauen und Männer gemeint.

Planung: Veronika Rojacher
Lektorat: Petra Eichholz
Redaktion: Verena Pilger/Bad Endorf, Ulrike Kriegel/München
Herstellung: Cornelia von Saint Paul
Satz: abavo GmbH, Buchloe/Deutschland; TnQ, Chennai/Indien
Druck und Bindung: Printer Trento, Trento/Italien
Umschlaggestaltung: SpieszDesign, Neu-Ulm

ISBN Print 978-3-437-43212-5
ISBN e-Book 978-3-437-29330-6

Aktuelle Informationen finden Sie im Internet unter **www.elsevier.de** und **www.elsevier.com**

Vorwort

Psychologie – die Lehre von der Seele; Soziologie – die Lehre von der Gesellschaft: ausgedrückt in Zeit füllen sie nicht ein Menschenleben, sondern die ganze Menschheitsgeschichte. Und ausgedrückt in Schrift vielleicht nicht ein Bücherregal, sondern eine zehnstöckige Bibliothek mit Keller und Dachboden. Auch nur die Essenzen dieser Wissenschaften in Stichworten in ein Lehrbuch packen zu wollen, das Anwendung im Medizinstudium finden kann, kommt dem Versuch gleich, ein ganzes Kamel durch ein Nadelöhr zu fädeln. Es ist schier unmöglich.

Das vorliegende Buch besteht entsprechend zu einem großen Teil aus Nicht-Geschriebenem. Sie werden beim Lesen bemerken, dass mit jeder Information, die Sie erhalten, ein Vielfaches an Fragen hinzukommt. Gehen Sie ihnen ruhig nach.

Das vorliegende Buch besteht daneben aber zu 100 Prozent aus dem, was der Gegenstandskatalog des Instituts für Medizinische und Pharmazeutische Prüfungsfragen (IMPP) als „prüfungsrelevantes Wissen" für Studenten der Medizin vorgibt. Hinsichtlich seiner Gliederung ist es genau an diesem orientiert. Lerntipps und Prüfungsrelevanzmarkierungen, Merke-Kästen und Grafiken, ein übersichtliches Layout und der Verweis auf weiterführende Literatur helfen, auch in der Kürze der üblicherweise für dieses Fach zur Verfügung stehenden Zeit, die wichtigsten Inhalte rasch zu erfassen.

Wie alle Wissenschaften sind auch die Medizinische Psychologie und Soziologie niemals „fertig", und wie in allen Wissenschaften werden ihre theoretischen Inhalte erst durch die praktische Anwendung wirklich wahr. Erlauben Sie sich, beim Lesen dieses Buches neugierig und kritisch zu sein, suchen Sie nach eigenen Erfahrungen, die das Geschriebene bestätigen oder widerlegen, und teilen Sie uns gern Ihre Meinung mit.

Für ihre umfassende Unterstützung bei der Entstehung des Buches, ihr Interesse und ihre Geduld, ihre Beharrlichkeit und Freundlichkeit, ihr Wissen und ihre Zeit danke ich Petra Eichholz, Jörg Becker, Hans de Roos, Veronika Rojacher, Verena Pilger, Ulrike Kriegel, Julia Staengle, Tina Schwarz und allen, deren fleißiges Tun im Hintergrund mir verborgen blieb. Und ich danke den Freunden, die sich treulich nach meiner Arbeit erkundigten, mich ermutigten und mir die oftmalige Abwesenheit verziehen. Einiges habe ich jetzt verstanden.

Hamburg, im Oktober 2013
Susanne Schulze

Autorin

Susanne Schulze, geb. 1982, Medizinstudium in Leipzig, 2008 Staatsexamen und Erlangung der ärztlichen Approbation, 2009 bis 2011 Assistenzärztin in der Klinik für Abhängigkeitserkrankungen der Asklepios-Klinik Nord, Hamburg, 2011–2013 Assistenzärztin in der Abteilung für Psychiatrie und Psychotherapie im Evangelischen Krankenhaus Alsterdorf. Seit 2013 Assistenzärztin in der Klinik für Neurologie der Asklepios-Klinik Nord, Hamburg.

Lesen, verstehen, bestehen – die Kurzlehrbücher

Auf die Frage, was ein perfektes Kurzlehrbuch ausmacht, nennen Studenten immer wieder die gleichen Stichworte:

- effektive Vorbereitung auf Semesterprüfungen und Staatsexamen
- Beschränkung auf das Wesentliche, klare Trennung von Wichtigem und Unwichtigem
- didaktisch klar aufbereitetes Wissen und gut strukturierte Texte von Autoren, die verständlich erklären können.

Die neue Kurzlehrbuchreihe ist genau auf diese Bedürfnisse zugeschnitten. Erfahrene Autoren setzen sich im Vorfeld intensiv mit den bisherigen Examens-Fragen des IMPP auseinander und gestalten ihre Texte anschließend so, dass sie den Studierenden optimal semesterbegleitend und prüfungsvorbereitend durch den Stoff leiten. Die Texte setzen sinnvolle Schwerpunkte, Prüfungsrelevantes ist deutlich gekennzeichnet, Lerntipps helfen bei der Prüfungsvorbereitung.

Darüber hinaus bietet dieses Kurzlehrbuch einen zeitlich begrenzten Online-Zugang zu allen IMPP-Fragen zum Fach.

Die didaktischen Elemente im Überblick

Auf einen Blick relevantes Wissen filtern dank hervorgehobener Textpassagen. Die Kennzeichnungen im Einzelnen:

IMPP-Hits

Wo liegen die Schwerpunkte und was bringt Punkte im schriftlichen Examen? Diese Kästen zu Beginn eines Kapitels geben einen Überblick über die bisherigen „Lieblingsthemen" des IMPP.

Prüfungsrelevanz auf einen Blick: Für die Prüfung besonders wichtige Absätze sind – wie dieser Abschnitt – mit einem Balken am linken Rand markiert. Ermittelt wurde die Prüfungsrelevanz aufgrund der Häufigkeit der zu dem jeweiligen Thema gestellten Fragen der letzten zehn Examina; Themen, die mit drei oder mehr Fragen vorkamen, sind markiert. Wer diesen Stoff lernt, kann optimal punkten.

Lerntipp

Insider-Know-How von Studenten für Studenten: In den Lerntipp-Kästen finden sich Eselsbrücken, Merkhilfen, Tipps und Tricks. So sind Sie bestens gewappnet für typische IMPP-Formulierungen und mündliche Prüfungen.

Merke

In den Merke-Kästen finden Sie für das Verständnis, die Prüfung oder die Klinik besonders wichtige Zusammenhänge, die es sich einzuprägen lohnt.

Klinik

Informationen aus der Klinik und wichtige Krankheitsbilder sind in diesen Kästen erläutert. So werden früh klinische Bezüge hergestellt.

Fallbeispiel

Kurze Fallbeispiele illustrieren den Lernstoff und schaffen einen Transfer in die Praxis.

Abkürzungsverzeichnis

AA	Anonyme Alkoholiker
ADHS	Aufmerksamkeitsdefizit-/Hyperaktivitätsstörung
AEP	akustisch evozierte Potenziale
AR	absolutes Risiko oder auch attributales Risiko (Risikodifferenz)
ARAS	aufsteigendes retikuläres aktivierendes System
ARR	absolute Risikoreduktion
ASb	allgemeine Sozialberatung
AV	abhängige Variablen
AWMF	Arbeitsgemeinschaft der Wissenschaftlichen Medizinischen Fachgesellschaften
BAR	bevölkerungsbezogenes attributales Risiko
BDI	Becks Depressionsinventar
BGF	betriebliche Gesundheitsförderung
BMI	Body-Mass-Index
BZgA	Bundeszentrale für gesundheitliche Aufklärung
CAARS	Fremdbeurteilungsbogen nach Connors
CFIT	Culture Fair Intelligence Test
CNV	Copy Number Variants; Genkopiezahlvarianten
COMT	Catechol-O-Methyltransferase
COPD	Chronic Obstructive Pulmonal Disease; chronisch obstruktive Lungenerkrankung
CPAP	Continous Positive Airways Pressure
CSDH	Commission in Social Determinants of Health
CT	Computertomografie
DALY	Disability Adjusted Life Years; Modell der beeinträchtigungsgewichteten Lebensjahre
DIN	Deutsches Institut für Normung
DISC	Disrupted in Schizophrenia (Genetik)
DMP	Disease-Management-Programm
DR	Defensivreaktion
DRG	Diagnosis-Related Group
DSM-V	Diagnostic and Statistical Manual of Mental Disorders, 5. Aufl.
EBM	einheitlicher Bewertungsmaßstab
EDA	elektrodermale Aktivität
EEG	Elektroenzephalografie
EKG	Elektrokardiografie
EMG	Elektromyografie
ENG	Elektroneurografie
EP	evozierte Potenziale
EvM	Evidence-based Medicine; evidenzbasierte Medizin
FAB	familiäre adenomatöse Polyposis
FBF	Frankfurter Beschwerdefragebogen
FFM	Fünf-Faktoren-Modell (Big-Five; die fünf Dimensionen der Persönlichkeit)
fMRT	funktionelle Magnetresonanztomografie
FPI	Freiburger Persönlichkeitsinventar
FST	Fremde-Situation-Test
G-BA	gemeinsamer Bundesausschuss
GABA	Gamma-Amino-Buttersäure
GAF	Global Assessment of Functioning
GRM	Metabotropic Glutamate Receptor
HAPA	Health Action Process Approach
HAWIE	Hamburg-Wechsler-Intelligenztest für Erwachsene
HAWIK	Hamburg-Wechsler-Intelligenztest für Kinder
HNPCC	Hereditary Non-Polyposis Colorectal Cancer; erbliches Kolonkarzinom ohne Polyposis
ICD-10	International Statistical Classification of Diseases and Related Health Problems in der 10. Version von 2007
ICF	Internationale Klassifikation der Funktionsfähigkeit, Behinderung und Gesundheit (gemäß WHO-Definition)
ICSI	intrazytoplasmatische Spermieninjektion
ICU	Intensive Care Unit
iGel	individuelle Gesundheitsleistung
IQ	Intelligenz-Quotient
IQWiG	Institut für Qualität und Wirtschaftlichkeit im Gesundheitswesen
ISO	International Standardisation Organisation
I-S-T 2000R	Revidierter Intelligenz-Struktur-Test 2000
IT	Informationstechnologie
ITS	Intensivstation
IV	Integrierte Versorgung
IVF	In-vitro-Fertilisation
KHK	koronare Herzerkrankung
KTQ	Kooperation für Transparenz und Qualität im Gesundheitswesen
KV	Kassenärztliche Vereinigung
LP	langsame Hirnpotenziale
MDK	Medizinischer Dienst der Krankenkassen
MEP	motorisch evozierte Potenziale
MCI	Mild Cognitive Impairment
MRT	Magnetresonanztomografie; Kernspintomografie
MVZ	Medizinisches Versorgungszentrum
NGO	Non-Governmental Organization; nicht-staatliche Organisation

NNT	Number Needed to Treat
NRG-1	Neuregulin-1 (Genetik)
NRS	numerische Ratingskala; numerische Analogskala
OPD	operationalisierte psychodynamische Diagnostik
OR	(1) Odds Ratio oder (2) Orientierungsreaktion
PCP	Phenylcyclohexylpiperidin
PET	Positronenemissionstomografie
REM	Rapid Eye Movement
PFC	präfrontaler Kortex
PsychThG	Psychotherapeutengesetz
QM	Qualitätsmanagement
QALY	Quality Adjusted Life Year
RR	Blutdruckwert nach Riva Rocci
RR	in der Statistik: relatives Risiko
RRR	relative Risikoreduktion
R/S-Konstrukt	Repression/Sensitization-Konstrukt
SES	sozioökonomischer Status
SF-36	Short Form 36 Health Survey
SGB	Sozialgesetzbuch
SKID-1 und 2	strukturiertes klinisches Interview für DSM-V; beruht auf Achse 1 und 2 des DSM-V
SNP	Single Nucleotide Polymorphism
SOK	selektive Optimierung und Kompensation
SORCK-Schema	Verhaltensanalyse: Beurteilung nach *S*timulus, *O*rganismus, *R*eaktion, *C*onsequenz und *K*ontingenz
SPECT	Einzelphotonenemissionstomografie
SSRI	Serotonin-Reuptake-Hemmer; Serontonin-Wiederaufnahmehemmer
SSEP	somatosensibel evozierte Potenziale
TCF	Transcription Factor (Genetik)
TCM	traditionelle chinesische Medizin
TGA	transiente globale Amnesie
THC	Tetrahydrocannabinol
TPG	Transplantationsgesetz
UN	United Nations; die Vereinten Nationen
UV	unabhängige Variablen
VAS	visuelle Analogskala
VEP	visuell evozierte Potenziale
WAIS	Wechsler Adult Intelligence Scale; Wechsler-Intelligenztest
WHO	World Health Organization, Weltgesundheitsorganisation

Abbildungsnachweis

Der Verweis auf die jeweilige Abbildungsquelle befindet sich bei allen Abbildungen im Werk am Ende des Legendentextes in eckigen Klammern.

E378	Fritz S., Grosenbach J.: Mosby's Essential Sciences for Therapeutic Massages. Anatomy, Physiology, Biomechanics and Pathology. 3rd ed. St. Louis: Elsevier/ Mosby, 2009
G016	Stavemann, H.: Im Gefühlsdschungel. Emotionale Krisen verstehen und bewältigen. Weinheim: Beltz PVU, 2001
G025	Aus: Friedrich Eduard Bilz (1842–1922): Das neue Naturheilverfahren (75. Jubiläumsausgabe, 1894, F. E. Bilz G. m. b. H. Verlag, Dresden-Radebeul)
G030	Eyseneck, H. J./Eyseneck, M. W.: Persönlichkeit und Individualität. PVU, Weinheim, 1987
J787	Colourbox.com
L106	Henriette Rintelen, Velbert
L190	Gerda Raichle, Ulm
L231	Stefan Dangl, München
M547/L157	Entwurf: Rainer Simader, Wallern, Österreich/Zeichnerin: Susanne Adler, Lübeck
O901	Fridolin Leiber
O902	Foto freundlicherweise zur Verfügung gestellt durch Steinbildhauerei Timothy Vincent, 58300 Wetter, www.steinbildhauerei-vincent.de
T605	© Professor Schulz von Thun, Institut für Kommunikation, Hamburg
T616	Prof. Dr. Ralf Schwarzer, Institut für Arbeits-, Organisations- und Gesundheitspsychologie, Freie Universität Berlin
W194	Grafik freundlicherweise zur Verfügung gestellt durch Deutscher Caritasverband e. V., Freiburg
W233	Mit freundlicher Genehmigung und Unterstützung der Bundeszentrale für gesundheitliche Aufklärung, Köln, www.bzga.de
W244	Grafik freundlicherweise zur Verfügung gestellt durch Deutsche Aidshilfe, Berlin
W798	Aus: Funktionsfähigkeit, Behinderung und Gesundheit, Stand Oktober 2005 Herausgegeben vom Deutschen Institut für Medizinische Dokumentation und Information, DIMDI WHO-Kooperationszentrum für das System Internationaler Klassifikationen © World Health Organization 2005 Seite 23, Kapitel 5.1 URL: http://www.dimdi.de/dynamic/de/klassi/downloadcenter/icf/endfassung/icf_endfassung-2005-10-01.pdf
W859	Grafik freundlicherweise zur Verfügung gestellt durch Bundeszentrale für Politische Bildung. Auf Basis von Daten des Stat. Bundesamts Wiesbaden, Lange Reihen, 12. koord. Bevölkerungsvorausberechnung
W860	Deutsche Herzstiftung e. V., Frankfurt am Main

Inhaltsverzeichnis

01

Entstehung und Verlauf von Krankheiten

IMPP-Hits

Folgende Themen wurden vom IMPP zum Thema Entstehung und Verlauf von Krankheiten am häufigsten gefragt (Reihenfolge absteigend):

- Klassische und Operante Konditionierung (► Kap. 1.4.2)
- Validität in der Testdiagnostik (► Kap. 1.3.3)
- Gedächtnisformen (► Kap. 1.4.3)
- Neurobiologie der Verstärkung (► Kap. 1.4.2)
- Primäre vs. sekundäre Emotionen (► Kap. 1.4.4)
- Abwehrmechanismen im psychodynamischen Persönlichkeitsmodell (► Kap. 1.2.3)
- Experimentelle Studie (randomisierte, kontrollierte Studie) (► Kap. 1.3.4)
- Risikokennwerte bei der Datenauswertung (► Kap. 1.3.7)
- Habituation in der Verhaltensforschung (► Kap. 1.4.1)
- Lerntheoretische und kognitionstheoretische Grundlagen (► Kap. 1.2.1)
- Strukturelle Deprivation (► Kap. 1.2.5)

- Repräsentation psychischer Funktionen im Gehirn (► Kap. 1.4.1)
- Hemisphärendominanz (► Kap. 1.4.1)
- Soziale Differenzierung: vertikale Mobilität (► Kap. 1.4.10)
- Schlaf in der Verhaltensforschung (► Kap. 1.4.1)
- Persönlichkeitsstörungen (► Kap. 1.4.6)
- Sensorik, Motorik, Emotion und Bindungsverhalten (► Kap. 1.4.7)

„Krankheiten befallen uns nicht aus heiterem Himmel, sondern entwickeln sich aus täglichen Sünden wider die Natur. Wenn sich diese gehäuft haben, brechen sie unversehens hervor."

Mit diesen Worten, die die Jahrhunderte überdauerten, fordert Hippokrates von Kos (460–370 v. Chr.), der berühmteste Arzt des Altertums und Begründer der Medizin als Wissenschaft, zu einer grundsätzlichen Entscheidung auf: Wollen wir Krankheit als Fehler und Strafe sehen, als unnatürlich und selbstverschuldet, als das, was eigentlich nicht sein darf? Oder suchen und finden wir andere Konzepte, um Krankheit und Gesundheit zu begreifen und ärztlich mit Kranken und Gesunden umzugehen?
Erwarten Sie bitte keine Antwort!
Und hören Sie nicht auf, zu fragen!

1.1 Bezugssysteme von Gesundheit und Krankheit

Die Medizinsoziologie kennt drei **Bezugssysteme,** innerhalb derer sich Gesundheit und Krankheit betrachten lassen:

- **Betroffene Person**
- **Medizin**
- **Gesellschaft**

Die Rolle des Arztes beinhaltet, abhängig vom jeweiligen System, unterschiedliche Aufgaben.

1.1.1 Gesundheit und Krankheit

1.1.1.1 Gesundheit und Krankheit als Dichotomie oder Kontinuum

Gesundheit und Krankheit lassen sich sowohl **dichotom** (zweigeteilt, als **Gegensätze,** entweder – oder) als auch als **kontinuierlich** ineinander übergehende Ausprägungen des mehr oder weniger selben Zustands betrachten.

Das biomedizinische Modell

Gemäß dem **biomedizinischen** oder **pathogenetischen** Modell wird Krankheit als Abweichung von der (gesunden) Norm, sowohl auf biologischer als auch auf psychischer und sozialer Ebene, aufgefasst.

Merke

Bezogen auf Gesundheit und Krankheit können folgende Normen definiert werden:

- **Idealnorm:** Als Normalität angestrebter, aber meist nur theoretischer, „vollkommener" Zustand; Soll-Wert.
- **Statistische Norm:** Zustände oder Eigenschaften, die für die Mehrzahl der Menschen zutreffen; Ist-Wert.
- **Funktionale Norm:** Ergebnisorientierter Ansatz, bei dem es weniger darum geht, *wie*, sondern *dass* bestimmte Aufgaben oder Funktionen erfüllt werden können.
- **Diagnostische Norm:** Betrachtung aus Sicht eines (medizinischen) Tests, dessen Ergebnis innerhalb oder außerhalb eines vordefinierten Referenzbereichs liegen kann.
- **Therapeutische Norm:** Orientierung an der Behandlungsbedürftigkeit; z. B. erfordert ein bestimmter Wert auf der Glasgow-Coma-Scale die sofortige Intubation des Patienten.

Krankheit entsteht demnach durch äußere (z. B. Infektion, Verletzung, Vergiftung) oder innere (z. B. genetische Defekte) Faktoren, die eine definierte **Symptomatik** hervorrufen und, abhängig vom Wissensstand der Medizin, prinzipiell korrigierbar sind. Kritiker dieses Modells machen darauf aufmerksam, dass sich die Mehrzahl der psychischen und psychosomatischen Störungen so nicht ausreichend erklären und behandeln lässt.

Das salutogenetische Modell

In den 1970er-Jahren entwickelte der amerikanisch-israelische Medizinsoziologe Aaron **Antonovsky** das Konzept der **Salutogenese.** Hintergrund dafür waren, neben einer allgemeinen Kritik am System der Gesundheitsversorgung, das gerade entstehende wissenschaftliche Interesse am Gesundheits- und Krankheitsbegriff, die Entwicklung eines **biopsychosozialen Krankheitsmodells** und die wachsende Bedeutung von **Prävention** und Gesundheitsförderung. Nicht zuletzt aus wirtschaftlichen Gründen forderte man eine „sprechende Medizin", die neben der allzu starken Technisierung in Diagnostik und Therapie den Stellenwert des Gesprächs zwischen Arzt und Patient erhöhte und sich an der Erkennung und Förderung „gesunder Anteile" des Patienten orientierte.

Der amerikanische Sozialmediziner George Libman **Engel** wies 1979 auf die Bedeutung von psychischen und sozialen Faktoren für die Entstehung und den Verlauf von Krankheiten hin und revidierte damit ein allzu mechanistisches Bild, das hinter jeder Krankheit einen grundsätzlich erkenn- und korrigierbaren organischen Defekt vermutet hatte.

Für Antonovsky war die Besonderheit nicht, dass Menschen erkranken, sondern dass sie – zuweilen trotz stärkster Belastungen – gesund bleiben. Er fragte nach den Faktoren, die zur Heilung oder Gesundheiterhaltung beitragen, und führte den Begriff der **Salutogenese** ein, also der Glücks-, Heils- oder Gesundheitsentstehung. Demnach bilden Gesundheit und Krankheit ein **Kontinuum** und jeder Mensch kann seinen Zustand als irgendwo zwischen diesen beiden liegend beschreiben – mehr auf der gesunden oder mehr auf der kranken Seite. Die Medizin muss sich demnach also vor allem damit befassen, wie Menschen von der mehr kranken auf die mehr gesunde Seite kommen. Schlüssel dazu sind das Genesungspotenzial bzw. die **Ressourcen** jedes Einzelnen, die es zu ermitteln gilt. Berühmt ist Antonovskys Metapher vom reißenden Fluss, der den Strom des Lebens versinnbildlicht: Menschen drohen darin unterzugehen und mit einer pathogenetischen Herangehensweise kommt als einzig mögliche Folgerung der Versuch ihrer Rettung von außen infrage. Nach dem salutogenetischen Konzept ist das wichtigste Ziel hingegen, dass sie selbst schwimmen. Dies gelingt ihnen am ehesten durch ein sicheres **Kohärenzgefühl,** das auf der Erfahrung beruht, dass die Welt, das Leben und die Probleme, vor denen das Individuum steht, grundsätzlich verstehbar, bewältigbar und sinnhaft bzw. bedeutsam sind.

Nach Antonovskys Vorstellung ist Gesundheit *„kein normaler, passiver Gleichgewichtszustand, sondern ein labiles, aktives und sich dynamisch regulierendes Geschehen".* Die **Gesundheit als Ordnung** muss – angesichts einer universellen **Entropie** (= Unordnung in einem System) – ständig neu erkämpft werden, ihr Verlust ist ein *„natürlicher und allgegenwärtiger Prozess"*, dem sich der Organismus mit großem Aufwand entgegenstellt.

1.1.1.2 Definitionen von Gesundheit

Gesundheit als statistisches Konstrukt

Gemäß einer statistisch fundierten Definition ist als gesund zu bezeichnen, was auf eine Mehrzahl der Menschen zutrifft. **Abweichungen,** die über einen durch Konvention festgelegten **Referenzbereich** hinausgehen, gelten demzufolge als krank. Schwierigkeiten ergeben sich bei der Auswahl der Kriterien. So wird man z. B. für die Haar- und Augenfarbe keine Norm festlegen wollen, auch wenn sich Mehrheiten bestimmen ließen. Diese Eigenschaften sind im Hinblick auf die Gesundheit nicht relevant. Woran erkennt man jedoch, welche Merkmale für die Gesundheit von Bedeutung sind? Bis in welches Detail lässt sich der „Standardmensch" erfassen?

Schwierig sind auch **Mess- und Normierbarkeit** einiger Merkmale, z. B. die Intensität von Schmerz oder Müdigkeit. Statistische Normen sind angewiesen auf die **Objektivität** der Definitionskriterien. Hinsichtlich der Gesundheit scheinen diese aber nicht immer gegeben.

Dennoch wird in der Medizin mit **Normwerten** agiert: Für alle Inhaltsstoffe, die im Blut nachgewiesen werden können, gibt es Referenzzahlen, mit dem Body-Mass-Index lässt sich bestimmen, ob ein Mensch zu dick oder zu dünn ist, und auch dem Fiebermessen liegen Erfahrungen mit Durchschnittswerten zugrunde.

Gesundheit als funktionales Prinzip

Gesundheit kann als **Voraussetzung zur Erfüllung bestimmter Leistungen** verstanden werden. Von wirtschaftlicher Seite könnte so z. B. die Ansicht gelten: *„Gesund ist, wer arbeiten kann und wächst bzw. Gewinn macht."* *Sigmund Freud schreibt: „Gesundheit ist die Fähigkeit lieben und arbeiten zu können."* In der Beschreibung dessen, wie sich Gesundheit äußert, ist impliziert, was Gesundheit ist: Arbeiten kann nur, wer die dafür notwendigen körperlichen und geistigen Kräfte besitzt, die Liebesfähigkeit aber ist an eine gewisse seelische

Stärke gebunden. Gesundheit konstituiert sich also im harmonischen und konstruktiven Zusammenwirken aller Ebenen des Ich und befähigt zur Erfüllung der durch die soziale Rolle vorgegebenen Aufgaben. Mit anderen Worten: Gesund ist, wer **funktioniert,** und wer funktioniert, ist gesund. Eine solche Definition setzt aber voraus, dass es übergeordnete Werte gibt, an deren Erfüllung Gesundheit gemessen werden kann. Die Zuschreibung der sozialen Rolle und damit der Rahmen, innerhalb dessen funktioniert werden muss, ist nicht statisch. Es gibt eben auch die **Krankenrolle,** ein Funktionieren in der Krankheit. Und Krankheit ist nicht zwangsläufig mit dem Verlust der Arbeits- und Liebesfähigkeit verbunden.

Eine derartige Definition verschiebt die Zuschreibung „gesund" sehr weit in einen Bereich, der aus guten Gründen bereits mit dem Attribut therapiebedürftig versehen werden kann. Eine genaue Abstufung – was muss das Individiuum unter welchen Bedingungen leisten können, um als gesund angesehen zu werden – kann nur kontextspezifisch erfolgen und ist oft für die Praxis zu aufwendig. Dennoch spielen solche Überlegungen im Alltag eine große Rolle. Ein Beispiel ist die **Krankschreibung** durch den Hausarzt, die dann aufgehoben wird, wenn der Patient gesund genug zum Arbeiten ist. In der Rehabilitationsmedizin bedient man sich normierter Fähigkeitstests (z. B. Karnofsky-Index), um den Gesundheitsgrad zu bestimmen.

Gesundheit als Negativbestimmung

Eine andere Möglichkeit der Definition besteht darin, zu beschreiben, was alles **nicht** Gesundheit ist. Naheliegend ist es, von der Gesundheit als **Abwesenheit von Krankheit** zu sprechen. Beinahe geflügelt ist das Wort des deutschen Mediziners und Theologen Manfred Lütz: „Gesund ist, wer nicht ausreichend untersucht wurde."

Allerdings ergeben sich auch hier Probleme. Zunächst müsste erörtert werden, was genau Krankheit bedeutet. Ein Mensch, der an Kurzsichtigkeit leidet und dadurch schwere Einschränkungen im täglichen Leben hat, ist krank. Was aber ist mit einem Menschen, der an Kurzsichtigkeit leidet und eine Brille hat, die diese vollständig ausgleicht? Ist er krank, wenn er die Brille absetzt, und gesund, wenn er sie trägt? Werden als Krankheiten nur alle bekannten Leiden mit einer definierten Symptomatik oder jeder Zustand des Nicht-Wohlfühlens bezeichnet?

Konzentriert man sich – wie es der biomedizinischen Sichtweise entspricht – allein auf **organisch nachweisbare Korrelate** von Krankheit, kommen wichtige Einflüsse wie psychisches Befinden und Zufriedenheit zu kurz. Die WHO-Definition von Gesundheit, aber auch andere Konzepte betonen ausdrücklich, dass die Negativbestimmung nicht genügt, und das aus gutem Grund: Einerseits ist der Begriff „Krankheit" zu ungenau und andererseits widerspricht die Vorstellung, dass jedes Leiden, dem keine Diagnose zugeordnet werden kann, mit Gesundheit gleichgesetzt wird, während gesunde Anteile gewissermaßen ungültig werden, sobald irgendein Krankheitssymptom auftritt, dem subjektiven Empfinden.

Definition der Weltgesundheitsorganisation (WHO)

Bei der Frage nach der Gesundheit orientiert sich die klassische Schulmedizin, ebenso wie die Gesundheitspolitik, meist an der Definition der WHO. Diese wurde 1946 in New York in die Präambel der WHO-Verfassung aufgenommen und seitdem mehrfach bestätigt. Durch die Knappheit ihrer Formulierung zählt jedes Wort:

„Gesundheit ist der Zustand des vollständigen körperlichen, geistigen und sozialen Wohlbefindens und nicht nur des Freiseins von Krankheit und Gebrechen."

Gesundheit ist demnach nicht nur eine Sache von Körper und Geist, nicht nur das, was mit den gängigen Mitteln der modernen Diagnostik als materiell fassbare Störung aufzuzeigen wäre, sondern auch eine gesellschaftliche Angelegenheit. Zur vollständigen Gesundheit gehört das Eingebundensein in **soziale Strukturen,** also die Fähigkeit, Beziehungen zu knüpfen und zu erhalten – offensichtliche Hinweise auf den funktionalen Aspekt.

Gesundheit ist mehr als die **Abwesenheit von Krankheit** und Defekten. Damit wird ausdrücklich auf die nicht nachweisbaren Anteile der Gesundheitsstörung hingewiesen. Ein Mensch, der nicht krank ist, ist nicht automatisch gesund: Es gibt Zwischenzustände des Weder-Noch, die mit medizinischen Messmethoden nicht zu erfassen und meist im Gefüge psychosomatischer und sozialer Störungen angesiedelt sind.

Kritiker bezeichnen die WHO-Definition von Gesundheit als zu allgemein, unrealistisch, gar utopisch. Nach diesem Maßstab wäre kaum ein

Mensch gesund. Zu hoch ist der Anspruch dieses **vollständigen** (im englischen Original: complete) Wohlbefindens, das bestenfalls momentweise zu erreichen ist. Und selbst ohne dieses Wort klingt die Beschreibung mehr nach einer Definition von Glück als nach einer medizinisch sinnvollen Formel. Dass sie dennoch in die Charta aufgenommen und seit über 60 Jahren nicht verändert wurde, mag mit dem Mangel an brauchbaren Alternativen zusammenhängen.

Gesundheit aus sozialwissenschaftlicher Sicht

Auch aus moderner medizinisch-sozialwissenschaftlicher Sicht stellt sich Gesundheit mehrdimensional dar. Die Beschreibung geht in ihrem Umfang noch über die der WHO hinaus. Einfluss auf die Gesundheit haben demnach sowohl das **physische und psychische Befinden** als auch die **Leistungsfähigkeit** sowie die individuellen Möglichkeiten der **Selbstverwirklichung** und **Sinngebung** im Leben. Der Beurteilung, ob ein Mensch gesund ist, muss eine längere Beobachtung vorangehen, wobei die Fähigkeit zur **Lebensbewältigung** im Mittelpunkt steht. Gesundheit reicht damit weit über den medizinischen Kompetenzbereich hinaus, der ja bestenfalls körperliche und seelische Leiden erfasst, vor den individuellen sozialen und umweltbezogenen Störungen aber Halt machen muss. Die eigene Gesundheit wird zum individuellen Projekt jedes Einzelnen und der Arzt zum Berater für einen bestimmten Teilaspekt. Erkrankungen, die überwunden werden, können als Teil eines gesunden Lebens angesehen werden, „ungesund" wird vielleicht am ehesten mit „dauerhaft unglücklich" übersetzt.

1.1.1.3 Begriffserklärungen

Merke

- **Ätiologie:** Die Lehre von den Krankheitsursachen; sie beschäftigt sich mit der Frage, wie und wodurch Krankheiten entstehen.
- **Pathogenese:** Die Lehre von der Krankheitsentstehung; sie beschreibt den biologischen oder psychischen Prozess einer Erkrankung.
- **Risikofaktoren:** bestimmte Zustände, Eigenschaften und Umweltbedingungen, die die Entstehung einer Krankheit begünstigen (z. B. Rauchen als Risikofaktor für Lungenkrebs).
- **Protektive Faktoren:** bestimmte Zustände, Eigenschaften und Umweltbedingungen, die vor einer Krankheit schützen (z. B. ausreichende Bewegung und ausgewogene Ernährung als protektive Faktoren gegen Diabetes mellitus und Bluthochdruck).
- **Resilienz:** die (seelische) Widerstandsfähigkeit eines Menschen; sie lässt ihn trotz potenziell krankmachender Bedingungen gesund bleiben.
- **Chronifizierung:** die Überdauerung einer Erkrankung oder eines Symptoms über das akute Geschehen hinaus.
- **Rezidiv:** Rückfall; nachdem eine Krankheit oder ein Symptom verschwunden war, tritt es erneut auf (z. B. Tumor-Rezidiv, Rückfall in den Suchtmittelkonsum, erneutes Auftreten einer Lungenentzündung).
- **Remission:** kommt von „Zurückschicken"; eine Erkrankung oder ein Symptom werden deutlich abgeschwächt oder verschwinden, allerdings ohne dass es zu einer vollständigen Heilung **(Restitution)** kommt (z. B. bilden sich die Entzündungszeichen nach einem akuten Gichtanfall zurück).

1.1.1.4 Biopsychosoziales Modell

Nach dem biopsychosozialen Modell sind an der Entstehung und Aufrechterhaltung einer Erkrankung immer mehrere Faktoren in unterschiedlicher Ausprägung beteiligt:

- **biologische** (Genetik, Anatomie, [Patho-]Physiologie),
- **psychische** (Persönlichkeit, Stimmung, Erfahrungen, psychische Konstitution) und
- **soziale** (Bildung, Wohlstand, soziales Netz) Faktoren.

Umgekehrt nimmt die Erkrankung auch Einfluss auf diese drei Ebenen. Diese ganzheitliche Betrachtung spielt insbesondere für die Diagnostik und Therapie in der Psychiatrie und Psychosomatik eine wichtige Rolle, setzt sich aber zunehmend auch in den ursprünglich rein somatischen Disziplinen durch.

1.1.2 Die betroffene Person

1.1.2.1 Subjektives Befinden und Erleben

Ehe ein Mensch überhaupt mit dem medizinischen System in Kontakt tritt, muss er selbst eine Entscheidung bezüglich seines Gesundheitszustands treffen. Das **subjektive Befinden** ordnet sich ein in frühere Erfahrungen („Besser oder schlechter?") und orientiert sich zumeist an der **Zufriedenheit** und dem **Handlungsvermögen.** Es ist aber auch abhängig vom individuellen **Lebensstil** und von der **Reflexion durch die Umwelt.** Veränderungen der subjektiven Normalität werden dann möglicherweise als Einschränkungen und Beschwerden bzw. **Symptome** wahrgenommen. Dabei fällt es oft leichter, in körperlichen als in psychisch-emotionalen Kategorien wahrzunehmen und zu denken. Für Erstere stellt die Physiologie Begrifflichkeiten bereit:

- **Exterozeption:** Umweltwahrnehmung
- **Interozeption:** Wahrnehmung eigener körperlicher Vorgänge; Oberbegriff für die folgenden Begriffe:
  - **Propriozeption:** Wahrnehmung von Körperlage und -form in sich und in Bezug zum umgebenden Raum
  - **Viszerozeption:** Wahrnehmung der Organtätigkeiten (z. B. Herzklopfen, Magenknurren)
  - **Nozizeption:** Wahrnehmung von Schmerz

Die Erfassung des emotionalen Zustands wird z. B. im Rahmen der Verhaltenstherapie anhand von Gefühlssternen geübt (▸ Abb. 1.1).

Klinik

Eine **Hypoglykämie** (Unterzuckerung) kann mit erheblichen Veränderungen des Befindens einhergehen, z. B. Zittern, Schwitzen, Herzrasen, Schwindel und Übelkeit. Die Wahrnehmung und die Interpretation dieser Symptome hängen wesentlich von individuellen Gegebenheiten ab.

1.1.2.2 Subjektive Gesundheit

Der Begriff der subjektiven Gesundheit suggeriert, dass es auch so etwas wie eine objektive Gesundheit gibt, was angesichts der schwierigen Definition von Gesundheit eher unwahrscheinlich ist.

Die subjektive Gesundheit wird als **statistischer Wert** ermittelt. Dabei gibt es eine fünfstufige Antwortskala (sehr gut, gut, mittelmäßig, schlecht, sehr schlecht) auf die Frage „Wie ist Ihr Gesundheitszustand im Allgemeinen". Demzufolge schätzen mehr als ⅔ der Deutschen ihre Gesundheit als gut bis sehr gut ein, wobei dieser Wert im **Alter** abnimmt. Unterschiede gibt es abhängig von **Geschlecht** (Männer schätzen sich gesünder ein als Frauen), von der **sozialen Schicht** (Menschen aus oberen sozialen Schichten schätzen sich gesünder ein als Menschen aus unteren sozialen Schichten) und von **regionalen Gegebenheiten.**

Die **gesundheitsbezogene Lebensqualität** misst sich an den Kriterien der WHO-Gesundheitsdefinition und umfasst wie diese körperliche, seelische und soziale Aspekte sowie die Funktionsfähigkeit im Alltag. Um einen stimmigen Behandlungsplan entwerfen zu können, sollte ein Arzt die **subjektive Krankheitstheorie** seines Patienten

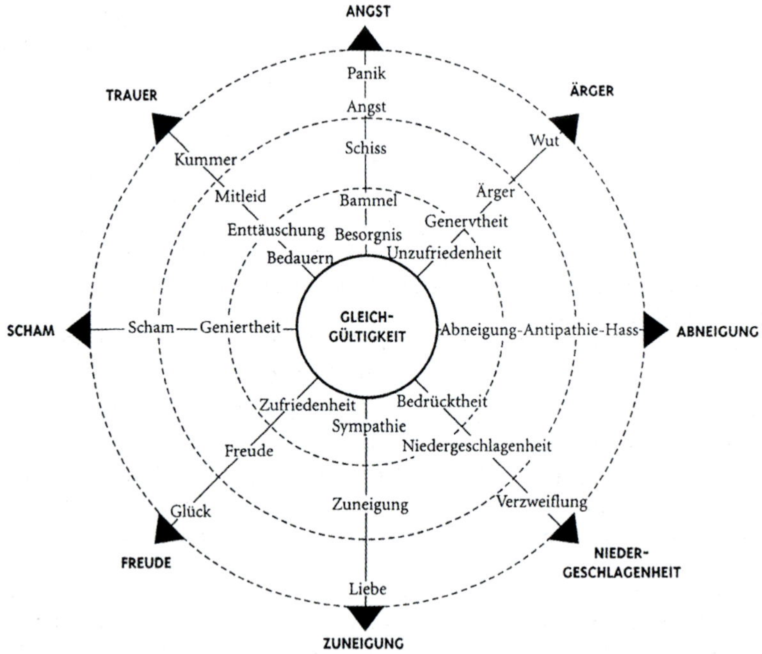

Abb. 1.1 Gefühlsstern [G016]

kennen: „Woher kommt die Krankheit? Warum trifft sie mich? Was bedeutet das für meine Zukunft? Was kann ich tun?"

Klinik

Der **Short-Form-36-Gesundheitsfragebogen (SF-36)** erfasst innerhalb von acht Bereichen krankheitsübergreifend die **gesundheitsbezogene Lebensqualität:**
- Vitalität
- Körperliche Funktionsfähigkeit
- Schmerz
- Allgemeine Gesundheitswahrnehmung
- Körperliche Rollenfunktion
- Psychische Rollenfunktion
- Soziale Funktion
- Psychisches Wohlbefinden

Die Ergebnisse dienen neben statistischen und gesundheitsökonomischen Erhebungen der klinischen Verlaufs- und Therapiekontrolle.

1.1.2.3 Emotionale und kognitive Einflüsse

Krankheit an sich, aber auch spezielle Krankheitsbilder (z. B. Krebs, AIDS, Schizophrenie) sind innerhalb der gesellschaftlichen Wahrnehmung hoch **emotional besetzt.** Dies hat Auswirkungen sowohl auf das **individuelle Erleben** des Betroffenen als auch auf das Verhalten seines **Umfelds.** Die Kognition (der Gedanke) „Hautkrebs ist eine potenziell lebensbedrohliche Erkrankung" verbunden mit der Neuentdeckung eines Leberflecks kann zur Emotion (dem Gefühl) Angst und zum raschen Aufsuchen eines Dermatologen führen. Ein häufiges Phänomen bei Medizinstudenten ist die Wahrnehmung just der Symptome an sich selbst, die soeben in der Vorlesung besprochen wurden.

Emotionale und kognitive Prozesse haben meist auch Einfluss auf den weiteren **Krankheitsverlauf.** Dies soll exemplarisch anhand von vier Beschwerdebildern erläutert werden:

- **Depression:** Die so bezeichnete Störung der Affekte, also des emotionalen Erlebens und Antriebs, geht mit einer gedrückten Stimmung, Hoffnungs- und Freudlosigkeit und manchmal auch mit dem Gefühl der Gefühllosigkeit einher. Schlaf und Appetit sind verändert, häufig ist die Konzentrationsfähigkeit eingeschränkt, zuweilen nehmen die selbst- und zukunftsbezogenen Ängste wahnhafte Züge an. Die Betroffenen, die den Krankheitscharakter dieser psychischen Störung manchmal selbst gar nicht erfassen können, äußern nicht selten verzweifelt den Wunsch, doch lieber an „einer richtigen Krankheit" zu leiden, die jeder sehen und nachvollziehen könne, wie z. B. einem gebrochenen Arm.
- **Hypochondrie:** Manche Menschen leben in der ständigen Angst, schwer krank zu sein. Jede körperliche Regung wird als unnormal und als Krankheitssymptom wahrgenommen. Die Lebensqualität ist deutlich eingeschränkt, die Beschäftigung mit dem Leiden nimmt viel Zeit und Energie in Anspruch. Arztbesuche sind häufig, wobei sich typischerweise kein körperlich-pathologischer Befund erheben lässt.
- **Somatoforme Störungen:** Unter diesem Begriff werden jene Erkrankungen zusammengefasst, die mit subjektiven körperlichen Beschwerden einhergehen, ohne dass sich ein pathologischer Befund objektivieren lässt. Neben der Hypochondrie gehören z. B. auch anhaltende Schmerzstörungen, Somatisierungsstörungen und autonome Funktionsstörungen dazu. Für den Betroffenen stellt die Diskrepanz zwischen subjektiver Wahrnehmung („Ich bin krank") und medizinischer Zuschreibung („Es ist alles in Ordnung") oft eine erhebliche Belastung dar.
- **Schmerz** ist immer subjektiv und in seiner Wahrnehmung vielleicht mehr noch als andere Symptome abhängig von kognitiven und emotionalen Einflüssen. Ein Mensch, der große Angst vor einer Spritze hat und sich im Detail ausmalt, wie die Nadel seine Haut durchbohrt, wird den Schmerz wahrscheinlich deutlich intensiver empfinden, als wenn er emotional gelassen ist und in der Erwartung einer heilsamen Wirkung dieselbe Behandlung erfährt.

1.1.3 Die Medizin als Wissens- und Handlungssystem

1.1.3.1 Medizinische Befunderhebung und Diagnose

Wenn sich ein Mensch in das medizinische System begibt – z. B. durch einen Besuch beim Hausarzt, die Vorstellung in einem Krankenhaus, das Rufen des Notarztes oder die Vorsorge beim Zahnarzt – nimmt er die Rolle des **Patienten** an und wird Teil eines strukturierten Schemas von **Befunderhebung, Behandlungsplanung und Therapie.** Dies beginnt üblicherweise mit dem **ersten Eindruck:** Wie sieht der Mensch aus? Wie verhält er sich? Was sind seine Auffälligkeiten? Anschließend erhebt der Arzt die **Anamnese,** die sich folgendermaßen untergliedern lässt:

- **Spezielle Krankheitsanamnese:**
  - Welche Beschwerden führen zur Vorstellung?
  - Seit wann bestehen diese?
  - Was wurde bereits unternommen?
  - Was vermutet der Patient selbst als Ursache?
  - Gab es frühere Episoden?
- **Allgemeine Krankheitsanamnese:**
  - Welche Krankheiten bestehen zusätzlich?
  - Gibt es medizinische Behandlungen oder Operationen in der Vorgeschichte?
  - Welche Medikamente werden regelmäßig eingenommen?
  - Gibt es chronische Infektionskrankheiten oder Allergien?
  - Liegen psychische oder neurologische Erkrankungen vor?
  - Suchtmittelanamnese
  - Gynäkologische Anamnese
- **Familienanamnese:**
  - Gibt es ähnliche Beschwerden bei anderen Familienmitgliedern?
  - Gibt es Erbkrankheiten in der Familie?
- **Soziale Anamnese:**
  - Bildungsgrad
  - Berufliche Tätigkeit
  - Familiäre Situation
  - Wohnsituation
- **Biografische Anamnese:**
  - Frühkindliche Entwicklung
  - Schulische Laufbahn
  - Besonderheiten in der Herkunftsfamilie
  - Berufliche Entwicklung
  - Partnerschaftliche Entwicklung
  - Life-Events

Abhängig vom Anliegen des Patienten und der Situation fällt die Anamnese unterschiedlich detailliert aus. Ein Schwerpunkt liegt dabei auf der **möglichst genauen Exploration** der **gesundheitlichen Beschwerden,** welche der Arzt durch gezielte Fragen betreibt. **Verhaltensbeobachtung** und **Fremdanamnese,** z. B. durch Angehörige und Betreuer, spielen insbesondere bei kleinen Kindern eine wichtige Rolle, aber auch bei Erwachsenen, die z. B. aufgrund einer Intelligenzminderung oder einer psychischen Störung nicht in der Lage sind, verbal über sich selbst Auskunft zu erteilen.

Anschließend führt der Arzt eine körperliche Untersuchung durch, wobei er sich einen Überblick über die Funktionstüchtigkeit aller Organsysteme und des Gesamtorganismus verschafft. Auch hier steht das Ausmaß der Untersuchung im Zusammenhang mit den Beschwerden und dem Behandlungsauftrag bzw. dem aufgesuchten Facharzt: In den meisten Fällen wird z. B. der HNO-Arzt keine rektale Untersuchung durchführen, wohingegen die detaillierte neurologische Untersuchung einschließlich der Reflextestung und Sensibilitätsprüfung beim Neurologen regelmäßig vorkommt.

Merke

Man bedient sich der englischen Sprache, um die Dimensionen des subjektiven Krankheitserlebens sowie der medizinischen und der gesellschaftlichen Krankheitszuschreibung zu verdeutlichen:

- **Health & Illness** sind die subjektiven Kategorien, zu übersetzen mit Gesundheit & Krankheitsgefühl.
- **Health & Disease** drückt objektive Gesundheit & (diagnostizierbare) Krankheit aus.
- **Health & Sickness** steht für die gesellschaftlich-epidemiologische Sicht und bedeutet Gesundheit & Krankheit in einem Kollektiv.

Anhand der durch die **Anamnese** und die **körperliche Untersuchung** gewonnenen Informationen entscheidet der Arzt, welche weiteren medizinischen Verfahren zum Einsatz kommen müssen, um eine **Diagnose** stellen zu können:

- **Laborwerte/Klinische Chemie** (Untersuchung von Blut, Urin, Stuhl, Sputum, Punktat usw.)
- **Elektrophysiologie:**
  - Elektrokardiografie (EKG) zur Überprüfung der elektrischen Herzfunktion (Ausschluss von Herzinfarkt, Rhythmusstörungen, Erregungsleitungsstörungen usw.)
  - Elektroenzephalografie (EEG) zur Überprüfung der elektrischen Hirnströme (Ausschluss einer erhöhten zerebralen Anfallsbereitschaft oder einer größeren Raumforderung; auch zur Feststellung des Hirntods)
  - Elektroneurografie (ENG) zur Überprüfung der Nervenleitgeschwindigkeit (z. B. bei Lähmungen)
  - Elektromyografie (EMG) zur Überprüfung der muskulären Funktionsfähigkeit (z. B. bei bestimmten muskulären Erkrankungen)

- **Bildgebende Verfahren:**
  - Sonografie (Ultraschall)
  - Röntgen
  - Computertomografie (CT)
  - Magnetresonanztomografie (MRT)
  - Positronenemissionstomografie (PET)
- **Spezielle fachbezogene Untersuchungen** (z. B. Visusprüfung beim Augenarzt, Vaginalabstrich beim Gynäkologen, Lungenfunktionstest beim Pulmologen, Prick-Test beim Hautarzt usw.)

1.1.3.2 Grundzüge von Klassifikationssystemen für psychische und somatische Krankheiten

Klassifikationen dienen der **Standardisierung, Vereinheitlichung** und Klärung von **Begrifflichkeiten** und damit der **Kommunikation.** In der Medizin treffen bei der Diagnose einer Erkrankung ganz unterschiedliche Interessen aufeinander: Der **Betroffene** möchte wissen, was er hat und was er tun kann. Der **Arzt** muss entscheiden, welche Behandlungsoptionen es gibt. Die **Krankenversicherung** muss die Kosten der Behandlung übernehmen. Die **Medizinstatistik** möchte den einzelnen Fall möglichst genau in einen größeren Zusammenhang einordnen. An der Schnittstelle dieser unterschiedlichen Bedürfnisse steht die eindeutige Beschreibung bzw. Klassifikation der Erkrankung, welche im besten Fall weltweit Gültigkeit besitzt.

ICD-10

Die **Internationale statistische Klassifikation der Krankheiten und verwandter Gesundheitsprobleme** (International Statistical Classification of Diseases and Related Health Problems, ICD) wird von der **WHO** herausgegeben und stellt ein solches Klassifikationssystem dar. Sie entstand Ende des 19. Jahrhunderts aus einer Statistik von Todesursachen und wurde in mittlerweile zehn Auflagen (aktuell gültig ist die ICD-10, seit 2007 wird an der ICD-11 gearbeitet) immer weiter überarbeitet. **Monohierarchisch** und **einachsig** werden in 22 Kapiteln über 12.000 Krankheiten aufgelistet (► Tab. 1.1).

Lerntipp

Das IMPP legt großen Wert auf Klassifikationssysteme wie die ICD-10 (International Statistical Classification of Diseases and Related Health Problems).
In der ICD-10 werden operationalisierte Kriterien genannt, anhand derer man entscheiden kann, welche Krankheit vorliegt.

Tab. 1.1 Gliederung der ICD-10

Kapitel	Kodierung	Inhalt
1	A00–B99	Bestimmte infektiöse und parasitäre Krankheiten
2	C00–D48	Neubildungen
3	D50–D90	Krankheiten des Blutes und der blutbildenden Organe sowie bestimmte Störungen mit Beteiligung des Immunsystems
4	E00–E90	Endokrine, Ernährungs- und Stoffwechselkrankheiten
5	F00–F99	Psychische und Verhaltensstörungen
6	G00–G99	Krankheiten des Nervensystems
7	H00–H59	Krankheiten des Auges und der Augenanhangsgebilde
8	H60–H95	Krankheiten des Ohres und des Warzenfortsatzes
9	I00–I99	Krankheiten des Kreislaufsystems
10	J00–J99	Krankheiten des Atmungssystems
11	K00–K93	Krankheiten des Verdauungssystems

Tab. 1.1 Gliederung der ICD-10 (Forts.)

Kapitel	Kodierung	Inhalt
12	L00–L99	Krankheiten der Haut und der Unterhaut
13	M00–M99	Krankheiten des Muskel-Skelett-Systems und des Bindegewebes
14	N00–N99	Krankheiten des Urogenitalsystems
15	O00–O99	Schwangerschaft, Geburt und Wochenbett
16	P00–P96	Bestimmte Zustände, die ihren Ursprung in der Perinatalperiode haben
17	Q00–Q99	Angeborene Fehlbildungen, Deformitäten und Chromosomenanomalien
18	R00–R99	Symptome und abnorme klinische und Laborbefunde, die andernorts nicht klassifiziert sind
19	S00–T98	Verletzungen, Vergiftungen und bestimmte andere Folgen äußerer Ursachen
20	V01–Y84	Äußere Ursachen von Morbidität und Mortalität
21	Z00–Z99	Faktoren, die den Gesundheitszustand beeinflussen und zur Inanspruchnahme des Gesundheitswesens führen
22	U00–U99	Schlüsselnummern für besondere Zwecke

Der drei- bis fünfstellige Diagnosecode ist hier anhand von vier Beispielen dargestellt:

Beispiel	Aufschlüsselung				
F10.20	F	1	0.	2	0
	Psychische und Verhaltensstörungen	durch psychotrope Substanzen	durch Alkohol	Abhängigkeitssyndrom	gegenwärtig abstinent
F13.3	F	1	3.	3	
	Psychische und Verhaltensstörungen	durch psychotrope Substanzen	durch Sedativa oder Hypnotika	Entzugssyndrom	
F33.2	F	3	3.	2	
	Psychische und Verhaltensstörungen	affektive Störung	rezidivierende depressive Störung	gegenwärtig schwere Episode ohne psychotische Symptome	
I61.5	I	6	1.	5	
	Krankheiten des Kreislaufsystems	zerebrovaskuläre Krankheiten	intrazerebrale Blutung	intrazerebrale intraventrikuläre Blutung	

DSM-5

Zur gesonderten Klassifikation **psychischer Erkrankungen** ist in den **USA** das **Diagnostic und Statistical Manual of Mental Disorders** (Diagnostisches und statistisches Handbuch psychischer Störungen, aktuell in der 5. Auflage [DSM-5]) gebräuchlich. Es wird auch in Deutschland zur Diagnostik und Krankheitsbeschreibung genutzt, ist aber bisher **kein offizielles Instrument** in der Zusammenarbeit von Medizinern und Krankenkassen.

Anhand einer **fünfachsigen** Beurteilung werden unter Berücksichtigung der WHO-Gesundheitsdefinition möglichst differenzierte Diagnosen gestellt:

- **Achse 1:** klinische Syndrome (entsprechen meist der ICD-10-Diagnose, z. B. Depression, soziale Phobie etc.)
- **Achse 2:** Entwicklungs- und Persönlichkeitsstörungen, geistige Behinderung (z. B. Borderline-Persönlichkeitsstörung, Autismus)
- **Achse 3:** physische Faktoren mit möglichem Einfluss auf die psychische Erkrankung (z. B. Epilepsie, HIV-Infektion)
- **Achse 4:** psychosoziale Aspekte der Erkrankung (z. B. Tod eines nahen Angehörigen, Verlust des Arbeitsplatzes)
- **Achse 5:** Beurteilung des allgemeinen Funktionsniveaus anhand der Global Assessment of Functioning(GAF)-Skala

Achse 1 und 2 bilden die Grundlage für das auch in Deutschland in der Psychiatrie regelmäßig für die Diagnostik psychischer und Persönlichkeitsstörungen verwendete **Strukturierte Klinische Interview für DSM-5** (SKID-1 und SKID-2).

Lerntipp

Auch das Klassifikationssystem DSM (Diagnostisches und Statistisches Manual Psychischer Störungen) wird vom IMPP gerne gefragt.
Es ist ein multiaxiales System, das psychische Krankheiten in fünf Achsen einteilt.

ICF

Die **International Classification of Functioning, Disability and Health** (Internationale Klassifikation der Funktionsfähigkeit, Behinderung und Gesundheit, ICF) ist ein 2001 von der **WHO** erstelltes Instrument zur international einheitlichen Beschreibung von **funktionalem Gesundheitszustand, Behinderung** sowie gesundheitsrelevanten **Sozial- und Umgebungsfaktoren.** Ihr liegt das biopsychosoziale Modell von Gesundheit und Krankheit zugrunde. Die ICF besteht aus vier Komponenten, die jeweils in Kapitel unterteilt sind:

- **Körperfunktionen:** z. B. Sehen, Hören
- **Körperstrukturen:** z. B. strukturell-anatomische Veränderungen am Auge
- **Aktivitäten und Partizipation:** z. B. Fähigkeit zur Kommunikation, zum Lernen, zur Selbstversorgung, zur Beziehungsgestaltung usw.
- **Umweltfaktoren:** z. B. natürliche Umwelt, Institutionen und Dienste, Hilfsmittel

Merke

- In der **ICD** werden Krankheiten klassifiziert.
- In der **ICF** werden Krankheitsfolgen auf den Ebenen Körperfunktion, Aktivität und Teilhabe klassifiziert.

Die Vorgängerversionen der aktuellen ICF nahmen Einfluss auf die Entwicklung des neunten **Sozialgesetzbuchs** (SGB-IX), in dem es um Rehabilitation und Teilhabe behinderter Menschen geht. Allerdings dient das Instrument ausdrücklich der Funktionsbeschreibung auch nichtbehinderter Menschen.

1.1.3.3 Konvergenz und Divergenz von subjektivem Befinden und medizinischem Befund

Am einfachsten ist die Interaktion von Gesundheitssystem und Individuum, wenn sich alle einig sind: Ein Mensch fühlt sich krank, geht zum Arzt, der stellt eine medizinische Diagnose und leitet eine entsprechende Therapie ein. Oder ein Mensch fühlt sich gesund, geht zur Vorsorgeuntersuchung und diese erbringt keinen pathologischen Befund. Die **Konvergenz** von subjektivem Befinden und medizinischem Befund entspricht dem verbreiteten Bedürfnis nach Logik und Übereinstimmung und schafft Befriedigung auf beiden Seiten: Die Systeme scheinen verlässlich zu funktionieren. Anders ist es, wenn Befinden und Befund **divergieren:** ein Mensch fühlt sich unwohl, krank, aber der Arzt „findet nichts". Zuweilen spricht man dann von funktionellen Störungen und meint damit meist, dass das Leiden des Patienten in keines der gängigen Diagnoseschemata passt.

Klinik

Mit den in der ICD-10 unter F45 kodierten **somatoformen Störungen** (z. B. Somatisierungsstörung, hypochondrische Störung, autonome Funktionsstörung, Schmerzstörung) wird die Erkenntnis verdeutlicht, dass sich auch psychische Störungen in Form von körperlichen Beschwerden äußern können. Dabei besteht seitens der Patienten jedoch oft die Befürchtung, als „verrückt" stigmatisiert zu werden, während sich der Arzt zuweilen mit der Frage konfrontiert sieht, ob er nicht doch etwas übersehen hat.

Auch der umgekehrte Fall führt häufig zu Irritationen und ist nicht selten Ursache der oft beklagten **Incompliance** (also mangelnden Therapietreue)

von Patienten: ein Mensch fühlt sich wohl und gesund, aber der Arzt teilt ihm mit, dass die Untersuchungen einen behandlungsbedürftigen Befund ergeben haben („Ihr Blutdruck ist zu hoch und Sie müssen nun dreimal täglich diese Tablette nehmen." – „Aber mir geht es doch gut, wieso soll ich Pillen schlucken?").
So kommt es zum Phänomen der **gesunden Kranken** und **kranken Gesunden,** das immer aufs Neue die Selbstreflexion der Medizin und der Mediziner herausfordert.

1.1.4 Die Gesellschaft

1.1.4.1 Erfüllung bzw. Abweichung von sozialen Normen und Rollen

Fallbeispiel

Herr M. erkrankt zwei Tage vor seinem Urlaub an einer schweren Grippe mit Fieber, Kopf- und Gliederschmerzen, Husten, Schnupfen, körperlicher Schwäche und Atembeschwerden. Er geht zum Arzt, der neben der körperlichen Untersuchung auch Blut abnimmt, ein EKG durchführt und ihn für eine Röntgen-Thoraxaufnahme in die nahe gelegene Radiologiepraxis schickt. Herr M. wird zunächst für eine Woche krankgeschrieben und erhält für zehn Tage ein Antibiotikum. Die mit der Familie geplante Reise an die Ostsee muss verschoben werden. Seine kleine Tochter quengelt: „Da musst Du einmal nicht zur Arbeit gehen und dann spielst Du trotzdem nicht mit mir!" Den üblicherweise von Herrn M. durchgeführten Wochenendgroßeinkauf übernimmt seine Frau. Das Kegeltreffen mit seinen Freunden sagt sie für ihn telefonisch ab.

Die Krankheit des Einzelnen hat immer auch eine **gesellschaftliche Relevanz,** da der Betroffene nicht mehr in der Lage ist, alle oder zumindest einige seiner **sozialen Rollen** (Arbeitnehmer, Familienvater, ehrenamtlicher Mitarbeiter, Vereinskollege, Freund, Sohn…) vollständig auszufüllen. Zudem kommt eine neue Rolle hinzu, die des **Patienten,** der medizinische Hilfe und Leistungen seiner Krankenversicherung in Anspruch nimmt. **Soziale Normen** orientieren sich üblicherweise an den **gesunden Mitgliedern** der Gesellschaft und können von einem vorübergehend oder auch langfristig Kranken nicht erfüllt werden.
Mit dem Begriff **Devianz** bezeichnet man in der Soziologie von der allgemeinen sozialen Norm abweichende Eigenschaften und Verhaltensweisen. In die Schaffung **sozialer Regeln** („Normal ist es, gesund zu sein") ist die Möglichkeit der **Abweichung** („Gesundheit wird nur als Wert registriert, wenn es auch Kranke gibt") von vornherein eingeschlossen. Zumeist wird Devianz sanktioniert. Bezüglich Krankheit besteht gesellschaftlicher Konsens darüber, dass der Betroffene per se keine Schuld an seinem Zustand hat. Mittels einer **ärztlichen Krankschreibung** wird sein deviantes Verhalten **legitimiert.** Allerdings schließt dies die Verpflichtung ein, alles zu unternehmen, um wieder gesund zu werden.

1.1.4.2 Rechtliche Regelung des Gesundheits- und Sozialsystems

Gesundheitssystem

Als Gesundheitssystem eines Landes bezeichnet man alle **Einrichtungen** und **Organisationen, Gesetze** und **Strukturen,** die dem Erhalt von Gesundheit bzw. der Vorbeugung und Behandlung von Krankheit dienen. Beteiligt sind also:

- **Leistungsempfänger** (Patienten)
- **Leistungserbringer** (Ärzte, Krankenhäuser, Physiotherapeuten usw.)
- **Leistungsfinanzierer** (Versicherte)
- **Leistungszahler** (z. B. Krankenversicherungen)
- der **Staat** (z. B. Gesundheitsämter, Bundeszentrale für gesundheitliche Aufklärung [BzGA])
- **Interessenverbände** (z. B. Selbsthilfevereine).

Seitens der **WHO** werden bestimmte Anforderungen an die nationalen Gesundheitssysteme gestellt. Sie sollen
- für alle zugänglich sein und ein möglichst hohes Gesundheitsniveau in der Bevölkerung bewirken,
- über die Gesundheit hinaus allgemeineren Werten wie Würde und Selbstbestimmung dienen und
- bei gerechter Lastenverteilung finanzierbar sein.

Gesundheitssysteme lassen sich u. a. anhand ihrer Finanzierung unterscheiden:
- **Sozialversicherungsmodell** (z. B. in Deutschland): Alle Menschen zahlen bestimmte Beiträge in die gesetzlich vorgeschriebenen Pflichtversicherungen ein, welche ihrerseits die Gesundheitsleistungen finanzieren, auf die der Einzelne im Bedarfsfall zugreift.

- **Privatversicherungsmodell** (z. B. in den USA): Menschen können freiwillig in eine private Versicherung einzahlen, welche im Bedarfsfall die Behandlungskosten übernimmt.
- **Nationaler Gesundheitsdienst** (z. B. in Großbritannien): Die im Krankheitsfall erforderlichen Leistungen werden über Steuern finanziert.

Die **Güte** eines Gesundheitssystems wird nach **inhaltlichen** (Erfüllung der WHO-Bestimmungen), **wirtschaftlichen** (Kosten-Nutzen-Analyse, Anteil der Gesundheitskosten am Bruttoinlandsprodukt) und **sozialen** (Finanzierungs- und Nutzungsgerechtigkeit) **Kriterien** bestimmt.

Sozialversicherung

Die in Deutschland gültige Sozialversicherung beruht auf dem **Sozialgesetzbuch** (SGB) als rechtlicher Grundlage und gliedert sich in fünf Bereiche:

- Gesetzliche Krankenversicherung (GKV): Träger sind die Krankenkassen
- Gesetzliche Rentenversicherung (GRV): Träger ist die Deutsche Rentenversicherung
- Gesetzliche Unfallversicherung (GUV): Träger sind die Berufsgenossenschaften und Unfallkassen
- Soziale Pflegeversicherung (SPV): Träger sind die Pflegekassen
- Arbeitslosenversicherung: Träger ist die Bundesagentur für Arbeit

Die Finanzierung der Sozialversicherung erfolgt über an den Bruttolöhnen und -gehältern bemessene Beiträge, die überwiegend **paritätisch** (also zu gleichen Teilen) von Arbeitnehmer und Arbeitgeber bezahlt werden.

Grundsätzlich ist es die **Pflicht** eines jeden Bürgers, den Versicherungen beizutreten. In bestimmten Fällen besteht aber auch die Möglichkeit, statt einer gesetzlichen eine **private Versicherung** abzuschließen. ▸ Tab. 1.2 zeigt die Unterschiede anhand des Beispiels der Krankenversicherung.

Rechtliche Regelungen im Krankheitsfall

Wenn ein Arbeitnehmer aufgrund einer neu aufgetretenen Erkrankung nicht in der Lage ist, seine Arbeit auszuführen, ist er zur sofortigen **Krankmeldung** bei seinem Arbeitgeber verpflichtet. Möglichst noch am selben Tag sollte er einen Arzt

Tab. 1.2 Unterschiede zwischen gesetzlicher (GKV) und privater (PKV) Krankenversicherung

	GKV	PKV
Beiträge	• abhängig vom Lohn/Gehalt und damit implizit von der Leistungsfähigkeit des Beitragszahlers • Familienangehörige ohne eigenes Einkommen sind beitragsfrei mitversichert	• abhängig vom persönlichen Krankheitsrisiko (bestimmt durch Alter, Geschlecht, Vorerkrankungen, Beruf etc.) • jeder Versicherte muss einen eigenen Beitrag zahlen (Versicherungsprämie)
Mitglieder	• grundsätzlich alle Arbeitnehmer, deren Gehalt unterhalb der Versicherungspflichtgrenze liegt • Arbeitnehmer, deren Gehalt oberhalb dieser Grenze liegt, können sich freiwillig gesetzlich versichern lassen • die gesetzlichen Versicherungen sind grundsätzlich zur Aufnahme verpflichtet	• Arbeitnehmer, deren Gehalt oberhalb der Versicherungspflichtgrenze liegt • selbstständig oder freiberuflich Tätige • Beamte • Kinder von privat Versicherten • das private Versicherungsunternehmen kann unter bestimmten Umständen einen Vertragsabschluss ablehnen bzw. bei besonderen Versicherungsrisiken Sonderzuschläge vereinbaren
Leistungen	• Sachleistungsprinzip: die Krankenkasse bezahlt dem Leistungserbringer die für den Versicherten erbrachten Leistungen	• Kostenerstattungsprinzip: Der Versicherte bezahlt die von ihm in Anspruch genommenen Leistungen zunächst selbst und reicht die Rechnungen dann bei seiner Versicherung ein
	• beide Versicherungssysteme schließen die Zahlung bestimmter Leistungen aus, in der PKV existieren geschlossene Leistungskataloge	

aufsuchen, der die **Arbeitsunfähigkeit** feststellt und in Form einer (möglichst befristeten) **Arbeitsunfähigkeitsbescheinigung** (AU-Bescheinigung, Krankschreibung) dokumentiert. Der Arbeitgeber hat das Recht, deren Vorlage noch am ersten Tag des Arbeitsausfalls zu verlangen. Dadurch sichert sich der Arbeitnehmer die **Lohnfortzahlung.** Diese erfolgt in den ersten sechs Wochen der Krankheit üblicherweise durch den **Arbeitgeber.** Bei Fortbestehen der Arbeitsunfähigkeit tritt anschließend die **Krankenversicherung** mit der Zahlung von **Krankengeld** ein. Dieses beläuft sich auf etwa 75 % des in den vorangegangenen drei Monaten bezogenen Gehalts.

Merke

Krankengeld wird von der Gesetzlichen Krankenversicherung innerhalb von drei Jahren maximal über 78 Wochen für die gleiche Krankheit gezahlt.

Insbesondere freiberuflich und selbstständig Tätige schließen oftmals eine **Krankentagegeld-Zusatzversicherung** ab, die ihnen im Krankheitsfall Einkünfte garantiert, welche sich an den zuletzt erreichten Bezügen orientieren.

Einfluss von Krankheit auf Arbeit und Erwerb

Arbeits-, Erwerbs- und Berufsunfähigkeit müssen sorgfältig voneinander abgegrenzt werden:

- **Arbeitsunfähigkeit:** Eine Person ist aufgrund einer Krankheit oder Verletzung nicht in der Lage, ihre bisherige Arbeit auszuüben.
- **Erwerbsunfähigkeit:** Eine Person ist dauerhaft aufgrund einer Erkrankung oder Behinderung nicht in der Lage, ihren Lebensunterhalt durch Arbeit zu verdienen. Der Begriff ist veraltet und wurde durch die Bezeichnungen „teilweise“ (Erwerbsfähigkeit von drei bis sechs Stunden täglich) und „volle“ (Erwerbsfähigkeit unter drei Stunden täglich) Erwerbsminderung ersetzt.
- **Berufsunfähigkeit:** Eine Person ist aufgrund einer Krankheit oder eines Unfalls dauerhaft nicht in der Lage, die in ihrem bisherigen Beruf üblichen Tätigkeiten auszuführen. Berufsunfähigkeit besteht auch dann, wenn die Person einen anderen, sozial weniger angesehenen oder mit erheblichen Gehaltseinbußen verbundenen, Beruf ausüben könnte.

Ist die Erwerbsfähigkeit aufgrund einer schweren oder chronischen Krankheit oder eines Unfalls eingeschränkt oder aufgehoben, wird zunächst geprüft, ob sie mithilfe einer **Rehabilitationsmaßnahme** wiederhergestellt werden kann. Ist dies nicht der Fall, wird ermittelt, ob der Betroffene dem allgemeinen Arbeitsmarkt in einem verringerten zeitlichen Umfang zur Verfügung stehen kann. Liegt die Erwerbsfähigkeit unter drei Stunden pro Tag, und hat der Betroffene das gesetzliche Renteneintrittsalter noch nicht erreicht, erhält er über die Rentenversicherung eine **Erwerbsminderungsrente** (Frührente), die dem ihm zustehenden vollen Rentenbetrag entspricht. Liegt die mögliche Arbeitszeit zwischen drei und sechs Stunden, besteht Anspruch auf die **halbe Rente,** wobei Zuverdienstmöglichkeiten gewährt werden. Hinsichtlich der Berufsunfähigkeit gibt es zusätzliche Regelungen.
Die **Erwerbsminderungsrente** wird zunächst befristet. Nach Ablauf einer festgesetzten Zeit wird überprüft, ob die gesundheitlichen Einschränkungen fortbestehen. Davon ist abhängig, ob die Rente weiter gezahlt wird oder nicht.
Schwere Erkrankungen oder Unfälle können dazu führen, dass Menschen bereits in jungen Jahren erwerbsunfähig werden und eine Rente beziehen. Insbesondere, wenn psychische oder psychosomatische Störungen zugrunde liegen, werden die Betroffenen nicht selten als „arbeitsunwillig“ und „Simulanten“ stigmatisiert. Mit dem Begriff des **Rentenbegehrens** drückt sich ein mögliches Konfliktfeld der Arzt-Patient-Beziehung aus.

1.1.4.3 Soziokulturelle Bewertung von Gesundheit und Krankheit

Die Bewertungen und Vorurteile im Zusammenhang mit Krankheit und Gesundheit sind vielfältig: So gelten ganze Nationen als besonders „robust“ oder „wehleidig“, werden bestimmte äußerliche Merkmale („durchscheinende Blässe“, „rote Pausbacken“) mit dem Gesundheitszustand in Verbindung gebracht und nutzt insbesondere die Lebens- und Genussmittelindustrie Gesundheit gern als Synonym für Lebensqualität, Stärke und Vitalität. Tatsächlich nachgewiesene oder auch nur vermutete geschlechtsspezifische Unterschiede beim Vorkommen bestimmter Erkrankungen beeinflussen nicht nur die ärztliche Diagnostik und Therapie, sondern auch die soziale Bewertung des Erkrankten. „Krampfadern“ werden z. B. als typisches Leiden in die Jahre gekommener Frauen betrachtet, dass auch Männer derartige Beschwerden haben können, ist eher unbekannt.

In vielen, auch offiziellen, Kategorisierungen von Krankheit und Gesundheit kommen **soziokulturelle Bewertungen** zum Ausdruck. Ein Beispiel dafür sind die **Pflegestufen** als ein Maßstab für **Hilfebedürftigkeit,** aber auch als gesellschaftlich und finanziell getragene Form der Anerkennung von Krankheit.
Unterschiedliche kulturelle Hintergründe können nicht nur zu unterschiedlichen Krankheitsbildern führen, sondern gehen auch mit einer differenziellen Bewertung von Krankheit und Gesundheit an sich einher. Der Wechsel von einer Kultur in die andere, die freiwillige oder erzwungene **Migration,** kann schon an sich ein Gesundheitsrisiko darstellen oder aber als solches erst offenbar werden, wenn der Migrant als Patient Teil des fremden Gesundheitssystems wird.

1.1.4.4 Stigmatisierung und Diskriminierung psychisch Kranker und Behinderter

Ein **Stigma** ist ein Kennzeichen, eine Art Stempel für die Andersartigkeit einer Person, das zum Anlass genommen wird, sie zu diskriminieren und aus einer **sozialen Gemeinschaft** auszuschließen. Problematisch ist dabei nicht das Erkennen der Unterschiedlichkeit bzw. der Abweichung von der Normalität, sondern die **negative Bewertung** und das geradezu automatische Ausgehen von einem „Fehler". Psychisch Kranken und Behinderten begegnen Stigmatisierung und ihre Folgen auf allen sozialen Ebenen: in der Öffentlichkeit und im Privatleben, innerhalb des Versorgungssystems, bei Behörden, bei der Wohnungs- und bei der Arbeitssuche. Nicht selten übernehmen die Betroffenen selbst, zumindest in Teilen, das negative Bild, das die soziale Gemeinschaft von ihnen verinnerlicht hat.
Awareness-Programme und **Anti-Stigma-Kampagnen** sollen die Öffentlichkeit zum Nachdenken und zur Verhaltensänderung bewegen, indem sie die Aufmerksamkeit für ein bestimmtes Thema (z. B. Behinderung oder psychische Krankheit) erhöhen, sachliche Informationen (z. B. zu Ursachen, Symptomatik, Therapieoptionen) geben und zu neuen Erfahrungen (z. B. durch Begegnung) ermuntern. So leisten Betroffene **Aufklärungsarbeit** in Schulen oder beteiligen sich z. B. durch Lesungen, Filme, Theater oder Kunstausstellungen an der Gestaltung der kulturellen Landschaft in ihrer Stadt.

1.2 Gesundheits- und Krankheitsmodelle

Modelle dienen dazu, die Wirklichkeit fassbar und den Menschen darin handlungsfähig zu machen. Sie stellen immer eine Vereinfachung dar und funktionieren nur innerhalb bestimmter Grenzen. Bei den psychologischen und soziologischen Modellen von Gesundheit und Krankheit geht es darum, die Herkunft psychischer und psychosomatischer Störungen zu erklären und zu therapieren.

1.2.1 Verhaltensmodelle

1.2.1.1 Lerntheoretische und kognitionstheoretische Grundlagen

„Cognoscere" heißt erkennen oder erfahren. Lern- und kognitionstheoretische Verhaltensmodelle gehen davon aus, dass unser „gesundes" und „krankes" Verhalten im Wesentlichen auf dem beruht, was wir im Laufe unseres Lebens **gelernt** und **erfahren** haben. Im Folgenden werden die drei wichtigsten Modelle vorgestellt.

Respondentes Modell/Klassische Konditionierung

Anfang des 20. Jahrhunderts untersuchte der russische Physiologe Iwan Petrowitsch **Pawlow** die Verdauungsreflexe bei Hunden und entwickelte daraus eine Versuchsanordnung, die Eingang in jedes psychologische Basiswissen gefunden hat:
Üblicherweise regt der Anblick und Geruch von Fleisch bei einem Hund die Speichelsekretion an. Dabei stellen „Anblick und Geruch von Fleisch" einen **unkonditionierten** bzw. **unbedingten Reiz** und „Speichelsekretion" die dazugehörige **unkonditionierte** bzw. **unbedingte Reaktion** dar. Wird nun der unkonditionierte Reiz stets mit einem zweiten **neutralen Reiz** (z. B. einem Klingelton) kombiniert, lässt sich nach einer Weile eine interessante Beobachtung machen: Auch ohne den unkonditionierten Reiz (also ohne den Anblick und Geruch von Fleisch), löst der ursprünglich neutrale, nun aber **konditionierte** bzw. **bedingte Reiz** (der Klingelton) eine **konditionierte** bzw. **bedingte Reaktion** aus (nämlich Speichelfluss). Dies funktioniert eine Weile und wird insbesondere dann aufrechterhalten, wenn der konditionierte und der unkonditionierte Reiz unvorhersehbar kombiniert oder nicht kombiniert werden (also wenn der

Hund manchmal Fleisch zum Klingelton erhält und manchmal nicht). Wird dagegen über einen längeren Zeitraum der konditionierte Reiz allein präsentiert, so verschwindet die konditionierte Reaktion allmählich. Man spricht dann von **Extinktion** oder **Löschung.**

Klinik

Konditionierungsvorgänge werden z. B. häufig bei **Chemotherapien** beobachtet: Einige der verwendeten Medikamente (unkonditionierter Reiz) können Übelkeit (unkonditionierte Reaktion) auslösen. Bereits nach wenigen Behandlungseinheiten bemerken viele Patienten, dass bereits die Umgebung des Krankenhauses oder bestimmte mit der Behandlung assoziierte Gegenstände (konditionierter Reiz) zu Übelkeit (konditionierter Reaktion) führen.
Cave! Als Konditionierung bezeichnet man in der Onkologie auch die Zerstörung des erkrankten Knochenmarks durch hoch dosierte Radio-Chemotherapie vor einer Stammzelltransplantation.

Ein weiteres Beispiel ist die Konditionierung von **Schmerz** und **Angst:** Die Erwartung einer entsprechenden Reaktion führt schon vorzeitig zu deren Auftreten, ohne dass der unkonditionierte Reiz überhaupt vorhanden ist (sobald man einen Zahnarzttermin vereinbart hat, bekommt man Zahnschmerzen).
Therapeutische Anwendung findet das Modell der Klassischen Konditionierung z. B. bei der Verhaltenstherapie spezifischer Ängste. Dabei geht es zumeist um die Entkopplung bzw. Löschung einer konditionierten Reaktion.

Operantes Modell/Operante Konditionierung

Der amerikanische Psychologe Burrhus Frederic **Skinner** unternahm Mitte des 20. Jahrhunderts Versuche mit Tauben und Ratten, die er in der nach ihm benannten **Skinner-Box** verschiedenen Versuchsanordnungen aussetzte. Die Betätigung eines Hebels durch das Tier bewirkte z. B., dass ein Futternapf gefüllt wurde, dass eine Serie unangenehmer Stromstöße unterbrochen werden konnte oder – im Gegenteil –, dass die Ratte einen Stromschlag erhielt.
Je nach Wirkung ging das Tier dazu über, den Hebel immer wieder oder gar nicht mehr zu bedienen. Skinner schloss daraus, dass es ein **Lernen am Erfolg** gibt und **Belohnungen** oder der **Wegfall von Strafen** dazu führen, dass ein bestimmtes Verhalten gezeigt wird, während **aversive Folgen** (Strafe oder Wegfall einer Belohnung) zu dessen Einstellung führen. Operante Konditionierung wird z. B. intuitiv in der Kindererziehung angewendet. In der Psychologie führen operante Konditionierungen häufig zur Aufrechterhaltung eines Problemverhaltens (z. B. kurzfristige Entlastung durch die Einnahme von Beruhigungsmitteln, langfristig Entstehung einer Abhängigkeit). Oft geht es darum, die Aufmerksamkeit auf die längerfristige Belohnung zu lenken, die durch eine Verhaltensänderung erzielt werden kann.

Kognitives Modell

Während sich das Respondente und das Operante Modell auf das Beschreiben der beobachtbaren Vorgänge „Reiz" und „Reaktion" beschränken und damit auf der Ebene des Behaviorismus, also des **Verhaltens,** bleiben, interessiert sich das kognitive Modell für die inneren, verarbeitenden Prozesse, die zu einer Handlung führen. Zwischen dem **Input** (Reiz) und dem **Output** (Reaktion) liegt das Gehirn bzw. das Denken als eine Art **Blackbox,** die es zu öffnen gilt. In ihr befinden sich Vorwissen, Erfahrungen, Erwartungen, Erinnerungen, also letztlich die **Persönlichkeit** eines Menschen. Lernen erfolgt nach diesem Modell durch **Einsicht** und **Eigensteuerung.** Psychische Erkrankungen, wie z. B. Depressionen, beruhen demzufolge auf fehlerhaften Kognitionen („Ich bin hilflos, ich bin schlecht, ich bin nutzlos"), welche im Rahmen der Kognitiven Verhaltenstherapie erkannt und korrigiert werden sollen.

1.2.1.2 Verhaltensanalytisches Genesemodell

Merke

Der Begriff **Verhaltensanalyse** hat zwei unterschiedliche Bedeutungen:

1. Naturwissenschaftliche Disziplin, die das Verhalten von Menschen und Tieren beobachtet und zu erkennen versucht, welche wechselseitigen Beziehungen zwischen Umwelt und Verhalten bestehen.
2. Individuelle und konkrete Beschreibung eines (Problem-)Verhaltens und damit eines der wichtigsten Instrumente der Kognitiven Verhaltenstherapie.

Nach dem verhaltensanalytischen Modell ist alles, was ein Mensch tut, sagt, denkt und fühlt **Verhalten.** Psychische Erkrankungen gehen mit Störungen auf einer oder mehreren dieser Verhaltensebenen einher. Es lassen sich **auslösende** („Was hat dazu geführt, dass die Krankheit ausgebrochen ist?") von **aufrechterhaltenden Faktoren** („Warum geht sie nicht wieder ‚von allein' weg?") unterscheiden. Diese müssen im Rahmen der psychotherapeutischen Diagnostik ermittelt werden. Dazu bedient man sich der **horizontalen Verhaltensanalyse** bzw. des sogenannten **SORCK-Schemas.** Im folgenden Beispiel wird das erstmalige Auftreten einer Panikattacke untersucht:

- **S**timulus: äußere oder innere Reize, die zum Auftreten der Symptomatik führen. Was ist zu beobachten:
  „Ich stand an der Bushaltestelle und wartete. Als der Bus kam, stieg ich ein. Der Bus war sehr voll. Ich fand keinen Sitzplatz. Dann bekam ich die Panikattacke."
- **O**rganismus: überdauernde Merkmale wie Persönlichkeitsmerkmale, körperliche Besonderheiten, emotionale und kognitive Dispositionen:
  37-jährige, ehrgeizige Frau, attraktiv, erfolgreich im Beruf, körperlich gesund, verheiratet, keine Kinder
- **R**eaktion: (pathologische) Reaktion auf den Ebenen:
  - **Kognition** – Gedanken:
    „Ich muss noch einkaufen und Wäsche waschen und ein Geburtstagsgeschenk für meinen Mann besorgen und meine Mutter anrufen und das Protokoll der heutigen Sitzung schreiben und das morgige Meeting vorbereiten … Das schaffe ich nie! Dabei schaffen es andere noch, sich um ihre Kinder zu kümmern. Ich habe keine Kinder, ich bin ein totaler Versager und wenn ich so weitermache, verlässt mich mein Mann. Dann bin ich ganz allein."
  - **Emotion** – Gefühle:
    Angst, Panik
  - **Körper** – körperliche, sensorische oder vegetative Erscheinungen:
    Herzklopfen, Übelkeit, Zittern, Schwitzen, Kloßgefühl im Hals
  - **Motorik** – Handlung
    „Ich habe gleich an der nächsten Haltestelle den Bus fluchtartig verlassen, habe geweint und meinen Mann angerufen."
- **C**onsequenz: kurzfristige und langfristige Folgen der Reaktion:
  „Mein Mann kam sofort, war sehr besorgt, hat mir dann die Aufgaben abgenommen und mich überredet, zum Arzt zu gehen. Der hat mich für den Rest der Woche krankgeschrieben. Als ich das nächste Mal mit dem Bus fahren wollte, hatte ich schon vor dem Einsteigen so ein komisches Gefühl und habe es dann gleich gelassen. Seither nutze ich den Bus gar nicht mehr: Entweder holt mich mein Mann von der Arbeit ab, oder ich nehme ein Taxi. Das schränkt auf Dauer meine Eigenständigkeit und mein Selbstbewusstsein ziemlich ein. Ich denke auch, dass das meinem Mann doch irgendwann auf die Nerven gehen muss. Mittlerweile treten die Attacken auch in anderen Situationen auf. Ich kann nie vorhersehen, wann es wiederkommt."
- **K**ontingenz: Analyse der Kopplung von Reaktion und Konsequenz:
  Kontinuierliche Verstärkung: „Mein Mann ist immer sofort für mich da, wenn ich eine Panikattacke habe."
  Diskontinuierliche, intermittierende Verstärkung: „Manchmal sagt mein Mann, dass ich mir ein Taxi rufen soll, wenn es mir schlecht geht."

Klinik

Die **Panikstörung** ist gekennzeichnet durch das wiederholte, nicht an eine spezifische Situation gebundene, Auftreten heftiger **Angstattacken** mit psychischen (Panik, Todesangst, Derealisations- und Depersonalisationserleben) und somatischen (Herzklopfen, Schwindel, Hyperventilation, Erstickungsgefühl, Enge, Stechen in der Brust, Schwitzen, Zittern) Symptomen. Häufig führt dies zu einem immer stärker ausgeprägten **Vermeidungsverhalten.** Sekundär können **spezifische Phobien** (Ängste in Menschenmengen, in engen Räumen, in der Höhe) oder eine **depressive Störung** entstehen.

Aufrechterhaltend für die Erkrankung wirken oft die **kurzfristigen Konsequenzen,** welche eine **positive** (Etwas Gutes kommt hinzu: „Mein Mann kümmert sich sehr liebevoll um mich, wenn ich eine Panikattacke habe.") oder **negative Verstärkung** (Etwas Schlechtes fällt weg: „Der Arzt schreibt mich krank, ich darf nicht zur Arbeit gehen, der Stress ist vorübergehend weg.") darstellen.
In Abgrenzung zur **horizontalen Verhaltensanalyse,** bei der eine bestimmte Situation detailliert

betrachtet wird, untersucht die **vertikale Verhaltensanalyse** größere personenbezogene und lebensgeschichtliche Zusammenhänge mit der (psychischen) Erkrankung (genetische Prädisposition, biografische Hinweise, begünstigende Persönlichkeitsmerkmale).

1.2.1.3 Verhaltensmedizinische Ansätze

Mit der Herstellung eines unmittelbaren Zusammenhangs zwischen (psychischer oder psychosomatischer) Krankheit und Verhalten ergeben sich eine Anzahl therapeutischer Ansätze, die alle auf eine **Verhaltensänderung** abzielen und unter dem Oberbegriff **„Verhaltenstherapie"** zusammengefasst werden. Ihre Techniken beruhen auf Untersuchungen normaler und von der Normalität abweichender Verhaltensweisen. Dabei geht es nicht in erster Linie um die strenge Umsetzung bestimmter Modelle, sondern ganz pragmatisch um die Wirksamkeit der Behandlung. So greift die Verhaltenstherapie auch auf Methoden anderer Schulen zurück.

Verhaltensmedizin im weiteren Sinne befasst sich mit dem Einfluss psychischer Faktoren auf die Gesundheit. Sie stellt ein **interdisziplinäres** Forschungs- und Aktionsfeld dar, auf dem es neben dem Erkenntnisgewinn auch um die praktische Anwendung geht, z. B. in den Bereichen Prävention, Behandlung und Rehabilitation.

Klinik

Bei der Entstehung **chronischer Schmerzen** wird der Übergang von einer ursprünglich somatischen in eine psychosomatische Störung, die auch nach dem Wegfall des ursprünglichen Auslösers fortbesteht, deutlich. ► Abb. 1.2 zeigt ein Schmerz-Kreislauf-Modell.

Maßnahmen zur **Schmerzbewältigung** werden den Betroffenen durch ein interdisziplinäres Team aus Ärzten, Physiotherapeuten, Psychologen und Pflegern vermittelt. Eine häufig vom Patienten selbst gewünschte medikamentös-analgetische Therapie wird ergänzt (und im Verlauf möglichst zunehmend ersetzt) durch physiologische und psychologische Verfahren (Bewegung, Physiotherapie, physikalische Behandlung, kognitive Therapie, Entspannungsverfahren, Biofeedback). Gegebenenfalls werden auch Angehörige und Selbsthilfegruppen in die Behandlung miteinbezogen.

Patientenschulungen haben das Ziel, Betroffene zu Experten ihrer eigenen Erkrankung zu machen und die Erfahrung der **Selbstwirksamkeit** zu fördern. Der Arzt wird dann zum Berater und Begleiter des mit seiner Krankheit, ihren Ursachen und Symptomen, psychosozialen, körperlichen und vegetativen Zusammenhängen und Therapieoptionen vertrauten Patienten.

Stressmanagement

Ein großes Themengebiet innerhalb der Verhaltensmedizin ist **Stress.** Darunter versteht man nach Hans Selye, die **unspezifische Reaktion** eines Organismus auf jede Art von **äußeren Anforderungen.** Eine **Stressreaktion** setzt kurzfristig Kräfte frei, die der Bewältigung dieser Anforderungen dienen. Auf Dauer kommt es aber oft zu einer **Überlastung** mit negativen Folgen bis hin zu körperlichen und psychischen Erkrankungen (z. B. Magengeschwür, Herzinfarkt, Burnout-Syndrom).

Mithilfe von **Stressmanagement-Programmen** sollen insbesondere Menschen, die eine Prädispo-

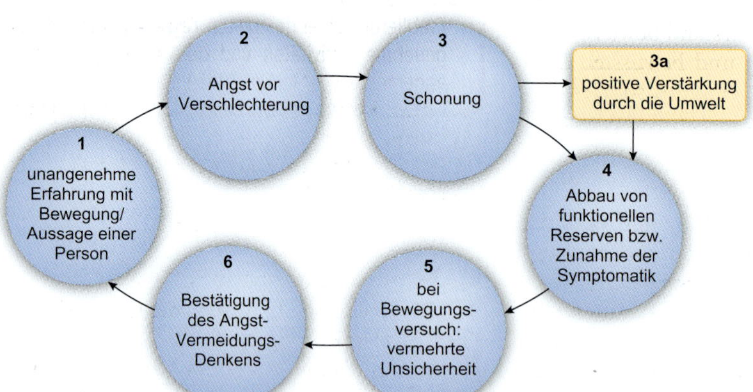

Abb. 1.2 Modell zur Entwicklung chronischer Schmerzen/Schmerz-Kreislauf [M547/L157]

sition für stressbedingte Störungen aufweisen, Methoden zur Stressvorbeugung und -bewältigung erlernen. Mittlerweile bieten nicht nur Verhaltenstherapeuten solche Schulungen an, sondern auch andere Bereiche der Lebenshilfe. Dabei geht es u. a. um die Aufklärung hinsichtlich stressbedingter Störungen, das Erkennen von Frühwarnzeichen, die Verbesserung der psychischen und körperlichen Selbstwahrnehmung und das Erlernen von Achtsamkeits- und Entspannungstechniken.

Biofeedback

Zu den Paradigmen der Verhaltensmedizin gehört die Untrennbarkeit von Körper, Geist und Seele. So wie seelische Prozesse zu körperlichen Erkrankungen (z. B. Magengeschwür durch Stress) und körperliche Leiden zu psychischen Störungen (z. B. Depression infolge einer Krebserkrankung) führen können, muss dieses Zusammenspiel auch umgekehrt wirksam und damit therapeutisch nutzbar sein. Biofeedback stellt eine Methode dar, die Verknüpfung von **seelischem** und **körperlichem Verhalten** sichtbar zu machen und die gegenseitige Einflussnahme gezielt zu üben.

Dazu können unterschiedliche **physiologische Marker** (z. B. Blutdruck, Herzfrequenz, Atemfrequenz, Hautwiderstand, Muskelspannung) abgeleitet und mithilfe von Computerprogrammen **visualisiert** oder hörbar gemacht werden. Der Patient erhält also zunächst ein „biologisches Feedback" z. B. über den Grad der körperlichen Anspannung und über dessen Veränderung in Abhängigkeit von bestimmten psychischen Faktoren (z. B. Erinnerung an ein schönes Erlebnis, Vorstellung einer angstbesetzten Situation). In einem nächsten Schritt soll er versuchen, gezielt Einfluss zu nehmen, indem er z. B. seinen auf einem Monitor als Kurve dargestellten Hautwiderstand bewusst steuert. Mit der Wahrnehmung und bewussten Lenkung vegetativer Vorgänge gelingt es so, Gesundheitsbelastungen zu verringern oder gar zu verhindern.

Kognitive Therapie

Die durch Aaron **Beck,** Albert **Ellis** und Peter M. **Lewinsohn** in den 1970er-Jahren begründete Kognitive Verhaltenstherapie legt den Schwerpunkt auf den Zusammenhang von Denkstil und Krankheit. Sogenannte **kognitive Verzerrungen** gelten demnach z. B. als typische Ursachen und Symptome depressiver Störungen. Zu ihnen gehören:

- **Alles-oder-Nichts-Denken:** „Wenn mich nicht ausnahmslos alle Menschen mögen, heißt das, dass ich versagt habe."
- **Extremes Verallgemeinern:** „Ich mache immer alles falsch."
- **Ausblenden des Positiven:** „Der Winter ist eine schlimme Jahreszeit: Es gibt Matsch, Kälte, Dunkelheit, zugefrorene Autofenster und man kann nicht ins Freibad gehen."
- **Wahrnehmungsfilter:** „In unserem dreistündigen Gespräch hat mich Klaus einmal kritisiert. Das heißt, er hält mich für völlig unfähig."
- **Vorschnelles Urteilen:** „Dass Monika nicht sofort auf meine SMS reagiert hat, bedeutet, dass sie mich nicht mag."
- **Übertreiben eigener Mängel,** Kleinreden eigener Fähigkeiten: „Ich bin hässlich, dumm und sportlich völlig unbegabt. Das, was ich auf der Klarinette spiele, kann doch jeder."
- **Emotionales Schlussfolgern:** „Dass ich mich so verlassen fühle, heißt, dass ich es bin."
- **Personifizieren:** „Alles Schlimme was passiert, ist meine Schuld."

Mit der Methode der **kognitiven Umstrukturierung** sollen die Denkfehler erkannt, auf ihre Angemessenheit hin überprüft und ggf. durch nützlichere Denk- und Verhaltensweisen ersetzt werden. Dabei ist es wichtig, dass nicht der Therapeut vorgibt, was „richtiges" und „falsches" Denken ist, sondern, dass der Patient angeleitet wird, sein Denken und Verhalten selbst in Frage zu stellen, z. B. mithilfe eines sogenannten **Sokratischen Dialogs.**

> **Klinik**
>
> Die Kognitive Verhaltenstherapie der Depression basiert auf drei Säulen:
>
> - Etablierung einer geregelten **Tagesstruktur,** die angenehme Aktivitäten und dem Leistungsvermögen angemessene Pflichten enthält
> - **Korrektur negativer Denkmuster**/kognitive Umstrukturierung
> - Training **sozialer Kompetenzen,** Förderung der Kontaktfähigkeit

1.2.1.4 Verhaltensgenetik

Das **Biopsychosoziale Modell** der Gesundheit und Krankheitsentstehung schließt auch den Einfluss **genetischer Faktoren** auf das Verhalten und eine daraus möglicherweise resultierende Erkrankung ein. Ursprünglich drehten sich die Forschungsfragen um die direkte Vererbung bestimmter Eigenschaften, Talente und (psychischer) Störungen. Mittlerweile weiß man, dass den bekannten psychischen Störungen **kein monogener** Erbgang zugrunde liegt und es sich vielmehr um komplexe, **multifaktoriell** (bio-psycho-sozial!) bedingte Erkrankungen handelt. So wird auf **molekularer Ebene** untersucht, ob es Zusammenhänge zwischen bestimmten Genen und Erkrankungen gibt. Darüber hinaus werden **Familien-, Adoptions-** und **Zwillingsstudien** durchgeführt.

Wichtig ist die Unterscheidung von **Genotyp** (Anlage im Genom) und **Phänotyp** (tatsächliche Ausprägung). Vererbt wird lediglich die **Möglichkeit** einer psychischen Erkrankung; ob sie tatsächlich ausbricht, hängt auch von **Umweltfaktoren** ab (Diathese-Stress-Modell, ► Kap. 1.2.2.1).

Bezüglich der **Schizophrenie** wurde z. B. festgestellt, dass innerhalb der Allgemeinbevölkerung ein Erkrankungsrisiko von 1% besteht. Für den Bruder oder die Schwester eines an Schizophrenie Erkrankten beträgt das Risiko bereits 10%, für einen zweieiigen Zwilling ca. 20% und für einen eineiigen Zwilling sogar 50%. Ähnliche Zahlen lassen sich für die **Aufmerksamkeitsdefizit-/Hyperaktivitätsstörung** (ADHS) finden: Das Erkrankungsrisiko für den eineiigen Zwilling eines ADHS-Patienten liegt bei 50–80%. Für die Kinder erkrankter Eltern besteht eine ca. 60-prozentige Wahrscheinlichkeit, ebenfalls zu erkranken. Bisher wurden einige Gene identifiziert, die Einfluss auf den Dopamin- und Glutamatstoffwechsel nehmen und offenbar an der Erkrankung beteiligt sind. Darüber hinaus vermutet man einen Zusammenhang mit einer bei ADHS-Patienten festgestellten erhöhten Menge bestimmter DNA-Abschnittskopien (Copy Number Variants, Genkopiezahlvarianten, CNV).

1.2.2 Psychobiologische Modelle

1.2.2.1 Emotion, Stress und Krankheit

In Physik und Werkstoffkunde spricht man von **Stress,** wenn auf ein Material Druck oder Zug ausgeübt wird. Für die Medizin und Psychologie erforschte der österreichische Wissenschaftler und Mediziner Hans **Selye** 1936 den Stress, den er als triadische Reaktion des Körpers auf Belastung beschrieb und in zahllosen Tierversuchsreihen nachwies. Als **Stressoren** sind all jene Faktoren zu verstehen, die Stress auslösen können. Ob etwas als Stressor wirkt oder nicht, hängt in hohem Maße von den individuellen Eigenschaften des Betroffenen ab. Selye unterscheidet zwischen **Eu-** und **Distress,** körperlichem und psychischem Stress sowie individuellen Stressanfälligkeiten. Unabhängig von der Art des Stressors ist nach Selye die Endstrecke der Körperreaktion auf chronischen Stress immer gleich. Es kommt zu

- Atrophie von Lymphknoten und Thymus
- Hypertrophie und Mehrdurchblutung der Nebennierenrinde, gesteigerter Kortisonsynthese
- Entstehung peptischer Magengeschwüre

Merke

Eustress: positiv bewerteter Stress (z. B. Verliebtheit, Urlaubsreise, Vorweihnachtszeit)
Distress: negativ bewerteter Stress (z. B. Prüfung, Ehestreit, Verkehrsunfall)

Im Rahmen eines **generellen Adaptationssyndroms** folgt auf eine **Alarmreaktion** zunächst **Widerstand,** bei Fortbestehen des Stressors resultieren **Erschöpfung** und Krankheit. Folgende körperliche Vorgänge sind dabei zu verzeichnen

- **Schockreaktion:** Blutdruckabfall, Anstieg der Herzfrequenz, Absinken der Blutglukosekonzentration
- **Gegenschockreaktion:** Aktivierung des Sympathikus, vermehrte Ausschüttung von ACTH
- **Widerstandsphase:** weitere Aktivierung des Sympathikus, Ausschüttung von Kortisol, Ausschöpfung von Energiereserven
- **Erschöpfungsphase:** Energiereserven sind ausgeschöpft, vermehrte Infektanfälligkeit aufgrund andauernder Immunsuppression, Sistieren regenerativer (Wundheilung, Wachstum) und reproduktiver (Sexualität) Funktionen

Klinik

Früher galt der **Herzinfarkt** als typische Managerkrankheit. Heute ist dauerhafter Stress nicht mehr das Merkmal dieser Berufsgruppe allein: In fast allen Arbeitsbereichen wirkt sich wirtschaftlicher und sozialer Druck mehr oder weniger stark auf die **Gesundheit von Arbeitnehmern** aus. Die psychophysiologische Verknüpfung von Stress und Sympathikusaktivität äußert sich klinisch z. B. in einem dauerhaft erhöhten Blutdruck. Meist trifft (beruflicher) Stress mit weiteren gesundheitsschädigenden Komponenten des Lebensstils zusammen (verminderte Bewegung, unausgewogene Ernährung, erhöhter Nikotin- und Alkoholkonsum), wodurch sich das Risiko für Herz-Kreislauf-Erkrankungen potenziert.

James P. **Henry** postulierte in den 1980er-Jahren in einem auf Selyes Annahmen aufbauenden Modell die These, dass die **emotionale Bewertung** von Stress (Angst, Wut, Trauer, Freude usw.) Einfluss auf die Stressreaktion nimmt.
Der amerikanische Physiologe Walter **Cannon** entwickelte etwa zeitgleich sein **Homöostase-Modell,** in dessen Rahmen er die Stressreaktion als Versuch des Erhalts oder der Wiederherstellung des inneren Gleichgewichts gegenüber veränderten Umweltbedingungen beschrieb. Er prägte zudem den Begriff der **Fight-or-Flight-Response** (Kampf-oder-Flucht-Reaktion) als Antwort auf akuten Stress.

Merke

Unter **Homöostase** versteht man den Gleichgewichtszustand eines offenen dynamischen Systems, der durch unterschiedliche Strategien aufrechterhalten wird.
Allostase geht über die Homöostase hinaus und bezeichnet die langfristigen Ausgleichs- und Anpassungsstrategien eines Systems.
Im **Homöostase-Allostase-Modell** werden kurz- und langfristige Adaptationsprozesse im Zusammenhang mit Stress beschrieben.

Diathese-Stress-Modell

Unter **Diathese** versteht man in der Medizin eine **erhöhte spezifische Krankheitsneigung** (z. B. hämorrhagische, atopische, angioneurotische Diathese). Als Synonym wird in diesem Zusammenhang auch der Begriff **Vulnerabilität,** also Verletzlichkeit, verwendet. Das Diathese-Stress-Modell geht davon aus, dass die (genetisch-biologische) Anlage für eine psychische Störung (z. B. Depression, Schizophrenie, Sucht) allein nicht genügt, die Erkrankung zum Ausbruch zu bringen. Dazu bedarf es der zusätzlichen Wirkung eines **Stressors.** Modifizierend wirken individuelle **Risiko-** und **Schutzfaktoren.** Besteht bei einer Person eine hohe Vulnerabilität, so genügt auch ein eher geringes Stresslevel, um die Erkrankung auszulösen. Menschen ohne eine entsprechende Disposition reagieren dagegen erst auf einem sehr hohen Stresslevel mit der Ausbildung von Symptomen.
Neben anderen Faktoren gilt insbesondere das Ausmaß der **sozialen Unterstützung** als wesentliches Regulativ im Rahmen von Stressentstehung und -bewältigung. Menschen, die auf ein zuverlässiges soziales Netz zurückgreifen können, haben eine geringere Wahrscheinlichkeit, stressbedingte Störungen zu entwickeln bzw. genesen rascher.

Klinik

Neurobiologische Modelle der Depression gehen von einer **genetischen Komponente** aus. Dies erscheint nachvollziehbar angesichts der Ergebnisse von Familien- und Zwillingsstudien, die eine familiäre Häufung depressiver und bipolarer Störungen nachweisen konnten. Andererseits steht die Wirkungsweise verschiedener **Neurotransmitter** im Zentrum des wissenschaftlichen Interesses. So weiß man, dass Medikamente, die die Wiederaufnahme von Serotonin und/oder Noradrenalin aus dem synaptischen Spalt in die Nervenzelle blockieren, bei vielen Patienten antidepressiv wirken. Dies legt den Schluss nahe, dass Depressionen auf einem Mangel dieser biogenen Amine beruhen. Auch die Hormone der Hypothalamus-Hypophysen-Nebennierenrinden-Achse (ACTH, Kortisol) haben nachweislich einen Einfluss auf die Stimmung.

Oxytocin

In den vergangenen Jahren wurde das Hormon Oxytocin intensiv hinsichtlich seiner **sozialregulativen Wirkungen** beforscht („Bindungshormon", „Kuschelhormon", Erhöhung der partnerschaftlichen Treue durch Oxytocinausschüttung beim Streicheln und beim Geschlechtsverkehr), was bisher allerdings zu widersprüchlichen Ergebnissen führte.
Das im **Hypophysenhinterlappen** gespeicherte und per genital-hypothalamischer Regulierung sezernierte Hormon spielt eine wichtige Rolle beim Geburtsvorgang und beim Stillen. Es bewirkt die Kontraktion der Uterusmuskulatur und wird klinisch zur Weheneinleitung genutzt. Nach mechanischer Reizung der Brustwarzen beim Stillen führt die Oxytocinausschüttung zu einer Kontraktion der Milchdrüsen. Darüber hinaus führt es zu einer **Verminderung der Kortisolausschüttung** und entfaltet darüber eine **stressreduzierende Wirkung.** Während Oxytocin Frauen offenbar sanftmütiger, vertrauensvoller und friedfertiger macht, ist bei Männern eine deutliche geringere Wirkung zu verzeichnen und zuweilen scheint es bei beiden Geschlechtern sogar die Aggressivität zu erhöhen.

1.2.2.2 Schmerz

Schmerz ist eine komplexe, als unangenehm empfundene **Sinneswahrnehmung,** die auf der mechanischen, thermischen und chemischen **Reizung von Schmerzrezeptoren** (z. B. freie Nervenenden) beruht und durch **psychobiologische Faktoren** (Emotionen, Kognitionen, Hormone) beeinflusst wird. Verbunden mit dem **akuten Schmerz** ist eine tatsächliche oder potenzielle **Gewebeschädigung,** die durch eine entsprechende Schmerzreaktion verhindert oder minimiert werden soll. Bei **chronischen Schmerzen** ist dieser Zusammenhang oft nicht (mehr) gegeben. Für deren Entstehung tritt die Wirkung psychischer Begleitumstände in den Vordergrund. Die Wahrnehmungsschwelle und die Toleranz für Schmerzen werden z. B. durch Angst und Traurigkeit oder eine wiederholte Reizung gesenkt, wohingegen sie im Kampf, beim Geschlechtsverkehr oder einer anderen starken körperlichen und/oder seelischen Reizung ansteigen. Eine vorübergehende „Ablenkung" von Schmerzen ist also möglich, bedarf bei Chronizität aber einer zunehmenden Anstrengung.

Klinik

Als **Phantomschmerzen** bezeichnet man die vermeintlichen Sinneswahrnehmungen einer amputierten Gliedmaße. Die Ursachen sind unbekannt. In Frage kommen **Informationsvermittlungsfehler** auf der Ebene peripherer, spinaler und/oder zerebraler Strukturen. Phantomschmerzen treten bei über 50 % der Patienten nach einer Amputation auf. Die Behandlung ist schwierig und bedarf einer individuellen Abstimmung. Neben schmerzlindernden Medikamenten (Analgetika) kommen physikalische Verfahren, Psychotherapie und alternative medizinische Methoden zum Einsatz. Die Möglichkeit der Behandlung des Phantomschmerzes an einer virtuellen Extremität befindet sich in der Erprobung.

Schmerzgedächtnis

Eine Hypothese bei der Erforschung chronischer Schmerzen ist die des Schmerzgedächtnisses. Sie beruht auf der Annahme von **Lerneffekten** auf **zellulärer Ebene,** die sich durch eine Modifikation der **Genaktivität** manifestieren. Wird eine Nervenzelle durch wiederholten Schmerz immer wieder gereizt, kommt es zu einer Art der Verselbstständigung, die mit dem Training von Muskeln oder dem Auswendiglernen von Gedichten zu vergleichen ist: Einmal angeregt, wird dann ein automatischer Prozess in Gang gesetzt, der sich als Schmerz äußert, auch wenn gar kein äußerer Reiz mehr vorhanden ist. Wissenschaftler gehen davon aus, dass dort, wo Lernprozesse stattfinden, auch ein Neu- oder Umlernen theoretisch funktionieren muss. Die (z. B. durch Analgetika unterstützte) wiederholte Erfahrung, dass der erwartete Schmerz ausbleibt, kann demnach zu einer „Überschreibung" des Schmerzgedächtnisses führen. In der praktischen Umsetzung verlangt dies ein hohes Maß an Motivation von Seiten des Patienten sowie umfassender medizinischer und psychotherapeutischer Unterstützung.

Gate-Control-Modell

Ronald **Melzack** und Patrick **Wall** stellten 1965 eine Theorie vor, mit deren Hilfe zahlreiche Phänomene der Schmerzwahrnehmung und -therapie plausibel erklärt werden konnten: Die über periphere Nerven aufgenommenen Informationen werden zu den sensiblen Neuronenkernen im Hinterhorn des Rückenmarks weitergeleitet und dort vor der Weitergabe an das Großhirn umgeschaltet. Absteigende Bahnen aus der Formatio reticularis im Hirnstamm und endorphinerge Zwischenneurone können hemmend auf diese Weiterleitung einwirken und üben somit eine zentrale Kontrolle auf die Schmerzverarbeitung aus. Das Ausmaß dieser **Hemmung** ist u. a. abhängig von der Aktivität dicker und dünner peripherer Nervenfasern und von zentralen Prozessen wie **Aufmerksamkeit, Emotion** und **Schmerzerfahrung.** Damit lassen sich die Wirkung von zentralen Analgetika (Opioide), Akupunktur und Hypnose, aber auch die Tatsache, dass ein Schmerz an Intensität verliert, wenn man über die schmerzende Stelle reibt oder an anderer Stelle einen Schmerzreiz setzt sowie die Beobachtung, dass eine starke emotionale Erregung häufig die Schmerzwahrnehmung unterdrückt, erklären.

Dysfunktionale Kognitionen und maladaptives Schmerzverhalten

Der Entwicklung **chronischer Schmerzen** liegen nicht selten dysfunktionale Kognitionen, also ungünstige Gedanken im Rahmen der Schmerzverarbeitung zugrunde. Dazu gehören

- kognitiv gesteigerte Ängste („Schmerz ist gefährlich", „Das wird nie wieder gut")
- daraus resultierendes Vermeidungsverhalten („Ich bin gefährdet und muss mich schonen")
- autoaggressive Durchhalteparolen („Reiß dich zusammen", „Ein Indianer kennt keinen Schmerz")

- Bagatellisierungen („Wird schon wieder"), einhergehend mit Überaktivität und Überforderung

Über den Weg der zunehmenden psychischen Anspannung kann es dann auch zu körperlichen Verspannungen und letztlich einer Zunahme des Schmerzes kommen.

1.2.3 Psychodynamische Modelle

Unter Dynamik versteht man die (innere) antreibende Kraft und Bewegung. **Psychodynamik** wäre also mit „innerer Bewegung der Seele" zu übersetzen. Die klassische psychodynamische Theorie geht auf Sigmund **Freud** zurück. Ursachen psychischer Erkrankungen sind demnach **unbewusste Konflikte** und **Entwicklungsstörungen.** Zum Verständnis psychischer Phänomene führte Freud **Es, Ich** und **Über-Ich** als Beschreibung der unterschiedlichen inneren Antriebe und Instanzen ein:

- Das **Es** steht für die grundlegenden menschlichen Bedürfnisse und Triebe nach Nahrung und Ausscheidung, Wärme und Zuneigung, Sexualität und Fortpflanzung. Es strebt gemäß dem Lustprinzip nach der möglichst unmittelbaren Erfüllung dieser Bedürfnisse und gerät unter Spannung, wenn sie ausbleibt.
- Das **Ich** steht für Bewusstsein und Denken. Es vermittelt zwischen den Bedürfnissen des Es, den Anforderungen des Über-Ichs und den Bedingungen der (sozialen) Umwelt und folgt dabei an der Realität orientierten Prinzipien. Freud beschrieb das Verhältnis von Es und Ich wie das von Pferd und Reiter: Ersteres liefert die Energie, während Letzterer lenkt und entscheidet.
- Das **Über-Ich** steht für die moralischen und gesetzlichen Normen, die ein Mensch z. B. von seinen Eltern und Lehrern sowie der Gesellschaft übernimmt und verinnerlicht. Es stellt das Gewissen dar.

Während das Es **angeboren** ist, beginnt die Entwicklung von Ich und Über-Ich erst in den ersten Lebensjahren durch **soziale Interaktion.**

Merke

- Es: Bedürfnisse, Libido, Triebe
- Ich: Bewusstsein, Regulierung von Trieben und Impulsen
- Über-Ich: Gewissen, Gesellschaftsregeln

1.2.3.1 Psychoanalytische Entwicklungspsychologie

Sigmund **Freud** unterschied **vier Phasen** der psychosexuellen Entwicklung, die sich an den Bedürfnissen des **Es** orientieren und „abgearbeitet" werden müssen, ehe eine reife erwachsene Persönlichkeit entsteht:

- Orale Phase (Geburt bis ca. 18. Lebensmonat): Die Bedürfnisbefriedigung des Säuglings erfolgt hauptsächlich über den Mund: Nahrungsaufnahme, Saugen und Lutschen. Er nimmt Kontakt zu seiner Umwelt auf und entwickelt „Urvertrauen". Störungen in dieser Phase führen zur Entwicklung eines ängstlichen, misstrauischen, fordernden Charakters mit geringer Frustrationstoleranz.
- Anale Phase (18. Monat bis 3. Lebensjahr): Das Kleinkind erlebt Lust insbesondere über die Analregion und das Zurückhalten und Abgeben der Fäzes. In dieser Phase geht es um das Erleben von Kontrolle und die Entwicklung von Autonomie und Selbstsicherheit. Störungen werden mit einem zwanghaften, geizigen, ordnungsliebenden Charakter in Verbindung gebracht.
- **Phallische Phase** (3.–6. Lebensjahr): Im Vorschulalter erfolgt die körperliche Triebbefriedigung in erster Linie über die Stimulation der Genitalien. Die Unterschiede zwischen den Geschlechtern werden erkannt. Störungen in dieser Phase können Ursache eines später gesteigerten Leistungs- und Konkurrenzstrebens sein. In der sich anschließenden Latenzzeit, die etwa bis zum 12. Lebensjahr andauert, spielen die körperlichen Es-Ansprüche eine untergeordnete Rolle.
- **Genitale Phase** (Pubertät): Im Jugend- und frühen Erwachsenenalter erfolgt die Entwicklung der reifen Sexualität, deren Befriedigung nicht mehr allein, sondern mit einem Partner erzielt wird.

Der Psychologe und Psychoanalytiker Erik **Erikson** griff Freuds an der Sexualität orientierte Theorie auf und erweiterte sie um die sozialen Komponenten der **Ich-Entwicklung.** Die von ihm beschrieben Lebensphasen sind jeweils mit spezifischen **Entwicklungsaufgaben** verbunden, die aufeinander aufbauen. Wird eine Aufgabe nicht gelöst, bleibt der Mensch in der entsprechenden Phase **fixiert** und entwickelt charakteristische Eigenschaften oder Störungen.

- **Vertrauen vs. Misstrauen** (1. Lebensjahr): „Ich bin, was man mir gibt."
  Wird diese Phase nicht adäquat bewältigt, z. B. weil die Mutter als wichtigste Bezugsperson fehlt, entstehen Hilflosigkeit und Verlustängste.
- **Autonomie vs. Scham und Zweifel** (2.–3. Lebensjahr): „Ich bin, was ich will."
  In dieser Phase führen Bewältigungsmängel, z. B. durch eine zu starke Einschränkung des Entdecken-Dürfens, zu Unsicherheit und Selbstzweifeln, Zwanghaftigkeit und Geiz sowie Perfektionismus und Scham bzgl. der eigenen Wünsche.
- **Initiative vs. Schuldgefühl** (4.–5. Lebensjahr): „Ich bin, was ich mir vorstellen kann, zu werden."
  Körperlich, geistig und sozial entwickelt sich das Kind in dieser Phase, indem es spielt und die Bedeutung sozialer Rollen und Institutionen erfährt. Einschränkungen dieser ersten Selbstständigkeit und Lösung von der Mutter können zu Schuldgefühlen führen und später Auslöser psychosomatischer Krankheiten sein.
- **Fleiß und Schaffen vs. Minderwertigkeitsgefühl** (6.–12. Lebensjahr): „Ich bin, was ich lerne."
  In dieser Phase entwickelt das Kind mit dem sogenannten Werksinn das Bedürfnis, etwas Nützliches, Gutes, Schönes zu tun oder herzustellen und dafür Anerkennung zu erhalten. Störungen in diesem Bestreben, z. B. weil dem Kind wichtige „Werkzeuge" fehlen oder die Anerkennung ausbleibt, führen zu Minderwertigkeitsgefühlen und fehlendem Zutrauen in eigene Fähigkeiten.
- **Identität vs. Rollenkonfusion** (Adoleszenz): „Ich bin, was ich bin."
  In dieser Phase geht es um die Abstimmung von Selbst- und Fremdwahrnehmung und die Etablierung der eigenen sozialen Rolle. Zurückweisung und Treue spielen hierbei eine wichtige Rolle. Fehler in dieser Phase führen zu einer dauerhaften Unruhe und Unsicherheit hinsichtlich der sozialen Rolle oder zu einer übermäßigen Begeisterung für Neues bis hin zum fanatischen Vertreten von Ideologien.
- **Intimität und Solidarität vs. Isolation** (frühes Erwachsenenalter): „Ich bin, was mich liebenswert macht."
  Auf der Grundlage einer gefestigten Identität ist das Individuum in dieser Phase dazu bereit und in der Lage, intime Beziehungen zu anderen einzugehen und Liebe zu erleben. Die Nicht-Bewältigung äußert sich in Isolation und Selbstbezogenheit oder Selbstaufopferung und Verschmelzungswünschen.
- **Fortpflanzung vs. Stagnation** (mittleres Erwachsenenalter): „Ich bin, was ich bereit bin zu geben."
  In dieser Phase orientiert sich der Mensch hin zur kommenden Generation: Familiengründung, das Aufziehen von Kindern, Anleitung und Ausbildung, soziales Engagement stehen im Mittelpunkt. Fehlentwicklungen in dieser Phase führen zu Überfürsorglichkeit oder der Verarmung in sozialen Beziehungen, Sinnlosigkeits- und Leeregefühlen.
- **Integrität vs. Verzweiflung** (spätes Erwachsenenalter): „Ich bin, was ich mir angeeignet habe."
  Die letzte Lebensphase dient dem Rückblick und der Auseinandersetzung mit Alter, Sterben und Tod. Gelingt dies nicht, entstehen Enttäuschung und Unzufriedenheit, Ekel und Verachtung gegenüber sich selbst und anderen sowie eine mehr oder weniger bewusste Todesangst.

1.2.3.2 Psychodynamische Persönlichkeitsmodelle

Die Definition von **Persönlichkeit** ist ähnlich schwierig wie die von Gesundheit. Fest steht, dass es sich dabei um ein **Konstrukt** handelt, das der Erklärung und Beschreibung von **Verhalten** und **Ich-Umwelt-Interaktion** dient. Dem **psychodynamischen Persönlichkeitsmodell** liegt Siegmund Freuds oben geschilderte Trinität von Es, Ich und Über-Ich zugrunde, die in individuell charakteristischer Weise agiert. Anhand des Modells der **psychosexuellen Entwicklung** nach Freud lassen sich folgende Charaktertypen unterscheiden:

- **schizoider Charakter** (frühe orale Phase): einzelgängerisch, vorsichtig, unsicher, mangelhafte Wahrnehmung eigener und fremder Gefühle
- **narzisstischer Charakter** (frühe orale Phase): übersteigertes Geltungsbedürfnis, Streben nach Anerkennung und Macht, mangelnde Empathiefähigkeit
- **depressiver Charakter** (orale Phase): Harmoniebedürfnis, Konfliktscheu, Abhängigkeit, Minderwertigkeitsgefühle, Passivität, Autoaggression, orale Lustbefriedigung (durch Essen, Alkohol, Drogen etc.), ausgeprägte Empathiefähigkeit
- **zwanghafter Charakter** (anale Phase): Genauigkeit, Ordnungsliebe, Kontrollbedürfnis, Spar-

samkeit, ausgeprägte Gewissenhaftigkeit, Eigensinn

- **hysterischer Charakter** (phallische Phase): betont emotional, phantasievoll, großzügig, im Mittelpunkt stehend, dominierend

Klinik

Sind die Charaktereigenschaften einer Person so stark ausgeprägt, dass daraus immer wieder persönliche oder soziale Konflikte oder aber die Entwicklung klinisch bedeutsamer Leiden oder Beeinträchtigungen resultieren, kann die Diagnose einer **Persönlichkeitsstörung** gestellt werden.

Im DSM ist z. B. die **narzisstische Persönlichkeitsstörung** durch folgende Merkmale gekennzeichnet: Der Betroffene

- hat ein grandioses Gefühl der eigenen **Wichtigkeit;** er/sie übertreibt z. B. die eigenen Leistungen und Talente oder erwartet, ohne entsprechende Leistungen als überlegen anerkannt zu werden,
- ist stark eingenommen von Fantasien grenzenlosen **Erfolgs, Macht, Glanz,** Schönheit oder idealer Liebe,
- glaubt von sich **besonders** und **einzigartig** zu sein und nur von anderen besonderen oder angesehenen Personen (oder Institutionen) verstanden zu werden oder nur mit diesen verkehren zu können,
- verlangt nach übermäßiger **Bewunderung,**
- legt ein **Anspruchsdenken** an den Tag, d. h. übertriebene Erwartungen an eine besonders bevorzugte Behandlung oder automatisches Eingehen auf die eigenen Erwartungen,
- ist in zwischenmenschlichen Beziehungen **ausbeuterisch,** d. h. zieht Nutzen aus anderen, um die eigenen Ziele zu erreichen,
- zeigt einen **Mangel an Empathie;** ist nicht willens, die Gefühle und Bedürfnisse anderer zu erkennen oder sich mit ihnen zu identifizieren,
- ist häufig **neidisch** auf andere oder glaubt, andere seien neidisch auf ihn/sie und
- zeigt **arrogante,** überhebliche Verhaltensweisen oder Haltungen.

1.2.3.3 Trieb-, Ich-, Selbst- und objektpsychologische Modelle

Das psychoanalytische Modell fußt auf **vier psychologischen Modellen,** die einander überlappen und ergänzen und mittels unterschiedlicher zeitlicher und inhaltlicher Perspektiven zur Komplexität des Gesamtmodells beitragen.

Trieb- und Ich-Modell

Nach Sigmund **Freud** sind es die **Triebe (Es),** die unser Handeln mitbestimmen und dabei mit der Realität in Konflikt geraten können. Dazu gehören neben den **primären Bedürfnissen** nach Nahrung, Luft, Wärme, Ruhe, Sexualität usw. auch die **sekundären Triebe** nach Anerkennung und Sicherheit. Freud unterscheidet zudem den auf Leben und Liebe ausgerichteten **Eros** vom Todestrieb **Thanatos.** Aus der Nichterfüllung eines Bedürfnisses entstehen **Unlustgefühle,** die mit aller Macht bekämpft werden müssen. Dem Ich als Vermittler zwischen Es und Realität gelingt dies häufig durch einen **Kompromiss** bzw. bestimmte **Abwehrmechanismen.** Andernfalls entstehen **psychische Störungen.**

Klinik

Unter **Konversionsstörungen** versteht man körperliche Symptome als Ausdruck eines unerträglichen innerpsychischen Konflikts. Die Symptome dienen dann entweder der Erfüllung oder der Unterdrückung des (unbewussten und durch Ich und Über-Ich verbotenen) Triebs. Für die scheinbar neurologischen oder organischen Störungen wird keine somatische Ursache gefunden. Zum Beispiel könnte eine Frau, deren früherer Geliebter sie zur Hochzeit mit einer anderen einlädt, eine plötzliche Lähmung der Beine erleiden, die sie daran hindert, zur Hochzeit zu gehen. Auf diese Weise vermeidet sie das Bewusstwerden ihrer grenzenlosen Eifersucht und Wut, die sie sich aufgrund ihrer hohen moralischen Werte nicht eingestehen kann.

Selbst- und Objektpsychologie

Als **Objekt** wird in der Psychoanalyse nach Freud das **menschliche Gegenüber** bezeichnet, das für die Erfüllung der Triebwünsche gebraucht wird. Melanie **Klein** modifizierte den Begriff, indem sie die Aktivität und Personalität des Objekts, sein Reagieren, in ihre Überlegungen zur Entwicklung der Beziehungsgestaltung eines Menschen einbezog. Die am stärksten prägenden Objekte sind üblicherweise die Eltern. Häufig steht die Art der sozialen Interaktion des Erwachsenen in einer Beziehung zur Interaktion mit diesen **frühen Objekten.** Oft werden die mit den Eltern nicht gelösten Konflikte unbewusst in späteren Beziehungen wiederholt.

Die **Selbstpsychologie** nach Heinz **Kohut** befasst sich mit der Entwicklung und Erhaltung des Selbst in der Annäherung und Abgrenzung von der

Umwelt. Als wichtige Fähigkeit (und Ursache möglicher Störungen) wird der Erhalt einer **Selbstkonstanz** trotz Schwankungen des Selbstwertgefühls verstanden.

1.2.3.4 Abwehrmechanismen

Abwehrmechanismen dienen dazu, **Konflikte** zwischen den Bedürfnissen und Trieben des Es und den Maßgaben der **Realität** zu unterdrücken und somit unerträgliche Gefühle, z. B. von Scham, Schuld, Angst, Wut, Hass oder Trauer, nicht bewusst wahrzunehmen. Anna **Freud** fasste eine Vielzahl dieser psychischen Strategien in ihrem 1936 erschienenen Buch „Das Ich und die Abwehrmechanismen" zusammen und schuf damit ein Standardwerk der Psychoanalyse. Im Folgenden sind einige Abwehrmechanismen dargestellt. Wichtig ist, zu beachten, dass es sich bei ihnen **nicht** um **bewusste** Entscheidungen bzw. Verhaltensweisen handelt und dementsprechend eine willentliche Beeinflussung kaum möglich ist.

- **Abwertung:** unverhältnismäßig negative Bewertung eines Objekts oder bestimmter Teile der Realität: „Franzi hat meine Einladung abgelehnt, aber das macht nichts, die ist ja sowieso hässlich und doof."
- **Altruismus:** Aufopferung für fremde Interessen und Bedürfnisse bei gleichzeitiger Zurückstellung der eigenen: „Ich hungere und friere gern, solange Du nur versorgt bist."
- **Autoaggression:** Wendung der (uneingestandenen) gegenüber einer anderen Person empfundenen Aggressionen gegen sich selbst: „Manchmal lässt der Druck erst dann nach, wenn ich mich selbst mit einer Rasierklinge schneide."
- **Idealisierung:** Hervorhebung der positiven Eigenschaften eines anderen, Ausblendung seiner negativen Anteile: „Mein Mann ist der allerbeste, -schönste, -klügste. Er kann gut tanzen und treu ist er auch."
- **Identifikation mit dem Aggressor:** Übernahme der Ansichten dessen, der einen selbst bedroht: „Mein Vater konnte ja gar nicht anders, als mir eine Ohrfeige zu geben – sonst hätte ich bestimmt nicht aufgehört zu heulen."
- **Intellektualisierung und Affektisolierung:** Ausblendung der emotionalen Beteiligung durch betonte Sachlichkeit oder wissenschaftliche Bewertung: „Bei mir wurde ein kleinzelliges Bronchialkarzinom festgestellt. Die Heilungschancen in diesem Stadium liegen bei 64,3 %. Über die Therapieoptionen werde ich gleich mit meinem Lungenfacharzt sprechen."
- **Konversion:** Ausdruck eines psychischen Konflikts durch körperliche Symptome mit symbolischer Beziehung zum Konflikt: „Und Lots Weib sah hinter sich und ward zur Salzsäule" [Gen. 19,26]; blind werden, weil man etwas nicht mehr mit ansehen kann; Rückenschmerzen bekommen, weil man eine Belastung nicht mehr erträgt.
- **Projektion:** überdeutliche Wahrnehmung und Verurteilung eigener ungeliebter Eigenschaften oder tabuisierter Wünsche bei anderen: „Ich finde es unmöglich, wie diese neue Kollegin sich an den Chef ranmacht."
- **Rationalisierung:** einseitige Wahrnehmung und Akzeptanz logischer und rationaler Beweggründe für eine Handlung unter Ausblendung emotionaler Aspekte: „Die Sicherheit Deutschlands wird auch am Hindukusch verteidigt."
- **Reaktionsbildung oder Verkehrung ins Gegenteil:** Unterdrückung eines negativen, nicht akzeptablen Impulses durch Umwendung in das genaue Gegenteil: Die Viertplatzierte im Schönheitswettbewerb fällt der Siegerin fröhlich um den Hals und bietet ihr herzlich ihre Freundschaft an.
- **Regression:** Rückzug in kindliche Verhaltensmuster: „Als Frank gehen wollte, habe ich geweint und mich an seinem Bein festgeklammert. Als er dann wirklich weg war, habe ich ein ganzes Nutellaglas leergelöffelt."
- **Somatisierung:** Entwicklung körperlicher Beschwerden als Ausdruck eines psychischen Konflikts, ohne dass (wie bei der Konversion) ein symbolischer Zusammenhang besteht.
- **Spaltung:** Verteilen nicht miteinander vereinbarer Eigenschaften eines Objekts auf mehrere Objekte: „Mama ist gut, Papa ist böse."
- **Sublimation:** Einsatz einer gesellschaftlich höherwertigen Handlung bei Nichterfüllbarkeit von Triebwünschen: „Weil der Dichter keinen Sex mit seiner Angebeteten haben konnte, schrieb er ihr ein wunderschönes

Liebespoem." Dieser Abwehrmechanismus ist laut Freud ein wesentlicher Antrieb für kulturelle Entwicklung.

- **Ungeschehenmachen:** Durchführen einer (symbolischen) Handlung zur Wiedergutmachung einer bösen Tat oder zur Vermeidung von Schuldgefühlen: „Nachdem mein Mann mich beschimpft und geschlagen hatte, brachte er mir am nächsten Tag einen Strauß Rosen mit."
- **Verdrängung:** Verlegen unliebsamer Gedanken oder Gefühle, die den Anforderungen von Ich und Über-Ich nicht entsprechen, in das Unterbewusstsein. Dort werden sie scheinbar vergessen, tauchen aber z. B. in Träumen oder Fehlleistungen („Freudscher Versprecher") wieder auf. Verdrängt werden insbesondere aggressive und libidinöse Triebe, die den gesellschaftlichen Normen widersprechen.
- **Verleugnung:** Ausblenden einer unliebsamen Realität: „Die Ampel muss noch grün gewesen sein, sonst wäre ich doch nicht gefahren!" Anders als bei der Verdrängung, bei der es um das Nicht-Wahrhabenwollen innerer Regungen geht, bezieht sich die Verleugnung auf äußere Tatsachen.
- **Vermeidung:** Vermeiden möglicher Auslösesituationen für nicht gewünschte Triebe und Wünsche: „Seit ich den Typen, in den ich verliebt bin, mit seiner Freundin im Schwimmbad getroffen habe, gehe ich dort nicht mehr hin."
- **Verschiebung:** Stellvertretende Befriedigung negativer Impulse, die gegenüber der Person, an die sie sich eigentlich richten, nicht ausgelebt werden können, an einem Dritten: „Immer wenn mein Mann Stress mit seinem Chef hat, lässt er seinen Ärger an mir aus."

Klinik

Trauma heißt Wunde. Neben seiner Verwendung in der Rettungs- und Notfallmedizin kommt der Begriff auch in der Psychologie vor. In der **ICD-10** wird er wie folgt definiert: Als Trauma kann *„ein belastendes Ereignis oder eine Situation kürzerer oder längerer Dauer, mit außergewöhnlicher Bedrohung oder katastrophenartigem Ausmaß, die bei fast jedem eine tiefe Verzweiflung hervorrufen würde"* wirken.

Die **Psychotraumatologie** befasst sich mit den Ursachen und Folgen von Traumata und der Behandlung traumatisierter Patienten.

Im Rahmen einer **posttraumatischen Belastungsstörung** treten typischerweise **flashbackartige Erinnerungen** an das Trauma (Intrusionen) auf, die tiefenpsychologisch als Anhalt dafür gewertet werden, dass das Erlebnis nicht in das Bewusstsein integriert und als normaler Gedächtnisinhalt abgelegt werden kann. Zusätzlich leiden die Patienten unter **ständiger hoher Anspannung,** vegetativer Übererregbarkeit (Hyperarousal) und zeigen ein deutliches **Vermeidungsverhalten,** das einen unbewussten Schutzversuch gegen eine Retraumatisierung darstellt. Nach außen hin wirken sie oft teilnahmslos und gleichgültig, innerlich geht dies mit einem Gefühl der Gefühllosigkeit und Betäubung einher. Nicht selten treten Suizidgedanken auf. Die **Behandlung** erfolgt pharmakologisch (Antidepressiva) und psychotherapeutisch.

1.2.3.5 Struktur und Konflikt

OPD

Die **Operationalisierte Psychodynamische Diagnostik** (OPD) ist ein in der Psychoanalyse und Tiefenpsychologie verwendetes **Diagnosesystem,** das mittels fünf Achsen die seelische Verfassung eines Menschen beschreibt:

- Achse I: Krankheitserleben und Behandlungsvoraussetzungen
- Achse II: Beziehung
- Achse III: Konflikt
- Achse IV: Struktur
- Achse V: Psychische und psychosomatische Störungen (Bezug zu ICD-10 und DSM-5)

Struktur

Mit dem Begriff Struktur beschreibt man in der Psychoanalyse die Fähigkeit zur **Organisation des Selbst** und zur Beziehung mit den inneren und äußeren Objekten. Dies bezeichnet man auch als **Ich-Funktion.** Das **Strukturniveau** kann gering, mäßig oder gut ausgebildet sein. Von einer Desintegration spricht man, wenn überhaupt keine feste Ich-Struktur besteht. Auf **Achse IV der OPD** wird die Struktur anhand von sechs Kriterien dargestellt:

- **Selbstwahrnehmung:** Ist der Patient fähig zur Selbstreflexion? Kann er seine Affekte differenziert wahrnehmen? Hat er eine gute Einsicht in sein „psychisches Innenleben"?
- **Selbststeuerung:** Kann der Patient seine Affekte, Impulse, Wünsche und Bedürfnisse selbst regulieren?

- **Abwehr:** Ist der Patient in Krisensituationen in der Lage, sein psychisches Gleichgewicht durch geeignete Schutz- und Abwehrmechanismen zu erhalten?
- **Objektwahrnehmung:** Kann der Patient Fremd und Selbst sicher unterscheiden? Kann er empathisch den Zustand und die Bedürfnisse von anderen wahrnehmen?
- **Kommunikation:** Kann der Patient sich anderen mitteilen und die Mitteilungen anderer verstehen?
- **Bindung:** Kann der Patient Bindungen zu anderen herstellen? Kann er „innere Repräsentanzen" von anderen errichten, mit Gefühlen ausstatten, ggf. aber auch anpassen? Kann er Bindungen auch wieder lösen?

Defizite bzw. Vulnerabilität in einem oder mehreren dieser Kriterien werden als **strukturelle Störungen** bezeichnet und beruhen meist auf **frühkindlichen Beziehungsstörungen.**

Konflikt

Als Konflikt wird die wahrgenommene Unvereinbarkeit von unterschiedlichen (meist einander widersprechenden) Bedürfnissen, Wünschen oder Impulsen bezeichnet. Das Erleben von Konflikten setzt ein **zumindest geringes Strukturniveau** voraus. Für die psychische Gesundheit ist entscheidend, ob und wie die **Lösung** gelingt. Dabei wird statt eines „Entweder-oder" ein „Sowohl-als-auch" angestrebt. Die OPD unterscheidet acht Grundkonflikte:

- Abhängigkeit vs. Individuation
- Unterwerfung vs. Kontrolle
- Versorgung vs. Autarkie
- Selbstwert vs. Objektwert
- Über-Ich-/Gewissens-/Schuldkonflikte
- Ödipal-sexuelle Konflikte
- Identitätskonflikte
- Fehlende Konfliktwahrnehmung

Klinik

In der **Psychoanalyse** werden **Persönlichkeitsstörungen** als Resultat von **Entwicklungsstörungen** gesehen, die durch eine geringe oder sogar desintegrierte **Ich-Struktur** gekennzeichnet sind. Als Antwort auf eine **unsichere äußere Struktur** (z. B. widersprüchliches Verhalten enger Bezugspersonen, Gewalterfahrungen, Verlassenwerden) entwickelt das Kind **Abwehrmechanismen,** die im Erwachsenenalter ihren ursprünglichen Zweck verfehlen und dann als pathologisch in Erscheinung treten. Besonders deutlich wird dies bei der **Borderline-Persönlichkeitsstörung,** deren Hauptabwehrmechanismus die **Spaltung** (Gut – Böse, Freund – Feind, Idealisierung – Entwertung) ist und die mit schweren Defiziten bei allen Strukturkriterien einhergeht. Die Fähigkeit, Konflikte wahrzunehmen und auszuhalten ist bei den Betroffenen nur gering ausgeprägt.

1.2.4 Sozialpsychologische Modelle

Die **Sozialpsychologie** beschäftigt sich mit psychischen Phänomenen und Prozessen innerhalb **sozialer Gemeinschaften.** Ihr wissenschaftliches Interesse gilt u. a. den Fragen, wie Menschen einander wahrnehmen und beeinflussen, wie sie **Beziehungen** gestalten, sich über Gemeinschaft identifizieren, wie es zu **Integration** und **Ausgrenzung** kommt, wie sich soziales oder antisoziales Verhalten entwickelt, auf welche Weise **soziale Normen** geprägt werden, wie kommunikative Prozesse ablaufen usw.

Krankheit und Gesundheit werden aus sozialpsychologischer Sicht entscheidend durch soziale Interaktionen, Rollen, Einstellungen und Normen geprägt.

1.2.4.1 Psychosoziale Einflüsse auf Gesundheit und Krankheit

Soziale Rollen

Eine soziale Rolle ist mit einer Reihe von Erwartungen und Normen verknüpft, die derjenige, der sie übernimmt, zumindest bis zu einem gewissen Grad, erfüllen muss **(Rollenidentifikation).** Sie wird sowohl durch das **Handeln** des „Rollenträgers" als auch durch die **äußere Zuschreibung** (also die Art, wie der Rollenträger durch andere gesehen und behandelt wird) bestimmt. Ein zu starkes „Aus-der-Rolle-Fallen" wird sozial negativ sanktioniert, z. B. durch den Entzug von Anerkennung, Vertrauen, Aufgaben und Verantwortung. Die erwartungsgemäße Erfüllung einer Rolle hingegen wird meistens sozial verstärkt (Belohnung, Gewährung von Anerkennung bzw. mit der jeweiligen Rolle verbundenen Vorteilen). Verschiedene Rollen sind aufeinander bezogen, z. B. Mutterrolle – Kindrolle, Rolle des Vorgesetzten – Rolle des Angestellten, Rolle des Nehmers – Rolle des Gebers, Arztrolle – Patientenrolle. Interessanterweise ist die Rolle des Gesunden kaum umschrieben, während mit der

Krankenrolle ganz klare Normative verbunden sind: Als Patient ist der Kranke jemand, der (so die Bedeutung des lateinischen Wortes passio) etwas aushält, erträgt, erleidet. Der Begriff erinnert auch an das englische Wort „patience", das mit Geduld, Ausdauer und Langmut übersetzt wird. Zur Krankenrolle gehört es also, Leid zu ertragen, geduldig zu sein, sich zu schonen, weniger Leistung zu erbringen als sonst und sich aktiv für seine Gesundheit einzusetzen, aber auch Schonung, Mitleid, Rücksichtnahme und Unterstützung durch das soziale Umfeld zu empfangen und die Verpflichtungen seiner sonstigen Rollen vorübergehend nicht erfüllen zu müssen. Dies macht die Ambivalenz der Rolle deutlich und erklärt, warum es zuweilen gar nicht so leicht und attraktiv ist, mit der Genesung die Krankenrolle wieder abzugeben **(Rollenverlust)**.

Merke

Unter dem **primären Krankheitsgewinn** versteht man die Vorteile, die einem Betroffenen unmittelbar aus seiner Erkrankung erwachsen (z. B. Ruhe, körperliche Schonung, Entlastung von Arbeit und Verantwortung).
Als **sekundären Krankheitsgewinn** bezeichnet man die sozialen Vorteile, die mit einer Erkrankung einhergehen (z. B. vermehrte Zuwendung und Aufmerksamkeit, Mitgefühl).
Der **tertiäre Krankheitsgewinn** wird der sozialen Umgebung des Kranken zuteil, die sich z. B. in Gestalt des pflegenden Angehörigen nützlich und gebraucht fühlen kann, möglicherweise auch finanzielle Vorteile hat. Letztlich beruht die Existenz des gesamten Gesundheitssystems auf tertiärem Krankheitsgewinn.

Rollenkonflikte entstehen sowohl innerhalb der Rolle selbst („In meiner Rolle als Mutter muss ich manchmal streng sein, obwohl ich lieber ganz sanft bin") als auch zwischen den verschiedenen Rollen, die ein Mensch innerhalb eines komplexen sozialen Gefüges innehat („Als Dein Arzt muss ich Dir empfehlen, diese Tabletten zu nehmen, als Dein Freund muss ich Dir gestehen, dass ich sie selbst nicht nehmen würde.").
Auch für den Kranken sind sowohl **Intra**- als auch **Interrollenkonflikte** denkbar: „Ich soll mich schonen und gleichzeitig die Strapazen des Arztbesuchs auf mich nehmen"; „Als Kranker soll ich mich schonen, als Vater möchte ich mich, wenn ich schon mal zu Hause bin, mit meinen Kindern beschäftigen".

Soziale Normen und Einstellungen

Das Leben in einer Gemeinschaft wird wesentlich mithilfe von **sozialen Normen** reguliert. Diese schreiben vor, wie man sich in bestimmten Situationen zu verhalten hat. Sie sind abhängig von kulturellen und traditionellen Einflüssen und tragen so auch zur **Abgrenzung** unterschiedlicher Gemeinschaften bzw. Gesellschaften bei. Soziale Normen begründen sich aus unterschiedlichen **Regelsystemen** (z. B. Moral, Recht, Religion, Konvention), die mehr oder weniger dicht miteinander verwoben sind.

Klinik

Aufklärungs- und Präventionskampagnen zielen konkret darauf ab, auf Normen einzuwirken bzw. bestimmte Normen zu etablieren und dadurch Einstellung und Verhalten innerhalb einer Gesellschaft zu verändern. Beispielsweise geht es in der AIDS-Kampagne der Bundeszentrale für gesundheitliche Aufklärung (BZgA) darum, zum Schutz vor einer Infektion mit dem HI-Virus die Verwendung von Kondomen beim Geschlechtsverkehr zur Normalität zu machen (▸ Abb. 1.3).

Als **Einstellung** wird die kognitiv und emotional geprägte Haltung bzw. Meinung in Bezug auf einen bestimmten Sachverhalt bezeichnet. Die Art und Weise, wie Einstellungen das Verhalten beeinflussen, ist Gegenstand psychologischer und soziologischer Forschung. Eine positive Einstellung zu Gesundheit geht z. B. nicht automatisch mit einem gesundheitsfördernden Verhalten einher. **Präventionsmaßnahmen** versuchen hier, zusätzliche Anreize zu schaffen.
Dagegen kann die Einstellung zu Krankheit in einer Gesellschaft oder einer sozialen Gemeinschaft deutlich den Umgang mit dem Erkrankten und der Erkrankung beeinflussen. So wird die Ansicht, „Wer krank wird, ist selber schuld" oder „Wer sich krank meldet, ist nur zu faul zum Arbeiten" für den Betroffenen die Identifikation mit der Krankenrolle erheblich erschweren oder sogar dazu führen, dass er sie nicht annimmt und trotz Krankheit weiterarbeitet.

1.2.4.2 Psychische Risiko- und Schutzfaktoren

Als psychische Risiko- und Schutzfaktoren für den Erhalt von Gesundheit bzw. das Auftreten von Krankheit wirken bestimmte Gedanken, Erfahrungen und Erwartungen.

Abb. 1.3 Poster aus der BZgA-Kampagne „Liebesorte" zur Prävention von HIV-Infektionen [W233]

Merke

Psychische Risikofaktoren sind:
- soziale Isolation
- schwere Schicksalsschläge wie Krankheit, Tod eines nahen Angehörigen, Trennung vom Partner oder Arbeitsplatzverlust
- psychische Erkrankungen
- gelernte Hilflosigkeit
- eine negative Grundeinstellung zum Leben (Pessimismus)

Psychische Schutzfaktoren sind:
- ein gutes soziales Netz
- hohe Selbstwirksamkeitserwartung und Kontrollüberzeugung
- eine positive Grundeinstellung zum Leben (Optimismus)

Sie sind die Grundlage der **Resilienz,** also der Widerstandsfähigkeit eines Systems gegen Störungen.

Kontrollüberzeugung

Der amerikanische Psychologe Julian B. **Rotter** beschäftigte sich mit einer **Theorie des sozialen Lernens** und führte in den 1960er-Jahren den Begriff der Kontrollüberzeugung ein. Darunter versteht man die Art und Weise sowie das Ausmaß, mit denen eine Person meint, auf bestimmte Ereignisse Einfluss nehmen zu können.

Eine **interne Kontrolle** besteht, wenn die Person ein Geschehen als Konsequenz ihres eigenen Handelns und damit als durch sie selbst beeinflussbar erlebt.

Externale Kontrolle bedeutet, dass die Geschehnisse durch andere Personen oder Mächte oder durch den Zufall gelenkt werden und sich der Einflussnahme des Individuums entziehen.

Abhängig von ihrer Kontrollüberzeugung gehen Menschen z. B. unterschiedlich mit Gesundheit und Krankheit um:
- Interne Kontrollüberzeugung: „Wenn ich mich ausgewogen ernähre, regelmäßig Sport treibe und ein gutes Gleichgewicht zwischen Aktivität und Entspannung finde, bleibe ich gesund."
- Externale Kontrollüberzeugung: „Die Erkrankungen, die ich im Laufe meines Lebens bekommen werde, sind in meinen Genen festgeschrieben – gegen die Natur kann man nichts machen."

Selbstwirksamkeit

Eng verbunden mit dem Konzept der Kontrollüberzeugung ist das der Selbstwirksamkeit. Auch hier geht es darum, wie stark ein Individuum annimmt, mit seinem eigenen Handeln etwas bewirken zu können. Eine **niedrige Selbstwirksamkeitserwartung** geht häufig mit Pessimismus, Passivität und der Annahme einer Opferrolle einher: „Da kann man eh nichts machen", „Das ändert sich nie", „Egal, was ich tue, ich erreiche doch nicht mein Ziel". Daraus können psychische Erkrankungen wie Angststörung oder Depression resultieren.

Dagegen ist eine **hohe Selbstwirksamkeitserwartung** mit Optimismus und Aktivität verbunden: „Wenn ich mich anstrenge, schaffe ich das", „Es liegt in meiner Hand, meine Ziele zu erreichen", „Jeder ist seines Glückes Schmied".

Die Selbstwirksamkeitserwartung wird u.a. wesentlich geprägt durch

- **Erfahrungen** mit schwierigen Situationen (bewältigbar oder nicht?)
- Wirkung von **Vorbildern**: „Mein Vater hat sich auch immer alles gefallen lassen" vs. „In meiner Familie wurden Schicksalsschläge erfolgreich gemeistert"
- Zutrauen durch das **soziale Umfeld**: „Meine Freunde sagen: Lass es lieber bleiben" vs. „Die glauben alle ganz fest an mich"

Hardiness

Mit dem Begriff Hardiness bezeichnete die Psychologin Suzanne **Kobasa** 1971 die Fähigkeit, schwierige Situationen weitgehend unemotional und problemorientiert zu bewältigen, sie als **Herausforderung** zu betrachten und entsprechend **aktiv** und **engagiert** damit umzugehen. Auch hierfür spielt die Überzeugung, **Kontrolle** in der Situation zu haben, eine wichtige Rolle.

Optimismus

Optimismus als eine positive, am Guten und am Erfolg orientierte, heitere und zuversichtliche Grundhaltung gegenüber dem Leben und den Dingen gilt als ein bedeutsamer **Schutzfaktor** nicht nur gegen psychische, sondern auch im Umgang mit körperlichen Erkrankungen.

Der „optimistische Kranke" glaubt daran, dass es ihm wieder besser gehen wird, dass er Hilfe bekommt und sich selbst helfen kann. Er ist aktiv und beeinflusst damit auch das Verhalten seiner Umwelt, die ihn unterstützt und weiter ermutigt.

Hingegen geht der „pessimistische Kranke" davon aus, dass nichts ihm helfen kann, er alles ertragen muss und sein Leid unvermeidbar ist, was ihn selbst und sein Umfeld häufig lähmt und zu einer depressiven Nicht-Bewältigung der Erkrankung führen kann.

1.2.4.3 Soziale Risiko- und Schutzfaktoren

Als soziale Risiko- und Schutzfaktoren für den Erhalt von Gesundheit bzw. das Auftreten von Krankheit wirken das Maß der **sozialen Integration,** Unterstützung und Anerkennung. Eine besondere Rolle spielen dabei die Faktoren des **Social Support:**

- **Emotionale** Unterstützung (Zuwendung, Trost, Mitgefühl, Anerkennung)
- **Informationelle** Unterstützung (Informations- und Wissensvermittlung)
- **Instrumentelle** Unterstützung (finanzielle und materielle Hilfe, Unterstützung im Haushalt oder bei der Arbeit)
- **Bewertungsunterstützung** (Übereinstimmung in der Meinung und Bewertung bestimmter Sachverhalte)

Soziale Isolation

Einsamkeit, das Fehlen eines sozialen Netzes und damit die Nicht-Erfüllung grundlegender menschlicher Bedürfnisse (Anerkennung, Zuneigung, Liebe, Trost, Interesse, Gedankenaustausch) gilt als ein gesundheitlicher **Risikofaktor,** der in seiner Auswirkung auf die Lebenserwartung denen des Rauchens und des Übergewichts gleichkommt. Dies ist als Tatsache durch Studien belegt, wobei eine eindeutige begründende Erklärung noch aussteht.

Neben nachweisbar **medizinischen Faktoren** (Stärkung des Immunsystems durch soziale Interaktion, Beeinflussung des hormonellen Stoffwechsels) spielen auch **psychologische** (Freundschaften wirken antidepressiv) und **psychosoziale** Einflüsse eine Rolle (wer sich innerhalb von Beziehungen als wertvoll und verantwortlich empfindet, achtet mehr auf den Selbsterhalt).

Rollenverlust

Der Verlust einer sozialen Rolle stellt häufig eine kritische Phase dar, in der sich das **Krankheitsrisiko** erhöht. Neben den **Rollenverpflichtungen** gehen wichtige **soziale Verstärker** verloren, möglicherweise werden **soziale Bindungen** gelöst, oft wird die verlorene Rolle durch eine andere, weniger geschätzte ersetzt, mit deren Bedingungen es sich dann auseinanderzusetzen gilt.

Beispielhaft soll dies am **Verlust des Arbeitsplatzes** dargestellt werden:

Die Rolle des Berufstätigen, der z.B. mit seinem Einkommen seine Familie versorgt, der einen Dienst innerhalb der Gesellschaft leistet, der bestimmte Rechte und Pflichten hat, in ein Kollegium integriert ist, soziale und finanzielle Anerkennung und regelmäßige Ansprache erhält, dessen Tagesstruktur wesentlich durch die Arbeitsabläufe gestaltet und dessen Selbstwahrnehmung durch die spezifischen Eigenschaften der beruflichen Rolle geprägt wird („Ich bin Arzt" statt „Ich arbeite als

Arzt") – wird eingetauscht gegen die Rolle des Arbeitslosen. Diese ist sozial negativ besetzt („Arbeitslose leben auf Kosten der Gesellschaft", „Arbeitslose sind faul") und bedeutet für den Betroffenen finanzielle Einbußen sowie den Verlust von Kontakten, Wertschätzung, Tagesstruktur bis hin zur Infragestellung der Daseinsberechtigung und des Lebenssinns. Arbeitslosigkeit wird oft als Kränkung erlebt, die (insbesondere psychisch) krank macht. Gesamtgesellschaftlich betrachtet ist der **Gesundheitszustand von Arbeitslosen** im Vergleich zu dem von Beschäftigten deutlich schlechter. Dabei dominieren Depressionen, Ängste und Suchterkrankungen. Aber auch somatische Störungen wie Herz-Kreislauf-, gastrointestinale und Schmerzerkrankungen treten bei Arbeitslosen häufiger auf.

Etwas weniger gravierend, aber dennoch für viele Menschen kritisch, ist der Übergang in den **Ruhestand** bei Erreichen des Rentenalters. Zwar ist die gesellschaftliche Zuschreibung eine andere („Der Rentner hat sich seinen Ruhestand verdient", „Wer sein Leben lang fleißig gearbeitet hat, soll nun auch etwas davon haben"), aber die Effekte bezüglich der fehlenden sozialen Integration und Anerkennung sind zunächst ähnlich.

Soziale Unterstützung und Anerkennung

Soziale Unterstützung (z. B. Gespräche mit Freunden, Hilfe bei schwierigen Entscheidungen, Aufteilung von Arbeiten im Haushalt innerhalb der Familie, öffentliche oder private Dienstleistungen) und soziale Anerkennung (Lob, Zuwendung durch Partner und Freunde, Wertschätzung durch Kollegen, Vorgesetzte oder Kunden, finanzielle Würdigung von Leistung) wirken als **Schutzfaktoren** für die Gesundheit. Häufig ist auch die Rede vom „sozialen Puffer" gegen Stress und Krankheit.

1.2.5 Soziologische Modelle

Das soziologische Modell sucht die Einflüsse auf Gesundheit und Krankheit insbesondere in den klassischen sozialen Faktoren wie Stand, Einkommen, Bildung, Macht und soziale Gerechtigkeit. In der Abgrenzung zum sozialpsychologischen kann man dieses Modell auch als sozioökonomisch bezeichnen.

1.2.5.1 Einflüsse der gesellschaftlichen Opportunitätsstruktur

Opportunität bedeutet Zweckmäßigkeit, günstige Gelegenheit. Wenn etwas opportun ist, dann ist es angebracht, vorteilhaft oder günstig. Der Begriff Opportunismus ist eher negativ besetzt und bedeutet, dass jemand ohne Rücksicht auf seine oder andere Wertvorstellungen und Prinzipien etwas lediglich am eigenen Vorteil orientiert entscheidet.

Unter der **gesellschaftlichen Opportunitätsstruktur** versteht man die gegebenen Verhältnisse und Angebote, die eine Gesellschaft ihren Mitgliedern zur Existenzgestaltung bietet. Dazu gehören u. a. Bildungsangebote, Arbeitsmarkt, wirtschaftliche und politische Struktur, soziale Schichtung und Gesundheitswesen.

Soziale Schichtung

Üblicherweise werden **drei soziale Schichten** unterschieden: Ober-, Mittel- und Unterschicht. Die Zuordnung eines Menschen zu einer sozialen Schicht bzw. einem **sozioökonomischen Status** (SES) erfolgt anhand der Kriterien **Bildung, Beruf und Einkommen.** Da diese Faktoren veränderlich sind, ist auch die Zugehörigkeit zu einer Schicht möglicherweise nicht über die ganze Lebensspanne gleich: Es gibt **Auf- und Abstiegsprozesse.** Man spricht von **sozialer Mobilität.**

Zwischen **sozialer Schicht, Morbidität (Krankheitshäufigkeit)** und **Mortalität (Sterblichkeit)** bestehen Zusammenhänge, die sich grob zusammenfassen lassen als „Mitglieder der Oberschicht leben gesünder und länger als Mitglieder der Unterschicht". Die Ursachen dafür sind vielfältig und umfassen u. a.

- **Ernährung:** bei Menschen mit geringem sozioökonomischem Status häufig kalorienreicher und unausgewogener
- **Bewegung:** Teilnehmer an Fitnessprogrammen, Sportkursen etc. in größerer Anzahl aus oberen sozialen Schichten
- **Stress:** oft körperlich stark beanspruchende Arbeit und weniger Kompensationsmöglichkeiten bei Menschen aus unteren sozialen Schichten
- **Wohn- und Umweltverhältnisse**
- **Zugang zum Gesundheitssystem**
- Private **Finanzierbarkeit** gesundheitsfördernder Maßnahmen
- **Ressourcen** zur Bewältigung von mit Krankheit einhergehenden psychosozialen Belastungen

Die **Kausationshypothese** geht davon aus, dass es die Armut ist, die (vermittelt durch o. g. Zusammenhänge) krank macht, während die **Selektions- und Drifthypothese** besagt, dass Krankheit ihrerseits in die Armut führt. Beide Theorien erklären den Ist-Zustand: Armut und Krankheit korrelieren miteinander, Einkommensungleichheit geht mit Ungleichheit des Gesundheitszustands einher. Und beide haben Wahrheitsgehalt ohne Absolutheitsanspruch.

Klinik

Angehörige der **sozialen Unterschicht** rauchen mehr, haben häufiger starkes Übergewicht und zeigen weniger sportliche Aktivität als Mitglieder der Mittel- und Oberschicht. Magen- und Darmgeschwüre, Diabetes mellitus Typ 2, chronische Bronchitis, Lungenkrebs, Suchterkrankungen und Depressionen haben eine höhere Prävalenz in der **Unterschicht,** während z. B. Heuschnupfen und andere allergische Erkrankungen, Brustkrebs und Alkoholabhängigkeit bei Frauen häufiger in den **höheren Schichten** auftreten. Die Lebens- und Gesundheitszufriedenheit ist bei Mitgliedern der Mittel- und Oberschicht höher als bei denen der Unterschicht. Erstere nehmen häufiger an Präventionsmaßnahmen teil, während Letztere mehr gesundheitsriskantes Verhalten zeigen.

Soziale Netzwerke, Arbeitsmarkt, Bildungswesen

Als **soziale Netzwerke** bezeichnet man alle formellen und informellen Kontakte und Strukturen, die dem Austausch von Freundschaft, Zuwendung, Information, Wissen und materieller und finanzieller Unterstützung dienen. Sie stehen, so die sozialwissenschaftliche Theorie, in einer **Wechselbeziehung** mit individuellen psychischen und physischen Faktoren und dem Verhalten einer Person. Zwischen diesen und dem Gesundheitszustand der Person bestehen ebenfalls wechselseitig wirksame Beziehungen. Der Einfluss des sozialen Netzes auf den Gesundheitszustand einer Person wird also eher als mittelbar betrachtet.

Gleiches trifft für **Arbeit und Bildung** zu: Arbeitslosigkeit gilt aufgrund der damit einhergehenden finanziellen Einschränkungen, der rückläufigen Sozialkontakte und Zeitstrukturen als Risikofaktor für psychische und körperliche Erkrankungen. Ein geringes Bildungsniveau geht oft mit einer eingeschränkten Einsicht in die persönliche Einflussnahme auf Gesundheit und Krankheit einher. Dies betrifft sowohl Präventionsmaßnahmen als auch die Therapie. Neben direkten Korrelationen (weniger gebildete Menschen rauchen mehr und bewegen sich weniger) gibt es auch indirekte Zusammenhänge (Akademiker haben durchschnittlich niedrigere Blutdruckwerte).

Auch **berufliche Belastungen** (z. B. durch Stress, Lärm, starke körperliche Beanspruchung) und soziale Strukturen am Arbeitsplatz (z. B. Möglichkeiten der individuellen Gestaltung des Arbeitsablaufs, Grad der Eigenverantwortung und Führung, Einfluss auf Entscheidungen) haben mehr oder weniger stark ausgeprägte Wirkungen auf die Gesundheit.

Klinik

Fast 60 % der Deutschen sind **übergewichtig,** ⅓ davon **adipös.** Als einer der wichtigsten Risikofaktoren für Übergewicht gilt ein niedriger Bildungsgrad, der oft mit einem geringen Einkommen einhergeht. Lebensmittel werden weniger nach Qualität, sondern mehr nach Preis ausgewählt, die Ernährung ist fett- und zuckerreich und wird durch zu wenig Bewegung nur unzureichend umgesetzt. Adipositas nimmt ihren Anfang oft schon im Kindesalter.

Soziales Kapital und soziale Kohäsion

Das **soziale Kapital** umfasst die Menge der Ressourcen, die innerhalb eines sozialen Netzes zur Verfügung stehen. Darunter fallen u. a. Anerkennung, Zuneigung, Anteilnahme, freundschaftliche und kollegiale Beziehungen, die Weitergabe von Informationen, die Angebote materieller und immaterieller Unterstützung – insgesamt also jeder Nutzen, der mit zwischenmenschlichen Beziehungen einhergeht.

Auf die **Höhe** des sozialen Kapitals nehmen wiederum verschiedene Faktoren Einfluss: Bildung und Sozialisation, Verhalten und das Ausmaß sozialer Kompetenz sowie kognitiver und emotionaler Intelligenz. Es besteht eine positive Korrelation zwischen der Höhe des sozialen Kapitals und der **Lebenszufriedenheit** und **Gesundheit** einer Person. Wer auf viele soziale Ressourcen zurückgreifen kann, unternimmt mehr, vergleicht mehr, erkennt mehr, wird mehr beraten und gefördert, erhält mehr Hilfe usw.

Als **soziale Kohäsion** bezeichnet man den Zusammenhalt innerhalb einer sozialen Gemeinschaft (z. B. Familie, Schulklasse, Sportverein, Partei, Kollegium). Sie vermittelt dem Individuum Sicherheit und Struktur, Geborgenheit und Schutz, Fürsorge und Anteilnahme (z. B. im Sinne von „Eine Kette ist so stark wie ihr schwächstes Glied") als wesentliche Voraussetzungen für den Erhalt von Gesundheit und die Bekämpfung von Krankheit.

Strukturelle Deprivation

Deprivation bedeutet Beraubung, Entzug, Mangel von etwas Vertrautem und Lebensnotwendigem, Benachteiligung und Verlust. Unter **struktureller Deprivation** versteht man die Benachteiligung ganzer Bevölkerungsgruppen, z. B. durch Wohnverhältnisse (Elendsviertel, Ghettos, soziale Brennpunkte), soziokulturelle Stigmatisierung (Ausländer, Obdachlose, Drogenabhängige usw.) oder finanzielle Steuerung (einkommensabhängiger Zugang zu Versicherungsleistungen, Gesundheitswesen, Rente etc.). Strukturelle Deprivation geht mit eigenen Krankheitsrisiken einher.

1.2.5.2 Einflüsse ökonomischer und ökologischer Umweltfaktoren

Alles, was einen Menschen umgibt, ist **Umwelt.** Um den Begriff sinnvoll verwenden zu können, muss zunächst das Bezugssystem näher bestimmt werden. So lassen sich unterscheiden:

- **Ökologische Umwelt** („Natur", Klima, Landschaft usw.)
- **Ökonomische Umwelt** (wirtschaftliche und finanzielle Lage einer Region oder eines Staates)
- **Soziale Umwelt** (z. B. Individualität vs. Gruppenzugehörigkeit, Homogenität vs. Heterogenität hinsichtlich historischer, ethnischer, religiöser, kultureller Merkmale, politische und rechtliche Faktoren, Bildung, Arbeit, soziale Netze usw.)
- **Technologische Umwelt** (Maschinen zur Arbeitserleichterung, Informations- und Kommunikationstechnologie usw.)

Das Individuum befindet sich im ständigen, oft unbewussten, Kontakt und Austausch mit allen Formen von Umwelt, nimmt Einfluss und wird beeinflusst, selbstverständlich auch hinsichtlich seiner Gesundheit.

Industrialisierung

Als Industrialisierung bezeichnet man einen von technischen und wirtschaftlichen Faktoren geprägten Prozess, der mit einer Abnahme handwerklicher und agrarischer Produktionsweisen bei gleichzeitiger Zunahme maschinell und häufig in großer Zahl gefertigter Gewerbegüter einhergeht. Die Industrialisierung führt einerseits zu einer **Erleichterung** zahlreicher Arbeitsschritte, einer **Zunahme der Produktionsleistung** und zur Wandlung einer Agrar- in eine **Dienstleistungsgesellschaft** mit Ausbau des sozialen und wissenschaftlichen Sektors. Damit ist eine Verbesserung des **Lebensstandards** und der Gesundheit verbunden, was sich nicht zuletzt am enormen Anstieg der **Lebenserwartung** innerhalb der vergangenen 150 Jahre zeigt. Andererseits entstehen im Zuge der Industrialisierung neue **ökologische, soziale und gesundheitliche Probleme,** die u. a. mit den Stichworten Umweltverschmutzung, Klimawandel, Massenproduktion, Leistungsdruck, Burnout, Internetsucht und „moderne Volkskrankheiten" grob umrissen werden können.

Urbanisierung

Die Urbanisierung (Verstädterung), also die Zunahme städtischer und die Abnahme ländlicher Lebensweisen, nimmt Einfluss sowohl auf den Gesundheitszustand des Einzelnen als auch auf den der Gesellschaft. Das Leben in Städten ist mit zahlreichen **Vereinfachungen** verbunden: Der Zugang zu Dienstleistungen, zu sozialen und Gesundheitseinrichtungen ist erleichtert, Ver- und Entsorgung gelingen effizient, städtische Organisationsstrukturen lassen sich im Sinne von Public Health und Prävention auch für die Beeinflussung der Bevölkerung hin zu einer gesunden Lebensweise nutzen.

Jedoch ist das Leben in Großstädten auch assoziiert mit Vereinsamung bzw. sozialer Isolation und mit einem im Vergleich zu ländlichen Lebensformen größeren Vorkommen von psychischen Erkrankungen. Insbesondere in Entwicklungs- und Schwellenländern wird Urbanisierung mit der **Verelendung** ganzer Bevölkerungsgruppen in Verbindung gebracht, die z. B. in Slums unter hygienisch schlechten Bedingungen leben und mit Armut, Arbeitslosigkeit und Hunger ohne die Möglichkeit suffizienter Selbstversorgung konfrontiert sind.

Globalisierung

Mit Globalisierung bezeichnet man die zunehmende weltweite Vernetzung in den Bereichen Wirtschaft, Kultur, Umwelt und Politik. Hinsichtlich der Gesundheit bedeutet Globalisierung einerseits eine Zunahme an Risiken: So bringt der innerhalb der vergangenen Jahrzehnte rasant gestiegene internationale Reiseverkehr eine weltweite Verbreitung von ursprünglich regional endemischen **Infektionskrankheiten** mit sich. Die **wirtschaftliche Fremd- und Selbstausbeutung** einiger Entwicklungsländer konfrontiert deren Bewohner mit

Arbeiten, die mit Gesundheitsschädigung einhergehen, während aus finanziellen Gründen auf ausreichenden **Arbeitsschutz** und Versicherung verzichtet wird. Auch der Gesundheitssektor ist ein **Markt** (und zwar ein ziemlich großer), in dem es um Gewinne und Macht geht und der folglich auch Verluste und Ohnmacht schafft – regional, national und global nach gleichen Prinzipien, nur in unterschiedlich großem Stil.

Andererseits führt die Globalisierung dazu, dass gesundheitliche Fragen und Phänomene auf internationaler Ebene diskutiert werden, man größere Zusammenhänge erkennt und benennt und für entsprechende Lösungen größere Spielräume zur Verfügung hat.

Für die Unterscheidung von **Industrie- und Entwicklungsländern** werden neben wirtschaftlichen (z. B. Pro-Kopf-Einkommen, Lebensstandard, Produktionsleistung, Im- und Exportgrößen, Beschäftigungszahl) und gesellschaftlichen (Regierungsform, Bildung, Sozialleistungen) auch gesundheitliche Faktoren herangezogen. Besonders deutlich wird die Diskrepanz im Hinblick auf die **Lebenserwartung,** in deren Höhe sich die Gesamtheit ökonomischer, ökologischer und sozialer Bedingungen zu spiegeln scheint. In den Industrieländern liegt sie derzeit für Frauen bei 81 und für Männer bei 75 Jahren (Gesamtdurchschnitt 78 Jahre), in den Entwicklungsländern dagegen für Frauen lediglich bei 68 Jahren und für Männer bei 64 Jahren (Gesamtdurchschnitt 66 Jahre).

1.3 Methodische Grundlagen der psychologischen und soziologischen Forschung

1.3.1 Hypothesenbildung

Eine **These** ist eine Behauptung, z. B. „Mein Hund mag mich". Eine **Hypothese** ist eine Behauptung mit der Vorgabe bestimmter Bedingungen (wenn – dann), z. B. „Wenn ich ihn regelmäßig füttere, mag mich mein Hund". Hypothesen werden zumeist auf der Grundlage bestimmter **Theorien** und **Modelle** gebildet, in deren Zusammenhang sie dann auch geprüft werden. „Hunde sind Rudeltiere, deren Überleben von Versorgungsstrukturen innerhalb einer Gemeinschaft abhängt, die soziale Prinzipien wie Dankbarkeit und Treue nutzt."

1.3.1.1 Theorie- und Konstruktbildung

Merke

Eine **Theorie** ist eine Sammlung aufeinander bezogener und durch Logik verbundener Aussagen, die dazu dienen, bestimmte beobachtete Sachverhalte zu erklären, die ihnen zugrunde liegenden Gesetzmäßigkeiten darzustellen und Vorhersagen über deren Weiterentwicklung zu treffen.

Theorien unterliegen bestimmten **Qualitätskriterien.** Dazu gehören:

- **Allgemeingültigkeit** und (so weit wie möglich) **Einfachheit**
- **Logizität** (sowohl innerhalb der Theorie selbst als auch in Bezug auf die beobachtete Realität)
- **Aussage- und Prognosekraft**
- **Überprüfbarkeit**

Für die **Theoriebildung** werden zunächst **Beobachtungen** gesammelt und **Hypothesen** aufgestellt, die dann in ein gemeinsames System geordnet werden, innerhalb dessen sie wechselseitige Prüfungen und Verallgemeinerungen widerspruchsfrei bestehen müssen. Aus diesem **Erklärungsmodell** lassen sich dann **Hypothesen** ableiten, welche mithilfe der Realität geprüft werden und so zur Bestätigung oder Widerlegung der Theorie führen.

Merke

In einem **Konstrukt** werden nicht beobachtbare Phänomene mithilfe ihrer beobachtbaren Auswirkungen (Indikatoren) erklärt. Konstrukte spielen insbesondere in der Psychologie eine wichtige Rolle.

Beispielsweise ist die Liebe ein Konstrukt, das durch bestimmte physiologische (Erhöhung der Herzfrequenz, Schlafstörungen, Appetitlosigkeit, hormonelle Dysregulation) und psychologische (innere Unruhe, Denkstörungen, illusionäre Verkennung) Merkmale gekennzeichnet ist. Andere Konstrukte sind z. B. Intelligenz, Motivation und der Normalbürger.

Ableitung der Fragestellung und Hypothesengenerierung

Mit dem Bedürfnis, Zusammenhänge erkennen und wahrheitsgemäße Vorhersagen treffen zu können, fügt der Mensch **intuitiv** Beobachtungen zu **Hypothesen** zusammen, die er dann immer wieder anhand der Realität überprüft. Dies ist das Prinzip des Lernens aus Erfahrung, das bereits im frühesten Kindesalter funktioniert. In der Wissenschaft gibt es dafür bestimmte formale Vorgaben. Aus der **Beobachtung** der Phänomene „Rauchen" und „Lungenkrebs" wird eine **Fragestellung** abgeleitet, z. B. „Wie hängen Rauchen und Lungenkrebs zusammen?". Anschließend werden **Hypothesen** entwickelt, z. B. „Raucher erkranken häufiger an Lungenkrebs als Nichtraucher" oder „Für die Entstehung von Lungenkrebs stellt das Rauchen einen Risikofaktor dar". Diese Hypothesen gilt es im Weiteren zu überprüfen.

Bei der Entwicklung einer sinnvollen **Fragestellung** können folgende Fragen hilfreich sein:

- **Was** soll untersucht werden? → Entdeckungszusammenhang
- **Wie** soll untersucht werden? → Begründungszusammenhang
- **Warum** soll untersucht werden? → Verwertungszusammenhang

Induktives versus deduktives Vorgehen

Mit **induktiven Hypothesen** wird vom Besonderen auf das Allgemeine geschlossen: „Morle ist eine Katze. Morle kann schnurren. Alle Katzen können schnurren." Es werden hierbei zunächst Beobachtungen gesammelt und dann daraus eine Theorie erstellt.

Deduktive Hypothesen leiten aus dem Allgemeinen das Besondere ab: „Katzen können schnurren. Morle ist eine Katze. Morle kann schnurren." Hier wird, ausgehend von einer Theorie, eine konkrete Behauptung aufgestellt.

Klinik

Auch die Entstehung von (chronischen) **Krankheiten** stellt ein Konstrukt dar, innerhalb dessen die Hypothese besteht, dass es bestimmte Risikofaktoren gibt, die die Krankheit begünstigen. „Wenn ich regelmäßig rauche, besteht die Gefahr, dass ich an einer chronisch obstruktiven Lungenkrankheit (COPD) erkranke." Eine dazu passende deduktive Herleitung wäre z. B.: „Raucher erkranken häufig an einer COPD. Ich bin Raucher. Ich werde eine COPD bekommen."

1.3.1.2 Hypothesenformen

- **Determinismus** bedeutet **Vorbestimmtheit.** Die deterministische Hypothese geht davon aus, dass ein bestimmter Sachverhalt unter bestimmten Bedingungen mit Sicherheit eintreten wird: „Wenn mein Geburtstag kommt, werde ich ein Jahr älter." „Wenn ich meine Blumen drei Wochen lang nicht gieße, gehen sie ein."
- **Probability** ist englisch und bedeutet **Wahrscheinlichkeit.** Die probabilistische Hypothese geht davon aus, dass ein bestimmter Sachverhalt unter bestimmten Bedingungen mit einer gewissen Wahrscheinlichkeit eintreten kann: „Wenn ich bei Rot über die Ampel gehe, könnte es passieren, dass ich überfahren werde." „Wenn ich ihm etwas Großes und Teures schenke, könnte es sein, dass er mich lieber mag als sie."

Hat man eine Hypothese erstellt, unterzieht man sie dem sogenannten **Hypothesentest.** Dabei geht es darum, festzulegen, auf welche Weise die Hypothese widerlegt oder bestätigt wird.

- Die **Nullhypothese** beschreibt eine Annahme, die durch die Untersuchung widerlegt werden soll: „Zwischen A und B besteht kein Zusammenhang." „Das Medikament A wirkt nicht besser als das Medikament B." „Die Lehrerin mag alle 25 Schüler gleich gern."
- Die **Alternativhypothese** beschreibt eine Annahme, die durch die Untersuchung bestätigt werden soll: „A ist eine notwendige Bedingung für B." „Das Medikament A wirkt besser als das Medikament B." „Die Lehrerin mag einige Schüler lieber als die anderen."

  Die Alternativhypothese wird auch als **Forschungshypothese** bezeichnet. Sie stellt das, was neu erforscht werden soll, als eine Alternative zu den bisher existierenden Annahmen dar.

1.3.1.3 Prinzip der Falsifikation und statistische Hypothesenprüfung

Etwas zu **falsifizieren** bedeutet, etwas als falsch zu erkennen. Gemäß dem Prinzip der Falsifikation muss eine Hypothese so präzise und klar formuliert sein, dass die Möglichkeit der **Überprüfbarkeit** und damit prinzipiell auch der **Widerlegung** besteht. Nachdem die Hypothese aufgestellt wurde, dient die Untersuchung entweder dazu, die Alternativhypothese zu bestätigen und die Nullhypothese zu verwerfen oder, umgekehrt, die Alternativhypothese aufzugeben und zur Nullhypothese zurückzukehren. Eine **deterministische Hypothese** wird durch ein einziges Gegenbeispiel falsifiziert, während es bei der **probabilistischen Hypothese** eher um **Signifikanz** und **Relevanz** geht. Falsifikation bedeutet in diesen Fällen z. B., dass der vermutete Zusammenhang nie oder selten auftritt.

Statistische Hypothesen machen Aussagen über die **Verteilung** von **Werten.** Sie beziehen sich auf, z. B. durch **Befragungen** oder **Messungen** gewonnene, Daten und unterscheiden sich dadurch von **inhaltlichen Hypothesen,** die auf **Beobachtungen** oder Konstrukten beruhen. Für eine wissenschaftliche Untersuchung ist es meist erforderlich, eine inhaltliche in eine statistische Hypothese zu übersetzen. Diese kann dann mithilfe von Stichproben geprüft werden.

Merke

Um die **Alternativhypothese** bestätigen zu können, müssen die im Rahmen der **statistischen Prüfung** entnommenen **Stichproben** ihrer Annahme entsprechen.

Die Wirksamkeit einer **Intervention** (z. B. einer neuen Behandlungsmethode oder eines Medikaments) wird im Rahmen **klinischer Studien** meist anhand des Vergleichs mit der Nullhypothese geprüft. In sogenannten **Fall-Kontroll-Studien** erhält eine Gruppe von Patienten die bisher übliche Behandlung, während eine zweite Gruppe die neue Therapie testet. Die Wirksamkeit wird bestätigt, wenn nach einem vorher festgelegten Zeitraum ein vorher festgelegtes Ergebnis erzielt wird. Ein möglicherweise vorhandener Wirksamkeitsunterschied wird durch den Vergleich mit der Kontrollgruppe festgestellt.

1.3.2 Operationalisierung

Die Operationalisierung, also die Festlegung der **Indikatoren und Verfahren** im Rahmen einer wissenschaftlichen Untersuchung, dient zur **Messbarmachung** eines theoretischen Konstrukts. Beispielsweise operationalisiert man das Konstrukt Intelligenz durch den mittels Tests gewonnenen Intelligenz-Quotienten (IQ).

1.3.2.1 Definition von Variablen zur Messung von Konstrukten

Um ein Konstrukt, das sich definitionsgemäß der Beobachtung entzieht, entwerfen oder auf seine Belastbarkeit hin prüfen zu können, ist es notwendig, **Messvariablen** festzulegen. Dabei handelt es sich um Merkmale, die **exakt** (z. B. durch Zahlen oder durch eine begrenzte Menge an Merkmalsausprägungen) beschrieben werden können. Diese müssen in einem **logischen Zusammenhang** mit dem Konstrukt stehen. So ist es wenig zielführend, die Intelligenz anhand der Körpergröße ermitteln zu wollen, da sich erwiesen hat, dass zwischen beiden kein signifikanter Zusammenhang besteht. Vielmehr beinhaltet das Konstrukt Intelligenz die Annahme, dass es hier um die Befähigung zur Lösung bestimmter Problemstellungen geht. Entsprechend besteht der **Intelligenztest** aus einer Sammlung unterschiedlicher Aufgaben, denen jeweils ein bestimmter Punktwert zugeordnet ist, woraus sich der **Intelligenz-Quotient (IQ)** ermitteln lässt. Dieser erlaubt dann einen Vergleich zwischen verschiedenen Personen („Tom hat einen höheren IQ-Wert als Tim, ist also schlauer"), der eventuell allein aus der Beobachtung nicht möglich gewesen wäre („Im Alltag kommen Tom und Tim gleich gut zurecht").

Die Variablen zur Messung des Konstrukts **Depression** werden z. B. über die Krankheitsbeschreibung in der ICD festgelegt und können in ihrer Ausprägung mittels eines Tests (z. B. Becks Depressionsinventar, BDI) beobachtet werden.

Ähnliche Tests stehen auch zur Messung der **Ängstlichkeit** zur Verfügung. Darüber hinaus können hierfür auch physiologische Parameter (z. B. Anstieg der Herzfrequenz, Veränderung des Hautwiderstands) als Variablen hinzugezogen werden.

Ein Beispiel für ein besonders komplexes Konstrukt ist das **soziale Kapital:** Neben der Anzahl der Menschen, die in einem sozialen Netz verbunden sind, müssten auch Variablen zur Messung der Beziehungsqualität, der kontextbezogenen Wertigkeit einzelner Faktoren (unter welchem Umständen stellt ein 67-jähriger Richter ein höheres soziales Kapital dar als eine 23-jährige Kindergärtnerin?) und der Nutzungsvoraussetzungen gefunden werden. Auch hier ist es also notwendig, Fragestellungen zu ermitteln, die das Wirken des Konstrukts und nicht das Konstrukt selbst abbilden und dementsprechend Variablen festzulegen.

1.3.2.2 Skalierung, Skalenniveaus, Indexbildung

Um **Messwerte** beurteilen und verwenden zu können, ist es notwendig, sie miteinander in Beziehung zu setzen. Dazu dienen **Skalen** (scala = lat. für Treppe oder Leiter), die eine bestimmte Ordnung herstellen. Abhängig von der Art der Variablen ist ihre Zuordnung zu unterschiedlichen **Skalenniveaus** möglich:

- **Nominalskala:** Sie hat das niedrigste Skalenniveau und erlaubt lediglich die Unterteilung nach „gleich" oder „ungleich". Es werden also zwei Variablen miteinander in Zusammenhang gebracht, die gleichwertig sind und sich lediglich qualitativ unterscheiden. z. B. Geschlecht (weiblich oder männlich), Blutgruppe (A, B, AB oder 0) oder Augenfarbe (blau, braun oder grün). Mithilfe der Nominalskala können Aussagen über die **Häufigkeit** eines Merkmals getroffen werden. Das am häufigsten vorkommende wird als **Modus** bezeichnet.
- **Ordinalskala** (= Rangskala): Sie stellt eine Rangordnung auf, z. B. größer – kleiner, besser – schlechter, wärmer – kälter – jedoch ohne mathematische Relation –, z. B. hierarchische Ränge (PJ-Student < Assistenzarzt < Facharzt < Oberarzt < Chefarzt), Schulnoten oder Bildungsniveau.
In der Auswertung einer Ordinalskala wird der **Median** bestimmt als jener Mittelwert, der die Gesamtmenge in zwei gleiche Hälften teilt (Schulnote 4 wird vergeben, wenn 50 % der möglichen Punkte erreicht wurden).
- **Intervallskala:** In der Intervallskala ist der Abstand zwischen zwei Werten exakt definiert, z. B. Messung der Temperatur in Grad Celsius oder Messung der Zeit in Minuten. Auch Intelligenz-, Befindens- und Persönlichkeitstests liegt meist eine Intervallskala zugrunde. Hier wird die zentrale Tendenz durch das **arithmetische Mittel** bestimmt, also der Addition aller Werte und Division durch die Anzahl der Messungen, z. B. bei der Ermittlung der Jahresdurchschnittstemperatur.
- **Rationalskala** (= Verhältnisskala): Sie hat das höchste Skalenniveau und verfügt über einen **Nullpunkt,** der es erlaubt, Multiplikation und Division im Vergleich der einzelnen Merkmale anzuwenden. „Karl besitzt 60 Euro, Franz nur 20; Karl ist dreimal so reich wie Franz." Weitere Beispiele sind die Messung der Temperatur in Kelvin, Längenmaße, Größe und Gewicht, Alter oder Reaktionszeiten. Der zentrale Wert auf der Rationalskala wird als **geometrisches Mittel** bestimmt.

Von oben nach unten, also vom höchsten zum niedrigsten Niveau können die Skalen ineinander umgewandelt werden, nicht aber von unten nach oben. Diese Umwandlung ist allerdings immer mit einem Informationsverlust verbunden. Beispiel: Gretel wiegt 48 kg und Hänsel wiegt 96 kg. Auf der Rationalskala lässt sich feststellen, dass Hänsel doppelt so schwer ist wie Gretel. Auf der Intervallskala, weiß man immerhin, dass er 48 kg mehr wiegt als sie. Die Ordinalskala beschreibt Gretel als „leichter als Hänsel" und die Nominalskala ordnet die beiden z. B. in Kategorien von „unter 60 kg" und „über 60 kg" ein.

Index

Der Index ist eine **Kennzahl,** die aus mehreren Variablen errechnet wird. Beispiele sind der Deutsche Aktienindex (DAX), der die Entwicklung bestimmter Aktienkurse zusammenfasst, der Body-Mass-Index (BMI), in den die Maßzahlen von Körpergröße und Gewicht eingehen oder der Qualitätsindex eines Krankenhauses, in dem eine Vielzahl unterschiedlicher Werte versammelt sind, z. B. Zufriedenheit der Patienten, Hygiene und Ausbildungskonzept für Schwesternschülerinnen. Aus der als Index festgelegten Zahl lassen sich die ursprünglichen Werte nicht mehr unmittelbar ablesen. Er stellt damit eine **abstrahierende Neubewertung** dar.

1.3.2.3 Beurteilungsmethoden

Absolute und relative Beurteilung

Bei der **absoluten Beurteilung** werden ein Sachverhalt oder ein Objekt für sich allein, unabhängig von anderen untersucht: „Robert ist ein netter Junge: trifft immer zu/trifft häufig zu/trifft selten zu/trifft nie zu." Bei der **relativen Beurteilung** geht es um einen Vergleich: „Robert oder Klaus – wer ist netter?"

Zu den **absoluten Beurteilungsskalen** gehören:
- Ratingskalen
- Checklisten

Zu den **relativen Beurteilungsskalen** zählt man:
- Paarvergleich
- Rangordnungsverfahren
- Soziogramm

Ratingskalen

Ratingskalen dienen der absoluten Beurteilung eines Sachverhalts oder Objekts anhand vorgegebener Kriterien, die eine Abstufung ermöglichen. Meist geht es dabei um die Ermittlung einer **Einstellung.** In der Medizin werden so z. B. auch **Symptomausprägungen** geprüft.
- Mithilfe der **Likert-Skala** (benannt nach Rensis **Likert** [1932]) soll z. B. die Einstellung des Befragten zu einem bestimmten Sachverhalt oder

die Häufigkeit eines bestimmten Verhaltens ermittelt werden. Dazu wird eine Reihe von Aussagen getroffen, die er mittels vorgegebener Formulierungen abgestuft bestätigen oder ablehnen kann (z. B. trifft völlig zu – trifft überwiegend zu – trifft weniger zu – trifft überhaupt nicht zu – kann ich nicht beurteilen). Die Likert-Skala ist **eindimensional.** Sie wird auch als „Technik der summierten Einschätzungen" bezeichnet, da am Ende der aus der Beurteilung aller Items errechnete Mittelwert als Kennzahl für die Einstellung des Betroffenen verwendet wird.

Klinik

Die Beurteilung der **Lebensqualität** erfolgt z. B. im **SF-36-Fragebogen** mittels einer Likert-Skala. Der Proband beantwortet Fragen nach Gesundheitszustand und körperlicher, psychischer und sozialer Funktionsfähigkeit anhand gestufter Antwortmöglichkeiten.

Lerntipp

Das IMPP fragt gerne nach dem Short Form 36 Health Survey (= SF-36). Dieser Fragebogen ermittelt die gesundheitsbezogene Lebensqualität von Patienten mit den unterschiedlichsten Erkrankungen. Abgefragt werden die körperliche Funktionsfähigkeit, körperliche Rollenfunktion, körperliche Schmerzen, allgemeine Gesundheitswahrnehmung, Vitalität, soziale Funktionsfähigkeit, emotionale Rollenfunktion und psychisches Wohlbefinden.

- Für eine **Thurstone-Skala** ordnen zunächst professionelle Beurteiler eine große Menge von Aussagen zu einem Thema hinsichtlich der Aussagekraft für oder gegen einen Sachverhalt. Anschließend entscheidet der Befragte ohne Abstufungen lediglich anhand der Kriterien „stimme zu" oder „stimme nicht zu". Dieses Verfahren wird z. B. bei Umfragen vor Wahlen in Bezug auf die unterschiedlichen Parteiprogramme genutzt.
- Bei der **Guttman-Skala** sind verschiedene mit Ja oder Nein zu beantwortende Aussagen in einer ansteigenden Rangfolge zusammengestellt. Von Interesse ist dabei, an welchem Punkt die Zustimmung in eine Ablehnung umschlägt. Ein Beispiel könnte folgendermaßen aussehen:

Wie viel wären Sie bereit, für dieses Buch zu bezahlen?				
10 Euro	20 Euro	40 Euro	70 Euro	200 Euro
Ja	Ja	Ja	Nein	Nein

- Auf der **numerischen Analogskala** (NRS) erfolgt die Beurteilung nicht anhand wörtlich formulierter Kriterien, sondern mittels eines durch einen Zahlenstrahl ausgedrückten Kontinuums: „Bitte beurteilen Sie Ihre momentane Anspannung auf einer Skala von 0–100, wobei 0 für absolute Entspannung und 100 für maximal denkbare Anspannung steht."
- Die **visuelle Analogskala** (VAS, ▸ Abb. 1.4) kommt ganz ohne Worte und Zahlen aus. Sie verwendet Symbole oder Farben zur Beurteilung eines Sachverhalts (z. B. einer Gefühlsintensität oder eines Schmerzes) und wird insbesondere bei der Untersuchung von Kindern verwendet.

Checklisten

Checklisten dienen dazu, sich einen Überblick über einen Sachverhalt zu verschaffen. Eine große Anzahl von Merkmalen können anhand der Kriterien trifft zu – trifft nicht zu, ja – nein bzw. vorhanden – nicht vorhanden beurteilt werden. In der Medizin können sie z. B. im Vorfeld der mündlichen Anamnese zur Symptom- oder Risikoerfas-

Abb. 1.4 Visuelle Analogskala zur Beurteilung von Schmerzen [L106]

sung verwendet werden: „Leiden Sie an einer der folgenden Erkrankungen?", „Haben Sie im Rahmen Ihrer beruflichen Tätigkeit mit einer der folgenden Noxen zu tun?".

Paarvergleich

Der Paarvergleich zählt zu den **relativen Beurteilungsverfahren.** Aus einer Vielzahl von Sachverhalten oder Objekten, die hinsichtlich eines Kriteriums (z. B. Schönheit, Wert) geordnet werden sollen, werden Paare gebildet. So wird der Vergleich zunächst auf eine Entscheidung zwischen zwei Variablen reduziert. Um zehn Kinder nach ihrer Größe zu ordnen, wird jedes mit jedem verglichen und entsprechend positioniert. Um mich zwischen sieben Handtaschen für diejenige zu entscheiden, die ich kaufen möchte, vergleiche ich zunächst zwei miteinander, bilde mit der „Gewinnerin" und der dritten Tasche ein neues Paar, ermittle wieder die Schönere und lasse sie gegen die Vierte antreten usw.

Rangordnungsverfahren

Beim Rangordnungsverfahren wird ein Item nicht wie beim Paarvergleich mit einem, sondern mit mehreren anderen Items verglichen und so eine Reihenfolge erstellt. Beispiel: „Ordnen Sie die folgenden Tätigkeiten nach der Häufigkeit, mit der Sie sie ausüben: Radfahren, Bügeln, Lesen, Witze erzählen, Tanzen."

Soziogramm

In einem Soziogramm werden die Beziehungen von Gruppenmitgliedern grafisch dargestellt, indem z. B. die Verbindungen zwischen den einzelnen Personen durch Pfeile symbolisiert werden, deren Farbe oder Dicke Aussagen über die Intensität der Beziehung zulassen. Dieses Verfahren spielt in der Medizin keine große Rolle.

Operationalisierung sozialer Schichten

Ausgehend vom Konstrukt „soziale Schicht" werden **Indikatoren** (z. B. Bildungsgrad, Einkommen, Beruf) und Messinstrumente (z. B. Rangordnung) bestimmt, anhand derer die **Operationalisierung** erfolgt. Eine entsprechende Festlegung vorausgesetzt, lässt sich jeder Mensch nach Bestimmung der Indikatoren einer Schicht zuordnen. Ein Beispiel könnte folgendermaßen aussehen:

	Abitur	Kein Abitur
Einkommen > 3.000 €	Oberschicht	Mittelschicht
Einkommen < 3.000 €	Mittelschicht	Unterschicht

1.3.3 Testdiagnostik

Ergänzend zu klinischen und technischen Untersuchungen kommen in der Medizin, insbesondere in der Psychologie, häufig **Testverfahren** zum Einsatz, mit deren Hilfe spezielle Fragestellungen in standardisierter Form beantwortet werden. Dazu gehören z. B. Intelligenz-, Persönlichkeits- und neuropsychologische Tests. Ihrer Nutzung als zuverlässige diagnostische Instrumente geht eine meist sehr aufwendige wissenschaftliche Arbeit voraus.

1.3.3.1 Testkonstruktion, Itemselektion, Skalenbildung

Bei der Konstruktion eines neuen Testverfahrens muss zunächst eine genaue **Beschreibung** des Testgegenstands angefertigt werden („**Was** soll getestet werden?"). Anschließend müssen die Items, also die Einzelbausteine der Untersuchung, einschließlich geeigneter **Skalen** festgelegt werden („**Wie** soll getestet werden?"). Schließlich geht es darum, eine **Zielgruppe** zu bestimmen („**Wer** soll getestet werden?"). Für die Zusammenstellung der **Items** (z. B. der Fragen eines Fragebogens) werden **eigene Überlegungen,** bestehende **Literatur** und **Expertenwissen** zusammengeführt, sodass der entstehende **Itempool** eine möglichst genaue Erfassung des Untersuchungsgegenstands ergibt. Anschließend werden die Items mithilfe von Probanden hinsichtlich der Kriterien **Itemschwierigkeit** und **-trennschärfe** geprüft.

Merke

- **Itemschwierigkeit:** Wie schwer ist die Frage zu beantworten? Wie viele Probanden beantworten sie richtig bzw. bejahen sie im Sinne des zu untersuchenden Gegenstands? Bei einem Schwierigkeitsindex von 0–100 bedeutet 0, dass kein Proband und 100, dass alle Probanden die Frage richtig gelöst haben. Die Itemschwierigkeit sollte zwischen 30 und 70 % liegen.
- **Itemtrennschärfe:** Wie gut repräsentiert das einzelne Item das Ergebnis des Gesamttests? Wie zuverlässig trennt es die Probanden, die den Gesamttest bestehen, von denen, die ihn nicht bestehen?

Darauf folgt die **Itemselektion,** in der aus den geprüften Items jene ausgewählt werden, die im Sinne des Gesamttests nützlich und notwendig sind. Gegebenenfalls werden die Skalen, auf denen die Items zur Darstellung kommen und miteinander verknüpft werden, noch einmal modifiziert.

Klinik

Der **Frankfurter Beschwerdefragebogen (FBF)** erfasst den Umfang der subjektiv erlebten Beeinträchtigung von an **Schizophrenie** Erkrankten mithilfe von 98 mit ja – nein skalierten Items in den Kategorien: Verlust der Kontrolle, Wahrnehmung, Sprache, Denken, Gedächtnis, Motorik, Automatismenverlust, Depressivität und Reizüberflutung.

In **Becks Depressionsinventar (BDI)** werden mit 21 Items die Symptome der **Depression** erfasst (u. a. zu Stimmung, Schuldgefühlen, Suizidalität, Entschlussfähigkeit, sozialem Rückzug, Schlaf-, Appetit- und Libidostörungen) und vom Patienten auf einer vierstufigen Skala beurteilt.

Das **Freiburger Persönlichkeitsinventar (FPI)** besteht aus 138 Fragen, die auf einer zweistufigen Skala (stimmt – stimmt nicht) bewertet werden können. Es werden 12 Bereiche erfasst: Lebenszufriedenheit, soziale Orientierung, Leistungsorientierung, Gehemmtheit, Erregbarkeit, Aggressivität, Beanspruchung, körperliche Beschwerden, Gesundheitssorgen, Offenheit, Extraversion und Emotionalität.

1.3.3.2 Gütekriterien

Im Sinne der **Qualität** und **Aussagekraft** unterliegen alle Tests, bzw. weiter gefasst: alle wissenschaftlichen Untersuchungen, bestimmten Gütekriterien. Die drei wichtigsten sind:

- **Objektivität:** Sind die Testergebnisse bezüglich Durchführung, Auswertung und Interpretation unabhängig vom Untersucher?
  Objektivität beruht zumeist auf einem möglichst hohen Maß an Standardisierung und wird überprüft, indem die Ergebnisse verschiedener Untersucher miteinander verglichen werden.
- **Reliabilität:** Wie zuverlässig und genau misst der Test ein bestimmtes Merkmal? Sind die Ergebnisse reproduzierbar?
  Geprüft werden kann die Reliabilität z. B. durch Testwiederholung oder Ermittlung der **internen Konsistenz.** Diese beschreibt, inwiefern die einzelnen Items das Gleiche messen.
- **Validität:** Misst der Test das, was er zu messen vorgibt?
  Man unterscheidet u. a. **Vorhersagevalidität** (Lassen sich aus dem Testergebnis Vorhersagen ableiten, die dann tatsächlich eintreten?), **Übereinstimmungsvalidität** (Passen die Ergebnisse zu denen anderer Untersuchungen und zu allgemeinen Beobachtungen?), **inhaltliche Validität** (Lässt der Test erkennen, worum es in der Untersuchung geht?) und **Konstruktvalidität** (Enthält der Test die für das zu untersuchende Konstrukt typischen Faktoren?).

Merke

Die drei Gütekriterien von wissenschaftlichen Tests sind:
- Objektivität
- Reliabilität
- Validität

Die drei Hauptgütekriterien bauen aufeinander auf: Ohne Objektivität gibt es keine Reliabilität; ohne Reliabilität existiert keine Validität. Daran gemessen stellen **Expertenurteile** eine qualitativ minderwertige Form der Beurteilung dar. Ihnen fehlt die Objektivität und damit die Grundvoraussetzung für die beiden anderen Kriterien. Dennoch werden sie häufig als Referenz oder Vergleichswerte herangezogen. Nicht selten liefern sie erst die ursprünglichen Hypothesen, die der Test bestätigen oder widerlegen soll.

Als **Nebenkriterien** gelten u. a.:
- **Nützlichkeit** (Utilität): Ist der Test nützlich für die Beantwortung der Fragestellung?
- **Ökonomie:** Stehen die Kosten der Untersuchung (z. B. materiell oder zeitlich) in einem sinnvollen Verhältnis zu ihrem Nutzen?
  Als besonders ökonomisch gilt der Einsatz von Screening-Verfahren, durch die ohne allzu großen Aufwand eine Vorauswahl geeigneter Probanden erfolgt, z. B. für eine tiefgründigere und kostenintensivere Untersuchung.

Merke

Auch für **Screening-Verfahren** besitzen die Gütekriterien Objektivität, Reliabilität und Validität Gültigkeit.

- **Fairness:** Gibt es innerhalb der Testuntersuchung eine systematische Diskriminierung, z. B. hinsichtlich Geschlecht, Nationalität, sozioökonomischem Status?
- **Normierung:** Ist das Bezugssystem, innerhalb dessen der Test erfolgt, hinreichend aktuell und repräsentativ?
  Oft muss eine die Norm verkörpernde Referenzpopulation im Zusammenhang mit der Testauswertung definiert werden.

- **Zumutbarkeit:** Ist die Durchführung des Tests hinsichtlich des damit verbundenen zeitlichen, psychischen und körperlichen Aufwands zumutbar?
- **(Un)Verfälschbarkeit:** Inwiefern kann der Untersuchte die Testergebnisse gezielt verfälschen?

Als **Änderungssensitivität** bezeichnet man die Fähigkeit eines Tests, Veränderungen über die Zeit zu erfassen (z. B. Krankheitsprogression, Behandlungs- und Rehabilitationserfolg). Denkbar ungeeignet sind dafür Fragen, die sich auf unbestimmte Zeiträume beziehen („Haben Sie jemals Suizidgedanken gehabt"), während sich mittels konkreter Einschränkungen („Haben Sie innerhalb der vergangen drei Tage Suizidgedanken gehabt") Änderungen gut verfolgen lassen.

1.3.3.3 Messfehler und deren Kontrolle

Zur Planung eines Tests oder einer Studie gehört es, sich mit möglicherweise auftretenden Untersuchungs- und Messfehlern auseinanderzusetzen und ihnen vorzubeugen. Auf folgende Fehlerquellen ist dabei besonders zu achten:

- **Standardmessfehler:** Hierbei handelt es sich um die Streuung der einzelnen Messwerte um den **wahren Wert**. Wenn viele Personen jeweils einmal eine Prüfung (z. B. 100 Multiple-Choice-Fragen) oder eine Person mehrfach dieselbe Prüfung absolvieren, ist vorstellbar, dass nicht immer ganz genau dieselben Ergebnisse herauskommen. Der wahre Wert für das innerhalb der Gruppe oder für den Einzelnen zu erreichende Ergebnis liegt irgendwo innerhalb der **Streubreite** aller Ergebnisse. Ähnliches gilt für medizinische Messwerte wie z. B. Blutdruck, Körpertemperatur oder Laborwerte. Je geringer die Streuung, umso geringer der Standardmessfehler und umso höher die Reliabilität des Tests. Der ermittelte Standardmessfehler wird in die Berechnung des **Konfidenz- oder Vertrauensintervalls** miteinbezogen. Darunter versteht man den Rahmen, innerhalb dessen der wahre Wert mit Sicherheit liegt.
- **Fehler bei der Erhebung/Antworttendenzen:** Die Validität eines Tests kann darunter leiden, dass sich der Proband Gedanken um das Testergebnis macht und diese, meist unbewusst, in seine Antworten einbezieht. Auf diese Weise kommt es zu Ergebnisverzerrungen, die schwer zu korrigieren sind.
  - **Tendenz der sozialen Erwünschtheit:** Der Proband beantwortet eine Frage nicht wahrheitsgemäß, weil er negative soziale Konsequenzen fürchtet. Dies ist häufig der Fall bei Fragen zur sexuellen Präferenz, zu extremen politischen Ansichten, zum Alkohol- oder Drogenkonsum oder zum Essverhalten. Das Ausmaß, in dem sich eine Person an der sozialen Anerkennung orientiert und damit bei Befragungen dazu neigt, sich „besser" darzustellen als es der Wahrheit entspricht, kann z. B. mithilfe der **Marlowe-Crowne-Skala** ermittelt werden.
  - **Ja-Sage-Tendenz (Akquieszenz):** Eine Verzerrung des Untersuchungsergebnisses kann dadurch entstehen, dass Menschen unabhängig vom Inhalt einer Frage zur Zustimmung neigen. Eine Möglichkeit, diesen Fehler zu umgehen, besteht darin, Alternativen zur Beurteilung anzubieten: „Sollte der Konsum von Cannabis legalisiert werden oder nicht?".
  - **Tendenz zur Mitte:** Viele Befragte bevorzugen bei einer mehrstufigen Antwortskala die Auswahl mittlerer Werte anstelle von Extremen. Dieser Effekt lässt sich durch die Vorgabe einer geraden Anzahl von Skalenwerten zumindest abmildern.
- **Fehler bei der Beurteilung:** Auch bei der Beurteilung und Auswertung von Testergebnissen kann es zu Messfehlern kommen. Sie beruhen oft auf Mängeln bei der Objektivität und schränken die Validität ein.
  - **Kontrast-Effekt:** Die Beurteilung des Ergebnisses des Einzelnen wird durch die Ergebnisse des Umfelds beeinflusst. So gilt beispielsweise in einer Klasse mit leistungsschwachen Schülern Einer, der immer befriedigende Ergebnisse erreicht, schon als gut. Wird er in eine Klasse mit leistungsstarken Schülern versetzt, bekommt er für dieselben Leistungen vielleicht die Bewertung „ungenügend".
  - **Halo-Effekt:** Die Wahrnehmung eines herausragenden Merkmals färbt die Wahrnehmung des gesamten Sachverhalts. So ist z. B. nachgewiesen, dass Kinder in Abhängigkeit von ihrem Vornamen unterschiedlich behandelt werden.
  - **Milde-Effekt:** Der Milde-Effekt entspricht der Ja-Sage-Tendenz auf Seiten des Beurteilers. Viele Testleiter neigen zu freundlichen, milden Einschätzungen und vermeiden negative Beurteilungen.

- **Projektions-Effekt:** Uneingestandene Eigenschaften des Untersuchers werden von diesem in seinen „Untersuchungsobjekten" besonders deutlich wahrgenommen. So diagnostizieren Ärzte, die selbst unter hohem Arbeitsdruck stehen womöglich eher ein Burnout-Syndrom bei ihren Patienten.
- **Effekt der zentralen Tendenz:** Genau wie Probanden neigen auch Untersucher dazu, ihre Beurteilungen in einem Mittelfeld anzusiedeln, anstatt Extreme wahrzunehmen.

- **Erwartungseffekte:** besonders komplex und schwer zu überblicken sind die Erwartungseffekte und ihre Auswirkungen auf das Ergebnis einer Untersuchung.
  - **Rosenthal-Effekt:** Dieser wird auch als Versuchsleiterartefakt bezeichnet. Die Erwartung des Versuchsleiters bzgl. der Ergebnisse des Probanden beeinflusst diese (unbewusst!) im Sinne einer „selbsterfüllenden Prophezeiung".
  - **Hawthorne-Effekt:** Dieser wird auch als Versuchspersonenartefakt bezeichnet und beruht darauf, dass sich die Probanden allein dadurch anders verhalten, dass sie wissen, dass sie an einer Studie teilnehmen.
  - **Plazebo-Effekt:** Die Erwartung einer therapeutischen Wirkung (z. B. eines Medikaments oder einer psychotherapeutischen Intervention) führt dazu, dass diese eintritt, ohne dass dies durch den Wirkstoff selbst zu erklären ist bzw. ohne dass ein Wirkstoff tatsächlich vorliegt.

Um Messfehler zu verhindern oder ihre Auswirkungen zu kontrollieren, stehen verschiedene Strategien zur Verfügung:

- **Kontrolluntersuchungen:** Eine Untersuchung kann mehrfach mit denselben Probanden, aber z. B. durch unterschiedliche Untersucher durchgeführt werden, um Fehler durch mangelnde Objektivität auszuschließen.
- Die Ergebnisse der Untersuchung können mit gängigen Expertenmeinungen und den Ergebnissen ähnlicher Untersuchungen **verglichen** werden. Man spricht dann von **kriteriumsbezogener Validierung.** Deutliche Diskrepanzen können ein Hinweis auf Messfehler sein.
- Die **interne Logik** eines Tests und die möglichen Effekte von Antworttendenzen werden mithilfe gezielter Prüffragen erfasst, die zwischen die Test-Items eingestreut sind.
- Durch die Bildung von **Kontrollgruppen** lassen sich Störvariablen neutralisieren und Therapieeffekte gezielter untersuchen. Dafür werden die Versuchspersonen **randomisiert** (zufällig) entweder der Experimental- oder der Kontrollgruppe zugeteilt. Über diesen Versuchsaufbau werden die Probanden informiert, nicht aber darüber, in welcher Gruppe sie sind. Man spricht von einer **Verblindung.** Um Beurteilungsfehler auszuschließen weiß meist auch der Untersucher nicht, welcher Proband welcher Gruppe zugeordnet wurde. Die Studie wird dann als **doppelblind** bezeichnet. Für die Untersuchung der Wirkung eines Medikaments erhalten z. B. die Versuchspersonen der Experimentalgruppe tatsächlich das Präparat, während die Probanden der Kontrollgruppe ein Plazebo bekommen, also eine wirkstofffreie Substanz. Signifikante Ergebnisunterschiede zwischen beiden Gruppen weisen auf eine Wirksamkeit des Medikaments hin.
- Eine weitere Möglichkeit zur Vermeidung systematischer Fehler ist die **Parallelisierung** von zwei Untersuchungsgruppen. Dabei werden der Experimental- und der Kontrollgruppe jeweils zwei Personen zugeordnet, die sich in bestimmten Kriterien wie Alter, Geschlecht oder Gesundheitszustand ähneln.
- Systematische Fehler können z. B. in Aufbau und Form eines Fragebogens begründet sein (Art der Fragestellung, Layout und Gestaltung) oder in zufälligen und unbeeinflussbaren Faktoren wie Motivation und Stimmung der Versuchsperson, Wetter oder ablenkenden Faktoren im Untersuchungsraum. Durch **Ausbalancieren** (zufällige Änderung der Fragenfolge, Untersuchung zu verschiedenen Tageszeiten) und eine möglichst **große Zahl** von Versuchspersonen können solche Fehler minimiert werden.

Merke

Bias ist die Bezeichnung für systematische Fehler und Verzerrungen bei der Datenerhebung für eine wissenschaftliche Untersuchung. Man unterscheidet u. a.:

- **Selektions-Bias:** Fehler bei der Auswahl der Stichproben.
  So wäre es ein Fehler, die Auswirkungen sozialer Ungleichheit auf die schulischen Leistungen zu untersuchen und dabei ausschließlich Kinder eines Elitegymnasiums zu befragen.
- **Social-Bias:** Vernachlässigung des Effekts der sozialen Erwünschtheit.

1.3.4 Untersuchungsplanung

Ist das Problem benannt und die konkrete Fragestellung festgelegt, geht es im nächsten Schritt um die Planung der Untersuchung. Dazu werden die Variablen bestimmt, ein geeignetes Studiendesign ausgewählt und unter Berücksichtigung der Gütekriterien und möglicher Messfehler die Items erstellt.

1.3.4.1 Variablen

Wissenschaftliche Fragestellungen beziehen sich meist auf den Zusammenhang zwischen verschiedenen Faktoren oder Variablen. Je nach Aufbau der Untersuchung gibt es dabei Stellgrößen, sogenannte **unabhängige Variablen (UV)**, die experimentell und aktiv vom Untersucher verändert werden können und **abhängige Variablen (AV)**, also Messgrößen, die sich infolge dieser Experimente verändern. Bei der Frage „Inwiefern beeinflusst die Ernährung das Herzinfarktrisiko?" ist die Ernährung eine unabhängige (aktiv veränderbare) Variable, der das Herzinfarktrisiko als abhängige (nur mittelbar veränderbare) Variable folgt.

Als **Störvariablen** oder **Confounder** werden Faktoren bezeichnet, die kein Bestandteil der Hypothese sind, aber trotzdem, genauso wie die unabhängige Variable, die abhängige Variable bzw. das Untersuchungsergebnis beeinflussen. In der Frage nach dem Einfluss von Ernährung auf das Herzinfarktrisiko können z. B. das Geschlecht, bestimmte genetische Konstellationen oder das Ausmaß psychosozialen Stresses als Störvariablen wirken.

Lerntipp

Die Testvariablen werden gerne vom IMPP abgefragt. Unter Variablen versteht man alle messbaren Werte in einem Experiment, die sich in irgendeiner Form verändern können. Dabei unterscheidet man:

- **Unabhängige Variablen,** die vom Versuchsleiter systematisch variiert werden bzw. nach denen die verschiedenen Gruppen eingeteilt werden.
- **Konstant gehaltene Variablen,** die ebenfalls unabhängige Variablen sind, bei denen man aber davon ausgeht, dass sie keinen Einfluss auf den Ausgang des Experiments haben. Sie müssen konstant gehalten werden, damit sie kontrollierbar sind.
- **Abhängige Variablen** sind Reaktionen auf die unabhängigen Variablen, also auf die Variablen, die im Experiment gemessen werden.
- **Intervenierende Variablen** sind individuelle Variablen der Versuchsperson, die einen Einfluss auf das Ergebnis des Experiments haben, jedoch nicht zu ändern sind.
- **Moderatorvariablen** haben Einfluss auf die Beziehung zwischen unabhängiger und abhängiger Variable. Dieser Einfluss muss nicht kausal sein. Es kann sich auch um unerwünschte Effekte handeln; in dem Fall spricht man auch von Störvariablen.
- **Mediatorvariablen** erklären einen kausalen Zusammenhang zwischen unabhängiger und abhängiger Variable.

Eine **Moderatorvariable** wirkt sich schwächend auf den Zusammenhang zwischen unabhängiger und abhängiger Variable aus. Sie ist, anders als die Störvariable, Bestandteil der Fragestellung („Wie beeinflusst die Ernährung das Herzinfarktrisiko bei normalgewichtigen Personen, die regelmäßig Sport treiben?").

Eine **Mediatorvariable** stellt den Zusammenhang zwischen unabhängiger und abhängiger Variable her: Zwischen der Ernährung und dem Herzinfarktrisiko liegt das Ausmaß der Atherosklerose als Mediatorvariable.

1.3.4.2 Studiendesign

Die Qualität einer wissenschaftlichen Studie hängt wesentlich von deren Design ab. Fehler und Ungenauigkeiten in dieser Phase der Untersuchung lassen sich später meist nicht mehr korrigieren. Die wichtigsten Elemente der **Studienplanung** sind:

- **Fragestellung:** Worum genau soll es gehen? Was soll untersucht werden?
- **Studienpopulation:** Wer soll untersucht werden? Was sind Ein- und Ausschlusskriterien?
- **Beobachtungseinheit:** Wer oder was ist Gegenstand der Studie?
- **Studientyp:** Soll eine experimentelle, klinische oder epidemiologische Studie durchgeführt werden?
- **Messmethode:** Welche Instrumente kommen bei der Untersuchung zum Einsatz?
- **Fallzahlabschätzung:** Wie viele Probanden müssen untersucht werden, um ein signifikantes Studienergebnis zu erzielen?

Im Folgenden werden die wichtigsten Studientypen und -methoden dargestellt.

Experimentelle Studie

Im Rahmen einer experimentellen bzw. **randomisierten kontrollierten Studie** werden die Daten von mindestens zwei Probandengruppen miteinander verglichen.

Dabei bedeutet **kontrolliert,** dass der Experimental- eine Kontrollgruppe gegenübergestellt wird. Mitglieder des Experimentalarms erhalten eine (medizinische) Behandlung, die des Kontrollarms nicht. Untersucht werden die nach der Intervention auftretenden Unterschiede.

Randomisiert heißt, dass die Zuordnung der Probanden zur Experimental- oder Kontrollgruppe zufällig erfolgt, z. B. per Losverfahren. Für die Durchführung des Experiments werden die zuvor festgelegten unabhängigen Variablen gezielt verändert und die sich daraus ableitenden Veränderungen der abhängigen Variablen bestimmt. Um Effekte zu vermeiden, die etwas mit der Wirkungs- (oder Nebenwirkungs-)erwartung zu tun haben, erfahren die Probanden üblicherweise nicht, ob sie der Experimental- oder Kontrollgruppe angehören. Dies bezeichnet man als **Verblindung.** Bei **doppelblinden Studien** ist aus demselben Grund auch der Untersucher in das Nichtwissen miteinbezogen. Insbesondere bei **Medikamentenstudien,** in denen es um den Vergleich eines neuen mit einem bereits etablierten Präparat oder einem Plazebo geht, sind randomisierte, kontrollierte Doppelblindstudien das Verfahren der Wahl.

Wird eine Untersuchung an mehreren Kliniken gleichzeitig durchgeführt, spricht man von einer **multizentrischen Studie.** Mit dieser Methode sollen Fehler vermieden werden, die durch lokale Besonderheiten entstehen könnten. Zudem erlaubt dieses Verfahren den Zugriff auf eine wesentlich höhere Probandenzahl.

Quasiexperimentelle Studie

Bei der quasiexperimentellen Studie erfolgt die Zuordnung der Probanden zur Experimental- oder Kontrollgruppe **nicht zufällig,** sondern anhand bestimmter Merkmale. So könnte man z. B. in einem Quasiexperiment die Ernährungsgewohnheiten von Franzosen und Briten vergleichen und die Nationalität der Untersuchten als Unterscheidungsmerkmal festlegen. Eine Einschränkung der Aussagekraft solcher Studien entsteht dadurch, dass es möglicherweise implizite Faktoren gibt, die das Ergebnis wesentlich beeinflussen, ohne selbst in die Untersuchung einzugehen. Zum Beispiel könnten klimatische, politische oder ökologische Besonderheiten die Ernährungsgewohnheiten der Franzosen und Briten mitbestimmen.

Nichtexperimentelle Studie

Im Rahmen nichtexperimenteller Beobachtungsstudien wird auf jegliche Art von Kontrolle verzichtet und lediglich eine **Vorher-Nachher-Untersuchung** durchgeführt. Der relativ geringe Aufwand dieser Studienform hat eine geringe Aussagekraft der Ergebnisse zur Folge. So könnte man einen Medizinstudenten unmittelbar vor und nach den Semesterferien die gleiche Prüfung schreiben lassen und die Ergebnisse vergleichen, könnte mögliche Unterschiede dann aber nur spekulativ erklären.

Querschnittstudie

Für eine Querschnittstudie wird eine bestimmte Population hinsichtlich eines bestimmten Merkmals **einmalig,** also im Querschnitt untersucht. Beispiel: „Wie viele Menschen in Deutschland heiraten heute?".

Längsschnittstudie

Für eine Längsschnittstudie wird eine bestimmte Population hinsichtlich eines bestimmten Merkmals **mehrfach,** also im zeitlichen Verlauf untersucht, um eine Aussage über Entwicklungen und Wandlungsprozesse treffen zu können. Beispiel: Wie viele Paare in Deutschland sind fünf, zehn, 15, 20 und 25 Jahre nach ihrer Eheschließung nicht geschieden?

Eine besondere Form stellt die **Kohortenstudie** dar, bei der der Faktor Zeit in die Gruppenzusammenstellung einbezogen wird. Eine Kohorte kann z. B. ein bestimmter Jahrgang sein oder eine Gruppe von Menschen, die ein bestimmtes Ereignis am Startpunkt der Untersuchung gemeinsam erlebt haben.

Fall-Kontroll-Studie

Wie die Quer- und Längsschnittstudie gehört auch die Fall-Kontroll-Studie zu den **epidemiologischen Studien.** Retrospektiv, also rückblickend, wird eine Gruppe von Merkmalsträgern (z. B. Erkrankte) als Fall mit einer Gruppe, die dieses Merkmal nicht aufweist (z. B. Gesunde) als Kontrolle hinsichtlich bestimmter Faktoren (z. B. Exposition gegenüber Schadstoffen, Inanspruchnahme von Präventionsleistungen, psychosoziale Belastungsfaktoren, genetische Merkmale etc.) verglichen.

Einzelfallstudie

Für eine Einzelfallstudie wird eine Untersuchungseinheit möglichst genau und umfassend untersucht, also z. B. eine Person, die Bevölkerung eines Dorfs oder die Exfreundinnen meines Freundes. Ziel ist es, aus Einzelbeobachtungen **verallgemeinerbare Schlüsse** zu ziehen.

Ökologische Studie

Im Rahmen ökologischer Studien werden Umwelt- bzw. regional bedingte Einflüsse (z. B. Strahlenbelastung, Feinstaub, Lärm) auf eine bestimmte Population untersucht.

Lerntipp

Es ist wichtig, die einzelnen Studiendesigns zu beherrschen, da diese gerne gefragt werden.
Besonders gut sollte man den Unterschied zwischen einer Fall-Kontroll-Studie und einer randomisierten, kontrollierten Studie kennen.
Unter einer **Fall-Kontroll-Studie** versteht man meist retrospektive Falluntersuchungen von Personen, die einem bestimmten Risiko ausgesetzt waren (= Fall). Indem der untersuchten Person eine ähnliche Person zugeordnet wird (= Kontrollfall), soll untersucht werden, ob durch die Risikoexposition die Wahrscheinlichkeit für eine bestimmte seltene Erkrankung erhöht ist.
Die **randomisierte kontrollierte Studie** ist erwiesenermaßen das beste Studiendesign in der medizinischen Forschung und damit der Goldstandard der Studienplanung. Bei der Randomisierung werden die Versuchspersonen zufällig auf die Versuchsgruppen verteilt. Dadurch werden sämtliche (auch unbewusste) Einflüsse der Untersucher auf die Personenverteilung ausgeschlossen und bekannte sowie unbekannte Einflussfaktoren auf alle Gruppen gleich verteilt. Voraussetzung für die Randomisierung ist, dass die Anzahl der zu untersuchenden Personen groß genug ist. Von einer kontrollierten Studie spricht man, wenn die Ergebnisse der Interventionsgruppe mit einer Kontrollgruppe verglichen werden.

1.3.4.3 Labor- und Feldstudie

Hinsichtlich des Ortes bzw. des Settings einer Untersuchung unterscheidet man die Labor- von der Feldstudie. Die **Laborstudie** wartet mit weitgehend standardisierten, in gewisser Weise künstlichen, speziell für die Untersuchung geschaffenen, Umweltbedingungen auf und bietet dadurch ein hohes Maß an **interner Validität** (▶ Kap. 1.3.4.5). Die gezielte Veränderung einzelner Variablen kann in ihren Auswirkungen sehr genau beobachtet werden. Nachteilig ist die Unnatürlichkeit der Untersuchung, die sich oft nicht unmittelbar auf die Realität außerhalb des Labors übertragen lässt.
Eine **Feldstudie** ist in der Lebenswelt ihrer Teilnehmer angesiedelt: Meist geht es um deren Beobachtung unter natürlichen Bedingungen. Dadurch hat sie eine hohe **externe Validität** (▶ Kap. 1.3.4.5). Die schwer zu erfassende Einflussnahme der Laborumgebung auf das Verhalten der Probanden (Reaktivität) fällt weg. Allerdings sind die Möglichkeiten der Standardisierung und Kontrolle deutlich eingeschränkt.

1.3.4.4 Efficacy und Effectiveness

Wissenschaftliche Untersuchungen und Studien dienen häufig dazu, den Nutzen bzw. Wirkungsgrad einer bestimmten diagnostischen oder therapeutischen Intervention zu ermitteln. Mit **Efficacy** (Wirkungsvermögen) wird die Wirksamkeit unter nahezu optimalen, weitgehend kontrollierten (Studien-)Bedingungen bezeichnet. Hingegen steht die **Effectiveness** (Effektivität) für die Wirksamkeit unter Alltags- oder Routinebedingungen.
Ein dritter wichtiger Begriff in diesem Zusammenhang ist die **Efficiency** (Effizienz), die das Verhältnis von Kosten und Nutzen einer Maßnahme beschreibt.

1.3.4.5 Interne und externe Validität

Interne Validität liegt vor, wenn in einer Untersuchung exakt das gemessen wird, was gemessen werden soll und es für den beobachteten Effekt bei der abhängigen Variablen keine andere Erklärung als die gezielte und kontrollierte Veränderung der unabhängigen Variablen gibt. Dazu müssen eventuelle Störvariablen ausgeschaltet werden, was meist nur unter Laborbedingungen gelingt.
Durch die **externe Validität** wird eine Aussage darüber gemacht, inwiefern das experimentell gefundene Ergebnis verallgemeinerbar bzw. auf die Realität übertragbar ist.
Ein hohes Maß an interner Validität geht meist mit einer Minderung der externen Validität einher und umgekehrt.

1.3.4.6 Explorative und hypothesentestende Studien

Explorative Studien dienen der ersten Annäherung an ein Untersuchungsgebiet, von dem der Untersucher noch nicht allzu viel weiß. Mit viel Offenheit und wenig Standardisierung geht es um ein Kennenlernen des Forschungsgegenstands und um das Entwickeln von Hypothesen und Variablen. Diese werden dann in **hypothesentestenden** oder **konfirmatorischen** Studien unter standardisierten Bedingungen geprüft.

1.3.4.7 Prospektive und retrospektive epidemiologische Studien

Prospektiv bedeutet vorausschauend. Bei dieser Form der Untersuchung werden Hypothesen aufgestellt und ein Verfahren entwickelt, mit dem diese überprüft werden können. **Retrospektiv,** also rückblickend, werden bereits vorhandene Daten analysiert, um daraus Hypothesen zu erstellen.

Merke

- Prospektiv: Erst kommt die Hypothese, dann die Datenerhebung.
- Retrospektiv: Die Daten sind schon da, die Hypothese wird gebildet.

Der **Vorteil retrospektiver Untersuchungen** ist der relativ geringe zeitliche und organisatorische Aufwand: Häufig werden Daten aus Krankenakten oder bei der Routinearbeit aufgezeichnete Messungen verwendet. Diese erfüllen aber oft nicht den Qualitätsstandard einer kontrollierten Studie, da sie weder interventionell noch ursprünglich für eine Studie vorgesehen sind. Ihre Aussagekraft ist damit eingeschränkt.

1.3.4.8 Stichprobengewinnung und -arten

Eine **Stichprobe** ist eine, durch die Berücksichtigung bestimmter Kriterien repräsentative Auswahl oder Teilmenge einer Gesamtheit, die stellvertretend für diese untersucht werden kann. Man unterscheidet verschiedene Stichprobenarten (▸ Tab. 1.3).

- **Zufallsstichprobe:** Hierbei erfolgt die Entnahme der Stichprobe aus der Grundgesamtheit zufällig – alle Personen haben die gleiche Wahrscheinlichkeit in die Auswahl aufgenommen zu werden. Zuvor muss sichergestellt sein, dass theoretisch tatsächlich Jeder auffindbar ist (z. B.

Tab. 1.3 Die unterschiedlichen Arten der Stichprobengewinnung

Zufällige vs. nicht zufällige SP	Vorgehen bei der Auswahl	Beschreibung des Auswahlvorgangs
Probabilistische Stichprobe	einfache Zufallsstichprobe	1. Zielpopulation 2. vollständige Liste aller Populationsobjekte 3. Zufallszahlen bzw. Lottoprinzip bzw. systematische Auswahl 4. einfache Zufallsstichprobe
	geschichtete Stichprobe	1. Zielpopulation eingeteilt in Schichten 2. pro Schicht vollständige Liste aller Objekte 3. Zufallszahlen bzw. Lottoprinzip bzw. systematische Auswahl 4. geschichtete Stichprobe
	Klumpenstichprobe	1. Zielpopulation, bestehend aus Klumpen 2. vollständige Liste aller Klumpen 3. Zufallszahlen bzw. Lottoprinzip bzw. systematische Auswahl 4. Klumpenstichprobe
	mehrstufige Stichprobe	1. Zielpopulation, bestehend aus Klumpen 2. vollständige Liste aller Klumpen 3. Zufallszahlen bzw. Lottoprinzip bzw. systematische Auswahl 4. 1. Ziehungsstufe (Zufallsauswahl von Klumpen) 5. pro Klumpen vollständige Liste aller Objekte 6. Zufallszahlen bzw. Lottoprinzip bzw. systematische Auswahl 7. 2. Ziehungsstufe (Zufallsauswahl von Objekten pro Klumpen) 8. zweistufige Stichprobe

Tab. 1.3 Die unterschiedlichen Arten der Stichprobengewinnung (Forts.)		
Zufällige vs. nicht zufällige SP	**Vorgehen bei der Auswahl**	**Beschreibung des Auswahlvorgangs**
Nichtprobabilistische Stichprobe	Gelegenheits-stichprobe	1. freiwillige Personen 2. Aufteilung der Personen per Zufall in Versuchs- und Kontrollgruppe 3. Gelegenheitsstichprobe
	Quoten-stichprobe	1. Zielpopulation 2. Bildung der Quoten hinsichtlich untersuchungsrelevanter Merkmale 3. Entnahme der Stichprobe bei der Beachtung der vorher definierten Quoten 4. Quotenstichprobe 5. evtl. Überprüfung der Quotenstichprobe
Mit freundlicher Genehmigung von Prof. Dr. Bärbel Bergmann und Dr. Matthias Rudolf, TU Dresden		

Auswahl jedes siebten Namens aus einem nationalen Melderegister).

- **Mehrstufige Stichproben:** Hierfür erfolgt eine Vorgliederung der Gesamtmenge in Klumpen oder Schichten (= Erste Stufe), ehe es zur Untersuchung der einzelnen Elemente (= Zweite Stufe) kommt:
  - **Klumpen- oder Clusterstichprobe:** Bei Klumpen handelt es sich um Gruppen innerhalb einer Gesamtmenge, z. B. die Bewohner eines Stadtteils als Stellvertreter für alle Stadtbewohner, die Erstgebärenden in einer Klinik als Stellvertreter für alle Erstgebärende in Kliniken usw. Diese Klumpen werden dann vollständig (also jede einzelne Person in der Teilmenge) untersucht.
  - **Geschichtete Stichprobe:** Hierfür wird zunächst eine Schichtung innerhalb der Gesamtpopulation anhand bestimmter Merkmale vorgenommen (z. B. Aufteilung nach Geschlecht in zwei Schichten, Aufteilung nach Schulabschluss in drei Schichten etc.) und dann aus jeder Gruppe eine Zufallsstichprobe entnommen.
- **Quotenauswahl:** Die Stichprobe setzt sich aus Personen zusammen, die in ihrer Anzahl (Quote) hinsichtlich bestimmter Merkmale (z. B. Alter, Schulabschluss, Einkommen) ein Abbild der Gesamtmenge sind.
- **Ad-hoc-Stichprobe** (Gelegenheitsstichprobe): Dies ist die einfachste und ungenauste Form der Stichprobe. Als Elemente bzw. Probanden werden jene gewählt, die gerade zur Verfügung stehen (z. B. Befragung von Passanten in der Fußgängerzone), ohne dass klar ist, welche Population dadurch repräsentiert bzw. nicht repräsentiert wird.

Merke

Probabilistische Stichprobe: Jedes Element der Grundgesamtheit hat theoretisch die gleiche Chance, in die Stichprobe aufgenommen zu werden. Dies trifft für Zufalls-, Klumpen- und geschichtete Stichprobe zu.
Nichtprobabilistische Stichprobe: Die Wahrscheinlichkeit, in die Stichprobe aufgenommen zu werden, ist für die einzelnen Elemente der Grundgesamtheit ungleich bzw. unbekannt. Zu dieser Form gehören die Quotenauswahl und die Gelegenheitsstichprobe.

Die jährlich bei 1 % der Haushalte im Rahmen des **Mikrozensus** durchgeführte Befragung dient der Erfassung der wirtschaftlichen und sozialen Lage in Deutschland. Ihr liegt eine **geschichtete Klumpenstichprobe** zugrunde. Die Klumpen sind Wohnbezirke, die eine partielle Rotation durchlaufen: Jedes Jahr wird ein Viertel der Auswahlbezirke durch neue ersetzt.

1.3.4.9 Methodentriangulation

In der Geometrie und Vermessungslehre wird die Lage eines Punktes mithilfe zweier Bezugspunkte, also unter Bildung eines Dreiecks (Triangel), genau definiert. Um auch in der Sozialforschung ein möglichst umfassendes Bild zu entwerfen, das der Komplexität der Wirklichkeit Rechnung trägt, kann es sinnvoll sein, mehrere Untersuchungsmethoden miteinander zu kombinieren bzw. einen Gegenstand aus unterschiedlichen Blickwinkeln zu

Tab. 1.4 Vor- und Nachteile von Primär- und Sekundärdaten

	Primärdaten	Sekundärdaten
Vorteile	• genau angepasst an die Fragestellung • hohe Aktualität • der Untersucher kann die Datenqualität selbst beeinflussen	• geringerer zeitlicher, finanzieller und personeller Aufwand
Nachteile	• hoher Aufwand an Zeit, Geld und Personal	• zu einem anderen Zweck erhobene Daten passen möglicherweise nicht genau zur aktuellen Fragestellung • Daten sind nicht aktuell • der Untersucher hat keinen Einfluss auf die Qualität der Daten

betrachten. Dieses Vorgehen bezeichnet man als **Triangulation.** Damit sollen die Nachteile und Insuffizienzen der einzelnen Methoden ausgeglichen und eine höhere Validität der Ergebnisse erreicht werden.

1.3.5 Sozialwissenschaftliche Methoden der Datengewinnung

Provokativ formuliert, besteht unser Dasein aus Datengewinnung. In jedem Augenblick nehmen wir mehr oder weniger bewusst eine Vielzahl von Informationen auf und verarbeiten diese. Ist es warm oder kalt? Hell oder dunkel? Laut oder still? Ist mein Gegenüber ein Freund oder Feind? Wie spät ist es?

Die Sozialwissenschaften systematisieren und standardisieren diese Prozesse, was mit Begrifflichkeiten einhergeht, die im Folgenden erklärt werden sollen.

1.3.5.1 Individual- und Aggregatdaten

Alle Messdaten, die sich auf ein Individuum (ein Untersuchungselement) aus einer Stichprobe beziehen, bezeichnet man als **Individualdaten.** Die gesamte Menge der von allen Elementen der Stichprobe erhobenen Informationen sind **Aggregatdaten** (lat. aggregat = Ansammlung). Geht es z. B. um die Körpergröße von Kindern einer Schulklasse, so kann man die Individualdaten: Lisa 134 cm, Tom 122 cm, Hilde 128 cm, Christian 134 cm, Paul 126 cm zusammenfassen zu dem Aggregat „Die durchschnittliche Körpergröße beträgt 128,8 cm“. Auch die Arbeitslosenquote, die Prävalenz und Inzidenz von Erkrankungen, die durchschnittliche Lebenserwartung oder der Notenspiegel nach einer Klausur sind Datenaggregate.

1.3.5.2 Primär- und Sekundärdaten

Alle Informationen, die unmittelbar durch eine Untersuchung, Befragung, Messung usw. gewonnen werden, bezeichnet man als **Roh-, Ur- oder Primärdaten.** Von ihnen sind die **Sekundärdaten** zu unterscheiden, welche in anderen Zusammenhängen erhoben wurden und damit ohne den Aufwand der eigenen Forschung zur Verfügung stehen. ▸ Tab. 1.4 zeigt die Vor- und Nachteile beider Datenformen.

Der in der Forschung häufig verwendete Begriff der **Sekundärliteratur** bezeichnet Schriften, die sich interpretierend, assoziierend oder zusammenfassend mit einem Gegenstand auseinandersetzen. In diesem Zusammenhang werden Sekundärdaten auch als Aussagen verstanden, die durch die Verarbeitung von Primärdaten gewonnen wurden.

1.3.5.3 Fremd- und Selbstbeurteilung

Für die Sozialforschung, aber auch in der Medizin und Psychologie, in der Schule und in der Kriminalistik spielen sowohl die **Selbsteinschätzungen** des Individuums (z. B. bzgl. Gesundheitszustand, Verhalten, Aussehen, Leistung und Perspektiven) als auch die **Fremdbeurteilung** durch Angehörige, Ärzte, Therapeuten, Lehrer, Gutachter, Zeugen usw. eine wichtige Rolle. Von Interesse sind dabei vor allem die Abweichungen zwischen Fremd- und Selbsteinschätzung, deren Ursachen meist Teil der übergeordneten Fragestellung sind.

Klinik

Im Rahmen der Diagnostik einer **Aufmerksamkeitsdefizit- und Hyperaktivitätsstörung** (ADHS) im Erwachsenenalter kommt der **Fremdbeurteilungsbogen nach Connors** (CAARS) zum Einsatz. Angehörige

oder Therapeuten schätzen darin mittels einer vierstufigen Skala u. a. ein, inwiefern der Betroffene:
- angefangene Tätigkeiten nicht beendet
- leicht frustriert ist
- angetrieben ist
- Dinge sagt, ohne vorher nachzudenken
- zu Wutausbrüchen neigt
- Herausforderungen mangels Selbstvertrauen vermeidet.

1.3.5.4 Interviewformen und -stile, Testverfahren, Befragung

In der Sozialwissenschaft geht es in erster Linie um Meinungen, Ansichten, Interessen, Bewertungen, Positionen, Einstellungen usw. Die Datengewinnung beruht hauptsächlich auf der **Befragung** von Probanden. Diese kann mündlich oder schriftlich, in Form von Interviews, Tests oder Fragebögen erfolgen. ► Tab. 1.5 gibt einen Überblick über die unterschiedlichen Interviewformen.

Beim **qualitativen Interview** geht es um eine möglichst umfassende, offene Darstellung eines Themengebiets, um die Beschreibung von Zusammenhängen, die Sammlung von Informationen oder die Generierung von Hypothesen. Der geschulte Interviewer gibt lediglich das Themengebiet vor und gestaltet das Gespräch flexibel, indem er auf das Gesagte eingeht, zur Ausgestaltung ermuntert und weitgehend auf einschränkende Frageformen verzichtet. Qualitative Interviews sind z. B. **Expertenbefragungen** („Herr Prof. Dr. Psychologe, bitte erklären Sie uns, was im Kopf eines Amokläufers vorgeht."), **Gruppendiskussionen** („Heute wollen wir uns mit dem Thema Sex im Alter beschäftigen.") oder **narrative Interviews** („Was war dein schönstes Ferienerlebnis?").

Beim **quantitativen Interview** sind die Fragen standardisiert, geschlossen und in der Reihenfolge vorgegeben. Die Antwortmöglichkeiten sind durch Skalen (z. B. ja – nein, Zustimmung auf einer Skala von 1–5) eingeschränkt. Dem mündlich durchgeführten Interview liegt ein schriftlicher **Fragebogen** zugrunde. Eine offene oder flexible Gesprächsgestaltung ist ausgeschlossen. Diese Form des Interviews dient in erster Linie der Überprüfung von Hypothesen und statistischen Zusammenhängen sowie (durch Wiederholung) der Messung von Sachverhalten über die Zeit.

Tab. 1.5 Interviewformen

Nichtstandardisiertes Interview (offen)	Teilstandardisiertes Interview (halboffen)	Standardisiertes Interview (geschlossen)
offene Fragen	halboffene Fragen	geschlossene Fragen
qualitatives Interview		quantitatives Interview
z. B. Experteninterview	z. B. Leitfadeninterview	z. B. Umfrage

Merke

- Qualitatives Interview = nichtstandardisiertes (offenes) Interview → große Informationsbreite bei geringer Vergleichbarkeit
- Quantitatives Interview = standardisiertes (geschlossenes) Interview → eingeschränkte Informationsbreite bei guter Vergleichbarkeit

Als Mischform qualitativer und quantitativer Verfahren gibt es das **teilstandardisierte** oder **teilstrukturierte Interview,** dem ein Leitfaden zugrunde liegt, anhand dessen der Interviewer das Themengebiet einschränkt. Meistens sind die Fragen vorformuliert, werden in ihrer Reihenfolge aber flexibel eingesetzt und können abhängig vom Gesprächsverlauf auch inhaltlich modifiziert werden.

Klinik

Das **Strukturierte Klinische Interview für DSM-5** (SKID) ist ein **halbstrukturiertes** Interview zur Erfassung psychischer Störungen. Diese werden im Diagnosemanual DSM-5 auf mehreren Achsen kodiert.
- **Achse 1** erfasst u. a. affektive Störungen, Angststörungen, Störungen durch psychotrope Substanzen, Somatoforme Störungen, Anpassungsstörungen usw.
- Auf **Achse 2** werden u. a. die Persönlichkeitsstörungen dargestellt. Entsprechend gibt es das klinische Interview für Achse-1- (SKID-1) und für Achse-2-Störungen (SKID-2).

Das SKID-1 ist ein Leitfadeninterview, aus dessen Antworten („Symptom vorhanden/schwach vorhanden/nicht vorhanden") der Interviewer eine Diagnose stellt.

Beim SKID-2 beantwortet der Untersuchte zunächst 117 Fragen auf einer zweistufigen Skala. Anschließend erfolgt eine nähere Exploration aller bejahten Items mittels eines halbstrukturierten Interviews.

Lerntipp

Achtung! Fangfrage des IMPP:
Wenn ein standardisiertes Interview im testtheoretischen Sinn eine hohe Objektivität aufweist, so bedeutet dies, dass verschiedene Interviewer bei der befragten Person zu übereinstimmenden Ergebnissen kommen, die Fragen werden jedoch **nicht** in standardisierter Reihenfolge gestellt!

Auch die **ärztliche Anamnese** kann als Interview oder Befragung aufgefasst werden. **Situationsabhängig** (Patient bekannt oder Erstkontakt, chirurgische Notaufnahme oder Erstgespräch vor Psychotherapie, Anliegen des Patienten, zur Verfügung stehende Zeit, Erfahrung des Arztes) kommen eher **qualitative** oder **quantitative Verfahren** zum Einsatz. Qualitative Fragen sind z. B.: „Wie geht es Ihnen? Bitte berichten Sie mir mehr über Ihr Verhältnis zu Ihrer Mutter." Quantitativ könnten folgende Fragen gestellt werden: „Tut es hier weh oder hier? Wie oft haben Sie die Beschwerden? Sind Sie zur Zeit berufstätig oder nicht?"
Ein **Survey** dient der überblicksartigen Erfassung von Daten zu einer bestimmten Fragestellung. Der **Bundesgesundheitssurvey** und seine Vor- und Folgeerhebungen wurden seit den 1980er-Jahren in unregelmäßigen Abständen vom Robert-Koch-Institut (RKI) durchgeführt und dienen als Instrument zur Beurteilung des Gesundheitszustands der deutschen Bevölkerung. Neben einem standardisierten Fragebogen, einem teilstrukturierten ärztlichen Interview einschließlich strukturierter Arzneimittelanamnese und einem computergestützten Interview zur Ernährung, wurden auch Messwerte (Körpergröße, -gewicht, Blutdruck) und Laborparameter (Blut- und Urinuntersuchung) erfasst.

Klinik

Als **Fokusgruppe** wird ein aus fünf bis zehn Personen bestehendes Diskussionsforum bezeichnet, in dem nach Kriterien des **qualitativen Gruppeninterviews** eine moderierte Diskussion zu einem bestimmten Thema (Fokus) realisiert wird. Oft liegt der ein- bis zweistündigen Veranstaltung ein Leitfaden zugrunde, sodass man von einer Teilstandardisierung sprechen kann. Durch die Zahl und Unterschiedlichkeit der Diskussionsteilnehmer und eine von Reflexion, Austausch, Konfrontation und Emotionalität geprägte Gruppendynamik können Informationen gewonnen werden, die in Einzelinterviews möglicherweise nicht zutagetreten würden. Als **qualitative Methode** der Datengewinnung unterliegt allerdings auch die Fokusgruppe schlecht kalkulierbaren **Störvariablen,** was ihre Aussagekraft einschränkt.

1.3.5.5 Beobachtung

Eine weitere Form der soziologischen Datengewinnung stellt die Beobachtung dar. Sie spielt insbesondere dort eine große Rolle, wo andere Erhebungsformen nicht oder schwer umsetzbar sind, z. B. bei der Untersuchung von kleinen Kindern, Tieren, sozialen Interaktionen oder Naturphänomenen. Mehrere Formen der Beobachtung können unterschieden werden:

- **Teilnehmende** oder **nicht teilnehmende Beobachtung:** Der Untersucher selbst ist aktiv oder passiv bzw. gar nicht in das Geschehen involviert (z. B. aktiv teilnehmende Beobachtung eines Informanten in einem bestimmten sozialen Milieu).
- **Feld-** oder **Laborbeobachtung:** die Beobachtung findet in der natürlichen Umgebung der Beobachteten statt oder diese werden in eine künstliche Umgebung versetzt (z. B. Verhaltensbeobachtung von Tieren in einem Biotop oder im Zoo).
- **Offene** oder **verdeckte Beobachtung:** Die Beobachteten wissen oder wissen nicht, dass sie beobachtet werden.
- **Systematische** oder **unsystematische Beobachtung:** Bei der systematischen Beobachtung ist festgelegt, was, wann, wie und zu welchem Zweck beobachtet werden soll. Meist geht es um zählbare Ereignisse (z. B. Wie viele rote Autos fahren innerhalb einer Stunde über diese Kreuzung?). Die unsystematische Beobachtung hingegen stellt eine freie, nicht zielgerichtete oder geplante Schilderung von Ereignissen dar (z. B. Beschreibung der Vorkommnisse in der Londoner U-Bahn zur Rushhour).

Klinik

In der Psychotherapie geben **Videoaufzeichnungen** die Möglichkeit einer etwas distanzierten Selbstbeobachtung. Dies ist für Therapeuten in der Ausbildung wichtig, die z. B. gemeinsam mit einem Supervisor

Merkmale ihrer eigenen Interaktion mit Patienten beobachten und dann ggf. verändern können. Auch in der Paartherapie helfen Videos zuweilen, die Entstehung von Konflikten aus Kommunikations- und Verhaltensweisen zu analysieren, um sie dann der bewussten Einflussnahme zugänglich zu machen.

1.3.5.6 Expertenurteil

Experten, Spezialisten oder Fachleute sind Menschen, die in einem bestimmten Fachgebiet bzw. hinsichtlich eines speziellen Themas überdurchschnittliches Wissen oder Fertigkeiten aufweisen. Sie besitzen für dieses Gebiet eine sogenannte **funktionale Autorität.** Um Informationen über ein bestimmtes Themengebiet zu erhalten, kann es sinnvoll sein, statt einer allgemeinen Befragung eines oder mehrere Experteninterviews durchzuführen. Deren Ergebnis wird als Expertenurteil zusammengefasst. Innerhalb der Hierarchie wissenschaftlicher Methoden hat es eine vergleichsweise **geringe Evidenz**- oder **Beweiskraft.** Insbesondere in populärwissenschaftlichen Zusammenhängen spielt es aber eine wichtige Rolle.
Auch die Fremdbeobachtung durch einen Experten (z. B. der Pädiater, der das Spielverhalten eines Kleinkindes beobachtet) generiert ein Expertenurteil.

1.3.5.7 Tagebuchverfahren

Strukturierte Tagebücher stellen eine weitere Form der sozialwissenschaftlichen Datenerfassung dar. Insbesondere in der Psychotherapie sind sie ein wichtiges diagnostisches und therapeutisches Element. So können z. B. Patienten mit einer depressiven Störung aufgefordert werden, ein Tagebuch zu führen, in dem sie angenehme Aktivitäten notieren. Bei Patienten mit Essstörungen dient es als Ernährungs- und Stimmungsprotokoll. Im Rahmen medizinischer Studien müssen Probanden häufig ein Tagebuch führen, um eventuelle Nebenwirkungen der Behandlung zu erfassen.

1.3.6 Psychobiologische Methoden der Datengewinnung

Die Psychobiologie untersucht die **Zusammenhänge** zwischen **psychischen Phänomenen** (z. B. Emotionen, Kognitionen, Verhalten) und **physiologischen bzw. biologischen Parametern.** Wichtige Forschungsschwerpunkte sind z. B. Möglichkeiten der Messbarkeit von Gedanken und Gefühlen (Lügendetektoren, Traumaverarbeitung, Lernen), Stress, Schlaf, Schmerz sowie psychische Erkrankungen (z. B. Demenz, Sucht, Depression).

1.3.6.1 Elektrophysiologische Parameter

Mittels elektrophysiologischer Verfahren werden elektrochemische Übertragungsprozesse im Nervensystem und deren Störungen untersucht. Folgende Methoden kommen dafür in Klinik und Forschung zum Einsatz:

- **Elektrodermale Aktivität (EDA):** Aufgrund einer Aktivierung des Sympathikus (z. B. durch Angst, Freude, Schmerz, Stress etc.) kommt es zu einer vermehrten Schweißsekretion. Diese bewirkt eine Zunahme der elektrischen Leitfähigkeit der Haut bzw. eine Abnahme des elektrischen Leitungswiderstandes. Mithilfe zweier Elektroden, die z. B. an den Fingern befestigt werden, kann diese Veränderung des Hautwiderstands im Zusammenhang mit emotionaler Erregung gemessen werden. Dieses Verfahren bildet u. a. die Grundlage moderner Lügendetektoren und wird therapeutisch als Biofeedback genutzt.
- **Elektromyografie (EMG):** Die elektrische Muskelaktivität, die sich bei An- oder Entspannung als Potenzialschwankung eines Muskels äußert, kann mithilfe von Messelektroden überprüft werden. Beim Oberflächen-EMG werden diese auf die Haut geklebt, beim Nadel-EMG direkt in den Muskel eingeführt. Das Verfahren dient in erster Linie der Untersuchung muskulärer oder neuronaler Funktionseinschränkungen, wird aber auch als Biofeedback genutzt.
- **Elektroneurografie (ENG):** Dieses Verfahren dient der Funktionsuntersuchung peripherer Nerven. Mithilfe einer impulsgebenden und einer messenden Elektrode werden die Nervenleitgeschwindigkeit, die Reizamplitude und die Refraktärzeit gemessen.
- **Elektroenzephalografie (EEG):** Die Veränderungen elektrischer Potenziale im Gehirn lassen Rückschlüsse auf regionale Aktivitäten bzw. Aktivitätsunterschiede zu. Die Ableitung der Hirnströme erfolgt beim EEG mittels einer Elektrodenhaube. Medizinische Fragestellungen beziehen sich in erster Linie auf eine erhöhte zerebrale Erregbarkeit (z. B. bei Epilepsie), fokale Aktivitätsänderungen (z. B. aufgrund eines Tumors) oder Störungen der Schlafstruktur. Zu-

dem wird die Untersuchung zur Feststellung des Hirntods eingesetzt. In der biopsychologischen Forschung werden Möglichkeiten der Computersteuerung durch, mittels gezielter kognitiver Prozesse geleitete, Hirnströme untersucht.

- Als **Evozierte Potenziale (EP)** bezeichnet man elektrische Aktivitäten im Gehirn, die durch gezielte Reizung eines Sinnesorgans oder eines peripheren Nervs hervorgerufen wurden. Sie werden mittels EEG abgeleitet und sichtbar gemacht. Man unterscheidet Visuell (VEP), Akustisch (AEP), Somatosensibel (SSEP) oder Motorisch (MEP) Evozierte Potenziale, durch die die Funktionsfähigkeit von Sehbahn, Hörnerv, peripheren Nerven und Muskeln überprüft werden kann.
- Das charakteristische Merkmal **Langsamer Hirnpotenziale (LP)** ist, dass sie mit einer deutlichen Latenz zu dem dargebotenen Reiz auftreten und eine Dauer von mehreren Sekunden haben können. Sie stammen aus apikalen Dendriten und werden an der Schädeloberfläche abgeleitet. In dem betreffenden Hirnareal kommt es zu einer Negativierung der elektrischen Aktivität, was als Synchronisation neuronaler Impulse verstanden wird und offenbar eine Handlungsvorbereitung darstellt. Von der Hirnregion, in der die LP gemessen wurden, geht als Nächstes eine Handlung aus. Bei Patienten mit Epilepsie ist diese Handlung nicht selten ein zerebraler Krampfanfall. Mithilfe von Biofeedback-Methoden können manche Probanden lernen, ihre LP selbst zu steuern und somit zerebrale Anfälle zu verhindern.

Klinik

Ein Bestandteil der Diagnostik **chronischer Schlafstörungen** ist die Untersuchung in einem Schlaflabor. Dort erfolgt die Ableitung und Aufzeichnung von Hirnströmen (EEG), Herzfrequenz, Atemfrequenz, Muskelaktivität und Sauerstoffsättigung zur Erstellung eines **Schlafprofils.** Damit lassen sich Rückschlüsse auf die Schlafqualität und die Ursachen der Schlafstörung ziehen.

- **Herzfrequenz und Herzfrequenzvariabilität:** Die Herzfrequenz, also die Anzahl der Herzschläge pro Minute, unterliegt in ihrer Regulation **nervalen** (Sympathikus und Parasympathikus) und **hormonellen** (v. a. Katecholamine, Schilddrüsenhormone) **Einflüssen.** Aber auch mechanische Vorgänge, wie die Änderung der thorakalen Druckverhältnisse mit der Atmung, tragen zur Variation des Herzschlags bei. Darüber hinaus ist die Herzfrequenzvariabilität abhängig von Alter, Geschlecht und Trainingszustand. Nach einem Herzinfarkt deutet ihre Verminderung (also eine weitgehend starre, gleichmäßige Herzfrequenz) auf eine eher schlechte Prognose hin. Im Rahmen depressiver Störungen und bei andauerndem Stress ist sie ebenfalls reduziert. Sowohl in der Sportmedizin als auch in der Psychiatrie lernen Probanden, durch **Biofeedback** ihren Herzschlag zu beeinflussen und die Herzfrequenzvariabilität zu verbessern, was offenbar positive psychische und Trainingseffekte hat.

Klinik

Im Rahmen von Experimenten zur Untersuchung der **Stressreaktion** werden die Probanden hinsichtlich bestimmter biologischer und physiologischer Parameter (z. B. Blutdruck, Herzfrequenz, Atemfrequenz, Hautwiderstand, Hormonausschüttung) beobachtet, während sie bestimmten Stressoren ausgesetzt sind.

1.3.6.2 Endokrinologische und immunologische Parameter

Neurotransmitter, Hormone und immunologische Faktoren stellen eine wichtige Verbindung zwischen Psyche und Soma (Seele und Körper) her, indem sie wechselseitig als Botenstoffe fungieren. Psychische Prozesse können z. B. eine Veränderung der Hormonausschüttung bewirken, was bestimmte Reaktionen an Effektororganen hervorruft, die ihrerseits Einfluss nehmen auf das psychische Befinden (► Abb. 1.5).

Kortisol gilt neben den Katecholaminen als wichtigstes **Stresshormon.** Seine Synthese und Freisetzung aus der Nebennierenrinde folgt üblicherweise einem **zirkadianen Rhythmus** mit höchsten Werten in den frühen Morgenstunden und niedrigsten Werten gegen Mitternacht. Im Zusammenhang mit **körperlichem** (Schmerz, Infektion, starke körperliche Beanspruchung, Verletzung) oder **psychischem** (starke oder andauernde emotionale Erregung, Depression) **Stress** steigt der Kortisolspiegel an. Dies dient kurzfristig dem **Schutz** des Organismus: Kortisol hemmt Entzündungsprozesse und fördert die Wundheilung. Seine **immunsuppressive Wirkung** zeigt sich u. a. darin, dass Erkältungen üblicherweise nicht in Zeiten der höchsten Arbeitsbelastung, sondern zu Beginn der Ferien, „wenn der Stress nachlässt", auftreten.

Jüngere Untersuchungen konnten auch einen protektiven Effekt gegenüber psychischen Belastungen nachweisen: Probanden, denen man Kortisol verabreicht hatte, ehe man sie Stresssituationen aussetzte, reagierten ausgeglichener und litten an weniger Nachwirkungen als die Mitglieder der Vergleichsgruppe.

Erfolgt die Stressbelastung aber über einen längeren Zeitraum hinweg, kommt es zu einer Erschöpfung der Kortisolsynthese und dem Verlust der schützenden Wirkung des Hormons. Die Infektanfälligkeit nimmt aufgrund der geschwächten Abwehr zu, der Wundheilungsprozess wird verzögert, Körper und Seele sind geschwächt, Symptome wie Müdigkeit, Schlafstörungen, Unruhe, depressive Verstimmung und Antriebsschwäche treten auf.

Das **Immunglobulin A (IgA)** leistet als Bestandteil von Körperflüssigkeiten wie Speichel, Urogenitalsekret, Tracheobronchialschleim, Tränen und Milch einen wichtigen Beitrag zur Infektabwehr. **Stress** führt zu einem Absinken der IgA-Konzentration und damit auch auf diesem Wege zu einer Verschlechterung der Immunabwehr.

Abb. 1.5 Der Anblick des Geliebten führt zu einer Erhöhung des Adrenalinspiegels und einer Aktivierung des Sympathikus. Die Herzfrequenz nimmt zu. Vermittelt durch ein Hormon beeinflusst auf diese Weise die Psyche den Körper. [J787]

Klinik

Zur Beurteilung des Immunstatus bei Patienten mit erhöhter Infektanfälligkeit sowie bei Untersuchungen im Rahmen der Stressforschung werden **Kortisol** und/oder **IgA im Speichel** bestimmt.

1.3.6.3 Bildgebende Verfahren der Hirnforschung und Psychobiologie

Bis Anfang des 20. Jahrhunderts bestanden die Methoden der Hirnforschung im Wesentlichen aus **Tierversuchen,** der Beobachtung und Untersuchung von **Patienten mit Hirnschäden** und der **Sektion von Verstorbenen.** Erste Eindrücke von der Funktion des Gehirns lebender, gesunder Menschen erhielt man mithilfe der **Elektroenzephalografie** (EEG). Informationen über die anatomische Hirnstruktur und ihre pathologischen Veränderungen beim Lebenden konnten später mittels der **Computertomografie** (CT) und der **Magnetresonanztomografie** (MRT) gewonnen werden. Diese Verfahren liefern Momentaufnahmen und ermöglichen Aussagen über makroskopische strukturelle Veränderungen. Eine Fortentwicklung stellt die **funktionelle Magnetresonanztomografie** (fMRT) dar, die es ermöglicht, Stoffwechsel und Durchblutung des Gehirns in Bilderserien zu visualisieren.

In vergleichbarer Weise werden die **Positronenemissionstomografie** (PET) und die **Einzelphotonenemissionstomografie** (SPECT) in der medizinischen Diagnostik und der Hirnforschung eingesetzt. Hierbei sind es radioaktiv markierte Zuckermoleküle, die sich nach ihrer Einbringung in die Blutbahn in Regionen mit gesteigertem Energieumsatz sammeln und dort mithilfe von Detektoren lokalisiert werden können. Man geht davon aus, dass ein gesteigerter Stoffwechsel mit einer Aktivität des jeweiligen Organs bzw. der Organregion einhergeht und nutzt die genannten Verfahren, um einzelne Hirnfunktionen zu lokalisieren.

Eine übliche Versuchsanordnung besteht darin, dass ein Proband mittels eines dieser Verfahren beobachtet wird, während er Aufgaben löst, Sinnesreizen ausgesetzt ist oder zu bestimmten emotionalen Reaktionen provoziert wird. Im fMRT oder PET „leuchten" dann die aktivierten Hirnregionen auf und lassen somit Rückschlüsse auf beteiligte Strukturen zu. „Dem Gehirn beim Denken zusehen", wie es zuweilen euphorisch heißt, kann man auf diese Weise (noch) nicht – einzelne Gedanken lassen sich auch mit bildgebenden Verfahren nicht sichtbar machen. Aber die angesprochenen kognitiven, emotionalen oder sensorischen Kategorien können mittlerweile recht sicher festgestellt werden.

1.3.7 Datenauswertung und -interpretation

Für eine sinnvolle Auswertung der durch Untersuchungen, Befragungen, Interviews und Tests gewonnenen Daten ist eine regelgerechte Untersuchungsplanung Voraussetzung. Zudem sollen die Daten möglichst frei von Störungen und Messfehlern erhoben werden. Die Interpretation der Ergebnisse wird u. a. geleitet von persönlichen Erfahrungen, wissenschaftlichen Voruntersuchungen und einer profunden Kenntnis des Forschungsgebiets. Das klassische Beispiel eines **Interpretationsfehlers,** der seinen Anfang bereits in der Fragestellung selbst und der Untersuchungsplanung nimmt, ist der Zusammenhang zwischen Storchendichte und Geburtenrate als „Beweis" für die These vom kinderbringenden Storch.

Man unterscheidet **quantitative Auswertungsverfahren,** deren Ergebnis statistische Beschreibungen sind, von **qualitativen Verfahren,** bei denen es um geistige Analysen geht.

1.3.7.1 Quantitative Auswertungsverfahren

In der **quantitativen Forschung** werden mathematische, mithilfe von Zahlen, Mengenvergleichen und statistischen Kenngrößen darstellbare Zusammenhänge betrachtet. Dazu stehen unterschiedliche Verfahren zur Verfügung.

Deskriptive Statistik

In der deskriptiven (beschreibenden) Statistik geht es um die absolute und die relative Häufigkeit von bestimmten Merkmalen und ihre Verteilung, die in Tabellen, Diagrammen oder Grafiken dargestellt werden kann. Als Vergleichsparameter werden Kennwerte der zentralen Tendenz (= **Lagemaße)** und der Variabilität (= **Streuungsmaße)** verwendet (► Tab. 1.6).

Tab. 1.6 Wichtige Lage- und Streuungsmaße

Kennwerte der zentralen Tendenz bzw. Lagemaße	
Mittelwert	= arithmetisches Mittel Zur Bestimmung des Mittelwertes werden alle Werte addiert, und ihre Summe wird durch die Anzahl der Werte dividiert. Beispiel: Tim besitzt 10 Euro, Rainer 300 Euro, Felix 85 Euro und Klaus 1 Euro. (10 + 300 + 85 + 1)/4 = 99. Im Durchschnitt besitzt also jeder der vier Jungs 99 Euro.
Median	= Zentralwert Er teilt die Individualdaten in zwei gleich große Hälften, von denen eine oberhalb, die andere unterhalb des Medianwerts liegt. Bei einer **ungeraden** Zahl von Werten, bringt man diese in eine auf- oder absteigende Reihe und erhält als Median jenen Wert, der von Anfang und Ende gleich weit entfernt ist. Beispiel: Der Median der Zahlenfolge 1, 2, 2, 4, 5, **6,** 7, 8, 8, 8, 9 ist 6. Bei einer **geraden** Anzahl von Werten werden die beiden mittleren addiert und durch 2 geteilt. Der Quotient ist dann der Median. Beispiel: Der Median der Zahlenfolge 1, 2, 3, 3, **4, 6,** 7, 7, 7, 9 ist (4 + 6)/2 = 5
Modus	= Modalwert Der aus einer Menge von Werten am häufigsten gewählte Wert ist der Modus. Beispiel: In einer Wahl erhält Partei A 14 Stimmen, Partei B 88 Stimmen, Partei C 76 Stimmen und Partei D 35 Stimmen. Der Modus ist Partei B. In der nach einer Kabinettsauflösung erneut durchgeführten Wahl sieht das Ergebnis folgendermaßen aus: Partei A 18 Stimmen, Partei B 80 Stimmen, Partei C 80 Stimmen, Partei D 35 Stimmen. Hier liegt nun eine bimodale Verteilung mit den beiden Modi Partei B und Partei C vor.

Tab. 1.6 Wichtige Lage- und Streuungsmaße (Forts.)

Kennwerte der zentralen Tendenz bzw. Lagemaße	
Quantil	Ein Quantil unterteilt eine Datenmenge in Hälften (Median), Viertel (Quartil), Fünftel (Quintil), Zehntel (Dezile) oder Hundertstel (Perzentile). Beispiel: Unterteilt man die Zahlenfolge 1, 1, 1, 1, 2, 3, 4, 4, 5, 5, 6, 7, 8, 8, 8, 9 in Quartilen, so lässt sich folgende Aussage treffen: 25 % der Werte liegen unter 2, 50 % der Werte liegen unter 5, 75 % der Werte liegen unter 8.
Kennwerte der Variabilität bzw. Streuungsmaße	
Varianz	Mithilfe der Varianz und der Standardabweichung lassen sich Aussagen treffen, in welcher Weise die einzelnen Werte einer Untersuchung um den Mittelwert oder Erwartungswert streuen. Die Varianz gibt dabei die mittlere quadratische Abweichung der Einzelwerte einer Stichprobe vom Mittelwert an. Beispiel: Mein Weg zur Uni dauert im Durchschnitt 20 Minuten. Abhängig von Wetter, Ampelschaltung, zufälligen Begegnungen oder Ausgeschlafenheit benötige ich für die Strecke manchmal 17, 18 oder 19, 21 oder 25 Minuten. Um die Varianz zu ermitteln, werden die Abweichungen aller Einzelwerte vom Mittelwert quadriert, anschließend addiert und dann durch die Anzahl der Werte dividiert. Für obiges Beispiel bedeutet dies: $3^2 + 2^2 + 1^2 + (-1)^2 + (-5)^2 = 40; 40/5 = 8\ min^2$
Standardabweichung	Die Standardabweichung wird als Quadratwurzel der Varianz berechnet. Sie gibt die durchschnittliche Entfernung aller tatsächlich gemessenen Werte vom (errechneten) Mittelwert an. Eine geringe Standardabweichung bedeutet also, dass die Messwerte in einem sehr engen Rahmen um den Mittelwert streuen. Umgekehrt steht eine hohe Standardabweichung für eine breite Streuung.
Interquartilsbereich	Im Interquartilsbereich liegen genau 50 % aller Messwerte. Er wird berechnet, indem man von der Gesamtmenge der Ergebnisse jene abzieht, die dem ersten oder vierten Quartil zugeordnet wurden. Beispiel: Der Interquartilsbereich der Zahlenfolge 1, 1, 3, 4, 5, 6, 7, 7, 7, 8, 9, 9 liegt zwischen 4 und 7.

Inferenzstatistik

In der inferenziellen (= schließenden, auch induktiven oder analytischen) Statistik geht es darum, die in einer Stichprobe gewonnenen Ergebnisse auf eine größere Gesamtheit zu übertragen. Ein wichtiger Begriff ist in diesem Zusammenhang die **Normalverteilung.** Sie impliziert eine symmetrische Verteilung von Merkmalsausprägungen, die in einer **Gauß-Glockenkurve** dargestellt werden kann (▸ Abb. 1.6). Mittelwert und Median sind hierbei identisch. Für die meisten numerisch fassbaren Merkmale (z. B. Körpergröße, Intelligenzquotient, Laborparameter) wird innerhalb einer ausreichend großen Untersuchungseinheit eine Normalverteilung angenommen.

Es gilt:

- Im Intervall einer Standardabweichung rechts und links vom Mittelwert sind etwa 68 % aller Messwerte zu finden.
- Im Intervall von zwei Standardabweichungen rechts und links vom Mittelwert befinden sich rund 95 % aller Messwerte.
- Im Intervall von drei Standardabweichungen rechts und links vom Mittelwert sind ca. 99,7 % aller Messwerte enthalten.

Die Inferenzstatistik beschäftigt sich auch mit der Frage, ob einem gewonnenen Ergebnis der Zufall oder bestimmte Gesetzmäßigkeiten zugrunde liegen. Hier spielt der Begriff der **Signifikanz** eine große Rolle, der ausdrückt, dass zwischen zwei Variablen ein überzufälliger Zusammenhang besteht. Die Signifikanz eines Ergebnisses ist umso wahrscheinlicher, je größer die Stichprobe ist. Dies bedeutet im Umkehrschluss, dass jede Studie, wenn sie nur groß genug angelegt ist, signifikante Ergebnisse bringen wird. Solange die Stichprobe jedoch kleiner ist, als die Grundgesamtheit, besteht hinsichtlich der Übertragbarkeit der Untersuchungsergebnisse eine gewisse **Irrtumswahrscheinlichkeit.** Diese wird auch als **Signifikanzniveau** bezeichnet. Ein Ergebnis mit einer Irrtumswahrscheinlichkeit von $p < 0,05$ gilt als signifikant (p steht für probability = Wahrscheinlichkeit).

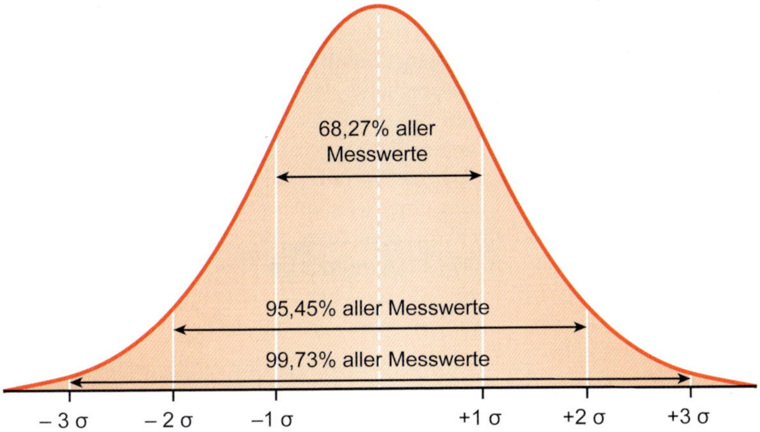

Abb. 1.6 Normalverteilung/Gauß-Glockenkurve.
Im Intervall der Abweichung +/– 1σ vom Mittelwert sind 68,27 % aller Messwerte zu finden.
Im Intervall der Abweichung +/– 2σ vom Mittelwert sind 95,45 % aller Messwerte zu finden.
Im Intervall der Abweichung +/– 3σ vom Mittelwert sind 99,73 % aller Messwerte zu finden.
(σ = Sigma) [L231]

Merke

- **Zusammenhangshypothesen** gehen von signifikanten Beziehungen zwischen den Variablen aus: „Wenn der Hahn kräht auf dem Mist, ändert sich das Wetter oder bleibt es, wie es ist."
- **Unterschiedshypothesen** postulieren eine signifikante Unterscheidung von Merkmalen oder Merkmalsausprägungen: „Mein Kind ist viel klüger als dein Kind."

Tab. 1.7 Vier-Felder-Tafel zum Zusammenhang zwischen Geschlecht und Frisur bei 100 zufällig ausgewählten Passanten in einer Fußgängerzone

Geschlecht	Lange Haare	Kurze Haare	Summe
weiblich	47	12	59
männlich	8	33	41
Summe	55	45	100

Zusammenhangshypothesen

Eine **Kreuz- oder Kontingenztabelle** (lat. contingere = sich berühren, zusammenfallen) erlaubt die Darstellung der Häufigkeit von **Merkmalskombinationen.** Die einfachste Variante ist die **Vier-Felder-Tafel** (► Tab. 1.7). Kreuztabellen werden beispielsweise verwendet, um die Entfernungen von Städten übersichtlich darzustellen oder einen Überblick über die Spielgegner der Fußball-Bundesliga zu erhalten.

Eine **Korrelation** (lat. correlatio = Wechselbeziehung) liegt vor, wenn zwei Variablen in einer statistischen Beziehung stehen. Die Korrelation ist **positiv,** wenn mit steigender Ausprägung der Variable A auch die der Variable B steigt (je freundlicher ich zu den anderen bin, desto freundlicher sind sie zu mir) bzw. umgekehrt mit einer Reduktion von A auch B sinkt.

Eine **negative Korrelation** liegt vor, wenn sich Variable A und Variable B gegensätzlich zueinander verhalten: Wenn A größer wird, wird B kleiner oder umgekehrt (die Zeit, die ich zum Lernen für die Prüfung habe, korreliert negativ mit der Zeit, die ich mir für Kino, Disco oder Zoo nehmen kann).

Der Begriff **Wechselbeziehung** drückt aus, dass beide Variablen gleichberechtigt sind, d. h. es wird keine Aussage dahingehend getroffen, wie die eine die andere bedingt. Die Stärke einer **linearen Korrelation** wird mittels des **Korrelationskoeffizienten** ausgedrückt, der einen Wert zwischen –1 und 1 einnehmen kann. Der Wert 0 drückt aus, dass keinerlei lineare Beziehung zwischen den beiden Variablen besteht. Als statistisch relevant gelten üblicherweise Korrelationswerte > 0,6 und < –0,6.

Die **Regression** beschreibt in einer **linearen Beziehung** den Zusammenhang einer **unabhängigen** mit einer **abhängigen Variable.** Eine Regressionsanalyse ergibt die dazugehörige mathematische bzw. grafische Darstellung (Regressionsgerade oder Regressionsfunktion). Auf diese Weise lässt sich das Verhalten der abhängigen Variablen infolge einer Veränderung der unabhängigen Variablen vorhersagen. Ein umgekehrter Schluss ist allerdings nicht möglich.

Beispiel: Je besser die Noten in der Schule sind, desto mehr Taschengeld erhält ein Kind. Für jede 3 bekommt es einen Euro, für jede 2 fünf Euro, für jede 1 zehn Euro. Die Zensuren sind die unabhängige, die Taschengeldbeträge die abhängigen Variablen. Der umgekehrte Schluss „Je mehr Taschengeld ich erhalte, desto besser werden die Zensuren" trifft nicht zu.

Strukturgleichungsmodelle Als Strukturgleichungsmodelle bezeichnet man komplexe Methoden der Datenanalyse und Hypothesentestung. In ihnen werden die Zusammenhänge mehrerer unabhängiger und abhängiger Variablen dargestellt.
Beispiel: Ob ein Student lernt oder ins Schwimmbad geht, hängt von mehreren Faktoren ab: Wann ist die Prüfung? Wie viel hat er schon gelernt? Wie ist das Wetter? Was machen seine Freunde? Ist er ein eher risikofreudiger oder ein vorsichtiger Typ? usw.
Zwischen diesen einzelnen Faktoren gibt es ebenfalls Korrelationen, z. B. hängt es auch vom Wetter ab, was die Freunde machen. Diese können in einem Strukturgleichungsmodell in ihrer Multidimensionalität dargestellt werden. Letztlich geht es darum, die auf theoretischen Überlegungen beruhenden Hypothesen hinsichtlich ihrer Übereinstimmung mit den empirisch gewonnenen Daten zu prüfen. Voraussetzung ist, dass zwischen den in die Untersuchung eingehenden Variablen ein linearer Zusammenhang besteht und mindestens eine Intervallskalierung vorliegt (► Kap. 1.3.2.2).

Unterschiedshypothesen

Ziel einer Hypothesentestung ist es, die **Nullhypothese** („Zwischen A und B gibt es keinen Unterschied") zu widerlegen und die **Alternativhypothese** („Zwischen A und B gibt es einen Unterschied") zu bestätigen. Hierfür wird der sogenannte **t-Test** eingesetzt. Er untersucht, ob sich die Mittelwerte des betrachteten Merkmals in den zwei Gruppen signifikant unterscheiden. Voraussetzung ist, dass eine **Zufallsstichprobe** vorliegt und die erhobenen Daten **intervallskaliert** sind. Zudem wird von einer **Normalverteilung** ausgegangen.
Beispiel: Die Alternativ- und Forschungshypothese lautet „Mütter kochen besser als Väter". Die dazugehörige Nullhypothese heißt: „Mütter und Väter kochen gleich gut." Als Messvariablen werden die von allen Familienmitgliedern gegebenen Schulnoten verwendet. Für einen t-Test werden die Mittelwerte aller Noten für Mütter und Väter bestimmt und anschließend ihre Differenz ermittelt. Ist diese größer als 0, kann man davon ausgehen, dass ein Unterschied vorliegt. Dieser muss dann hinsichtlich seiner Signifikanz geprüft werden.
Entsprechend der **Regressionsanalyse** verwendet man bei der Betrachtung von Unterschiedshypothesen, die mehrere Gruppen einbeziehen, eine sogenannte **Varianzanalyse.** Sie untersucht die Wirkung einer oder mehrerer unabhängiger Variablen (Faktoren) auf eine oder mehrere abhängige Variablen. Letztere müssen mindestens intervallskaliert sein, während bei den unabhängigen Variablen eine Nominalskalierung ausreicht (► Kap. 1.3.2.2).

Univariate, bivariate und multivariate Analysen

Abhängig von der Anzahl der interessierenden **Variablen** unterscheidet man uni-, bi- und multivariate Analysen.

- Bei der **univariaten Untersuchung** geht es um die Verteilung bzw. Häufigkeit genau eines Merkmals, z. B. die Körpergröße aller Kinder in einer Schulklasse. Dabei werden Lage- und Streuungsmaße in die Betrachtung einbezogen.
- In **bivariaten Analysen** werden zwei Merkmale miteinander in Zusammenhang gebracht, z. B. Körpergröße und -gewicht aller Kinder in einer Schulklasse. Hierfür werden Kreuztabellen, Korrelations- und Regressionsanalysen angewandt.
- **Multivariate Analysen** dienen der Entdeckung und Überprüfung komplexer Strukturen mit mehreren Faktoren, die mithilfe von Strukturgleichungsmodellen dargestellt werden, z. B. Zusammenhang zwischen Größe, Gewicht, Gesundheitszustand, schulischer Leistung und Bildungsgrad der Eltern bei allen Kindern einer Schulklasse.

Effektstärke, Konfidenzintervall

Ein **Effekt** liegt vor, wenn nachgewiesen wird, dass die Nullhypothese nicht zutrifft: A ist ungleich B. Das Ausmaß dieses Unterschiedes bezeichnet man als **Effektstärke.** Sie ist ein Indikator für die Bedeutsamkeit eines Untersuchungsergebnisses.

Merke

- Die **Signifikanz** drückt aus, wie sicher es ist, dass der ermittelte Unterschied zwischen zwei Merkmalen wirklich vorliegt und nicht auf einem Messfehler beruht.
- Die **Effektstärke** lässt eine Aussage darüber zu, wie bedeutend dieser Unterschied ist.

Der amerikanische Psychologe Jacob **Cohen** entwickelte mit dem nach ihm benannten Wert d **(Cohen's d)** ein Maß für die Effektgröße von Mittelwertsunterschieden zwischen zwei Stichproben:

- d = 0,2 steht für eine geringe Effektstärke
- d = 0,5 steht für eine mittlere Effektstärke
- d = 0,8 steht für eine hohe Effektstärke

Mit der Angabe eines **Konfidenz- oder Vertrauensintervalls** trägt man der Tatsache Rechnung, dass statistische Betrachtungen immer **Konstrukte** sind, die mit **Wahrscheinlichkeiten** und nicht mit **Wahrheiten** umgehen. Das Konfidenzintervall ist der Bereich um einen vermuteten „wahren" Wert herum, in dem sich der dann tatsächlich gemessene Wert mit großer Wahrscheinlichkeit befindet. Diese Wahrscheinlichkeit wird als **Konfidenzniveau** bezeichnet.

Ein 95 %-Konfidenzintervall ist ein Wertebereich, in dem sich ein beliebiger, aus einer zufälligen Stichprobe entnommene Wert mit einer Wahrscheinlichkeit von 95 % befindet.

Kriterien für das Vorliegen einer kausalen Beziehung zwischen Risikofaktor und Krankheit

Ein **kausaler** (lat. causa = Ursache) **Zusammenhang** besteht, wenn sich ein Ereignis auf ein anderes zurückführen lässt. Als notwendige Bedingungen für die Feststellung einer Kausalität („Immer wenn ich Äpfel esse, bekomme ich einen Ausschlag") gelten folgende vier Kriterien:

- Mit der Veränderung der (unabhängigen) Variable A ist eine Veränderung der (abhängigen) Variable B verbunden:
  „Ich esse Äpfel und stelle eine Hautveränderung fest."
- Die Veränderung der Variable A findet zeitlich vor der Veränderung der Variable B statt:
  „Nachdem ich Äpfel gegessen habe, kommt es zu der Hautveränderung."
- Andersherum besteht keine Kausalität:
  „Eine Hautveränderung führt nicht dazu, dass ich Äpfel esse."
- Es finden sich außer der Veränderung der Variable A keine anderen Ursachen für die Veränderung der Variable B:
  „Der Ausschlag tritt nur nach dem Essen von Äpfeln auf und ist anders nicht herbeizuführen."
- Der Zusammenhang zwischen der Veränderung der Variablen A und B lässt sich theoretisch begründen:
  „Mein Hautarzt hat gesagt, dass ich eine Apfelallergie habe. Diese beruht auf einer Hyperreagibilität meines Immunsystems auf bestimmte, in Äpfeln enthaltene, Antigene."

So eindeutig, wie im Beispiel, ist die Kausalität zwischen Risikofaktor und Erkrankung selten. Häufig gibt es **multikausale Zusammenhänge,** also mehrere Faktoren, die für die Entstehung einer Krankheit verantwortlich sind. So kommt es, dass einerseits auf das Vorliegen eines **Risikofaktors** nicht zwingend der Ausbruch einer Erkrankung folgt und sich andererseits aus dem Vorliegen einer **Krankheit** nicht sicher auf das Vorhandensein von Risikofaktoren schließen lässt. Folgende Szenarien lassen sich unterscheiden:

- **Notwendig und hinreichend:** Ohne den Risikofaktor tritt die Krankheit nicht ein *und* bei Vorliegen des Risikofaktors kommt es in jedem Fall zum Ausbruch der Krankheit. Dieser strengen Kausalität folgen z. B. einige wenige Infektionskrankheiten und Vergiftungen.
- **Notwendig, aber nicht hinreichend:** Ohne den Risikofaktor tritt die Krankheit nicht ein, *aber* bei Vorliegen des Risikofaktors kommt es nicht unbedingt zum Ausbruch der Krankheit. Dieser Kausalität folgt z. B. die Mehrheit der Infektionskrankheiten.
- **Hinreichend, aber nicht notwendig:** Bei Vorliegen des Risikofaktors kommt es zum Ausbruch der Krankheit, *aber* die Krankheit kann auch ohne den Risikofaktor auftreten. So folgt z. B. auf einen mehrtägigen Hungerstreik zwingend eine Gewichtsabnahme, es kann aber auch andere Gründe für diese geben (vermehrter Sport, ein Bandwurm oder eine gezielte Diät).
- **Nicht notwendig und nicht hinreichend:** Die Krankheit kann auch ohne den Risikofaktor auftreten *und* bei Vorliegen des Risikofaktors kommt es nicht unbedingt zum Ausbruch der Krankheit.
  Beispiel: Für die meisten psychischen Erkrankungen nimmt man biologische, psychische und soziale Risikofaktoren an, ohne dass ein einzelner Aspekt als notwendig oder hinreichend betrachtet wird. Auch die Risikofaktoren für einen Herzinfarkt (Adipositas, Hypercholesterinämie, arterielle Hypertonie, Diabetes mellitus, Rauchen, Herzerkrankungen in der Familienanamnese) stellen im Einzelnen weder hinreichende, noch notwendige Bedingungen dar.

Risikokennwerte

- **Absolutes Risiko (AR):** Wahrscheinlichkeit, mit der eine Erkrankung auftritt, ausgedrückt in Prozent bzw. im Verhältnis von Erkrankten zu Nicht-Erkrankten.
  Beispiel: Von 100 Personen erkranken 67 an einer Erkältung. Das absolute Risiko, eine Erkältung zu bekommen, liegt bei 67 %.
- **Relatives Risiko (RR):** Verhältnis des Risikos einer gegenüber bestimmten Risikofaktoren exponierten Gruppe zum Risiko einer anderen Gruppe, die nicht exponiert ist.
  Beispiel: Von 100 Kindergärtnerinnen erkranken diesen Winter 80 an einer Erkältung (80 %); von 100 Büroangestellten sind es 50 (50 %). Um das relative Risiko der exponierten Gruppe (also der Kindergärtnerinnen) zu ermitteln, dividiert man ihr absolutes Risiko durch das der Vergleichsgruppe:
  80 %/50 % = 1,6
  Kindergärtnerinnen haben demnach ein relatives Risiko von 1,6 bzw. ein gegenüber den Büroangestellten um 60 % erhöhtes Risiko, diesen Winter an einer Erkältung zu erkranken. Dies lässt sich tabellarisch veranschaulichen:

	Personen mit Risikofaktor	Personen ohne Risikofaktor
Erkrankte Personen	A (Bsp.: 80 Kindergärtnerinnen)	B (Bsp.: 50 Büroangestellte)
Nicht erkrankte Personen	C (Bsp.: 20 Kindergärtnerinnen)	D (Bsp.: 50 Büroangestellte)

$$RR = A/(A + C)/B/(B + D)$$

Beispiel: (80/(80 + 20))/(50/(50 +50)) = 1,6

- **Risikoreduktion:** Um die Wirksamkeit einer Intervention (z. B. einer neuen Therapie) im Vergleich zur Nichtbehandlung oder zu einer anderen Intervention zu ermitteln, berechnet man die Reduktion des Risikos.
  - **Absolute Risikoreduktion (ARR):** Änderung der Ereignisanzahl; Differenz des AR der Kontrollgruppe und des AR der Interventionsgruppe
    Beispiel: Von 100 geimpften Kindergärtnerinnen erkranken 20 an einer Erkältung; unter den nicht geimpften sind es nach wie vor 80. Die absolute Risikoreduktion beträgt 60 %.
  - **Relative Risikoreduktion (RRR):** Änderung des Risikos
    Beispiel: Das relative Erkrankungsrisiko für die geimpften Kindergärtnerinnen im Vergleich zu den nicht geimpften beträgt 20 %/80 % = 0,25 = 25 %
  - Die relative Risikoreduktion besteht aus der Differenz zwischen dem RR der Kontrollgruppe (definitionsgemäß 1 bzw. 100 %) und dem RR der Interventionsgruppe: 1 – 0,25 = 0,75. Die relative Risikoreduktion beträgt 75 %.

Die relative Risikoreduktion liefert meist eine beeindruckend hohe Zahl. Dies führt insbesondere dann zu Überschätzungen einer Intervention, wenn das Erkrankungsrisiko von vornherein sehr gering ist.
Beispiel: Von 100 Personen erkranken 4 an einer Erkältung. Nach der Impfung sind es nur noch 2.
RR = 2 %/4 % = 0,5,
RRR beträgt dann 1 – 0,5 = 0,5 bzw. 50 %,
Die absolute Risikoreduktion beträgt 4 % – 2 % = 2 %.

- **Number Needed to Treat (NNT):** Die Anzahl der notwendigen Behandlungen gibt an, bei wie vielen Menschen eine Intervention durchgeführt werden muss, damit ein Mensch tatsächlich davon profitiert.
  Beispiel: Wie viele Kindergärtnerinnen muss man impfen, damit eine nicht an einer Erkältung erkrankt? Die NNT ist der reziproke Wert der absoluten Risikoreduktion (1/ARR): Je höher diese ist, umso weniger Menschen müssen behandelt werden, damit einer davon profitiert.
- **Odds Ratio (OR):** Die Assoziationsstärke zweier Ereignisse wird als Verhältnis (= Ratio) ihrer Auftretenshäufigkeiten (= Chancen oder Quoten = Odds) dargestellt. In der Medizin geht es vor allem um die Bedeutsamkeit von Risikofaktoren für das Auftreten einer Erkrankung. Eine Odds Ratio von 1 bedeutet, dass kein Zusammenhang besteht – das Auftreten der Erkrankung ist unabhängig vom untersuchten Faktor. Je höher der Wert der Odds Ratio ist, umso stärker ist die Assoziation zwischen dem Faktor und der Krankheit.

	Personen mit Risikofaktor	Personen ohne Risikofaktor
Erkrankte Personen	a	b
Nicht erkrankte Personen	c	d

$$OR = (a \times d)/(b \times c)$$

- Das **attributable Risiko (AR)** bzw. die Risikodifferenz lässt eine Aussage darüber zu, welchen Anteil der Risikofaktor an der gesamten Erkrankungshäufigkeit hat: „An wie viel Prozent der Lungenkrebserkrankungen ist wirklich das Rauchen schuld?" oder anders: „Um wie viel Prozent könnte mein Risiko, an Lungenkrebs zu erkranken, gesenkt werden, wenn ich mit dem Rauchen aufhöre?"

  $$AR = (a/[a + c]) - (b + [b + d])$$

- Die **attributable Fraktion** betrachtet ausschließlich die Gruppe der exponierten Personen und sagt aus, wie viele von diesen aufgrund der Exposition erkranken: „Wie viele Raucher bekommen Lungenkrebs, weil sie rauchen (und nicht aus anderen Gründen)?"
- Das **bevölkerungsbezogene attributable Risiko (BAR)** sagt aus, welche Bedeutung ein Risikofaktor innerhalb der Gesamtbevölkerung hat.

  $$BAR = (e - f)/e$$

  e = Erkrankungshäufigkeit in der Gesamtbevölkerung, f = Erkrankungshäufigkeit in der Gruppe der Nicht-Exponierten

1.3.7.2 Qualitative Auswertungsverfahren

Anders als quantitative Methoden, in denen es um Mengen, Verhältnisse, mathematisch messbare Zusammenhänge und Vergleiche geht, dienen qualitative Verfahren der genauen, umfassenden, tiefgründigen, sprachlichen Beschreibung eines Gegenstands. Untersucht werden nicht Gruppen, sondern Individuen. Ziel ist nicht die Hypothesenprüfung, sondern ihre Generierung.

Inhaltsanalyse

Die Inhaltsanalyse von Texten oder Bildern folgt festgelegten Regeln, die dem wissenschaftlichen Kriterium der **intersubjektiven Nachprüfbarkeit** Genüge leisten. Ihr geht es um die Erfassung dessen, was der Verfasser beabsichtigt und was beim Rezipienten bewirkt wird – also um Kommunikation im weitesten Sinne. „Wer sagt was zu wem und mit welcher Wirkung?" Zwischen den Akteuren der Kommunikation (Sender, Empfänger, Analytiker) stehen Inhalt und Stil des Gesagten. Den Hintergrund bilden kognitive und emotionale Zustände und Fähigkeiten der Akteure sowie ihre Intentionen und Handlungen. Besondere Bedeutung erlangte die Inhaltsanalyse von Zeitungstexten und feindlicher Propaganda in der Zeit des Zweiten Weltkriegs. Heute findet sie insbesondere in der soziologischen und psychologischen Forschung Verwendung, z. B. als Analyse transkribierter Interviews.

Soziometrie

Der österreichisch-amerikanische Arzt, Psychologe und Soziologe Jacob Levy **Moreno** veröffentlichte 1934 sein Buch „Who shall survive?", in dem er die Grundlagen der von ihm entwickelten Soziometrie beschrieb. Dieses Verfahren dient der Darstellung **emotionaler Beziehungen** in einer Gemeinschaft, z. B. einem Kollegium oder einer therapeutischen Gruppe. Dafür erhält jedes Gruppenmitglied eine Liste der anderen Gruppenmitglieder, die anhand einer mehrstufigen Skala hinsichtlich bestimmter Fragen einzuschätzen sind. Beispielfragen sind: „Wie gern würden Sie mit dieser Person in den Urlaub fahren?" „Wie sehr vertrauen Sie dieser Person?" „Wie bewerten Sie die Ehrlichkeit dieser Person?"
Eine andere Form verzichtet auf Einzelbeurteilungen und ermöglicht eine direkte Auswahl: „Mit wem würden Sie am liebsten in einem Büro zusammenarbeiten?" „Wem würden Sie im Notfall Ihre Kinder anvertrauen?" „Wer hat die schönste Singstimme?"
Eine weitere Möglichkeit besteht darin, Kontakt und Kommunikation der Gruppenmitglieder zu beobachten und z. B. aus Art und Häufigkeit der Begegnungen soziometrische Schlüsse zu ziehen.
Aus den gegebenen Antworten und Beobachtungen lässt sich ein **Soziogramm** erstellen, in dem die Beziehungen der Gruppenmitglieder zueinander grafisch dargestellt sind (z. B. durch unterschiedlich starke Verbindungslinien, ▸ Abb. 1.7).

Dokumentenanalyse

Die Dokumentenanalyse dient häufig der Einarbeitung in ein bestimmtes Themengebiet. Abhängig von der Fragestellung können ganz unterschiedli-

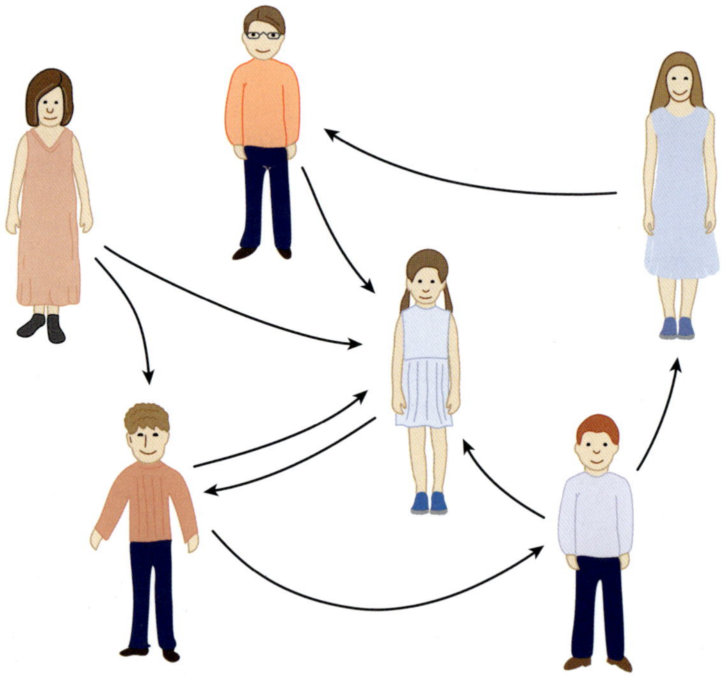

Abb. 1.7 Mithilfe eines Soziogramms lassen sich die Beziehungen innerhalb einer Gruppe, also z. B. die Beliebtheit ihrer einzelnen Mitglieder, darstellen. Diese sechs Kinder einer Schulklasse wurden gefragt, mit wem sie gern einmal ihr Pausenbrot teilen würden. [L231]

che Schriftstücke untersucht werden, z. B. Aufsätze, Tagebucheinträge, Briefe, Krankenakten, Archivmaterialien usw. Als Dokumente werden dabei nicht nur Schriften, sondern z. B. auch Bilder, Tonaufnahmen oder Filme angesehen.

Merke

- Die **Inhaltsanalyse** ist ein Auswertungsverfahren – bereits erhobene Daten werden bzgl. ihres Inhalts untersucht.
- Die **Dokumentenanalyse** ist ein Erhebungsverfahren – aus einer Vielzahl schriftlicher Informationen werden sachrelevante Daten extrahiert.

1.3.8 Ergebnisbewertung

Die Auswertung der in einer Untersuchung erhobenen Daten führt zu einem Ergebnis, das seinerseits bewertet werden kann: Wie ordnet es sich in andere Ergebnisse ein? Welche praktische Bedeutung hat es? Welche neuen Hypothesen lassen sich daraus ableiten? Welche früheren Annahmen müssen eventuell verworfen oder zumindest revidiert werden?

1.3.8.1 Metaanalysen

Die möglichst umfassende Untersuchung und Zusammenfassung aller Forschungsergebnisse und Publikationen (= Primärstudien) zu einem bestimmten Thema bezeichnet man als Metaanalyse. Sie ist insbesondere dann von Bedeutung, wenn die Stichproben in den Primärstudien sehr klein sind. Mit der Zusammenfassung mehrerer solcher Untersuchungen lassen sie sich vergrößern, die Ergebnisse gewinnen so an Aussagekraft bzw. **Effektgröße.** Auch werden **Untersuchungsfehler** (Bias), die etwas mit der Methode, der Stichprobenauswahl oder lokalen Besonderheiten zu tun haben, durch die Zusammenführung mehrerer Untersuchungen ausgeglichen.

In Schlagworten wird die Kritik am Konzept der Metaanalyse formuliert:

- **Äpfel-Birnen-Problem:** Die Abgrenzung des Themengebiets birgt häufig Schwierigkeiten bei der Klärung, welche Studie noch in die Metaanalyse hineingehört und welche nicht mehr.
- **Garbage-in-Garbage-out:** Auch die Fragen nach Qualität und Wertigkeit der Einzeluntersuchungen müssen beantwortet werden: Welche Studien werden aufgrund qualitativer Mängel nicht aufgenommen? Wie lassen sich qualitativ unterschiedliche Studien miteinander vergle-

chen und zusammenfassen? Eine Möglichkeit besteht darin, die Qualität zu kodieren und z. B. qualitativ höherwertigen Ergebnissen ein größeres Gewicht innerhalb der Gesamtmenge zu geben.

1.3.8.2 Evidenzbasierte Medizin

Evident ist etwas, was „ins Auge springt", was offensichtlich ist und nicht der genaueren Untersuchung bedarf. Der englische Begriff evidence hingegen bedeutet Beweis. **Evidence-based Medicine (EbM)** bezeichnet ein Vorgehen, bei dem wissenschaftlich begründete, bewiesene Sachverhalte bestimmend sind für das praktische medizinische Handeln. „Auf Forschungsergebnissen basierende Medizin" wäre also die treffendere Übersetzung.

Um die Beweiskraft unterschiedlicher Studien vergleichen und im Sinne der Evidence-based Medicine möglichst das wirksamste Verfahren anwenden zu können, ordnet man sie **Evidenzklassen** zu:

- Ia: Evidenz durch eine Metaanalyse mehrerer randomisierter kontrollierter Studien
- Ib: Evidenz durch mindestens eine randomisierte kontrollierte Studie
- IIa: Evidenz durch mindestens eine hochwertige Studie ohne Randomisierung
- IIb: Evidenz durch mindestens eine andere quasiexperimentelle Studie
- III: Evidenz durch mehr als eine hochwertige, nichtexperimentelle Studie
- IV: Evidenz durch mehrere Expertenmeinungen, klinische Erfahrungen anerkannter Autoritäten oder beschreibende (qualitative) Studien

Auf Grundlage der Evidenzklassen werden **Therapieempfehlungen** ausgesprochen. Die beste wissenschaftliche Begründung für eine Therapie liefern Untersuchungen der Evidenzklasse Ia.

Eine Zusammenfassung des Wissensstandes und der Therapieempfehlungen zu einzelnen Krankheiten erfolgt in Leitlinien (▸ Kap. 1.3.8.5).

Merke

Die EbM führt selbst keine Studien durch, sondern wertet Studienergebnisse systematisch aus und vollzieht die Schritte von der Evidence zur Empfehlung.

Neben der Orientierung an wissenschaftlichen Untersuchungen und fundierten Erkenntnissen spielen für die praktische Medizin auch **ethische** und **wirtschaftliche Faktoren** eine Rolle. So kann es manchmal auch richtig sein, eine bestimmte Diagnostik oder Therapie nicht durchzuführen, obwohl sie möglich wäre. In diesem Zusammenhang spielen Effektivität (Wirksamkeit), Effizienz (Kosten-Nutzen-Verhältnis) und Nutzenbewertung (Wirkung der Einzelmaßnahme im Gesamtkontext) eine wichtige Rolle.

1.3.8.3 Statistische Signifikanz und inhaltliche Bedeutsamkeit

Bei der Bewertung wissenschaftlicher Ergebnisse geht es immer auch um deren Signifikanz. Diese lässt sich in zweifacher Weise verstehen:

- **Statistische Signifikanz** bedeutet, dass ein Zusammenhang zwischen zwei Variablen überzufällig häufig besteht. Beispiel: Das Zusammentreffen von Januar und Schneefall in Mitteleuropa ist signifikant.
- **Signifikanz** als **inhaltliche Bedeutsamkeit** macht eine Aussage darüber, wie wichtig ein Ergebnis oder ein Zusammenhang ist. Beispiel: Dass es im Winter kalt ist, ist für einen Hersteller von Wollmützen von großer Signifikanz.

1.3.8.4 Replizierbarkeit, Generalisierbarkeit, Kreuzvalidierung

Die Gütekriterien der Ergebnisbewertung beruhen auf den Gütekriterien der Untersuchungsplanung und -durchführung.

- **Replizierbarkeit**, also die Möglichkeit, eine Untersuchung unter gleichen Bedingungen zu wiederholen und dadurch das gleiche Ergebnis zu erzielen, ist nur gegeben, wenn eine hohe Reliabilität besteht.
- **Generalisierbarkeit** bedeutet, dass die an einer Stichprobe gewonnenen Ergebnisse auf eine größere Gesamtheit oder auf ähnliche Zusammenhänge übertragbar sind. Dies setzt ein hohes Maß an Standardisierung und Regulierung von Untersuchungsbedingungen voraus. Generalisierbarkeit ist ein wesentliches Merkmal der **externen Validität**.
- Zur **Kreuzvalidierung** teilt man die Stichprobe einer Untersuchung in zwei Teile (z. B. ⅓/⅔) auf, mit denen man dann die Untersuchung wiederholt. Liefert diese dieselben Ergebnisse, ist das ein Hinweis auf eine hohe **interne Validität**.

Merke

Zur Erinnerung:
- Reliabilität: Wie verlässlich und genau ist der Test?
- Validität: Misst der Test genau das, was er messen soll?

1.3.8.5 Erstellung von Therapieempfehlungen

Woher weiß ein Arzt, welche Behandlung für seinen Patienten die beste ist?

Therapeutische Entscheidungen haben in der klinischen Praxis oft viel mit **Erfahrung** zu tun: Was hat in ähnlichen Fällen geholfen? Welches medizintheoretische Konstrukt liegt dem Verständnis von Krankheit und Heilung zugrunde? Mit welchen Risiken, welchen Fehlern hat man selbst schon zu tun gehabt? Was berichten Kollegen? Was sagen Chef- und Oberarzt?

Im Sinne einer an wissenschaftlichen Erkenntnissen orientierten (evidence-based), qualitativ hochwertigen und weitgehend einheitlichen medizinischen Versorgung bilden **Leitlinien** eine allgemeingültige Entscheidungshilfe für Ärzte. In der **Arbeitsgemeinschaft der Wissenschaftlichen Medizinischen Fachgesellschaften (AWMF)** sind über 160 Fachgesellschaften aus allen medizinischen Bereichen organisiert. Zu ihren Aufgaben gehört, neben der Aus-, Fort- und Weiterbildung von Ärzten, der Verbreitung wissenschaftlicher Literatur und der Förderung einer interdisziplinären Zusammenarbeit, auch das Verfassen und Überarbeiten von Leitlinien zur Diagnostik und Therapie von Krankheiten. Diese sind nicht als bindende Handlungsvorschriften, sondern als **Entscheidungshilfen** bei der Behandlung von Patienten zu verstehen. Bezüglich der wissenschaftlichen Qualität werden drei Grade unterschieden:

- **S1-Leitlinien:** stützen sich auf den unter Experten bestehenden informellen Konsens
- **S2-Leitlinien:** enthalten durch Evidenz-Recherche gewonnene Erkenntnisse und Empfehlungen bzw. eine formale Konsensfindung
- **S3-Leitlinien:** beruhen auf systematisch durch Logik-, Entscheidungs- und Outcome-Analysen gewonnenen Erkenntnissen

In einer Erklärung der AWMF heißt es:

Die „Leitlinien" der Wissenschaftlichen Medizinischen Fachgesellschaften sind systematisch entwickelte Hilfen für Ärzte zur Entscheidungsfindung in spezifischen Situationen. Sie beruhen auf aktuellen wissenschaftlichen Erkenntnissen und in der Praxis bewährten Verfahren und sorgen für mehr Sicherheit in der Medizin, sollen aber auch ökonomische Aspekte berücksichtigen. Die „Leitlinien" sind für Ärzte rechtlich nicht bindend und haben daher weder haftungsbegründende noch haftungsbefreiende Wirkung.

http://www.awmf.org/leitlinien.html
(letzter Zugriff 28.11.2013)

1.3.8.6 Ethische Konsequenzen, Werturteilsproblematik

Mit dem Begriff der Wissenschaftlichkeit werden Wahrheit, Objektivität, natürliche Gesetzmäßigkeit und Sachlichkeit assoziiert. In der praktischen Anwendung wissenschaftlicher Erkenntnisse spielen emotionale, persönliche, ethische und moralische Aspekte aber oft eine wichtige Rolle. Den Zahlen und Wahrscheinlichkeiten einer statistischen Untersuchung stehen ein individueller Patient und ein individueller Arzt gegenüber, die das Sachwissen in einen komplexen, z. T. gerade nicht sachlichen, Kontext einordnen müssen. Hier tut sich das Problem der persönlichen Bewertung bzw. des **Werturteils** auf. Es geht letztlich um ethisch-philosophische Grundsatzfragen: Was ist der Zweck des Daseins? Wie soll man leben? Was ist ein gutes Leben und was nicht? Unter welchen Umständen ist ein Leben lebenswert und unter welchen nicht?

Im Rahmen einer **Chemotherapie** zur Behandlung einer Krebserkrankung haben die meisten Patienten mit Nebenwirkungen zu kämpfen. Oft leiden sie an Übelkeit, Erbrechen, Erschöpfung, Fieber, Schleimhautentzündungen und Haarausfall. Nicht selten treten psychische Begleitstörungen wie Ängste und Depressionen auf. Die Therapie geht mit einer oft erheblichen Verminderung der Lebensqualität einher, die Patienten und Angehörige, aber auch Ärzte und Pfleger zuweilen am Sinn der Behandlung zweifeln lässt. Hier bedarf es eines Nachdenkens und Sprechens, das über die Auswertung statistischer Befunde und wissenschaftlicher Erkenntnisse hinausgeht. Manchmal werden dann auch Entscheidungen bewusst gegen die Empfehlung der Leitlinien und die Implikationen der Studienergebnisse getroffen.

1.3.8.7 Formative und summative Evaluation

Evaluation bedeutet Bewertung. Der Begriff wird in erster Linie dann verwendet, wenn es um die

Be- bzw. Auswertung eines neuen Verfahrens oder einer Intervention geht. Diese werden nach einer festgelegten Zeit anhand bestimmter Zielkriterien überprüft. Beispielsweise folgt auf die Einführung einer neuen Operationstechnik in einem Krankenhaus nach einiger Zeit eine Evaluation der Therapieergebnisse, die den Vergleich mit der vorher verwendeten Methode einschließt.

Eine Evaluation wird als **formativ** bezeichnet, wenn ihre Ergebnisse unmittelbar Einfluss nehmen können auf den Beobachtungsgegenstand. Die Evaluation „formt" also entwicklungsbegleitend den Prozess mit, den sie bewertet.

Bei der **summativen** oder Ergebnisevaluation wird ein fertig entwickeltes Verfahren während oder nach seiner Durchführung als Gesamtheit beurteilt.

1.4 Theoretische Grundlagen der Psychologie und Soziologie

Oft erzählt wird das Gleichnis von den sechs Blinden, die einen Elefanten vorgeführt bekommen und beschreiben sollen, wie das Tier aussieht. „Wie eine Säule", sagt der, der das Bein zu fassen bekommt. „Wie ein Seil", sagt der andere, der den Schwanz untersucht. Wie ein Ast erscheint der Rüssel, wie ein Pergament das Ohr, wie eine gebogene Stange der Stoßzahn und wie eine Wand der Leib. Jeder der sechs Männer beschäftigt sich mit einem Ausschnitt, jeder hat auf seine Weise recht, kann mit den Informationen, die er gewonnen hat, bis zu einem gewissen Grad etwas anfangen – eine Vorstellung vom „großen Ganzen" erhält aber keiner von ihnen. Das Wesen des gesamten Elefanten bleibt unfassbar.

Geradezu banal ist die Feststellung, dass wir im Grunde bei allem, was wir betrachten können, wie die Blinden vor dem Elefanten stehen: Wirklich sehen, fokussieren, in unsere Überlegungen einbeziehen können wir immer nur einen Teil des Ganzen. Der Komplexität der Wirklichkeit sind unsere Sinne und unser Denken nicht gewachsen. Aber wir können – wie die sechs Männer – alle Einzelheiten zusammentragen und darüber kommunizieren, um zumindest einen Eindruck von der Vielgestaltigkeit der Dinge zu erhalten.

Die theoretischen Grundlagen der Psychologie und Soziologie lassen sich verstehen als eine Sammlung von Konstrukten, mit deren Hilfe Seele und Geist des Menschen und Formen der Beziehungen von Individuen und Gesellschaften beschrieben werden können. Im folgenden Kapitel wird – in der durch Zeitknappheit und Prüfungsrelevanz gebotenen Kürze – auf die für den medizinischen Gebrauch relevanten Aspekte eingegangen.

1.4.1 Psychobiologische Grundlagen

Die **Psychobiologie** versucht Fragen der Psychologie aus naturwissenschaftlicher Sicht bzw. mit Kenntnissen und Begriffen der Biologie und Molekularbiologie, Physiologie, Evolutionsforschung, Genetik und Verhaltensforschung zu beantworten. Von Interesse ist dabei u. a.

- wie Verhalten biologisch determiniert wird,
- welche Funktion und Bedeutung anatomische Strukturen (Gehirn, Nerven) und biologische Faktoren (Neurotransmitter, Hormone) im Hinblick auf Denken, Fühlen und Handeln haben und
- wie zeitliche Entwicklungsprozesse (Wachstum, Lernen) biologisch repräsentiert werden.

1.4.1.1 Repräsentation psychischer Funktionen im Gehirn

Es gab Zeiten, in denen man davon ausging, dass das Herz das denkende und fühlende Organ im Menschen sei. Bereits im antiken Griechenland wurde jedoch das Gehirn als Empfänger und Verarbeiter von Sinneseindrücken und Sitz der Intelligenz identifiziert, wobei man den liquorgefüllten Ventrikeln die wichtigste Bedeutung beimaß. Aristoteles interpretierte das Gehirn als eine Art Kühlelement des Körpers, in dessen Windungen die Hitze des Blutes und des Empfindens reguliert wird (▸ Abb. 1.8). Heute ist die Hirnforschung soweit, wesentliche kognitive, emotionale und motorische Funktionen einzelnen Regionen des Gehirns zuordnen zu können. Diese Kenntnisse beruhen zum einen auf medizinischen Beobachtungen („Wie verändert sich das Verhalten und Erleben eines Menschen, dem durch Unfall oder Operation ein Teil des Gehirns verloren ging?"), zum anderen auf verhaltensbiologischer Forschung unter Verwendung bildgebender Verfahren wie PET und fMRT („Welcher Hirnbereich ist besonders aktiv, wenn Menschen rechnen/Angst haben/sich freuen/an Gott denken?").

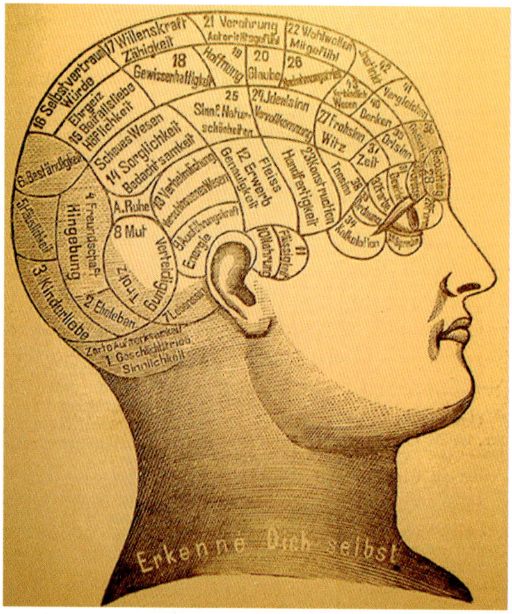

Abb. 1.8 Historische Abbildung der Zuordnung von Gehirnstruktur und psychischer Funktion/Phrenologie [G025]

Klinik

Eine der berühmtesten Fallgeschichten der neurowissenschaftlichen Forschung ist die des amerikanischen Eisenbahnarbeiters **Phineas Gage** (1823–1860). 1948 durchstieß bei Sprengarbeiten eine Eisenstange seinen Schädel, indem sie unterhalb des linken Os zygomaticum ein- und oben durch das Os frontale wieder austrat. Herr Gage verlor durch diesen Unfall sein linkes Auge, trug eine linksseitige Gesichtslähmung davon und litt für den Rest seines Lebens an einer Epilepsie. Seine sprachlichen und intellektuellen Fähigkeiten erlangte er vollständig zurück, doch führte die schwere Läsion seines Frontalhirns zu einer bemerkenswerten Veränderung seiner Persönlichkeit. Aus dem gewissenhaften und fleißigen Zeitgenossen war ein launenhafter, unentschlossener, respektloser, ungeduldiger, von Stimmungen und Trieben geleiteter Mann geworden, den seine Freunde und Kollegen nicht mehr wiedererkannten. Aus diesem Fall wurden viele Rückschlüsse auf die Funktion des Frontalhirns gezogen, die sich durch spätere gezielte Untersuchungen bestätigen ließen.

Im Folgenden werden die Hirnregionen entsprechend ihrer Funktion dargestellt (► Abb. 1.9).

Hirnstamm

Die über den Körper aufgenommenen Informationen und Reize gelangen über das **Rückenmark** zur **Medulla oblongata,** dem untersten Abschnitt des Hirnstamms, wo ein Großteil der Nervenbahnen kreuzen. Afferenzen der rechten Körperhälfte gelangen somit in das linke Gehirn und umgekehrt. In der Medulla oblongata und der kranial davon gelegenen **Pons** befinden sich die Kerne der Hirnnerven III bis XII. Lateral der Pyramiden liegen die **Olivenkerne,** die zwischen Rückenmark, Ncl. ruber, Kleinhirn und Motokortex die Bewegung koordinieren. Eine wichtige Funktion für die **Motorik** haben auch die in der Pons gelegenen **Brückenkerne,** die zwischen Klein- und Großhirn vermitteln.
Sehr vereinfacht kann man sich den Hirnstamm wie ein Postzentrum vorstellen, in dem ständig Informationen und Befehle ankommen, die an die richtigen Stellen (Klein-, Zwischen-, Großhirn, Rückenmark, Sinnesorgane, Muskeln) weitergegeben werden müssen.

Kleinhirn

Die wichtigste Funktion des Cerebellums besteht in der **Koordination** und **Feinabstimmung von Bewegungsabläufen.** Dafür steht es in Verbindung mit dem Rückenmark und dem Gleichgewichtsorgan, über die es Informationen über die Lage des Körpers im Raum und seine aktuell durchgeführten Bewegungen erhält, und mit dem Großhirn, von dem Bewegungsentwürfe und -befehle eintreffen. Auch die Sprachmotorik wird über das Kleinhirn reguliert.
Schädigungen des Cerebellums können sich klinisch in einer gestörten Bewegungs- und Sprachkoordination (Ataxie), Blickstabilisierungsstörungen (Nystagmus) und einem verminderten Muskeltonus bemerkbar machen.

Zwischenhirn

Kranial des Hirnstamms und kaudal des Großhirns liegt das Zwischenhirn, in dem der **Thalamus** das „Tor zum Bewusstsein" bildet (► Abb. 1.10). In ihm werden alle sensiblen und sensorischen (mit Ausnahme der olfaktorischen) Informationen ein letztes Mal verschaltet, ehe sie in das Großhirn gelangen. Dabei korrespondieren die **spezifischen Thalamuskerne** jeweils mit einem bestimmten **Kortexareal,** wie z.B. der motorischen Rinde, der somatosensiblen Rinde, der Sehrinde, der Hörrinde oder dem limbischen System. Die **unspezifischen Thalamuskerne** hingegen stehen einerseits

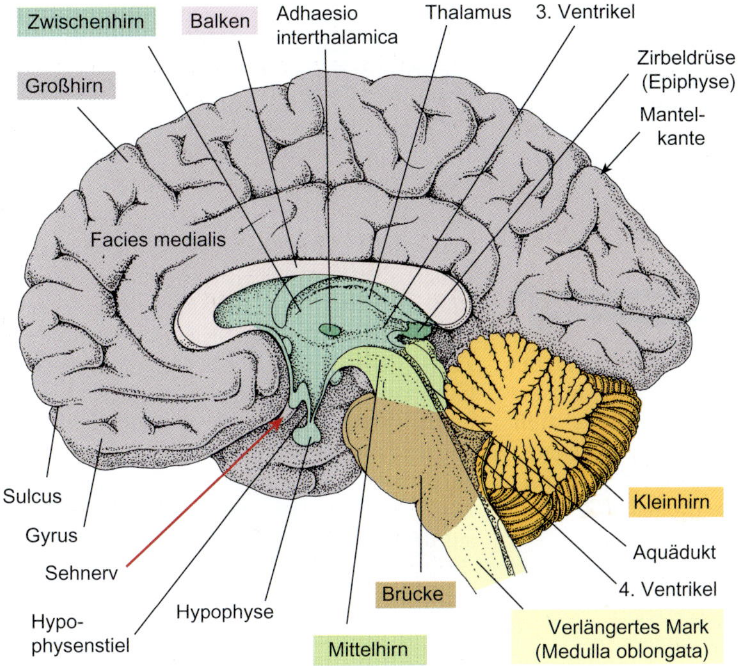

Abb. 1.9 Anatomische Abbildung des Gehirns mit Hirnstamm, Kleinhirn und Großhirn [L190]

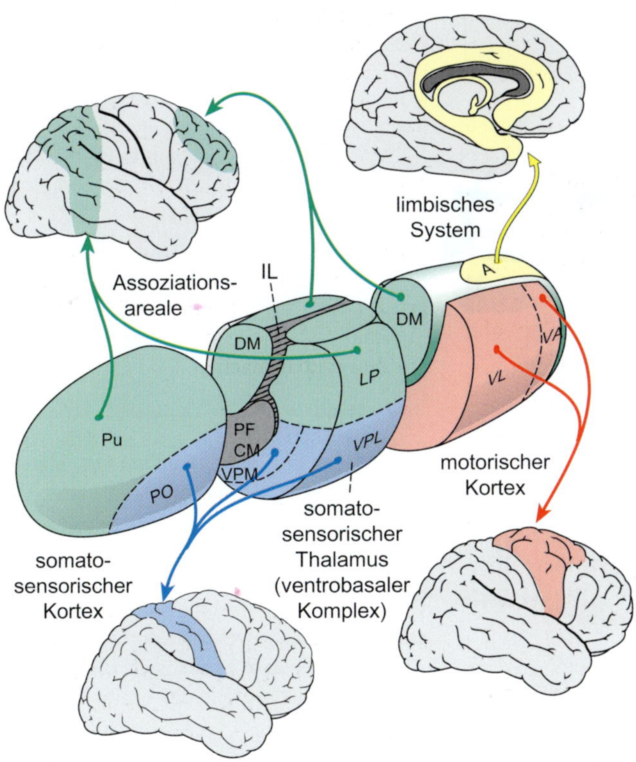

Abb. 1.10 Die wichtigsten Thalamuskerne mit ihren Projektionen zu einzelnen Großhirnrindenbereichen [L106]

in Beziehung zum Hirnstamm und können andererseits eine unspezifische Erregung des Großhirns auslösen, die als Weck- oder Wachreaktion bezeichnet wird. Ihre Koordination erfolgt wesentlich durch die **Formatio reticularis** mit ihrem aufsteigenden retikulären aktivierenden System (ARAS). Das „Tor zum Bewusstsein" stellt eine wichtige Selektionshürde dar, die das Großhirn vor einer Reizüberflutung schützt.

Im **Hypothalamus** werden grundlegende vegetative und endokrine Lebensfunktionen gesteuert, z. B. Atmung, Kreislauf, Körpertemperatur, Aufnahme von Flüssigkeit und Nahrung, zirkadianer Rhythmus. Die Ncll. corporis mamillaris spielen mit ihren Verbindungen zum Hippocampus und zum Gyrus cinguli eine Rolle innerhalb von Erlebens- und Verhaltensmustern, die mit der Selbsterhaltung und der Fortpflanzung zu tun haben. Zudem sind sie in Vorgänge des Lernens involviert.

Klinik

Unter anderem durch chronischen Alkoholmissbrauch kann es zu einer Schädigung der **Corpora mamillaria** kommen, welche klinisch durch Verhaltensänderungen und schwere Störungen der Merkfähigkeit (Korsakow-Syndrom) auffällt.

Wesentliche Aufgaben des Hypothalamus werden über die **Hormone der Hypophyse** umgesetzt.

- Hormone der Adenohypophyse: Somatotropin, Prolaktin, ACTH, Melanotropin, LH, FSH, TSH
- Hormone der Neurohypophyse: Oxytocin, Vasopressin

Das in der **Epiphyse** synthetisierte Hormon Melatonin vermittelt abhängig vom Licht (Tag und Nacht, aber auch jahreszeitliche Veränderungen) einen zirkadianen Rhythmus an vegetative Hirnzentren und innere Organe.

In den Kernen der **Habenulae,** die als Zügel zwischen Epiphyse und Hypothalamus liegen, werden olfaktorische Reize umgeschaltet. Diese Sinneseindrücke aus der Riechrinde des Großhirns werden weitergegeben an vegetative Zentren des Hirnstamms, wo sie, je nach Art, z. B. Appetit oder Brechreiz verursachen.

Limbisches System

Das limbische System gilt als der **Sitz der Emotionen** im Gehirn. Aus funktioneller Sicht besteht es aus:

- Hippocampus mit Fornix und Gyrus dentatus
- Gyrus cinguli
- Gyrus parahippocampalis
- Amygdala
- Corpus mamillare
- Riechhirn
- Indusium griseum

Auch die mit den genannten Regionen in direkter Verbindung stehenden Thalamuskerne werden zuweilen dem limbischen System zugeordnet. Sie sind eingebunden in den **Papez-Neuronenkreis,** der ausgehend vom Hippocampus, über die Fornix zu den Corpora mamillaria, den Fasciculus mamillothalamicus, zum Thalamus, zum Gyrus cinguli und wieder zurück zum Hippocampus zieht. Eine Erweiterung dieses Kreises bezieht auch den Gyrus parahippocampalis ein und hat eine wichtige Funktion bei der Überführung von Informationen aus dem **Kurzzeit**- in das **Langzeitgedächtnis.**

Klinik

Kommt es innerhalb des erweiterten Papez-Kreises zu einer Störung, resultieren auffällige **Merkfähigkeitsdefizite:** Neu hinzukommende Inhalte können nur für wenige Minuten behalten werden und geraten dann – da sie nicht in das Langzeitgedächtnis übermittelt werden können – in Vergessenheit. Zeitlich vor der Schädigung aufgenommene Informationen hingegen sind unverändert abrufbar. Kommt es zu einer beidseitigen Schädigung des Hippocampus (z. B. im Rahmen einer entzündlichen Erkrankung), fällt die zeitliche und örtliche Orientierung vollständig aus.
Bereits in einer frühen Phase der **Alzheimer-Demenz** kommt es zu Rezeptorveränderungen und Neuronenverlust im Hippocampus und benachbarten Regionen. Höchstwahrscheinlich liegt darin eine der Hauptursachen für das charakteristische Symptom des Gedächtnisverlustes.

Der **Gyrus cinguli** hat neben der Steuerung von Appetit und Nahrungsaufnahme offenbar auch eine große Bedeutung für den **psychomotorischen Antrieb** und die körperliche Aktivierung. Schädigungen des Gyrus cinguli führen dazu, dass die betroffene Person verlangsamt, träge, gleichgültig, stumpf und unbeweglich erscheint.

Zusammengefasst lassen sich die Funktionen der einzelnen Bestandteile des limbischen Systems wie folgt benennen:

- **Hippocampus:** Gedächtnis, emotionale und vegetative Funktionen, Beteiligung an der Verhaltenssteuerung
- **Gyrus cinguli:** psycho- und lokomotorischer Antrieb, vegetative Funktionen
- **Gyrus parahippocampalis** und **Area entorhinalis:** Funktionen für das Gedächtnis, Weiterleitung von Informationen aus den Sinnesorganen innerhalb des limbischen Systems
- **Amygdala:** Verhaltenssteuerung im Zusammenhang mit Affekten, insbesondere Angst; Wahrnehmung des emotionalen Ausdrucks anderer Menschen; emotionales Lernen/emotionale Intelligenz/Speicherung emotional besetzter Gedächtnisinhalte; Auslösung von Lachen oder Weinen; Modulation vegetativer und sexueller Vorgänge
- **Corpus mamillare:** Gedächtnis, Beeinflussung von Verhalten im Zusammenhang mit Affekten und Sexualfunktionen

Klinik

Die **Schizophrenie**, die gekennzeichnet ist durch erhebliche Denkstörungen, Wahnvorstellungen, Halluzinationen und Störungen der Affekte, gilt als eine der schwersten psychischen Erkrankungen. Charakteristisch ist die Assoziation der Symptome mit verschiedenen hirnorganischen Veränderungen, was wiederum Rückschlüsse auf die Funktion der einzelnen Regionen zulässt. So besteht zum einen eine Überaktivität der **dopaminergen Zentren** des Mittelhirns, die mit dem limbischen System in Verbindung stehen. Dies vermutet man als Ursache der **Plussymptomatik** der Schizophrenie, also der Wahninhalte und Halluzinationen. Zum anderen besteht eine verminderte Aktivität **glutamaterger Strukturen** in Hippocampus und Gyrus parahippocampalis, was vermutlich der Grund für die **Minussymptomatik** (Affektstarre, Depressivität, Antriebsminderung) ist.

Neokortex

Die Großhirnrinde lässt sich funktionell in **Primärfelder, Sekundärfelder** und **Assoziationsfelder** unterteilen. **Primärfelder** sind die Empfangsflächen der über den Thalamus aufgenommenen Sinnesinformationen. Zu ihnen gehören die okzipital gelegene Sehrinde und die temporalen Hörrinden. Der **Gyrus praecentralis** (Motokortex) ist ein motorisches Primärfeld, von dem aus die pyramidal gesteuerten Bewegungen initiiert werden (► Abb. 1.11a, b).

Die **Sekundärfelder** liegen benachbart zu den Primärfeldern und dienen der Interpretation und Einordnung der Sinneswahrnehmungen.

Die **Assoziationsfelder** bilden wahrscheinlich die Grundlage höherer psychischer und kognitiver Funktionen. Sie nehmen Informationen aus den Primär- und Sekundärfeldern auf, verknüpfen diese miteinander und leiten entsprechende Reaktionen bzw. Handlungen ein.

Anatomisch wird der Neokortex in Frontal-, Parietal-, Temporal- und Okzipitallappen untergliedert. ► Tab. 1.8 führt die wichtigsten Strukturen und deren Funktionen auf.

Anatomie und Gedächtnis

Wirklich nachvollziehbar ist es wahrscheinlich nicht, in welcher Weise es gelingt, in der organischen Materie Gehirn etwas so durch und durch Anorganisches wie Zeit und Erleben festzuhalten. Dass es funktioniert, ist dagegen so normal und selbstverständlich, dass man sich üblicherweise kaum Gedanken darüber macht. Selbst die Umgangssprache kennt die Begriffe Kurz- und Langzeitgedächtnis. In der Neurologie werden sie folgendermaßen verwendet:

- **Kurzzeitgedächtnis:** Speicherung von Gedächtnisinhalten für Sekunden oder wenige Minuten; Leistung insbesondere des präfrontalen Kortex. Ein Beispiel ist das kurzzeitige Erinnern von Träumen unmittelbar nach dem Erwachen und das Vergessen derselben nach wenigen Sekunden oder Minuten.
- **Gedächtniskonsolidierung:** Speicherung und Verarbeitung, Überführung von Inhalten aus dem Kurz- in das Langzeitgedächtnis über Tage bis Monate; „Lernen" im eigentlichen Sinne, z. B. für eine Psychologieklausur.
- **Langzeitgedächtnis:** Speicherung von Gedächtnisinhalten über Jahre und Jahrzehnte; verantwortlich dafür ist der gesamte Neokortex, wobei unterschiedliche Areale besonders involviert sind:
  - motorischer Kortex für das Speichern von Bewegungsabläufen (Schwimmen, Fahrradfahren, Besteck benutzen)
  - Sehrinde für das Speichern von Bildern
  - Hörrinde für das Speichern von Tönen (Melodien, Stimmen etc.)

Tab. 1.8 Die wichtigsten Funktionsareale der Großhirnrinde

	Struktur	Funktion
Frontallappen	Gyrus praecentralis (Motokortex)	Initiierung der Willkürbewegung durch Aussendung von Bewegungsimpulsen an die motorischen Hirnnerven- und Rückenmarkskerne
	prämotorische Rinde	Bewegungsvorbereitung, Massenbewegung
	frontales Augenfeld	Augeneinstellbewegungen, willkürliche Fokussierung
	motorisches Sprachzentrum (Broca)	Sprachbildung, Satzbau, Wortlaut, mittelbar auch Steuerung der für die Sprachbildung erforderlichen Muskeln; das motorische Sprachzentrum existiert i. d. R. nur in der dominanten Hirnhälfte (bei Rechtshändern links, bei Linkshändern rechts)
	frontales Blasenzentrum	willkürliche Kontrolle von Blasen- und Mastdarmentleerung
	präfrontaler Kortex	Kurzzeitgedächtnis, kognitive, emotionale und soziale Funktionen, Moral, Motivation, Handlungsplanung, Rechnen
Parietallappen	Gyrus postcentralis (somatosensible Rinde)	Aufnahme von Sinneswahrnehmungen der Haut und der Muskelspindeln
	posteriorer parietaler Kortex	Wahrnehmung und Orientierung im Raum
	Gyrus angularis	Verbindung visueller Informationen mit Sprache; wichtige Funktion für das Lesen und Schreiben
Okzipitallappen	primäre Sehrinde	Bewusstwerdung visueller Informationen
	sekundäre Sehrinde	Interpretation und Verarbeitung visueller Informationen
Temporallappen	primäre Hörrinde	Bewusstwerdung akustischer Informationen
	sekundäre Hörrinde	Interpretation und Verarbeitung akustischer Informationen; in der dominanten Hirnhälfte stellt die sekundäre Hörrinde das sensorische Sprachzentrum (Wernicke) dar, das wesentlich am Sprachverständnis beteiligt ist. Auf der nichtdominanten Seite erfolgt die nichtrationale Interpretation von Tönen und Geräuschen, z. B. das Empfinden von Musik.

Bezüglich der Gedächtniskonsolidierung lässt sich zwischen **expliziten** und **impliziten** Inhalten unterscheiden. Erstere (z. B. Ereignisse, Lernstoff, räumliche Zusammenhänge, Zahlen und Fakten) werden über den **Hippocampus** und die anderen Strukturen des Papez-Neuronenkreises vom Kurz- in das Langzeitgedächtnis überführt. Aus pathologischen Veränderungen resultieren entsprechende Störungen der Merkfähigkeit für neue Inhalte.

Implizite Gedächtnisinhalte, wie z. B. erlernte emotionale und vegetative Reaktionen werden in erster Linie über die **Amygdala** konsolidiert. **Motorische Fertigkeiten** und Handlungsabläufe als gewohnheitsmäßige, erlernte Reaktionen auf bestimmte Reize werden über die **Basalganglien** (v. a. Striatum) und den motorischen und sensorischen Kortex sowie das Kleinhirn vermittelt.

Klinik

Mneme ist in der griechischen Mythologie die Muse der Erinnerung. Als **Amnesie** bezeichnet man den Verlust des Gedächtnisses. Mögliche Ursachen sind Schädel-Hirn-Trauma, Enzephalitis, Intoxikation, epileptischer Anfall, Schlaganfall oder Demenz. Hinsichtlich der Art des Erinnerungsausfalls unterscheidet man:

- **Retrograde Amnesie:** Geschehnisse, die kurz vor dem den Gedächtnisverlust verursachenden Ereignis stattgefunden haben, können nicht mehr erinnert werden.

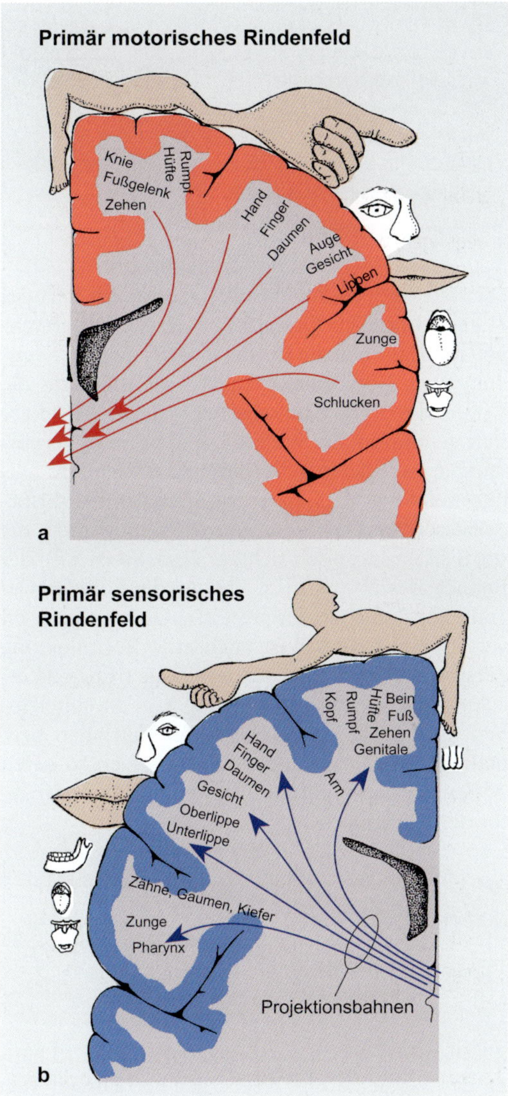

Abb. 1.11
a) Repräsentation der motorischen Steuerung im Bereich des Gyrus praecentralis in Gestalt des „motorischen Homunkulus" – auch hier korrespondiert die Feinmotorik von Gesicht und Händen mit einer besonders großen Fläche innerhalb des Motokortex. [L190]
b) Repräsentation der sensorischen Wahrnehmung im Bereich des Gyrus postcentralis in Gestalt des „sensorischen Homunkulus" – Gesicht und Hände weisen eine besonders hohe Sensibilität auf und werden entsprechend großflächig repräsentiert. [L190]

- **Anterograde Amnesie:** Erlebnisse, die nach dem auslösenden Ereignis stattfinden, können nicht mehr in das Gedächtnis aufgenommen werden.
- **Kongrade Amnesie:** Das auslösende Ereignis selbst kann nicht erinnert werden, alle anderen Gedächtnisleistungen sind intakt.
- **Transiente globale Amnesie:** vorübergehender vollständiger Verlust der Gedächtnisfunktion
- **Dissoziative Amnesie:** Nur bestimmte Ereignisse, die z. B. in Verbindung mit einem (psychischen) Trauma stehen, können nicht erinnert werden.

Lateralisation und Hemisphärendominanz

Strukturell scheinbar symmetrisch, erfüllen die beiden Großhirnhemisphären funktionell z. T. unterschiedliche Aufgaben. Einige Prozesse werden überwiegend über die rechte, andere über die linke Hirnhälfte bearbeitet. Dies bezeichnet man als **Lateralisation.** Die motorische Steuerung und sensible Wahrnehmung des Körpers erfolgen **spiegelbildlich:** Die rechte Körperhälfte wird in der linken Hirnhälfte repräsentiert und umgekehrt.

Klinik

Als **Apoplex** oder Schlaganfall bezeichnet man eine Durchblutungsstörung des Gehirns, die mit einer substanziellen Schädigung von Nervengewebe einhergeht. Abhängig von Lokalisation und Ausdehnung des Schadens, kann es zu unterschiedlichen Ausfallerscheinungen kommen. Eine **Hemiplegie** (Halbseitenlähmung) entsteht dann, wenn die motorischen Areale einer Hirnhälfte betroffen sind. Die Lähmung der rechten Körperseite weist auf eine Schädigung der linken Gehirnhälfte hin bzw. andersherum führt eine rechtsseitige Läsion zu einem Ausfall motorischer Funktionen in der linken Körperhälfte.

Bei der Mehrheit der Menschen befinden sich die **Sprachzentren** (motorisch – Broca, sensorisch – Wernicke) in der **linken** Hirnhälfte. Diese hat auch eine Dominanz bei analytischen Leistungen und verbalen Gedächtnisinhalten. **Rechts** dagegen sind eher emotionale und kreative Fähigkeiten angesiedelt. Auch das räumliche Vorstellungsvermögen, taktile Wahrnehmung und das Erkennen von Gesichtern und Mustern werden tendenziell eher rechts realisiert.
Feststellen lassen sich solche Unterschiede z. B., wenn es aufgrund struktureller Hirnschäden zu Funktionsausfällen kommt: Ein Patient, der einen Tumor im linken Frontallappen hat, entwickelt plötzlich Sprachstörungen o. Ä. Auch im Rahmen experimenteller Forschung, z. B. bei der

fMRT-gestützten Beobachtung von Probanden, die einen Intelligenztest absolvieren, können laterale Unterschiede festgestellt werden. Dabei ist zu beachten, dass es sich lediglich um Dominanzen, nicht um Ausschließlichkeiten handelt.

Merke

Sehr vereinfachend lässt sich eine linksseitige Hemisphärendominanz für eher sprachliche, rationale und eine rechtsseitige Hemisphärendominanz für eher nichtsprachliche, emotionale Leistungen beobachten.

Die Hemisphärendominanz, z. B. bezüglich der Sprachverarbeitung, ist **nicht angeboren,** sondern entwickelt sich im Verlauf der ersten Lebensjahre.

Klinik

Linkshändigkeit ist keine Krankheit, sondern eine Normvariante, die in allen Kulturen mit einer Häufigkeit von 5–25 % auftritt. Bis zur Mitte des 20. Jahrhunderts galt sie jedoch als eine negative Eigenschaft und es gab immer wieder Bestrebungen, Linkshänder zur Rechtshändigkeit umzuerziehen. Eine Ursache dafür könnte die beobachtete Assoziation von Linkshändigkeit mit Entwicklungsauffälligkeiten (Leseschwäche, Verzögerung der sexuellen Entwicklung) und Erkrankungen wie Schizophrenie, Autismus und Epilepsie sein. Ein ursächlicher Zusammenhang ist aber nicht bekannt. Bei 60 % der Linkshänder liegt das Sprachzentrum – wie bei über 90 % der Rechtshänder – in der linken Hemisphäre. Bei 30 % ist es bihemisphärisch gelagert und bei 10 % auf der rechten Seite lokalisiert. Viele Linkshänder weisen ein vergrößertes Corpus callosum auf, was eine bessere Verknüpfung zwischen den Hirnhälften bedingt. Diese äußert sich zuweilen als besondere intellektuelle, sprachliche und/oder mathematische Begabung.

Klinik

Split Brain

Als Ultima Ratio bei therapieresistenter Epilepsie wird zuweilen die operative Durchtrennung des Corpus callosum **(Kommissurotomie)** durchgeführt. Anfallsherde können sich so nicht von einer Hirnhälfte in die andere ausbreiten. Der Eingriff hat häufig kaum einschränkende Auswirkungen auf Alltagsaktivitäten. Experimentelle Untersuchungen an Split-Brain-Patienten lassen jedoch Rückschlüsse auf Funktion und Interaktion von linker und rechter Hemisphäre zu. So bestand ein Versuch im Zeigen von Gegenständen ausschließlich über das linke Gesichtsfeld, das in der rechten Hemisphäre repräsentiert wird. Die Patienten konnten die Gegenstände nicht benennen, da der Transfer zum Sprachzentrum nicht geleistet werden konnte. Dagegen waren sie durchaus in der Lage, mit der rechts gesteuerten linken Hand einen gleichen Gegenstand zu greifen oder Assoziationsaufgaben zu lösen.

Neuronale Plastizität und Regeneration

Die Tatsache, dass der Geist (z. B. durch Lernen) Materie (nämlich Gehirn) formen kann, bezeichnet man als **neuronale Plastizität.** Die Verwendung von Nervenzellen führt – ähnlich wie die Verwendung von Muskelzellen – dazu, dass diese sich verändern: Sie wachsen, bilden neue Verbindungen zu anderen Zellen aus und passen ihre zellinternen Strukturen bzw. ihre Synapsen den Erfordernissen an. Dies kann Ausmaße annehmen, die sogar makroskopisch sichtbar sind. So ist z. B. der Bereich des Motokortex, der für die Fingerbewegung zuständig ist, bei professionellen Geigern oft vergrößert. Denkbar ist auch eine Beeinflussung entsprechender Strukturen durch die frühzeitig erlernte und dauerhafte Nutzung von Mobiltelefonen. Die Nicht-Verwendung von Neuronen bzw. neuronalen Verbindungen führt dagegen zu deren Abbau: Erworbene Blindheit verändert die Struktur der Sehrinde.

Merke

Die neuronale Plastizität als Fähigkeit von Nervenzellen, sich Veränderungen anzupassen, bleibt lebenslänglich bestehen.

Zur Veranschaulichung dieser Vorgänge wird häufig der Vergleich mit Wegen genutzt: Diesen Text einmal zu lesen, schafft einen neuronalen Trampelpfad, der rasch wieder zuwächst und verschwindet. Ihn mehrfach zu lesen, gedanklich mit anderen Wissensinhalten zu verknüpfen, mit Freunden darüber zu sprechen und seinen Inhalt einem Anderen zu erklären, formt vielleicht eine Bundesstraße in Gestalt mehrerer neuer Dendriten. Wenn Sie ihn schließlich auswendig lernen, ritualisiert jeden Tag vorm Schlafengehen dreimal hersagen und ihn noch Ihren Kindeskindern ins Poesiealbum schreiben können, ist eine Autobahn entstanden, eine Struktur also, an der viele Neuronen und ihre Ausläufer beteiligt sind.

Lernen basiert also nicht auf einem Zuwachs an Neuronen, sondern auf ihrer Ausgestaltung und **Differenzierung,** sowohl auf **synaptischer** Ebene als auch durch die Neubildung und Verdickung von **Dendriten.**
Lange Zeit ging man davon aus, dass Nervenzellen nicht zur Regeneration in der Lage sind. Für das periphere Nervensystem wurde diese Ansicht bereits vor längerer Zeit revidiert. Hier weiß man z. B. um die Möglichkeiten der Neubildung von Nervenfasern entlang der verbliebenen Markscheiden (Schwann-Zellen) nach einer sogenannten **Waller-Degeneration.** Mittlerweile konnte beobachtet werden, dass es unter Umständen auch im Zentralnervensystem zur Kollateralbildung um verletzte Axone kommt und dass in bestimmten Bereichen (z. B. Hippocampus) sogar ein Neuwachstum von Nervenzellen möglich ist.

1.4.1.2 Neurotransmitter, Neuropeptide und Verhalten

Neurotransmitter (engl. to transmit = übertragen, übermitteln) dienen dazu, Informationen von einer Muskel- oder Nervenzelle an eine andere weiterzugeben. Dies geschieht an spezifischen Kontaktstellen, den sogenannten **Synapsen** (► Abb. 1.12). Ein eintreffendes Aktionspotenzial bewirkt die Freigabe von Neurotransmittern aus **Speichervesikeln** des ersten Neurons in den **synaptischen Spalt.** Von dort aus diffundieren sie zu den Rezeptoren des zweiten Neurons und bewirken dort wiederum die Bildung eines **Aktionspotenzials.** Einige Neurotransmitter werden anschließend inaktiviert und **enzymatisch abgebaut,** andere werden **recycelt** und kehren in die Speichervesikel zurück, um für eine erneute Ausschüttung zur Verfügung zu stehen.

Innerhalb des gesamten Vorgangs kommt es also zur Umwandlung eines elektrischen in ein chemisches und wieder zurück in ein elektrisches Signal. Dieser Umwandlungsprozess kann mit einer **Modulation** (Verstärkung oder Abschwächung) des Signals einhergehen.
Neurotransmitter können gemäß ihrer chemischen Struktur in **Monoamine, Peptide und Aminosäuren** unterteilt werden. ► Tab. 1.9 stellt die wichtigsten mit ihren Hauptfunktionen vor.

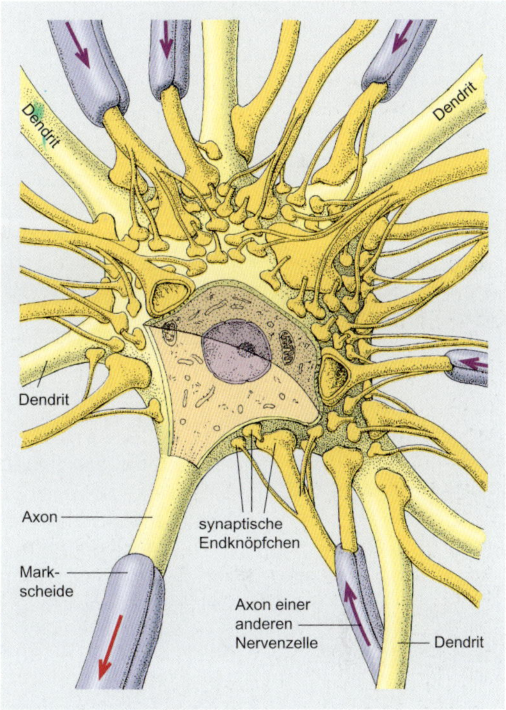

Abb. 1.12 Synapse [L190]

Tab. 1.9 Die wichtigsten Neurotransmitter und ihre Funktion

	Neuro-trans-mitter	Funktion
Mono-amine	Adrenalin	• Stresshormon • wichtigste Funktion: Bereitstellung von Energie für eine Kampf- oder Fluchtreaktion • die Funktion adrenerger Neurone im ZNS ist noch nicht vollständig aufgeklärt
	Noradre-nalin	• PNS: Neurotransmitter des Sympathikus • ZNS: u. a. Beteiligung an der Neurotransmission im limbischen System in Form von aktivierenden Einflüssen (Wachheit und Aufmerksamkeit) • Mangel → depressives Verhalten • Überschuss → manisches Verhalten

Tab. 1.9 Die wichtigsten Neurotransmitter und ihre Funktion (Forts.)

	Neurotransmitter	Funktion
	Dopamin	• Sympathomimetikum • dopaminerge Neuronen kommen im ZNS, v. a. im Mittelhirn und im Frontallappen, vor und sind dort an Vorgängen im Zusammenhang mit Bewegung und Emotionen beteiligt • verstärkende Rolle im limbischen Motivations- und Belohnungssystem • Mangel in der Substantia nigra: mit der Parkinson-Erkrankung assoziiert • Mangel im Frontalhirn: möglicherweise Zusammenhang mit dem Aufmerksamkeits-Defizit-Hyperaktivitäts-Syndrom (ADHS) • Überschuss scheint für einige Symptome der Schizophrenie verantwortlich zu sein
	Serotonin	• ZNS: an emotionalen Prozessen, Schmerzverarbeitung, Gedächtnis und vegetativen Funktionen wie Schlaf, Körpertemperatur, Ernährung, und Sexualität beteiligt. • Die antidepressive und anxiolytische Wirkung von Serotonin-Wiederaufnahmehemmern (SSRI), die die Verweildauer des Neurotransmitters im synaptischen Spalt erhöhen, legt einen direkten Zusammenhang zwischen Serotoninmangel und Angst-, Zwangs- und Depressionserkrankungen nahe. • Überschuss → Unruhe und Halluzinationen • Vorkommen außerhalb des ZNS v. a. in der Darmmukosa
	Acetylcholin	• PNS: wichtigster Neurotransmitter zwischen Nerv und motorischer Endplatte und Vermittler zwischen 1. und 2. Neuron, sowohl des Sympathikus als auch des Parasympathikus • ZNS: große Bedeutung für kognitive Prozesse, Lernen und Gedächtnisfunktion • Mangel: z. B. bei Morbus Alzheimer
	Histamin	• modulierende Wirkung auf noradrenerge, serotonerge, cholinerge, dopaminerge und glutaminerge Neuronen als Co-Transmitter • Regulation des Schlaf-Wach-Rhythmus • Auslösung von Erbrechen • fraglich antidepressive, appetithemmende und antikonvulsive Wirkung • zentrale Einflussnahme auf Blutdruck, Schmerzempfinden und Körpertemperatur
Neuropeptide	Endorphine	• körpereigene Opioide (**end**ogene M**orphine**) mit verstärkender Wirkung auf dopaminerge Neurone • Ausschüttung in Situationen, die mit großer körperlicher Anstrengung, Schmerz oder Verletzung zu tun haben → schmerzlindernder und euphorisierender Effekt
	Somatostatin	• Synthese u. a. im Hypothalamus • Steuerung zahlreicher endokrinologischer Prozesse
Aminosäuren	Glutamat	• wichtigster erregender Neurotransmitter und Co-Transmitter in fast allen Hirnarealen • Beteiligung an Lernvorgängen und Gedächtnisbildung sowie Bewegungsplanung und -ausführung
	GABA (Gamma-Amino-Buttersäure)	• wichtigster hemmender Neurotransmitter und Co-Transmitter in fast allen Hirnarealen • häufig antagonistische Wirkung zu Glutamat • Beteiligung an Schlaf und Emotionsregulation, anxiolytische, antikonvulsive, analgetische und blutdruckstabilisierende Wirkung • Schlafmittel wie Barbiturate und Benzodiazepine binden an GABAerge Rezeptoren und verstärken so die Wirkung des Neurotransmitters
	Glycin	• hemmender Neurotransmitter insbesondere in Hirnstamm und Rückenmark • modulierender Einfluss auf Gedächtnis und Aufmerksamkeit

Merke

- Der wichtigste **exzitatorische** (erregende) Neurotransmitter im Gehirn ist Glutamat.
- Die wichtigsten **inhibitorischen** (hemmenden) Neurotransmitter sind GABA und Glycin.

Weitere Neurotransmitter sind z. B.:
- die Monoamine Octopamin, Melatonin, Dimethyltryptamin und Tyramin
- die Peptide Dynorphin, Substanz P, Neurokinin A und B, Neuropeptid S, Neuropeptid Y, Vasopressin
- die Aminosäuren Aspartat, Cystein und Homocystein
- lösliche Gase wie NO und CO

Klinik

Neben psychischen und sozialen Faktoren als möglichen Prädispositionen einer **depressiven Störung** widmet sich insbesondere die pharmakologische Forschung den biologischen Veränderungen, die – ursächlich oder reaktiv – mit der Erkrankung einhergehen. Besondere Bedeutung misst man dabei den Neurotransmittern **Serotonin und Noradrenalin** bei. Medikamente, die die Eliminierung dieser Substanzen aus dem synaptischen Spalt verhindern (Serotonin- bzw. Noradrenalin-Wiederaufnahmehemmer), werden mit Erfolg als stimmungsaufhellende und antriebsteigernde Antidepressiva eingesetzt.

1.4.1.3 Grundlagen genetischer Einflüsse auf das Verhalten und Geschlechtsunterschiede

Sobald ein Mensch auf die Welt kommt, beginnt er, sich zu verhalten. Bereits das Neugeborene zeigt **Verhaltensmuster,** die es nicht durch Lernen erworben hat, sondern die gewissermaßen „genetisch programmiert" sind und der Erfüllung von Grundbedürfnissen wie Ernährung, Unversehrtheit und Schutz dienen. Der Verhaltensforscher **Konrad Lorenz** beschäftigte sich eingehend mit dem Verhalten von Tieren, das in seiner Artspezifität und in dem, was man als Instinkt bezeichnet, zu einem wesentlichen Anteil **genetisch gesteuert** wird. Experimentell wurde z. B. die Vererbung von Ängstlichkeit bei Mäusen untersucht. Angesichts einer Stresssituation, z. B. der plötzlichen Konfrontation mit einer hellen Lichtquelle, reagierten unterschiedliche Mäuse mehr oder weniger ängstlich. Man kreuzte die besonders mutigen und die besonders ängstlichen untereinander und erzielte nach 30 Generationen signifikante Verhaltensunterschiede im Vergleich zur Wildtypgruppe. Diese und ähnliche Untersuchungen legen nahe, dass nicht ein bestimmtes Gen ein bestimmtes Verhalten bewirkt, sondern dass es sich um ein komplexes Zusammenspiel ganz unterschiedlicher Genabschnitte handelt. Dennoch bemüht sich die Forschung weiterhin, möglichst eindeutige Informationen im Genom zu finden. So führten der Wissenschaftler Ebstein und seine Mitarbeiter 1996 Untersuchungen durch, in denen sie einen Zusammenhang zwischen dem Gen für den Dopaminrezeptor D4 und der per Fragebogen ermittelten Ausprägung des **Sensation Seekings** feststellten. Man geht davon aus, dass u. a. die verminderte Empfindlichkeit gegenüber Dopamin ein insgesamt niedriges Spannungsniveau bewirkt, was wiederum ein gesteigertes Bedürfnis nach Reizen und Abwechslung bedingt. Hierin wird eine von vielen Ursachen von ADHS (Aufmerksamkeitsdefizit-Hyperaktivitätssyndrom) und Suchterkrankungen gesehen.

Klinik

Während des Konsums von Alkohol und anderen Drogen steigt der Dopaminspiegel u. a. im Bereich des präfrontalen Kortex und des Ncl. accumbens, die zum sogenannten **Belohnungszentrum** gehören. Dies verursacht ein angenehmes Gefühl bis hin zu einem Rausch. Aus dem Wunsch nach einem Wiedererleben dieses Gefühls kann sich mit der Zeit eine Abhängigkeit entwickeln. Im Verlauf einer sich chronifizierenden **Sucht** bewirkt die ständige Ausschüttung von **Dopamin** eine Reduktion der **Dopamin-(D2-)Rezeptoren.** Eine immer stärkere Stimulation bzw. ein immer höherer Konsum ist erforderlich, um die gewünschte Wirkung zu erzielen.
Eine andere (physiologische) These zur Entstehung der Alkoholabhängigkeit besagt, dass ein **genetischer Dopaminrezeptordefekt** vorliegt, der eine erhöhte Alkoholtoleranz bewirkt. Die betroffene Person ist zunächst besonders „trinkfest", benötigt aber rasch immer größere Mengen an Alkohol, um eine Wirkung zu verspüren.

Klinik

Dass genetische Faktoren auch bei der Entstehung der **Schizophrenie** eine Rolle spielen, ist lange bekannt:

Zwillings- und Adoptionsstudien wiesen nach, dass das Risiko, an einer schizophrenen Psychose zu erkranken, für Angehörige eines Patienten mit der Enge des Verwandtheitsgrades steigt. Aber selbst für eineiige Zwillinge (die definitionsgemäß ein und dieselbe genetische Ausstattung haben) liegt es nur bei 45–75 %. Dies legt nahe, dass die Erkrankung erst aus einem **Zusammenwirken von Erbanlage und Umwelt** entsteht.
Mittlerweile kennt man eine ganze Reihe von Genen, deren Mutation mit dem Auftreten einer Schizophrenie assoziiert sind, u. a. NRG-1 (Neuregulin-1), DISC-1 und DISC-2 (Disrupted In Schizophrenia), COMT (Catechol-O-Methyltransferase), GRM-3 (Metabotropic Glutamate Receptor), TCF-4 (Transcription Factor). Zudem scheinen sogenannte Single Nucleotide Polymorphismen (SNP) in einer für das Immunsystem zuständigen Genregion eine Rolle zu spielen, was die bereits früher diskutierte Möglichkeit einer infektiösen Mitverursachung der Schizophrenie unterstützt.

Die genetische Steuerung **geschlechtsspezifischen Verhaltens** wird in erster Linie **hormonell** realisiert: Typisch männliche Verhaltensweisen (Orientierung, Sachbezogenheit, Initiative) sind z. B. mit einer Erhöhung des Testosteronspiegels assoziiert, während weibliche Geschlechtshormone offenbar eher soziale, auf (emotionale) Expressivität und Sicherheit orientierte Verhaltensweisen bewirken. Auch die **Rezeptoren** für Androgene und Östrogene sind bei Männern und Frauen unterschiedlich verteilt. Dies bedingt zunächst eine unterschiedliche Ansprechbarkeit verschiedener Hirnareale, die letztlich mit einer unterschiedlichen strukturellen Entwicklung einhergeht.

1.4.1.4 Aktivations- und Bewusstseinszustände

Unter **Aktivation** versteht man die **psychomotorische Erregung** des Organismus als Grundlage seiner Leistungsbereitschaft, seiner Aufmerksamkeit und seines Verhaltens. Sie wird beeinflusst durch äußere und innere Faktoren und neuronal wesentlich durch das **aufsteigende retikuläre aktivierende System** (ARAS) gesteuert. Der niedrigste Aktivationsgrad liegt im Schlaf oder Koma vor, der höchste in der z. B. panischen Übererregtheit. **Yerkes und Dodson** postulierten 1908 einen Zusammenhang zwischen Aktivation und kognitiver Leistungsfähigkeit, der sich grafisch als umgekehrtes U darstellen lässt. Beste Ergebnisse werden demnach in einem Bereich mittlerer Erregtheit erzielt. Eine niedrige Aktivation geht mit Trägheit und Langeweile, eine hohe mit Anspannung und Stress einher. In beiden Fällen sind keine optimalen Leistungen möglich. Der Grad der Aktivation lässt sich über unterschiedliche **physiologische Parameter,** wie Blutdruck, Herzfrequenz, elektrodermale Aktivität, Muskelspannung oder spezifische Muster im EEG, ermitteln.

Von der Aktivation bzw. Erregung ist das **Bewusstsein** zu unterscheiden. Dieses reicht von Traum- und Rauschzuständen über Tiefschlaf zu Schläfrigkeit, Wachheit und gesteigertem Bewusstsein, wie es z. B. durch die Wirkung bestimmter Drogen oder Meditation entsteht.

Orientierungsreaktion

Zu einer raschen, meist kurzfristigen Erhöhung der Aktivation kommt es im Rahmen der sogenannten Orientierungsreaktion (OR). Diese folgt auf die Darbietung eines Reizes und läuft folgendermaßen ab:

- Unterbrechung des aktuellen Verhaltens
- Ausrichtung der Sinnesorgane auf die Reizquelle (z. B. Blickwendung)
- physiologische Reaktionen wie Erhöhung der Hautleitfähigkeit oder Vasodilatation; dadurch kurzfristig Erniedrigung der Herzfrequenz, dann periphere Vasokonstriktion und Herzfrequenzerhöhung; EEG-Veränderungen (P-300-Komponente [► Kap. 1.4.1.7], Desynchronisation), Erhöhung des Muskeltonus; Erweiterung der Pupillen durch Aktivierung des Sympathikus usw.

Nach dieser ersten reflexhaften Reaktion erfolgt eine Orientierung auf kognitiver Ebene, die über das weitere Verhalten entscheidet. Pawlow beobachtete den Vorgang im Rahmen seiner Untersuchungen an Hunden und sprach von der OR als einer „Was-ist-das?-Reaktion".

Defensivreaktion

Anders als die Orientierungsreaktion, die eine Hinwendung zum Reiz darstellt, ist die Defensivreaktion (DR) durch Abwendung und Flucht bzw. Abwehr und Angriff gekennzeichnet. Sie erfolgt als Antwort auf einen starken, potenziell bedrohlichen Reiz und geht ebenfalls mit einer Aktivationszunahme und den entsprechenden psychophysiologischen Veränderungen einher.

Habituation

Habituation heißt Gewöhnung. Literarisches Beispiel dafür ist die Geschichte vom Wetterhahn, der hoch oben auf einem Kirchturm installiert war. Jahrein, jahraus war er stumm gewesen, aber eines Tages krähte er plötzlich. Die Menschen im Dorf waren erstaunt und liefen zusammen (Orientierungsreaktion!), schauten auf zu der Kirchturmspitze und trauten ihren Ohren nicht. Zum zweiten Mal krähte der Wetterhahn und da war das Erstaunen nicht mehr ganz so groß. Die Leute wandten sich wieder ihren Tätigkeiten zu, unterhielten sich, schauten nur noch kurz auf. Als der Hahn zum dritten Mal krähte, hatten sich alle daran gewöhnt.

Wiederkehrende gleichförmige und als nicht bedrohlich eingestufte Reize lösen also eine immer schwächere und schließlich gar keine **Orientierungsreaktion** mehr aus. **Defensivreaktionen** hingegen habituieren nicht, da der Auslösereiz immer wieder Flucht oder Angriff erfordert. Dadurch kann es sogar zu einer Zunahme der Reaktion im Sinne einer Panik kommen.

Unter **Dishabituation** versteht man die Verhinderung bzw. Aufhebung einer Gewöhnung, dadurch, dass ein fremder Reiz zwischengeschoben oder der Abstand zwischen zwei gleichen Reizen unvorhersehbar variiert wird.

Klinik

Bei der **posttraumatischen Belastungsstörung** bleibt die Habituation aus. Ein auch nur entfernt an das traumatisierende Ereignis erinnernder Reiz verursacht immer wieder eine Defensivreaktion mit einem extremen Erregungsanstieg.

1.4.1.5 Schlaf, zirkadianer Rhythmus, Chronobiologie

Schlaf ist ein Zustand von verminderter Aktivation und Bewusstsein, den wahrscheinlich alle Wirbeltiere in mehr oder weniger regelmäßigen Abständen erleben und der vermutlich der **Regeneration** der körperlichen und geistigen Leistungsfähigkeit dient.

Beim Menschen lassen sich unterschiedliche **Schlafstadien** nachweisen, die durch spezifische Muster im **EEG** gekennzeichnet sind (▸ Abb. 1.13a, b).

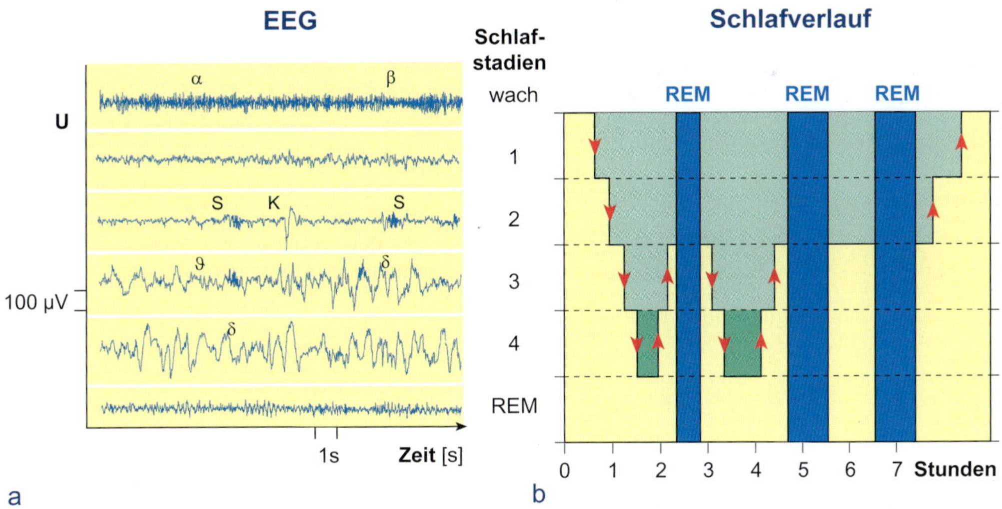

Abb. 1.13 Schlafphasen und EEG-Verlauf

a) EEG-Registrierungen im Wachzustand, während der Schlafstadien 1–4 und im REM-Schlaf. Mit α, β, σ, δ sind die charakteristischen EEG-Frequenzen der Stadien gekennzeichnet; S = Schlafspindeln, K = K-Komplex. [L106]

b) Schlafverlauf. Die Schlafstadien 1–4 werden mehrfach durchlaufen. Paradoxe Schlafphasen mit Rapid Eye Movements (REM-Phasen) unterbrechen die orthodoxen Schlafphasen etwa alle 90 Minuten. [L106]

Lerntipp

Die Schlafstadien werden vom IMPP immer wieder gefragt.
Nach Kleitman lassen sich folgende Stadien ableiten:

- Einschlafphase (Stadium 1): niederfrequente ϕ-Wellen mit einer Frequenz von 4–7 Hz, Vertexzacken als physiologische Entsprechung des Einschlafmoments
- Leichter Schlaf (Stadium 2): ϕ-Wellen (Frequenz 12–17 Hz), Schlafspindeln und K-Komplexe
- Mittlerer Schlaf (Stadium 3): mindestens 20 % δ-Wellen mit einer Frequenz von 0,1–4 Hz
- Tiefschlaf (Stadium 4): über 50 % δ-Wellen bei synchronisiertem EEG
- REM-Schlaf (paradoxer Schlaf): niederamplitudiges, desynchronisiertes EEG mit ϕ-Wellen (sog. Sägezahnwellen), Frequenz 4–6 Hz

Alle **energieverbrauchenden Prozesse** werden während des Schlafs gedrosselt, Blutdruck, Herzfrequenz, Körpertemperatur und Muskeltonus fallen ab. Die Wahrnehmung von Außenreizen ist reduziert, die Verletzlichkeit des Individuums dadurch erhöht.
Beim Menschen folgt der Schlaf, wie auch andere physiologische Phänomene, einem **zirkadianen** (lat. circa-dian = um den Tag herum) **Rhythmus,** der in erster Linie durch das Licht, sekundär auch sozial, gesteuert wird. Hinsichtlich der Ausprägung ihres Leistungsvermögens im Tagesverlauf unterscheiden sich die Menschen in ihrer genetischen Veranlagung. Um die Extreme zu verdeutlichen, spricht man zuweilen von „Eulen und Lerchen" und meint Langschläfer und Frühaufsteher.
Die **Chronobiologie** befasst sich mit den Arten und Wirkungen biologischer Zeitgeber bzw. der zeitlichen Organisation von Lebewesen. Neben den zirkadianen Rhythmen gibt es auch solche, die ein ganzes Jahr umfassen. Besonders deutlich wird dies bei Tieren, die Winterschlaf halten, bestimmte Brunftzeiten haben oder bei Vögeln, die im Winter in den Süden fliegen. Von medizinischem Interesse ist die Chronobiologie z. B. im Zusammenhang mit den möglichen Folgen von Schichtarbeit oder dem Wirkoptimum von Medikamenten. **Psychische Erkrankungen** gehen in der Regel mit einer Störung der biologischen Rhythmen und des Schlafs einher.

Klinik

Der Innere Borkenkäfer
Kaum Mitternacht – acht lange Stunden
Steh'n an für die „Erholungsrunde".
Der Kopf ist schwer, doch will nicht ruh'n,
Und auch das Ohr hat noch zu tun
Während der Nachbar musiziert
Die Nacht mit Geige zelebriert
Die Katze jault wie im Duett.

Klammheimlich klemmt das weiche Bett
Man dreht sich um … und um … und um
Der Leib klebt an den feuchten Laken
Wo müde Glieder sich verhaken…

Sind Katz' und Geige endlich stumm
Setzt sich der innere Borkenkäfer
Hinweg über den Siebenschläfer
Und bohrt sich emsig durch's Gehirn
Der Schweiß perlt glänzend auf der Stirn.

Gottlob, der Schlaf ist eingetroffen
Die Augen sind nicht länger offen
Und doch gibt's keine wahre Ruhe
Denn aus der Freud'schen Traumschatztruhe
Entweichen wilde, wirre Bilder.

Frühmorgens wird der Albtraum milder
Doch echt vom Schlafproblem erlösen
Kann nur des Weckers laut Getöse.

S. Nâh ed So-or

Vielfältig sind die Ursachen von **Schlafstörungen** – einige nennt das obige Gedicht. Grundsätzlich unterscheidet man Ein- von Durchschlafstörungen und beide werden oft als erhebliche psychische Belastung empfunden, nicht zuletzt, da sie zumeist am Tage mit einer erhöhten **Erschöpfung** einhergehen. Die Konzentrationsfähigkeit und Aufmerksamkeit sind vermindert, das Unfallrisiko steigt. Liegt eine Schlafstörung von mehr als vierwöchiger Dauer vor, ohne dass ein Auslöser (z. B. Stress, Schmerzen, Lärm, Kaffee) eruiert werden kann, sollte eine medizinische Abklärung im **Schlaflabor** erfolgen.

Klinik

Das **Schlafapnoe-Syndrom** ist gekennzeichnet durch wiederholte Atemstillstände während des Schlafs, die über zehn Sekunden bis wenige Minuten anhalten können und zu einer mehr oder weniger ausgeprägten **Hypoxie** führen. Ursache einer **obstruktiven Apnoe**

können z. B. Übergewicht, eine eingeschränkte Nasenatmung oder die Einnahme von Sedativa oder Alkohol vor dem Schlafengehen sein. Die reduzierte Versorgung mit Sauerstoff bewirkt eine **Aufweckreaktion:** Muskelspannung, Puls und Blutdruck steigen an, die Tiefschlafphase wird unterbrochen, allerdings meist ohne dass der Schläfer zu Bewusstsein kommt. Die Folgen einer häufig auf diese Weise unterbrochenen Nachtruhe können eine ausgeprägte Tagesmüdigkeit bis hin zu Sekundenschlaf am Tag, Konzentrationsstörungen, Kopfschmerzen, depressiven Verstimmungen oder Appetit- und Libidostörungen sein.
Lassen sich die Risikofaktoren nicht beeinflussen oder dauern die Beschwerden trotz ihres Wegfalls an, kann die Anwendung einer nächtlichen **Atemtherapie** mittels CPAP-Maske (CPAP = Continuous Positive Airways Pressure) erforderlich werden.

1.4.1.6 Psychobiologische, psychoendokrinologische und immunologische Zusammenhänge

Die **Psychobiologie** erforscht an der Schnittstelle von Psychologie und Verhaltensbiologie, welche biologische Bedeutung das Verhalten eines Individuums, einer Gruppe oder einer Spezies hat. Sie geht davon aus, dass die grundlegenden **Verhaltensmotive** der Selbsterhalt und die Fortpflanzung sind. Entsprechend ist alles Handeln auf Ernährung, Schutz vor Verletzungen und Sicherheit (z. B. durch Gemeinschaft, Partnersuche, Werbung, Sexualität und Versorgung der Nachkommen) ausgerichtet.

Die **Psychoendokrinologie** beschäftigt sich mit der wechselseitigen Beeinflussung psychischer (Verhalten, Befinden, Motivation) und hormoneller Phänomene. Die **Psychoimmunologie** untersucht darüber hinaus, inwiefern immunologische Prozesse psychisch beeinflusst werden.

Klinik

Wichtigste Aufgabe des **Immunsystems** ist es, „fremd" von „eigen" zu unterscheiden und den Organismus weitgehend vor Ersterem zu schützen. Dies erweist sich im Rahmen der **Transplantationsmedizin** als großes Problem: Oft ist eine dauerhafte Immunsuppression erforderlich, um ein Spenderorgan vor der Abstoßung durch das Immunsystem des Empfängers zu schützen. Die **Psychoimmunologie** versucht hier, sich Methoden der Psychologie nutzbar zu machen und geht z. B. davon aus, dass das Immunsystem bis zu einem gewissen Grad lernfähig und damit konditionierbar ist. Theoretisch denkbar wäre also ein Verlernen der Abstoßungsreaktion. Praktisch stecken diese Ansätze allerdings noch in den Kinderschuhen.

1.4.1.7 Gehirn und Verhalten

Verhalten ist alles, was ein Lebewesen von außen wahrnehmbar tut. Seitens der **Neurobiologie** interessiert man sich in erster Linie dafür, **wie** Verhalten gesteuert wird: Neuronen und neuronale Netzwerke, Transmitter und Hormone, die Eigenschaften und Fähigkeiten der einzelnen Hirnregionen und deren Koordination spielen hierfür eine wichtige Rolle. In der **Psychologie** geht es vor allem um das **Warum** einer Handlung, die Motivation und die Folgen, das Lernen und Entwickeln (welches sich wiederum neurobiologisch manifestiert).

Informationsverarbeitungs- und Aufmerksamkeitsprozesse

Ausgehend davon, dass es nur eine begrenzte Zahl biologischer und physikalischer Muster und Prinzipien gibt, die in allen Bereichen des Lebens und der Welt, jeweils in angepasster Form, auftauchen, kann man die **Informationsverarbeitung** des Gehirns durchaus mit der eines Computers vergleichen:

- Ein äußerer Reiz wird über die **Empfangsorgane** (Augen, Ohren, Geruchs- und Geschmackssinne, Haut, organgebundene Schmerzrezeptoren usw.) aufgenommen (Input).
- Mittels neuronaler Bahnen wird die Information über den Reiz – noch nicht kognitiv interpretiert, aber verschlüsselt als elektrisches bzw. biochemisches Signal – über den Thalamus an das **Großhirn** weitergegeben.
- Im Großhirn erfolgt die **Verarbeitung** durch Interpretation, Vergleich und kontextuelle Einordnung.
- Schließlich wird ein **Reaktionsplan** generiert und ausgeführt (Output).

Aufmerksamkeit ist ein essenzieller neuropsychobiologischer Mechanismus, der das Gehirn vor Überlastung und einer daraus resultierenden Funktionsuntüchtigkeit schützt. Die Fähigkeit, unbewusst aus einem unendlichen Kosmos sensorischer Eindrücke die Reize auswählen zu können, die bedeutsam sind, hat etwas mit **Erfahrung** und Lernen zu tun. Allerdings hat auch ein Neugeborenes bereits die Fähigkeit, sich mittels gerichteter Aufmerksamkeit vor dem Chaos der Realität zu schützen. Kommt man in eine neue Umgebung,

z. B. in eine neue Stadt, in der zunächst alles fremd ist, lenkt die Aufmerksamkeit das Bewusstsein einerseits auf potenzielle Bedrohungen und potenzielle Belohnungen, andererseits auf bekannte Muster und vertraute Abläufe (daraus erklärt sich die weltweite Verbreitung und Beliebtheit von McDonald's-Restaurants …). Auf diese Weise werden Überleben und Reifen realisiert.

Milde kognitive Beeinträchtigung

Von einer leichten oder **milden kognitiven Beeinträchtigung** (Mild Cognitive Impairment, MCI) spricht man, wenn subjektive und objektivierbare **Aufmerksamkeits-, Gedächtnis- und Lernstörungen** vorliegen, deren Schweregrad nicht den einer Demenz erreicht. Die Betroffenen berichten, dass sie häufiger Namen oder Termine vergessen oder ihr räumliches Vorstellungsvermögen nachgelassen habe, dass sie sich nicht mehr so gut konzentrieren können oder bei geistiger Beanspruchung schneller ermüden. Die **Alltagskompetenz** ist aber erhalten. Bei einem Teil der Fälle geht die Störung in eine Demenz über, bei einem anderen Teil bleibt sie über lange Zeit unverändert bestehen oder verbessert sich wieder. Als Ursachen gelten u. a. neurodegenerative oder vaskuläre Erkrankungen, depressive Störungen und Substanzabusus (Alkohol, Drogen, Sedativa).

Klinik

Die unter dem Begriff **Demenz** (lat. de mens = ohne Geist) zusammengefassten Krankheitsbilder sind gekennzeichnet durch einen zunehmenden Verlust kognitiver, in der Folge und im Verlauf auch emotionaler und sozialer Fähigkeiten. Ausgehend von Gedächtnis-, Konzentrations-, Orientierungs-, Auffassungs- und Sprachstörungen kommt es zu einer fortschreitenden Veränderung der Persönlichkeit. Mittlerweile unterscheidet man anhand der Ursachen, der Symptomatik und des Krankheitsverlaufs zahlreiche Formen der Demenz, darunter Demenz bei Alzheimer-Krankheit, vaskuläre Demenz, Demenz bei Parkinson, Pick-Syndrom, Creutzfeldt-Jakob-Krankheit, HIV-Infektion, Epilepsie u. v. a. Gemeinsames Merkmal aller Formen ist die **Irreversibilität** der kognitiven Verluste. Die Behandlung beschränkt sich auf medikamentöse und psychotherapeutische Methoden, die das Fortschreiten verlangsamen sollen. Entsprechend wichtig ist eine frühzeitige Diagnose.

Klinik

Gehirnläsionen können verschiedene Ursachen haben:

- Traumatisch, z. B. Schädel-Hirn-Trauma
- Vaskulär, Blutung oder Infarkt
- Infektiös, z. B. virale, bakterielle, durch Prionen oder Parasiten verursachte Enzephalitis
- Toxisch, z. B. infolge chronischen Alkoholkonsums
- Im Rahmen neurologischer Erkrankungen, z. B. Epilepsie
- Bei neurodegenerativen Erkrankungen
- Iatrogen, z. B. nach Gehirnoperation

Abhängig von Art, Schwere und Lokalisation der Schädigung resultieren ganz unterschiedliche Langzeitfolgen. Während eine fokale Läsion häufig mit charakteristischen Funktionsausfällen einhergeht, führen Erkrankungen, die das gesamte Gehirn betreffen oft zu tiefer greifenden Störungen auf kognitiver, emotionaler und motivationaler Ebene.

Zentralnervöse Parameter

Neben messbaren **peripheren Parametern,** die mit Verhalten und Empfinden in Zusammenhang stehen, wie z. B. Herzfrequenz, Blutdruck, Muskeltonus oder elektrodermale Aktivität, weist auch das ZNS charakteristische Erregungsmaße auf, die als Potenzialschwankungen im EEG sichtbar gemacht werden können (► Kap. 1.3.6.1, ► Abb. 1.14a, b).

- **Evozierte (hervorgerufene) Potenziale** sind die Folge einer gezielten Reizung einzelner Sinnesorgane. So gibt es visuell, akustisch, olfaktorisch, motorisch oder somatosensorisch evozierte Potenziale. Sie sind Bestandteil der Diagnostik beim Verdacht auf Störungen neuronaler Verknüpfungen. Aufgrund ihrer geringen Amplitude im EEG können sie erst nach mehrfacher Reizung als Mittelwerte dargestellt werden.
- **Langsame Hirnpotenziale** treten erst einige Zeit nach Darbietung des Reizes auf und sind weniger von dessen Art und Intensität, als vielmehr von der Erwartung und Aufmerksamkeit des Probanden abhängig. Als **P300-Komponente** bezeichnet man eine Potenzialantwort, die ca. 300 ms nach dem dargebotenen Reiz auftritt und die als Marker der zentralnervösen Reizverarbeitung interpretiert wird.
- Ein **Erwartungspotenzial** stellt sich nach mehrfacher gleichförmiger Darbietung von zwei Reizen ein und erscheint dann vor dem zweiten Reiz.

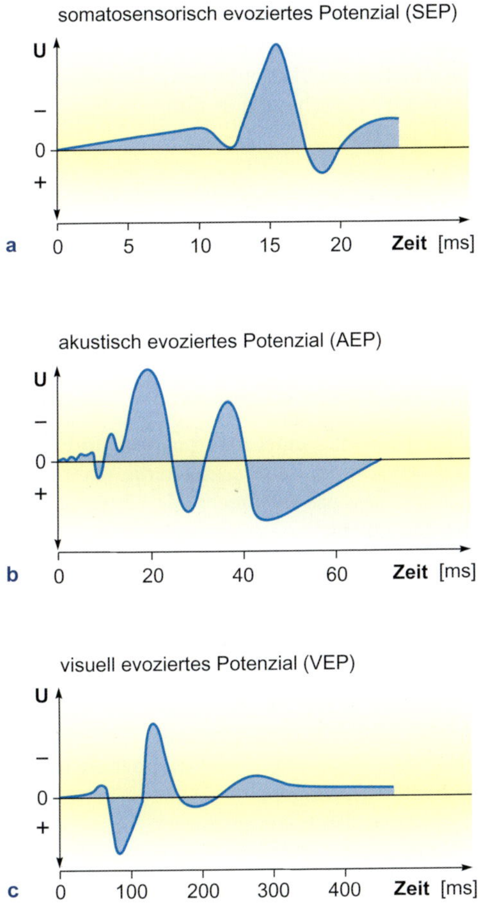

Abb. 1.14 Evozierte Potenziale [L106]
a) Somatosensorisch evoziertes Potenzial (SEP)
b) Akustisch evoziertes Potenzial (AEP)
c) Visuell evoziertes Potenzial (VEP)

- Ein **Bereitschaftspotenzial** tritt vor einer Willkürhandlung auf und wird als Repräsentation ihrer Vorbereitung interpretiert. Seine Dauer und Amplitude stehen in Zusammenhang mit der Komplexität der Handlung.

1.4.2 Lernen

Bereits die Philosophen des antiken Griechenlands machten sich über das Phänomen Lernen Gedanken. Platon und seine Schüler gingen davon aus, dass die Seele alles weiß und das Lernen eine Art Erinnerungsprozess sei. Aristoteles hingegen glaubte, dass die Seele ein unbeschriebenes Blatt sei, auf dem die Sinneseindrücke ihre Spuren hinterlassen. In diesem Sinne beschreibt man **Lernen** auch heute als einen Prozess der Aneignung von **Wissen** und **Fertigkeiten** und daraus resultierenden **Verhaltensänderungen.**

Hinsichtlich der Art des Lernens unterscheidet man drei Formen:

- **Respondentes Lernen:** Ein Verhalten oder eine Reaktion erfolgt als Antwort (Response) auf einen Reiz. Dies ist der Fall bei der Klassischen Konditionierung (► Kap. 1.4.2.1).
- **Operantes Lernen:** Ein Verhalten oder eine Reaktion erfolgt aufgrund einer damit zu erzielenden Wirkung (Erfolg, Verstärkung, Belohnung, Vermeidung negativer Konsequenz). Zu dieser Form gehören die operante Konditionierung und das Modelllernen (► Kap. 1.4.2.1, ► Kap. 1.4.2.4).
- **Kognitives Lernen:** Ein Verhalten erfolgt aufgrund von Überlegung und Einsicht, Neuverknüpfung von Vorwissen und bewusster Zielsetzung. Dies wird als Lernen durch Einsicht und Lernen durch Eigensteuerung bezeichnet (► Kap. 1.4.2.5, ► Kap. 1.4.2.6).

1.4.2.1 Klassische und operante Konditionierung

Klassische Konditionierung

Die auf Iwan Petrowitsch **Pawlow** zurückzuführende Theorie der **klassischen Konditionierung** beschreibt Lernen als eine gezielte Neuverknüpfung von Reiz-Reaktions-Ketten. Ausgangspunkt ist eine **unbedingte** (unkonditionierte, ungelernte, gewissermaßen natürliche) Reaktion auf einen **unbedingten Reiz.** Wenn man Heiligabend kurz vor Geschäftsschluss ins Einkaufszentrum geht, um alle Geschenke zu kaufen, löst dies eine komplexe physiologische Stressreaktion aus. Wird dieser unkonditionierte Reiz regelmäßig mit einem zweiten (**bedingten,** konditionierten) **Reiz** gekoppelt, entsteht eine **bedingte Reaktion.** Wenn während des Einkaufs immer die gleiche Weihnachtsmusik aus den Lautsprechern ertönt, reicht es nach einer Weile schon aus, diese Musik allein zu hören, um in Stress zu geraten.

Genau genommen ist in diesem Beispiel auch die erste Reaktion schon eine Konditionierung, da Weihnachtseinkäufe nicht zu unserem evolutionären Erbe gehören. Iwan Pawlow machte seine Versuche mit Hunden, denen er als unkonditionierten Reiz Nahrung anbot, woraufhin als unkonditionierte Reaktion der Speichelfluss einsetzte. Dann verband er die Nahrungsgabe mit einem Glockenton. Nach einiger Zeit verursachte der Glockenton allein bei den Hunden Speichelfluss (► Kap. 1.2.1.1). Hierbei wird eine Reaktion bzw. ein Verhalten durch einen bestimmten Reiz ausgelöst und steht damit weitgehend außerhalb der willentlichen Beeinflussung. Auf dem Prinzip der klassischen Konditionierung beruhen z. B. **Angststörungen** und einige Symptome der **posttraumatischen Belastungsstörung.**

Lerntipp

Es ist wichtig, die klassische Konditionierung zu beherrschen und diese auch Beispielen zuordnen zu können, da das IMPP hierzu immer wieder Fragen stellt.
Auf einen bestimmten nichtkonditionierten (= nicht erlernten) Reiz folgt eine bestimmte nichtkonditionierte (= nicht erlernte) Reaktion.
Kombiniert man einen neutralen Reiz mit einem nichtkonditionierten Reiz, so kommt es zu der nichtkonditionierten Reaktion. Nach mehrmaliger Wiederholung kommt die Reaktion auch auf den neutralen, nun konditionierten (bedingten) Reiz hin zustande. Die Reaktion wurde somit zur konditionierten (bedingten) Reaktion.

Semantische Konditionierung

Nicht nur physikalische (Licht, Ton, Berührung), sondern auch **semantische,** also sprachinhaltliche **Reize** können als Auslöser einer konditionierten Reaktion wirken. So kann nach entsprechender Übung im Rahmen des autogenen Trainings z. B. der Satz „Mein rechter Arm ist ganz schwer" zu einem tatsächlichen Schwereempfinden führen. Die Worte „Achtung!" oder „Vorsicht!" können eine Schreckreaktion hervorrufen. „Ich will jetzt sofort mit Dir schlafen" mag unter Umständen eine sexuelle Erregung verursachen.

Operante Konditionierung

Bei der operanten Konditionierung nach Burrhus Frederic **Skinner** hingegen erfolgt das Lernen anhand der **Konsequenzen,** die ein zunächst spontanes Verhalten nach sich zieht: Eine Belohnung wirkt als **Verstärkung** und ermuntert dazu, das entsprechende Verhalten immer wieder zu zeigen. **Ausbleibender Erfolg** oder **Strafe** führen in der Regel dazu, dass das Verhalten „gelöscht", also nicht mehr durchgeführt wird. Was dabei als Belohnung oder Strafe wirkt, ist individuell unterschiedlich: Vielleicht bringt die Gabe einer Süßigkeit oder eines Spielzeugs ein Kind dazu, ein gewünschtes Verhalten zu zeigen. Bei Erwachsenen mögen es Formen der sozialen oder finanziellen Anerkennung oder die Befriedigung sexueller Wünsche sein (► Kap. 1.2.1.1).

Merke

- **Primäre Verstärker** sind all jene Objekte oder Aktivitäten, die ein Bedürfnis unmittelbar erfüllen: Nahrung, Zuneigung, sexuelle Reizung usw.
- **Sekundäre Verstärker** sind mit primären Verstärkern assoziiert, ohne selbst ein Bedürfnis direkt zu erfüllen. Das offensichtlichste Beispiel für einen sekundären Verstärker ist Geld.

Zudem unterscheidet man **positive und negative Verstärkung.** Beide erhöhen die Wahrscheinlichkeit, dass das entsprechende Verhalten häufiger gezeigt wird.

- **Positive Verstärkung:** Auf ein Verhalten folgt eine Belohnung:
  „Wenn Du lieb bist, bekommst Du ein Eis."
- **Negative Verstärkung:** Auf ein Verhalten folgt, dass eine Strafe wegfällt:
  „Wenn Sie einen Regenschirm benutzen, werden Sie bei Regen nicht nass."

Dementsprechend gibt es auch **positive und negative Bestrafungen:**

- **Positive Bestrafung:** Auf ein Verhalten folgt eine aversiv erwartete Konsequenz:
  „Wenn Du noch einmal die Schule schwänzt, gibt's drei Tage Hausarrest."
- **Negative Bestrafung:** Auf ein Verhalten folgt, dass etwas Angenehmes wegfällt:
  „Wenn Du weiter rumschreist, gibt's heute keine Gute-Nacht-Geschichte."

In der Regel ist der Lerneffekt durch Verstärkung höher und nachhaltiger als durch Bestrafung.

Klinik

Durch **kortikales Biofeedback** lernt eine Person, im Sinne der operanten Konditionierung auf die elektrische Hirnaktivität Einfluss zu nehmen. Dies spielt z. B. in der Behandlung der Epilepsie und der Migräne eine Rolle. Der Patient beobachtet „live" seine eigene EEG-Aufzeichnung und wird aufgefordert, die Kurve in einer bestimmten Weise zu verändern. Anfangs gelingt ihm das wahrscheinlich eher zufällig, aber jeder Erfolg wirkt als Verstärkung und mit der Zeit ist eine willentliche Beeinflussung der EEG-Kurve möglich.

Premack-Prinzip

Der US-amerikanische Verhaltensforscher David **Premack** entdeckte im Rahmen von Tierversuchen, dass nicht nur die Befriedigung von Bedürfnissen (Nahrung, Zuwendung, Anerkennung usw.) als Verstärker wirkt, sondern auch **die Aussicht auf angenehme Aktivitäten oder Verhaltensweisen** die Motivation erhöht, weniger angenehmer Aktivitäten durchzuführen: „Wenn ich jetzt fleißig lerne, kann ich in einer Stunde mit meiner Freundin shoppen gehen."
Premack formulierte ganz allgemein: Ein spontan weniger wahrscheinlich auftretendes Verhalten kann durch ein spontan wahrscheinlicher auftretendes Verhalten verstärkt werden.
Weniger wahrscheinlich tritt ein Verhalten dann auf, wenn es anstrengend ist oder keinen Spaß macht. Wahrscheinlicher tritt ein Verhalten auf, wenn es leicht ist und erfreut. Das Premack-Prinzip spielt sowohl bei der Verhaltenstherapie als auch in der Pädagogik eine wichtige Rolle.

Neurobiologie der Verstärkung

Evolutionär gedacht, ist es von größter Wichtigkeit, dass die Tätigkeiten, die dem **Selbsterhalt** und der **Fortpflanzung** dienen, Spaß machen. Wären Essen und Sex nicht angenehm, wäre Leben wahrscheinlich nicht möglich.
Die neurobiologische Grundlage dafür vermutet man im zerebralen **Belohnungssystem,** zu dessen Hauptbestandteilen das mesolimbische dopaminerge System, die Area tegmentalis ventralis im Mittelhirn, der Ncl. accumbens und der präfrontale Kortex gehören (▸ Kap. 1.4.1.3).
In Experimenten ermöglichte man es Ratten, dieses Belohnungssystem durch Stromstöße selbst zu stimulieren, was sie bis zum Exzess taten, während sie natürliche Belohnungen wie Futter ignorierten. Als wichtigster Neurotransmitter innerhalb des Belohnungssystems fungiert **Dopamin.** Dabei geht man derzeit davon aus, dass eine Dopaminausschüttung nicht die Belohnung selbst darstellt, sondern die Erwartung bzw. das Verlangen nach einer Belohnung erzeugt. Zudem ist es beteiligt an Lernvorgängen, die aus der jeweiligen Belohnung resultieren und stellt somit das biologische Substrat der **operanten Konditionierung** dar. Unter dieser Annahme ist die Sucht zu verstehen. Substanzen wie Alkohol und Nikotin, in weit höherem Maße aber Kokain und Amphetamine bewirken eine starke Freisetzung von Dopamin im mesolimbischen System. Durch mehrfache Applikation wird nicht nur das Verlangen nach der Droge (Craving) erhöht, sondern auch ein zielgerichtetes Verhalten zu ihrer Beschaffung erlernt.

Constraint-induced Therapy

Die Methode der **„Constraint-Induced Therapy"**, eines durch Behinderung oder Einschränkung provozierten Lernens, wurde von dem US-amerikanischen Psychologen Edward **Taub** entwickelt und findet z. B. in der **Rehabilitation** nach einem **Schlaganfall** Anwendung. Ihr liegt die Beobachtung zugrunde, dass Lebewesen im Allgemeinen dazu neigen, aus einer Reihe von Verhaltensmöglichkeiten die leichteste zu wählen. So wird z. B. nach einer Lähmung des rechten Arms nur noch der linke genutzt. Taub spricht von einem **„gelernten Nichtgebrauch"** (vermeintlicher) Schwächen, die sich gerade dadurch erst verfestigen. Diese Überlegung betrifft nicht nur gelähmte Gliedmaßen, sondern z. B. auch motorische, intellektuelle oder kreative Fähigkeiten. Dadurch, dass eine Person daran gehindert wird, den leichtesten Weg zu gehen, wird sie gleichzeitig gezwungen, nach einer anderen Lösung zu suchen und entwickelt so neue Fertigkeiten. Den Schlaganfallpatienten wird der gesunde Arm ruhig gestellt, wodurch sie genötigt sind, den gelähmten Arm zu nutzen. Mit der Zeit erzielt ein Großteil der so Behandelten deutliche Verbesserungen der motorischen Leistung. Neurobiologisch erklärt man dies mit der **Plastizität des Gehirns,** das in der Lage ist, durch regelmäßiges Training neue Verknüpfungen herzustellen und zu festigen.
Ähnliche Annahmen liegen auch dem **Bobath-Konzept** zugrunde, einem multidisziplinären (Physiotherapie, Logopädie, Ergotherapie) Behandlungsprinzip für Menschen mit zerebralen Bewegungsstörungen.

Klinik

Auf den Erfahrungen mit der Neurobiologie des Lernens beruht auch eine Therapiemethode für Menschen, die nach der Amputation eines Arms oder Beins unter Phantomschmerzen leiden. Mithilfe eines **Spiegels** und der noch vorhandenen Gliedmaße kann die Illusion erzeugt werden, dass die amputierte Gliedmaße vorhanden ist und – im wahrsten Sinne „spiegelbildlich" zu dem gesunden Körperteil – bewegt werden kann. Auf diese Weise erhält das Gehirn visuelle Informationen über das Phantomglied und kann diese in die Wahrnehmung integrieren. Durch diesen Effekt können z. B. im Gehirn gespeicherte schmerzhafte Fehlstellungen der amputierten Extremität korrigiert werden (▸ Abb. 1.15).

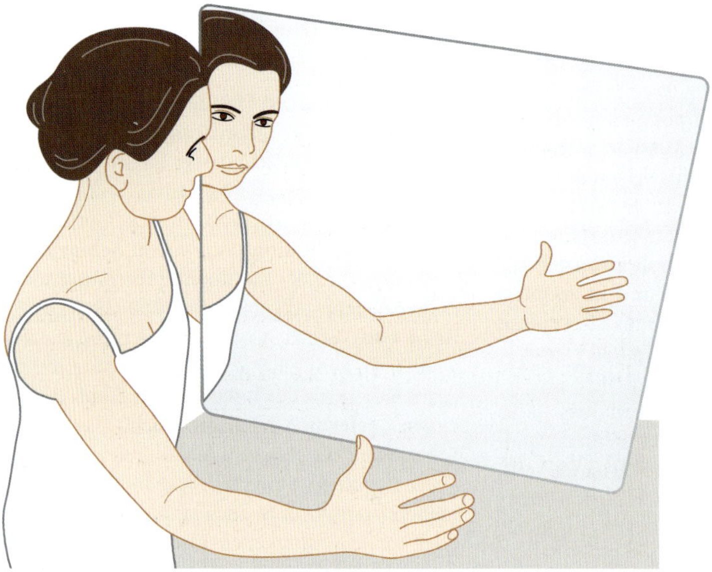

Abb. 1.15 Spiegeltherapie nach Vilayanur S. Ramachandran [L231]

1.4.2.2 Determinanten der Konditionierungsstärke und -geschwindigkeit

Wie schnell und wie stark eine Konditionierung erfolgt, hängt sowohl von Variablen auf Seiten des **Lernenden** (Aufmerksamkeit/Bewusstheit, Erfahrungen, Interessen) als auch von der Art und der Kontingenz der **Verstärkung** ab. Unter **Kontingenz** versteht man in diesem Zusammenhang die Wahrscheinlichkeit, mit der die Konsequenz (Verstärkung oder Bestrafung) auf das Verhalten folgt.

- **Kontinuierliche Verstärkung:** Jedes Mal, wenn das Verhalten gezeigt wird, erfolgt eine Verstärkung.
  Beispiel: Beide Eltern jubeln immer wieder, wenn das Kleinkind aufs Töpfchen geht.
  Auf diese Weise wird das gewünschte Verhalten sehr rasch gelernt.
- **Intermittierende Verstärkung:** Nicht jedes Mal, wenn das Verhalten gezeigt wird, erfolgt eine Verstärkung.
  - **Quotenverstärkung:** Die Verstärkung erfolgt immer dann, wenn das Verhalten mit einer bestimmten Häufigkeit gezeigt wurde: „Immer wenn ich 20 Pfandflaschen zusammen habe, gehe ich in den Supermarkt und kaufe mir von dem Pfandgeld Süßigkeiten."
  - **Intervallverstärkung:** Die Verstärkung erfolgt einmalig innerhalb bestimmter zeitlicher Intervalle, unabhängig davon, wie oft das gewünschte Verhalten auftritt.

Je unregelmäßiger bzw. unvorhersehbarer die Verstärkung eines Verhaltens erfolgt, umso schwieriger ist es, dieses aufzugeben. Besonders deutlich wird dies bei Glücksspielen, bei denen die Verstärkung durch einen Gewinn weder bestimmten Quoten noch Intervallen folgt, und durch ihr völlig diskontinuierliches Auftreten den Spieler langfristig bindet.

1.4.2.3 Reizgeneralisierung und -diskrimination

Es ist ein aus dem Alltag bekanntes Phänomen, dass einmal Gelerntes relativ rasch und problemlos auch in anderen Situationen Anwendung findet: Wer das U-Bahn-Netz von Hamburg durchschaut hat, begreift auch das von London, Wien oder Tokio. Wer eine blonde Frau liebt, wird allen blonden Frauen gegenüber etwas aufgeschlossener sein.

Von **Reizgeneralisierung** spricht man, wenn nicht nur der eine bestimmte Reiz (z. B. bei Pawlows Hund diese eine bestimmte Glocke) die konditionierte Reaktion hervorruft, sondern diese auch als Folge ähnlicher Reize (z. B. eines Pfeiftons) eintritt.

Das Gegenteil ist die **Reizdiskrimination:** Von zwei ähnlichen Reizen löst nur einer die konditionierte Reaktion aus, während der andere zu keiner oder einer anderen Antwort führt; obwohl die Worte ähnlich klingen, lernt ein Hund zwischen den Befehlen

„Sitz!" und „Platz!" zu diskriminieren und reagiert in einem Fall mit Hinsetzen, im anderen mit Hinlegen.

Klinik

Bei der weitverbreiteten Angst vorm **Zahnarzt** kann eine ganze Reihe von Reizgeneralisierungen eine Rolle spielen. So lösen bei einigen Menschen bereits der Anruf in der Praxis, der Geruch von Desinfektionsmittel oder das Geräusch des Bohrers Zahnschmerzen und/oder Angstsymptome aus. Dem ist mit Vernunft („Heute bin ich nur zur Durchsicht hier und nicht, wie im letzten Jahr, zur komplizierten Weisheitszahnextraktion.") oft nicht beizukommen, da die konditionierte Reaktion automatisiert abläuft.

1.4.2.4 Lernen durch Beobachtung/ Modelllernen

Klinik

Alfred **Bandura** entwickelte als dritte große Lerntheorie nach der klassischen und der operanten Konditionierung die des **Lernens durch Beobachtung** bzw. des **Lernens am Modell.** Demnach lernen Menschen (und mit sozialen Fertigkeiten ausgestattete Tiere) auch dadurch, dass sie das **Verhalten anderer** und die sich daraus ergebenden **Konsequenzen** beobachten. Auf diese Weise kommen neue, von angeborenen Reiz-Reaktions-Mustern unabhängige, Verhaltensweisen hinzu. Bandura führte dazu eine Reihe von Untersuchungen mit Kindern durch. In einer seiner bekanntesten Studien zeigte er ihnen das aggressive Verhalten einer erwachsenen Person gegenüber einer Plastikpuppe („Bobo-Doll"). Anschließend wurden die Kinder in drei Gruppen eingeteilt, von denen eine beobachtete, wie der Erwachsene für sein aggressives Tun belohnt wurde. Eine Gruppe andere sah dessen Bestrafung. Die dritte erlebte als Kontrollgruppe keine Konsequenz. Danach wurden alle Kinder in einen Raum geführt, in dem sich neben allerlei anderem Spielzeug auch die Bobo-Puppe befand. Die Kinder, die eine Belohnung des aggressiven Verhaltens gesehen hatten, zeigten sich gegenüber der Puppe weit häufiger aggressiv als jene, denen eine Bestrafung oder gar keine Bewertung vorgeführt worden war.

Der Vorgang des Lernens am Modell lässt sich in vier Phasen untergliedern:

- **Attention** (Aufmerksamkeit): Das Modell erregt das Interesse des Beobachters.
- **Retention** (Behalten): Der Beobachter merkt sich das gesehene Verhalten und dessen Konsequenzen als Bild oder als symbolhaft-sprachliches Konstrukt.
- **Reproduction** (Ausführung): Das beobachtete Verhalten wird vom Beobachter selbst ausgeführt.
- **Motivation** (Verstärkung): Tritt die beim Modell beobachtete, gewünschte Konsequenz ein, motiviert dies den Beobachter, das Verhalten ggf. erneut auszuführen.

Damit ein Modell als solches überhaupt in Frage kommt, muss es bestimmte Bedingungen erfüllen:

- Der Beobachter muss eine Ähnlichkeit bzw. eine emotionale Verbindung zum Modell feststellen können.
- Das Modell muss hinsichtlich seines sozialen Status oder seiner Macht mindestens als dem Beobachter gleichwertig oder als überlegen angesehen werden.
- Das beobachtete Verhalten muss beobachtbare positive Konsequenzen nach sich ziehen.
- Der Beobachter muss sich zutrauen, das beobachtete Verhalten reproduzieren zu können.

Lerntipp

Die Phasen des Modelllernens werden vom IMPP häufig gefragt:

- Aufmerksamkeitsphase: Beobachten des Modells (Vorbild)
- Behaltephase: Einprägen des vom Vorbild gezeigten Verhaltens
- Reproduktionsphase: Beginn der selbstständigen Ausübung des Verhaltens
- Motivationsphase: positive Rückmeldung zum eigenen Verhalten und Bestärkung

Klinik

Die Übernahme sowohl **gesundheitsschädigender** als auch **gesundheitsfördernder Verhaltensweisen** beruht in erster Linie auf dem Modelllernen. Kinder beobachten Erwachsene oder Jugendliche die Mitglieder ihrer Peer-Group. Dabei achten sie sehr genau auf den Erfolg der Handlungen und ahmen diese in der Erwartung ähnlicher Konsequenzen nach. „Wie der Vater, so der Sohn" kann dabei sowohl im vorteilhaften als auch im nachteiligen Sinne gelten. So verwundert es nicht, dass übergewichtige Kinder oft übergewichtige Eltern haben oder alkoholabhängige Patienten häufig von einem übermäßigen Alkoholgebrauch in ihrem Elternhaus berichten. Erhält ein Jugendlicher dafür, dass er Zigaretten raucht, vermehrt Aufmerksamkeit und

Anerkennung in seiner Klasse, ist die Wahrscheinlichkeit hoch, dass auch ein Teil seiner Mitschüler anfängt zu rauchen. Andererseits ist aber auch denkbar, dass Familien und Freundeskreise, in denen gesunde Ernährung und Sport hoch geschätzt werden, ihre Mitglieder zu entsprechenden Verhaltensweisen motivieren.

1.4.2.5 Lernen durch Einsicht

Durch Einsicht zu lernen, setzt die Fähigkeit des **Nachdenkens** voraus. Ist eine Aufgabe nicht unmittelbar lösbar, müssen neue Zusammenhänge zwischen den vorhandenen Gegebenheiten hergestellt und damit eine **Problemlösestrategie** entwickelt werden. Dies gelingt nur, wenn das Problem wirklich verstanden und mithilfe eines gewissen Abstraktionsvermögens zwischen Ausgangslage und Ziel unterschieden werden kann.

Der Psychologe Wolfgang **Köhler** führte Anfang des 20. Jahrhunderts Untersuchungen mit Schimpansen durch, die er hinsichtlich ihres Problemlöseverhaltens beobachtete. Eine Versuchsanordnung bestand z. B. darin, dass Futter hoch oben im Affengehege aufgehängt wurde. Die Schimpansen versuchten zunächst vergeblich, es durch Springen zu erreichen. Schließlich entdeckte ein Affe einige Holzkisten im Käfig, die er herbeiholte und übereinander stapelte, bis er über den Kistenturm das Futter erreichen konnte.

Die kognitive Lerntheorie nach Köhler und Wertheimer unterscheidet sechs Stufen des Lernens durch Einsicht, die in der Regel aufeinanderfolgen:

- **Wahrnehmung** des Problems und **Motivation** zur Problemlösung
- **Lösungsversuche** durch Ausprobieren; beim Scheitern dieser Versuche, Abbruch der Handlungen
- **Gedankliche Umstrukturierung:** Lösungsversuche durch Überlegung
- **Einsicht** bzw. gedankliche Problemlösung, meist als „Aha-Erlebnis“ (Heureka!)
- **Praktische Umsetzung** der gedanklich gefundenen Problemlösung
- **Übertragung** der (erfolgreichen) Lösung auf ähnliche Probleme

1.4.2.6 Lernen durch Eigensteuerung/ Selbstverstärkung

Bei der klassischen und operanten Konditionierung und dem Lernen am Modell spielt die **Umwelt** mit ihren Möglichkeiten, das Verhalten eines Individuums durch Belohnung oder Bestrafung, Erfolg oder Misserfolg zu steuern, eine wichtige Rolle. Man spricht von **extrinsischen Motivationsfaktoren** und meint damit, dass der Antrieb für eine Handlung von außen kommt.

Beim **Lernen bzw. Handeln durch Eigensteuerung** erfolgt die Verstärkung **intrinsisch:** Das Individuum belohnt sich selbst für das Erreichen eines gesetzten Ziels oder die Lösung einer Aufgabe. Dies kann – tatsächlich ganz innerlich – durch das Gefühl von Stolz, Freude und Zufriedenheit geschehen: „Was ich heute alles über das Lernen gelernt habe, macht mich richtig glücklich.“ Selbstverstärkung kann aber auch durch selbst gewährte Belohnungen erfolgen: „Wenn ich mit diesem Kapitel durch bin, gehe ich ins Kino.“

1.4.2.7 Habituation, Dishabituation, Sensitivierung

Die **Gewöhnung** an einen Reiz (Habituation) führt dazu, dass die Reaktion allmählich nachlässt. In den Tagen vor dem Jahreswechsel löst jeder laute Knall noch eine Schreckreaktion mit Zusammenzucken, Erhöhung der Herzfrequenz oder Angstgefühl aus. In der Silvesternacht selbst lassen aufgrund der Vielzahl und Häufigkeit der Reize die Reaktionen rasch nach. Bei längerem Ausbleiben des Reizes und eines dann erneuten Auftretens, stellt sich die Reaktion aber wieder ein. Wenige Tage nach Silvester erschreckt der laute Knall wieder. Dies bezeichnet man als **Dishabituation,** eine Aufhebung der Gewöhnung (► Kap. 1.4.1.4).

Das Gegenteil der Habituation ist die **Sensitivierung:** Die wiederholte Darbietung eines Reizes führt nicht zur Ab-, sondern zur Zunahme der Reaktion. Dies betrifft insbesondere unangenehme, schädigende und schmerzhafte Reize. So nimmt z. B. bei vielen Menschen mit der Häufigkeit von Blutabnahmen die Angst davor zu.

Klinik

Migräne ist eine neurologische, meist schubweise verlaufende Erkrankung, die durch häufig sehr starke Kopfschmerzen und Begleitsymptome wie Übelkeit, Erbrechen, erhöhte Licht- und Geräuschempfindlichkeit und Sehstörungen gekennzeichnet ist. Offenbar liegt ihrem chronischen Verlauf eine **zentrale Sensitivierung** zugrunde, wobei die Empfindlichkeit für Schmerzreize und damit die Einleitung eines neuen Schubs mit der Zeit zunimmt. Mithilfe von Medikamenten versucht man auf der Ebene der Neurotransmission, den Prozess der Sensitivierung zu unterbrechen und stattdessen eine Habituation herbeizuführen.

1.4.3 Kognition

Mit dem Begriff Kognition (lat. cognitus = bekannt, cognoscere = erkennen) beschreibt man alle Vorgänge, die mit **Denken, Wissen, Erkennen und Verstehen** zu tun haben. Dazu gehören u. a. Lernen, Erinnern, Aufmerksamkeit, Sprache, Planung, Orientierung, Reflexion und Introspektion, Glaube und Wille, Erwartung und Motivation.
Der **Kognitivismus** betrachtet – im Gegensatz zum Behaviorismus – eher die inneren Bedingungen des Lernens und versucht, die sogenannte „Black box" zwischen Reizaufnahme und Verhalten zu beleuchten.

Merke

- Der **Behaviorismus** erklärt Verhalten als Reaktion auf äußere Gegebenheiten und Reize.
- Der **Kognitivismus** beschäftigt sich mit den inneren Vorgängen Wahrnehmen, Denken, Verstehen und Erinnern.

1.4.3.1 Neuropsychobiologische Grundlagen

Zu den neuropsychologischen Grundlagen ► Kap. 1.4.1.1.
Den Fragen nach Wissen und Erkenntnis und deren Gestaltung mit den neuropsychobiologischen Möglichkeiten des Gehirns kann man sich von unterschiedlichen Seiten nähern: Von pädagogischem Interesse ist z. B., wie Wissen erworben, verarbeitet und weiterentwickelt wird. Der medizinische Fokus liegt auf Entstehung, Auswirkung und Behandlung kognitiver Störungen. Ingenieurswissenschaften forschen an der Entwicklung von künstlicher Intelligenz und tragen damit zum Begreifen der natürlichen Intelligenz bei. Noch, so scheint es, lässt sich die Komplexität dessen, was man unter Kognition versteht, mit keinem Modell auch nur ansatzweise erfassen. Und so bleibt es bei der Unterteilung in didaktisch vermittelbare Teilkonstrukte:

- Die **funktionelle Neuroanatomie** beschreibt die Funktion einzelner Hirnbereiche in Bezug auf Wahrnehmen, Denken, Fühlen und Handeln. Ihre Erkenntnisse gewinnt sie zum einen anhand von Funktionsausfällen z. B. durch Hirnverletzungen, zum anderen durch die Beobachtung des Gehirns bei der Arbeit (z. B. beim Lösen von Aufgaben) mittels bildgebender Verfahren (fMRT, PET). Eine besonders wichtige Rolle für alle kognitiven Prozesse spielt offensichtlich der präfrontale Kortex.
- Die **Neurophysiologie** stellt kognitive Funktionen auf der Ebene von Hormonen, Neurotransmittern und Rezeptoren dar.
- **Neuropsychologische** Forschungen liefern Informationen von der Ergebnisseite her, indem sie z. B. Reaktionszeitmessungen vornehmen, kognitive Leistungstests durchführen, kognitive Fehlleistungen analysieren oder Probanden während des Absolvierens bestimmter Aufgaben zu ihrem kognitiven Erleben befragen.

Aufmerksamkeit

Unter Aufmerksamkeit versteht man die bewusste Hinwendung zu einem Objekt, Gedanken oder Gefühl. Die **Dauer** und **Intensität** dieser aufmerksamen Bewusstheit bezeichnet man als **Konzentration** (► Kap. 1.4.1.7). Durch Aufmerksamkeit gelingt es dem Organismus, aus der unendlichen Vielzahl von Reizen, denen er ständig ausgesetzt ist, die für ihn und sein Handeln und Leben wichtigen auszuwählen. Einige Ereignisse (ein lauter Knall, ein Blitz, alles, was unmittelbare Gefahr bedeutet) erzwingen Aufmerksamkeit. Meist erfolgt eine automatische (Blick-)Hinwendung. Anschließend wird entschieden, ob der Reiz relevant ist oder nicht. Für andere Objekte muss man sich von vornherein bewusst entscheiden:

- „Ich schenke Dir meine Aufmerksamkeit."
- „Lenken Sie Ihre ganze Aufmerksamkeit auf Ihre Atmung."
- „Bitte hört aufmerksam zu, damit Ihr nachher alles genau wiedergeben könnt."

Aufmerksamkeit und Konzentrationsfähigkeit sind abhängig von zahlreichen äußeren und inneren Faktoren. So spielt u. a. die **Wachheit** (oft abhängig von der Tageszeit) eine Rolle (die meisten Menschen können sich am Morgen besser konzentrieren als in der Mittagszeit oder spät in der Nacht). Das Maß der **inneren Abgelenktheit** durch Emotionen, Gedanken, Schmerzen, Erregung und der **äußeren Abgelenktheit** durch optische, akustische oder olfaktorische Reize korreliert negativ mit der Aufmerksamkeit.

Klinik

Merkmal einiger psychischer Störungen (z. B. Schizophrenie, Manie, schwere Depression) und/oder neurologischer Erkrankungen (z. B. Schädel-Hirn-Trauma, Schlaganfall, neurodegenerative Erkrankungen, entzündliche Erkrankungen des Gehirns) sind **Aufmerksamkeits- und Konzentrationsstörungen,** aufgrund derer es dem Betroffenen nicht gelingt, sich innerhalb seiner selbst und seiner Umwelt zu strukturieren und gezielte Handlungen auszuführen.

Solche Störungen können unterschiedliche **Aspekte der Aufmerksamkeit** betreffen:

- Aktivierung
- Dauer (Konzentration)
- Fokussierung
- Räumliche Selektivität
- Flexibilität, z. B. Teilung oder Umlenkung

Aufmerksamkeitsstörungen treten also in erster Linie als Symptom auf. Als Diagnose bzw. Syndrom steht die **ADHS** (Aufmerksamkeitsdefizit- und Hyperaktivitätsstörung) seit einigen Jahren im Mittelpunkt wissenschaftlichen Interesses. Dabei handelt es sich um eine im frühen Kindesalter beginnende psychische Störung, die durch gesteigerte Aktivität und Impulsivität und einen Mangel an Aufmerksamkeit und Konzentration gekennzeichnet ist. Unter der Annahme einer multifaktoriellen Ursache entwickelt sich eine Vielzahl von Therapieformen, darunter pharmakologische, psychotherapeutische, soziotherapeutische und pädagogische, die von unterschiedlichem Erfolg gekrönt sind.

Wahrnehmung

Als Wahrnehmung werden die Aufnahme und Verarbeitung von Reizen bezeichnet. Dabei bezieht sich die **äußere (exterozeptive)** Wahrnehmung auf alle Informationen, die aus der Umwelt kommen. Sie wird über die Sinnesorgane realisiert. Die **innere (interozeptive)** Wahrnehmung empfängt und verarbeitet Informationen des Ichs wie Gedanken, Gefühle und Stimmungen.

Wahrnehmung wird als ein **subjektiver Prozess** verstanden, der von individuellen Eigenschaften wie z. B. der Sensibilität der Sinnesorgane, der geistigen Reflexionsfähigkeit, der inneren Resonanz, von Erfahrungen und von Einstellungen abhängig ist. Die Wahrnehmung kann entsprechend durch äußere und innere Faktoren beeinflusst werden (z. B. Lichtverhältnisse, Akustik, Reizstärke, Wachheit, Aufmerksamkeit, Wirkung von Hormonen, Neurotransmittern, Drogen). Der Vorgang des Wahrnehmens lässt sich in folgende Schritte gliedern:

- Reizleitung von der Aufnahme durch die Sinnesorgane zur kortikalen Bewusstwerdung
- Erfassung zunächst im großen Zusammenhang (ein Mensch, ein Raum, ein Bild, ein Wald)
- Erfassung von Details (der Gesichtsausdruck des Menschen, ein einzelnes Möbelstück im Raum, der Bildinhalt, einzelne Bäume)
- Bewusste Verarbeitung des Wahrgenommenen durch Einordnung in bisheriges Wissen und Erfahrungen, Kategorisierung, Fokussierung, Beurteilung usw.

Subliminale Wahrnehmung

Sublim (sub-lim) bedeutet „unterhalb der Grenze". Unter subliminaler Wahrnehmung versteht man die Aufnahme und Verarbeitung von Informationen **unterhalb der Bewusstseinsebene.** Unter bestimmten Umständen beeinflussen diese Wahrnehmungen jedoch Fühlen, Denken und Handeln. Zuweilen tauchen sie in Träumen oder als Intuition oder Bauchgefühl wieder auf. Als Alltagserfahrung wird in diesem Zusammenhang meist das sogenannte Cocktailparty-Phänomen erklärt: Innerhalb eines großen Stimmengewirrs, wie es z. B. auf einer solchen Party auftreten kann, ist es möglich, die Aufmerksamkeit ganz gezielt auf einen Gesprächspartner zu lenken und alles andere als „Hintergrundrauschen" gewissermaßen auszublenden. Fällt in diesem Hintergrund aber ein Reizwort (z. B. der eigene Name oder der des Geliebten), dringt dies aus der sublimen Wahrnehmung ans Bewusstsein und lenkt die Aufmerksamkeit automatisch auf das andere Gespräch. Die Möglichkeiten der **unterbewussten Informationsvermittlung** sind u. a. auch für die Werbung von Interesse. So werden immer wieder Versuche durchgeführt, in denen Probanden für einen Zeitraum unterhalb der Schwelle bewusster Wahrnehmung (ca. 30 ms) einen visuellen Reiz, wie z. B. das Bild eines bestimmten Produkts, dargeboten bekommen. Anschließend wird ihnen eine Vielzahl von Produkten gezeigt, aus der sie eines auswählen sollen. In der Mehrheit der Fälle entscheiden sie sich dann tatsächlich für das zuvor gezeigte Produkt.

Auch die Wahrnehmung von Atmosphäre oder Stimmung erfolgt meist subliminal, ebenso die der Anziehung oder Ablehnung zwischen zwei Menschen.

Priming

Bewusst oder unbewusst aufgenommene Informationen beeinflussen oft die Verarbeitung nachfolgend angebotener Reize. Dieses Phänomen bezeichnet man als **Priming, Bahnung oder Kontextaktivierung.** Es wird z. B. darin deutlich, dass man einen Menschen in einer Umgebung, in der man üblicherweise mit ihm zu tun hat, schneller erkennt, als wenn er in einem ganz anderen Zusammenhang auftritt.

Eine besondere Form ist das **semantische Priming,** das auf die Existenz eines auf Sprache beruhenden neuronalen Assoziationsnetzwerks schließen lässt. So erfolgt die Reaktion auf „Gabel" schneller, wenn man zuvor das Wort „Messer" gehört oder einen Löffel gesehen hat.

Ebenfalls aus dem Alltag bekannt ist das **affektive Priming:** Das durch einen Vorreiz ausgelöste Gefühl beeinflusst Wahrnehmung und Verarbeitung eines zweiten Reizes. In Experimenten werden den Probanden z. B. Worte genannt, die sie rasch als positiv oder negativ bewerten sollen (z. B. Teufel, Sommer, Haus). Unmittelbar vor der Präsentation des Zielworts erfolgt die eines Prime-Wortes, wie z. B. „böse" oder „hässlich". Passen Zielwort und Priming zusammen, gelingt die Bewertung leichter, als wenn keine affektive Assoziation besteht.

Klinik

Bei der Therapie von leichten und mittelschweren Gedächtnisstörungen macht man sich das Wissen um die Funktionen des **nondeklarativen Gedächtnisses** (beinhaltet Priming, Konditionierung, Assoziationen, Fertigkeiten usw.) zunutze. Emotional oder semantisch verknüpfte Inhalte können leichter aktiviert werden. Diese Zusammenhänge nutzt man gezielt als Strategie zur Organisation von Lerninhalten, z. B. indem Namen mit Bildern, Geschichten oder Emotionen verknüpft werden. Der Zugriff auf diese Inhalte kann dann von mehreren Seiten aus erfolgen bzw. durch entsprechende Vorreize gebahnt werden.

1.4.3.2 Informationsverarbeitung und -bewertung

Für das Verständnis kognitiver Prozesse wird oft die Analogie zu den Mechanismen der Informationstechnologie (IT) herangezogen, wie sie heute durch immer komplexere Computer repräsentiert wird. Die **Blackbox,** die bei diesen Maschinen zwischen Input und Output steht, wird insofern verstanden, als dass der Mensch sie ja selbst erfunden hat. Allerdings wird die Begrenztheit solcher Erklärungsansätze schnell deutlich, wenn es um Begriffe wie Emotion, Willen oder Charakter geht.

Ausgehend von den Ansprüchen, die an sogenannte „intelligente Technologien" gestellt werden, lässt sich jedoch verdeutlichen, was kognitive Informationsverarbeitung und -bewertung bedeuten. Ihr Ergebnis ist die Fähigkeit des Individuums, mit seiner Umwelt zu interagieren, sich auf Veränderungen in der Umwelt einzustellen, eigene Ziele zu entwickeln und zu verfolgen, Pläne und Strategien zu entwerfen und in Handlung umzusetzen, **Problemerkenntnis und Problemlösung** zu realisieren. Hierfür müssen Informationen aufgenommen, in bestehende Strukturen (Vorwissen, Erfahrungen, Pläne) eingeordnet und entsprechend bewertet werden (► Abb. 1.16). Dies erfolgt durch Vergleich und Unterschiedsanalyse: „Passt die neue Information zu dem, was ich bisher weiß? Bestätigt sie meine Erfahrungen oder widerspricht sie ihnen? Wie lassen sich eventuelle Widersprüche erklären? Kann ich weitermachen wie bisher oder muss ich etwas verändern?"

1.4.3.3 Sprache

Ähnlich schwer zu beantworten wie die Frage, ob zuerst das Ei oder die Henne da war, ist die nach dem Zusammenhang zwischen Denken und Sprache. Zweifellos sind zumindest höhere kognitive Funktionen an die Fähigkeit des Beschreibens durch Worte gebunden. Abstrakte Begriffe, für die es keine Möglichkeit der direkten Visualisierung gibt (z. B. Liebe, Zeit, Moral), existieren nur, weil sie mittels Sprache „denkbar" sind. Aber so, wie für das Denken die Fähigkeit des sprachlichen Ausdrucks notwendig zu sein scheint, kann Sprache ihrerseits nur denkend erworben werden.

Das Phänomen Sprache lässt sich unter ganz unterschiedlichen Gesichtspunkten betrachten, die durch eine Vielzahl von Wissenschaftszweigen repräsentiert werden. Dazu gehören u. a.:

- Allgemeine Sprachwissenschaft (u. a. Beschäftigung mit der Herkunft und Geschichte von Sprache)
- Angewandte Sprachwissenschaft (u. a. Beschäftigung mit neurologischen und soziologischen Aspekten von Sprache)
- Theoretische Sprachwissenschaft (z. B. Computerlinguistik)
- Soziologie und Sprache (u. a. Beschäftigung mit Dialekten und Sprache als Identifikationsinstrument sozialer Gemeinschaften)
- Psychologie und Sprache (u. a. Beschäftigung mit Spracherwerb und Sprachverlust)

Abb. 1.16 Informationsverarbeitung: Reiz → Sensor → Kognition → Aktor → Aktion [L231]

- Philosophie und Sprache (z. B. Semiotik, Grammatik)

Sprachverständnis

Sprachverständnis ist definiert als die Fähigkeit, den Sinn und die Bedeutung sprachlicher Äußerungen (sowohl mündlicher als auch schriftlicher oder gestischer) mithilfe von Semantik (Bedeutungslehre) und Syntax (Grammatik) zu erfassen und in den Kontext eines Vorwissens („Weltwissens") einzuordnen.

Sprachproduktion

Der Begriff Sprachproduktion umfasst alle Prozesse, die mit der Vorbereitung und Verwirklichung sprachlicher Äußerungen verbunden sind, sowohl mündlich als auch schriftlich oder durch Gebärden (▶ Abb. 1.17). Der niederländische Psycholinguist Willem **Levelt** entwickelte hierzu ein Modell, das die Komplexität des Vorgangs der Sprachproduktion verdeutlicht.

Neurologische Sprachzentren

Der französische Arzt und Anthropologe Paul **Broca** untersuchte Mitte des 19. Jahrhunderts einen Mann, der als Monsieur Tan in die Geschichte einging. Mit Anfang 30 hatte er aus ungeklärter Ursache seine Fähigkeit zum Sprechen verloren und war lediglich in der Lage, das Wort „Tan" zu sagen. Dies allerdings mit unterschiedlichen Betonungen, unterschiedlichem Ausdruck, sodass Broca davon ausgehen konnte, dass der Patient durchaus in der Lage war, Sprache zu verstehen und sprachlich zu denken. Als Monsieur Tan mit 51 Jahren starb, untersuchte Paul Broca sein Gehirn und identifizierte anhand der vorgefundenen strukturellen Schädigung ein Areal im Gyrus frontalis inferior als Ort der **motorischen Sprachbildung.** Es wurde nach ihm als **Broca-Areal** bezeichnet und befindet sich bei den meisten Menschen in der **dominanten Hirnhemisphäre.** Ein Zeitgenosse Brocas war der im oberschlesischen Tarnowitz geborene Carl **Wernicke,** der bereits im Alter von 26 Jahren seine Entdeckung eines **sensorischen Sprachzentrums** bzw. einer durch dessen Zerstörung entstandenen **sensorischen Aphasie** veröffentlichte. Das nach ihm benannte **Wernicke-Areal** befindet sich – ebenfalls in der **dominanten Hirnhälfte** – im hinteren Teil des Temporallappens. Es scheint wesentliche Bedeutung für das **Sprachverständnis** zu haben.

Merke

- Br**o**ca = m**o**torisches Sprachzentrum
- W**e**rnicke = s**e**nsorisches Sprachzentrum

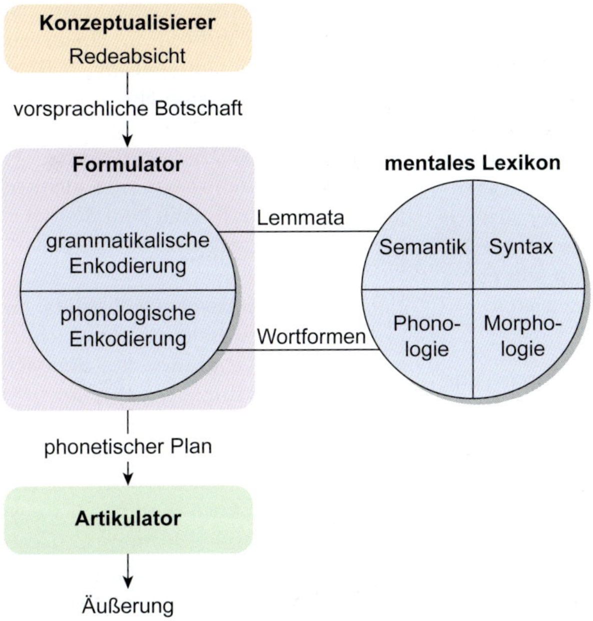

Abb. 1.17 Modell der Sprachproduktion nach Levelt [L231]

Klinik

Als **Aphasie,** Sprachlosigkeit, bezeichnet man die durch eine strukturelle Hirnschädigung erworbenen Störungen der Sprachproduktion und/oder des Sprachverständnisses. Als Ursachen kommen u.a. Schlaganfall, Hirnblutung, Schädel-Hirn-Trauma, Hirntumoren oder entzündliche Erkrankungen des Gehirns in Frage. Abhängig davon, welches Areal betroffen ist, resultieren unterschiedliche Symptome:

- **Broca-Aphasie:** Läsion des Broca-Sprachzentrums; verlangsamte, stockende Sprache, viele Pausen, große Anstrengung bei der Sprachproduktion, Verlust der Grammatik („Telegrammstil"), Wortfindungsstörungen, lautliche Veränderung von Worten. Das Sprachverständnis ist erhalten und damit auch ein Verständnis für die Störung, was von Betroffenen oft als sehr belastend erlebt wird.
- **Wernicke-Aphasie:** Läsion des Wernicke-Sprachzentrums; Verlust des inhaltlichen Sprachverständnisses. Das eigene Sprechen ist flüssig, grammatikalisch richtig, aber inhaltlich unverständlich und unzusammenhängend, durchsetzt von Wiederholungen, Nachahmungen und Wortneuschöpfungen. Mit dem Verlust des Sprachverständnisses sind auch erhebliche Einschränkungen des Denkens verbunden. Oft ist den Betroffenen ihre Störung nicht bewusst.
- **Globale Aphasie:** umfangreichere Hirnläsionen unter Einbeziehung beider Sprachzentren; sowohl das Sprachverständnis als auch die Sprachproduktion sind gestört. Betroffene sind häufig nur noch in der Lage, Laute zu produzieren, ohne dass diese eine inhaltliche Bedeutung zu haben scheinen. Verbale Anweisungen werden nicht mehr verstanden.
- **Amnestische Aphasie:** kleinere Läsionen im Bereich des Temporal- und/oder Parietallappens, ohne dass eines der beiden Sprachzentren komplett zerstört ist; Wortfindungsstörungen, Verarmung der Sprache, Verwendung von Füllwörtern und Umschreibungen bei meist gut erhaltenem Sprachverständnis.
- **Leitungsaphasie:** verursacht durch eine Läsion des Fasciculus arcuatus, der das Wernicke- mit dem Broca-Zentrum verbindet; das Nachsprechen unbekannter Worte und längerer Sätze gelingt nicht, während Sprachproduktion und -verständnis intakt sind.
- **Transkortikale Aphasie:** verursacht durch eine z.B. entzündliche Hirnerkrankung, ohne dass eines der beiden Sprachzentren komplett zerstört ist; Hauptmerkmal ist die Echolalie, das ständige Nachsprechen von Gehörtem, während die selbstständige Sprachproduktion gestört ist.

1.4.3.4 Gedächtnis

Wann hat Mama Geburtstag? Wie hieß der letzte deutsche Kaiser? Was ist fünf mal fünf? Wann habe ich eigentlich zuletzt Sport gemacht? Wie geht dieser blöde Verschluss auf?

Alltag und Wissen existieren nicht ohne **Erinnern** – ein Mensch ganz ohne Gedächtnis ist kein Mensch. Die Fähigkeit, Informationen nicht nur aufzunehmen und unmittelbar zu verarbeiten, sondern auch zu behalten und zu einem späteren Zeitpunkt wieder abzurufen, ist existenziell. Nur auf diese Weise ist **Lernen** möglich. Selbst grundlegende Fertigkeiten, wie sich zu ernähren oder sich vor Gefahren zu schützen, bedürfen des Erinnerns. Deshalb geht man davon aus, dass selbst sehr einfache Nervensysteme ein Gedächtnis realisieren.

Gedächtnisformen

Anhand der **Dauer der Informationsspeicherung** unterscheidet man folgende Gedächtnisformen:

- **Ultrakurzzeitgedächtnis** (auch sensorisches Gedächtnis): „Festhalten" von Sinneseindrücken für Millisekunden bis wenige Sekunden. Dies dient insbesondere der Übersicht in komplexen Situationen und der Ausführung von Handlungen. Durch Interesse und Aufmerksamkeit werden einzelne Informationen aus der Menge gefiltert und gelangen ins Bewusstsein (bzw. ins Kurzzeitgedächtnis), während alles andere sofort wieder vergessen wird.
- **Kurzzeitgedächtnis:** wird auch als Arbeitsgedächtnis bezeichnet. In ihm werden durchschnittlich bis zu neun für eine aktuelle Handlung wichtige Informationseinheiten (z. B. eine Telefonnummer, ein Name, ein soeben gehörter Satz und ein Gesprächsinhalt) für kurze Zeit (Sekunden bis Minuten) gespeichert. Anschließend werden diese Informationen vergessen oder in das Langzeitgedächtnis überführt.
- **Langzeitgedächtnis:** Dieses gilt als ein unbegrenzter (!!!) Speicher, in dem Informationen für einen längeren Zeitraum oder sogar ein ganzes Leben aufbewahrt werden können. Insbesondere Informationen, die als wichtig eingestuft wurden oder mit starken Emotionen verbunden sind, bleiben in Erinnerung. Aber auch interessante Assoziationen und häufige Wiederholung bzw. Übung vermitteln den Transfer vom Kurz- in den Langzeitspeicher.

Hinsichtlich des **Inhalts** der gespeicherten Informationen lässt sich das Langzeitgedächtnis folgendermaßen untergliedern:

- **Deklaratives Gedächtnis:** Speicherung von expliziten, sprachgebundenen Denkinhalten. Das deklarative Gedächtnis wird weiter unterteilt in:
  - **Episodisches Gedächtnis:** Speicherung von Ereignissen in einem autobiografischen Zusammenhang, z. B. mein erster Schultag, meine Hochzeit, „Wo waren Sie am 11. September 2001?"
  - **Semantisches Gedächtnis:** Speicherung von Faktenwissen, Allgemeinwissen, Weltwissen, z. B. „Wie funktioniert ein Radio?", „Wie heißen die zwölf Monate?", „Wo liegt Kamerun?"
- **Nondeklaratives Gedächtnis:** Speicherung von unbewussten, nichtsprachlichen Inhalten und Fertigkeiten. Das nondeklarative Gedächtnis beinhaltet:
  - **Prozedurales Gedächtnis:** Speicherung von sensomotorischen Fertigkeiten, z. B. Schwimmen, Fahrradfahren, Messer und Gabel benutzen. Auch Konditionierungen erfolgen über das nondeklarative Gedächtnis.
  - **Priming:** erleichterte Wahrnehmung oder Erinnerung durch Bahnung von Reiz-Reaktions-Ketten: Wenn man die erste Zeile eines Gedichts hört, das man in der Grundschule auswendig gelernt hat, ist auch der Zugang zu den weiteren acht Strophen wieder da. Ohne dieses primen oder anstoßen wäre einem das Gedicht aber nicht in den Sinn gekommen.
  - **Assoziatives oder perzeptuelles Gedächtnis:** Einordnung von Informationen in größere (assoziative) Zusammenhänge und Bewertung neuer Inhalte in den Kategorien „neu" und „bekannt". z. B. Verknüpfung des Geräuschs von raschelndem Laub mit „Herbst" oder die Klassifizierung einer Kombination aus Motor und vier Rädern als Auto.

Gedächtniserwerb

Die Art und Weise, wie das Hier und Jetzt der Welt in eine später abrufbare Erinnerung verwandelt und damit gewissermaßen reproduzierbar und vor dem Verschwinden bewahrt wird, ist noch längst nicht begriffen. Die momentan gängigen Hypothesen sehen das biophysiologische Korrelat der Speicherung bzw. Retention von Gedächtnisinhalten in elektrischen, chemischen, schließlich strukturverändernden Mechanismen. Dabei gibt es keinen „Gedächtnisort" im Gehirn. Vielmehr wird **Gedächtnis** – vergleichbar mit dem Internet – als **Netzwerk** verstanden: Nicht Größe oder Leistungsfähigkeit der Neurone, sondern die **Vielfalt ihrer Verbindungen** ist entscheidend für die Funktionen des Wissens und Erinnerns. Häufig genutzte Verbindungen werden gestärkt, während selten genutzte mit der Zeit verschwinden.

Merke

Das Gedächtnis besteht aus drei Mechanismen:
- **Enkodierung:** Aufnahme und Verschlüsselung eingehender Informationen
- **Speicherung** (Retention): Einordnung der Information in das Ultrakurz-, Kurz- oder Langzeitgedächtnis
- **Abruf:** Wiedergabe der gespeicherten Information zu einem anderen Zeitpunkt

Neuropsychologisch werden beim Wissens- bzw. Gedächtniserwerb vier **Techniken** unterschieden:
- **Kodierung:** Eine aufgenommene Information wird dahingehend verändert, dass sie sich sinnvoll in das bestehende Wissenssystem einfügt; Assoziationen werden hergestellt.
  Beispiel: Verknüpfung der Namen, die man sich merken möchte, mit Tieren, die denselben Anfangsbuchstaben haben.
- **Organisation:** Die aufgenommenen Informationen werden systematisiert und geordnet.
  Beispiel: Die Tatsache, dass der Lebensgefährte die neue Frisur bemerkt hat, wird anders gespeichert, als der zeitgleich im Radio laufende Wetterbericht und der Inhalt der philosophischen Lektüre.
- **Wiederholung:** Die Information wird mehrfach dargeboten, um besser gemerkt zu werden.
  Beispiel: Die Hauptstadt von Liberia heißt Monrovia. Die Hauptstadt von Liberia heißt Monrovia. Die Hauptstadt von Liberia heißt Monrovia. Die Hauptstadt von Liberia heißt Monrovia. Die Hauptstadt von Liberia heißt Monrovia. Die Hauptstadt von Liberia heißt Monrovia. Die Hauptstadt von Liberia heißt Monrovia. Die Hauptstadt von Liberia heißt Monrovia.
- **Elaboration:** Die Information wird aufmerksam und gründlich durchdacht, wirklich verstanden und nicht nur auswendig gelernt.
  Beispiel: Den Satz *„Du kannst nicht tiefer fallen/ als nur in Gottes Hand“ (Arno Pötzsch)* kann man lesen und vergessen. Man kann aber auch versuchen, ihn in seiner Bedeutung wirklich zu verstehen, kann ihn mit eigenen Erlebnissen verknüpfen, kann Argumente dafür und dagegen sammeln, ihn innerlich diskutieren und wird ihn dann wahrscheinlich im entscheidenden Moment erinnern.

Vergessen

Um in der Welt zurechtzukommen, braucht es neben der Fähigkeit des Erinnerns auch die des Vergessens, so wie es neben der Bindung auch das Loslassenkönnen braucht. Anders sind Bewegung und Wachstum höchstwahrscheinlich nicht möglich.
Dem Schriftsteller Erich Maria Remarque (1898–1970) wird folgender Aphorismus zugeschrieben: *„Vergessen können ist das Geheimnis ewiger Jugend. Wir werden alt durch Erinnerung.“*
Die Neurobiologie geht davon aus, dass die Funktion des Langzeitgedächtnisses auf den Verbindungen zwischen Neuronen beruht. Wiederholung festigt sie, während die Nicht-Benutzung offenbar zu einer **Inaktivierung der Synapsen** führt. Dass die neuronalen Verbindungen im Zusammenhang mit dem Vergessen nicht völlig gekappt werden, schließt man daraus, dass sich einmal Gelerntes rascher wieder lernen lässt als Neues.
Hinsichtlich des neuropsychologischen Phänomens Vergessen gibt es mehrere Theorien:
- **Theorie des Spurenverfalls:** Gedächtnisinhalte verblassen und verschwinden im Laufe der Zeit. In einigen Experimenten wurden Vergessenskurven erstellt, die einen Zusammenhang zwischen der prozentualen Menge der vergessenen Inhalte und der Zeit aufzeigen. Der Theorie widerspricht allerdings die Erfahrung, dass manche Erinnerungen so gut wie gar nicht verblassen, während andere relativ schnell verloren gehen.
- **Theorie der Interferenz:** Gedächtnisinhalte überlagern einander.
  - **Retroaktive Interferenz:** Früher Gelerntes kann schlechter erinnert werden, wenn neuer Lernstoff hinzukommt. Je größer die Ähnlichkeit der Lerninhalte, desto ausgeprägter das Vergessen.
  - **Proaktive Interferenz:** Früher Gelerntes verhindert die Aufnahme von neuem Wissen.
- **Theorie des gestörten Abrufs:** Gedächtnisinhalte werden nicht gelöscht, zuweilen ist aber der Zugang zu ihnen gesperrt bzw. der Abruf nicht möglich, z. B. weil ein mit der Information assoziierter Kontext fehlt. In diese Theorie wird die Erfahrung von „Es liegt mir auf der Zunge“ eingeordnet oder die Empfehlung erteilt, einen Weg zurückzugehen, um etwas, das einem entfallen ist, wieder zu erinnern.
- **Theorie des motivierten Vergessens:** Gedächtnisinhalte werden aus psychodynamischen Gründen (z. B. zum Schutz vor Schuld- und

Schamgefühlen, Angst und Trauer) verdrängt und damit dem bewussten Erinnern entzogen.

Demenz

Zur Demenz ► Kap. 1.4.1.7.

Gedächtnisstörungen können unterschiedliche Ursachen haben. Bekannt ist z.B., dass **Stress** – vermutlich vermittelt über eine erhöhte Kortisonausschüttung – Konzentrationsfähigkeit und Erinnerungsvermögen herabsetzt. Auch **Schlafmangel** behindert den Erwerb neuer Gedächtnisinhalte und fördert das Vergessen. Im Zusammenhang mit **Depressionen** treten häufig Gedächtnisstörungen auf, die zuweilen das Ausmaß einer demenziellen Erkrankung erreichen, nach Abklingen der Depression aber rückläufig sind.

Die Demenz selbst wird in der ICD-10 wie folgt beschrieben:

Demenz ist ein Syndrom als Folge einer meist chronischen oder fortschreitenden Krankheit des Gehirns mit Störung vieler höherer kortikaler Funktionen, einschließlich Gedächtnis, Denken, Orientierung, Auffassung, Rechnen, Lernfähigkeit, Sprache und Urteilsvermögen. Das Bewusstsein ist nicht getrübt. Die kognitiven Beeinträchtigungen werden gewöhnlich von Veränderungen der emotionalen Kontrolle, des Sozialverhaltens oder der Motivation begleitet, gelegentlich treten diese auch eher auf. Dieses Syndrom kommt bei Alzheimer-Krankheit, bei zerebrovaskulären Störungen und bei anderen Zustandsbildern vor, die primär oder sekundär das Gehirn betreffen.

Charakteristisch ist eine **zunehmende Vergesslichkeit,** die häufig zunächst gar nicht vom Betroffenen selbst, sondern eher von seinem Umfeld festgestellt wird. Gemäß dem **Gesetz von Ribot** gehen dabei zuerst die zuletzt gespeicherten Informationen verloren, während frühe Erinnerungen und alte Gewohnheiten am längsten erhalten bleiben.

Amnesie

Fallbeispiel

Frau S. (38 Jahre) ist als Chefarztsekretärin häufig erheblichem Stress ausgesetzt. Nahezu pausenlos klingelt das Telefon, werden Aufträge eingereicht und abgefordert. Oft gehen der Chef und seine Assistenten zu Besprechungen durch ihr Büro und nun ist auch noch eine Praktikantin da, die sie einarbeiten soll. Am Abend kommt sie erschöpft nach Hause und beschäftigt sich mit ihren Kindern, hilft ihnen bei den Hausaufgaben und bereitet das Essen zu. Ihr Mann kehrt nach drei Tagen von einer Dienstreise zurück. Als sie seine Hemden in die Waschmaschine packt, findet sie dazwischen einen an ihn gerichteten Liebesbrief. Als Frau S. ins Wohnzimmer zurückkehrt, macht sie einen verstörten Eindruck: „Wo bin ich?", „Was ist hier los?", „Wie spät ist es?", fragt sie immer wieder. Ihr Mann und ihre Kinder sind irritiert, beantworten halb belustigt, halb besorgt die ihnen unverständlichen Fragen. Aber Frau S. fragt immer weiter, scheint sich die Antworten nicht merken zu können. Schließlich fährt ihr Mann sie in die Notaufnahme der Universitätsklinik, wo ein Neurologe sie eingehend untersucht. Sowohl die klinische Untersuchung als auch die Computertomografie des Schädels und das EEG sind unauffällig. Mit der Diagnose einer **transienten globalen Amnesie (TGA)** wird Frau S. in die Klinik aufgenommen. Am nächsten Morgen sind ihre zeitliche und örtliche Orientierung wieder intakt. An die Vorfälle des vergangenen Tages kann sie sich aber nicht erinnern.

Unter einer **Amnesie** versteht man den plötzlichen Verlust einiger oder aller Gedächtnisfunktionen. Betroffen sein können sowohl das **Kurz**- als auch das **Langzeitgedächtnis.** Der pathologische Mechanismus der Störung ist noch weitgehend unbekannt. Vermutet wird eine Beteiligung des mediobasalen Temporallappens und des Hippocampus. Neben hirnorganischen Erkrankungen (Schädel-Hirn-Trauma, Epilepsie, Hirn- oder Hirnhautentzündung, Schlaganfall, Intoxikation) kommen auch starke psychische Belastungen und Stress als Auslöser einer Amnesie in Betracht.

Je nach Art des Gedächtnisverlusts unterscheidet man die **retrograde, anterograde und kongrade Amnesie** (► Kap. 1.4.1.1).

Eine besondere Form stellt die **transiente globale Amnesie (TGA)** dar. Sie ist gekennzeichnet durch einen akuten Beginn und eine Störung insbesondere des Kurzzeitgedächtnisses, ohne dass ein Hirntrauma oder eine Epilepsie vorausgegangen sind. Eine TGA kann über wenige Stunden bis Tage bestehen und ist vollständig reversibel. Während die Orientierung zur eigenen Person und das prozedurale Gedächtnis oft erhalten sind – die betroffene Person kann ihren Namen nennen und komplexe Handlungen, wie z.B. Autofahren weiterhin ausführen – fallen die örtliche und zeitliche Orientierung aus. Darüber hinaus treten keine neurologischen Ausfälle oder kognitiven Beeinträchtigungen, insbesondere keine Lähmungen oder Sprachstörungen auf.

1.4.3.5 Vorstellung, Konzeptbildung, Problemlösung

Die Fähigkeiten der Vorstellung, Konzeptbildung und Problemlösung werden oft als die **Grundbausteine des Denkens** bezeichnet.

Unter **Vorstellungen** versteht man in diesem Zusammenhang innere Bilder („Kopfkino") und abstrakte Wisseneinheiten (sogenannte Propositionen), mit deren Hilfe sich ein Individuum in sich und in der Welt orientiert. Am Prozess des Vorstellens sind sowohl die entsprechenden sensorischen Zentren (visuelles oder akustisches Rindenfeld) als auch die für das Gedächtnis wichtigen Hirnareale beteiligt. Zudem scheint es Mechanismen zu geben, die dafür sorgen, dass eine Vorstellung eine Vorstellung bleibt und nicht unmittelbar in Handlung umgesetzt wird. So wird z. B. die Mehrheit der Menschen, die in Computerspielen tötet, dies niemals in der Realität tun. Dennoch nehmen Vorstellungen meist Einfluss auf Emotionen und vegetative Funktionen und steuern in hohem Maße die Wahrnehmung.

Als **Konzeptbildung** bezeichnet man die Organisation von Informationen. Wissensinhalte werden in Kategorien und Subkategorien untergliedert, neu hinzukommende Informationen werden gemäß dieser Gliederung einsortiert und vernetzt. Auf diese Weise entsteht eine Art „Mind-Map", eine Gedankenlandkarte, die eine schnelle Orientierung in einer sich ständig verändernden Umwelt ermöglicht.

„Probléma" – das zur Lösung Vorgelegte – bezeichnet ein Hindernis bzw. die Diskrepanz zwischen Ist- und Soll-Zustand, die es zu überwinden gilt. Dies gelingt in mehreren Schritten:

- Problemanalyse
- Suche nach Lösungswegen
- Prüfung und Auswahl der Lösungswege und der zur Verfügung stehenden Mittel
- Durchführung der problemlösenden Handlung
- Beurteilung des Ergebnisses und Auswertung des gegangenen Lösungswegs

1.4.3.6 Intelligenzformen, -theorien, -tests

Der Begriff **Intelligenz** ist nicht eindeutig definiert. Das so bezeichnete Konstrukt umfasst kognitive, aber auch emotionale und soziale Fähigkeiten und wird mit Einsicht, Abstraktionsfähigkeit, Verstand und Verständnis in Verbindung gebracht. Intelligenz befähigt jenen, der sie hat dazu, Probleme zu lösen, sich an veränderliche Umweltbedingungen anzupassen, Erfahrungen zu sammeln und aus ihnen zu lernen.

Intelligenzformen

Folgende Formen von Intelligenz lassen sich nach Howard **Gardner** unterscheiden:

- **Sprachliche Intelligenz:** Fähigkeit Sprache zu lernen und souverän mit ihr umzugehen, umfassender Wortschatz und präzise Anwendung zur verbalen Beschreibung von Gedanken, Gefühlen und Wirklichkeiten
- **Mathematische Intelligenz:** Fähigkeit zur Logik und Problemlösung, Erkennen von Gesetzmäßigkeiten und Prinzipien
- **Räumliche Intelligenz:** Fähigkeit zur Erfassung und Darstellung räumlicher Zusammenhänge sowohl im Großen (Luftfahrt, Seefahrt) als auch im Kleinen (bildende Kunst, Chirurgie)
- **Musikalische Intelligenz:** Fähigkeit im Umgang mit Tönen, Klang und Rhythmus, sowohl rezipierend als auch produzierend
- **Kinästhetische (körperliche) Intelligenz:** körperliche Geschicklichkeit, Ausdruckskraft und Koordinationsfähigkeit (z. B. bei Tänzern, Akrobaten, Schauspielern)
- **Emotionale Intelligenz:**
  - **Interpersonale Intelligenz:** Fähigkeit zur Erfassung und Beeinflussung fremder Gefühlszustände, Gedanken und Absichten, Empathievermögen
  - **Intrapersonale Intelligenz:** Fähigkeit zur Erfassung und Beeinflussung eigener Gefühlszustände, Gedanken, Motive, Stärken und Schwächen; „Selbsterkenntnis" bzw. Introspektionsfähigkeit
- **Existenzielle Intelligenz:** Fähigkeit zur Erfassung und Bearbeitung existenzieller, philosophischer, religiöser, „übersinnlicher" Probleme und Zusammenhänge
- **Naturalistische Intelligenz:** Fähigkeit zum geschickten Umgang mit der Natur und mit nichtmenschlichen Lebewesen, rasche Auffassung biologischer Zusammenhänge und Abenteuersinn

Intelligenztheorien

Hinsichtlich der Frage, was Intelligenz ist, existiert eine Vielzahl von zum Teil aufeinander aufbauenden, zum Teil einander widersprechenden Theorien. Zu den Bekanntesten gehören:

- **Zwei-Faktoren-Theorie nach Spearman:** Annahme eines G-(General-)Faktors, der für allgemeine geistige Fähigkeiten wie Geschwindigkeit, Flexibilität, geistiges Fassungsvermögen usw. steht und eines S-(Specific-)Faktors, der einzelne Begabungen (sprachlich, mathematisch, musisch usw.) darstellt

- **Theorie der primären mentalen Fähigkeiten nach Thurstone:** Unterscheidung von sieben Einzelfaktoren der Intelligenz:
  - Räumlich-visuelle Fähigkeiten
  - Erkennen von Prinzipien und Zusammenhängen
  - Gedächtnisleistung
  - Mathematische Fähigkeiten
  - Logik
  - Wortflüssigkeit
  - Sprachliches Verständnis
- **Theorie der fluiden und kristallinen Intelligenz nach Cattell:** Die „flüssige Intelligenz" ist angeboren und beinhaltet Fähigkeiten wie Auffassungsgabe, geistige Geschwindigkeit und Flexibilität; die kristalline Intelligenz ist das, was sich ein Mensch im Laufe seines Lebens an Wissen, Fähigkeiten und Fertigkeiten erwirbt.
- **Intelligenzstrukturmodell nach Guilford:** Unterscheidung von drei Ebenen der Intelligenz (Denkinhalte, Denkoperationen, Denkresultate), auf denen sich wie in einem dreidimensionalen Koordinatensystem die einzelnen intellektuellen Fähigkeiten darstellen
- **Theorie der multiplen Intelligenzen nach Gardner:** Existenz mehrerer voneinander unabhängiger Intelligenzen (s. oben)

Intelligenztests

Aufbauend auf den unterschiedlichen Intelligenztheorien existieren unterschiedliche Intelligenztests. Am weitesten verbreitet sind die Untersuchungen zur Bestimmung des sogenannten **Intelligenz-Quotienten (IQ).** Dieser dient als Vergleichswert innerhalb einer Population, wobei man – sofern die Stichprobe ausreichend groß ist – von einer **Normalverteilung** ausgeht. Ein IQ von 100 bildet dabei den Durchschnittswert, etwa ⅔ der Untersuchten haben einen IQ zwischen 85 und 115. Das Konzept eines Intelligenzquotienten geht zurück auf Alfred **Binet,** der die intellektuelle Leistungsfähigkeit bei Kindern untersuchte und spezifische Tests für jede Altersgruppe erstellte. Auf diese Weise unterschied er Lebensalter und Intelligenzalter.

Nach wie vor werden Intelligenztests gestaffelt nach Altersstufen normiert. Einige sind so konstruiert, dass sie unabhängig von Sprache (z. B. für Kinder von Migranten) und Allgemeinwissen funktionieren.

- Einer der ältesten und in der Klinik gebräuchlichsten Intelligenztests ist **die Wechsler Adult Intelligence Scale (WAIS,** auch: Hamburg-Wechsler-Intelligenztest für Erwachsene/HAWIE bzw. für Kinder/HAWIK). Er ist unterteilt in einen Verbal- und einen Handlungsteil.

Verbalteil	allgemeines Wissen z. B. Wie heißt der gegenwärtige Bundeskanzler?
	allgemeines Verständnis z. B. Was bedeutet das geflügelte Wort „mit allen Wassern gewaschen sein"?
	rechnerisches Denken z. B. Wie viel bleiben von 20 Euro übrig, wenn Sie 10 Euro für ein Buch, 2 Euro für Schokolade und 3 Euro für eine Cola ausgeben?
	Gemeinsamkeiten finden z. B. Was haben eine Katze und ein Hund gemeinsam?
	Zahlenspanne, Abfrage einer einmalig vorgesagten Zahlenfolge
	Wortschatz z. B. Was bedeutet „reüssieren"?
Handlungsteil	Zahlen-Symbol-Test: Zuordnung von Zahlen zu Symbolen und Ergänzung in einer entsprechenden Tabelle
	Bilder ergänzen: Benennen von einem fehlenden Element in einem Bild z. B. Haus ohne Haustür
	Mosaiktest: Nachlegen von Mustern mit farbigen Würfeln
	Bilder ordnen: Bildung der richtigen Reihenfolge aus Einzelteilen einer Bildergeschichte
	Figuren legen: Zusammensetzen einer Figur aus einzelnen Puzzleteilen

- Ein in allen Kulturen und Bildungsschichten einsetzbarer Test ist der **Culture Fair Intelligence Test (CFIT),** für den weder sprachliche noch mathematische Kenntnisse zur Lösung erforderlich sind. Altersabhängig werden unterschiedliche Subtests angewandt, z. B. Substitutionen, Labyrinthe, Klassifikationen, Ähnlichkeiten und Matrizen.
- Der **Revidierte Intelligenz-Struktur-Test 2000 (I-S-T 2000R)** besteht aus neun Aufgabengruppen und einer Prüfung von Allgemeinwissen. Die Aufgaben umfassen: Satzergänzungen, Analogien, Gemeinsamkeiten, Zahlenreihen, Figurenauswahl, Würfelaufgaben, Rechenaufgaben ohne verbalen Anteil, Vorzeichenaufgaben und Matrizenaufgaben.

Es können dadurch elf Dimensionen der Intelligenz erfasst werden: verbale, räumliche und rechnerische Intelligenz, Merkfähigkeit, schlussfolgerndes Denken, verbales, figurales, numerisches und Allgemeinwissen, fluide und kristalline Intelligenz.

1.4.4 Emotion

„Emotionen sind kein Luxus, sondern ein komplexes Hilfsmittel im Daseinskampf", stellt der portugiesische Neurowissenschaftler António **Damásio** fest und postuliert in seinen Büchern die Untrennbarkeit von Körper und Geist. **Emotionen** stellen vielleicht das Bindemittel zwischen beiden und den Ausdruck der Seele dar.

1.4.4.1 Definition

Der Begriff Emotion leitet sich vom lateinischen ex motio, also „aus der Bewegung oder Erregung heraus" ab und kann in diesem Zusammenhang als **psychische Reaktion auf neurophysiologische Reizungen** verstanden werden. Eine einheitliche Definition steht bisher noch aus. Einigkeit besteht über die Existenz **unterschiedlicher emotionaler Qualitäten** und Intensitäten und das Auftreten physiologischer und kognitiver Veränderungen infolge eines aktuellen emotionalen Erlebens. In der Verhaltenstherapie werden Emotionen als psychische Bewertung ganz bestimmter Gedanken betrachtet. So ist z. B. eine Bewertung wie „etwas ist schön" mit Freude, das Wahrnehmen eines Verlustes mit Trauer und das Erleben von Ungerechtigkeit mit Zorn verbunden.

Umgangssprachlich werden Emotionen meist mit Gefühlen gleichgesetzt. Letztere beinhalten allerdings auch körperliche Empfindungen (z. B. Schmerz, Gefühl von Kälte, Hunger), während der Begriff Emotion **ausschließlich seelischen Regungen** vorbehalten ist.

Abzugrenzen sind darüber hinaus **Stimmung und Affekt.** Erstere bezeichnet länger andauernde und eher nicht objektbezogene Gefühlszustände, z. B. gute Laune, depressive Verstimmung, andauernde Gereiztheit. Ein Affekt ist eine plötzliche, intensive Gefühlsregung, die weitgehend frei von kognitiver Kontrolle erfolgt und mit sicht- und/oder spürbaren körperlichen Phänomenen einhergeht, z. B. Erröten, Zittern, Herzfrequenzanstieg.

Klinik

Angst wird als angemessene und sinnvolle emotionale Reaktion auf das Erleben von Bedrohung, Gefahr bzw. potenzieller Schädigung verstanden. Hätte die Maus keine Angst vor der Katze, würde sie vermutlich nicht vor ihr weglaufen und alsbald verspeist werden. Angst dient also gewissermaßen dem Schutz des Individuums, sofern ihr Auftreten eine entsprechende Reaktion („Fight or Flight", ▸ Kap. 1.2.2.1) in Gang setzt. Zuweilen kann Angst allerdings auch übermächtig und lähmend sein oder in Situationen auftreten, in denen keine tatsächliche Gefahr besteht. In letzterem Fall spricht man von einer **Angststörung.**

Eine **Phobie** liegt vor, wenn sich die Angst auf ein konkretes Objekt bzw. eine konkrete Situation bezieht. Üblicherweise resultiert aus ihr ein Vermeidungsverhalten. Weit verbreitet sind z. B. Spinnen- und Schlangenphobien. Bei der Agoraphobie treten Angst und Panikattacken beim Verlassen des Hauses, in Menschenmengen, bei der Nutzung öffentlicher Verkehrsmittel oder in engen Räumen auf.

1.4.4.2 Klassifikation

Nach António **Damásio** werden **primäre und sekundäre Emotionen** unterschieden. Die Fähigkeit zur Empfindung und Äußerung primärer Emotionen ist angeboren, wobei hierbei dem Mandelkern (Amygdala) eine wichtige Funktion zukommt. Damasio benannte sechs **primäre Emotionen,** die kulturübergreifend anhand einer charakteristischen Mimik erkennbar sind (▸ Abb. 1.18): Freude, Angst, Trauer, Wut, Ekel und Überraschung. Einige Autoren ordnen auch Erwartung, Vertrauen und Neugier in diese Gruppe ein. **Sekundäre Emotionen** entwickeln sich im Laufe des Lebens als Mischung primärer Gefühle in Verbindung mit Kognitionen. Subjektive Bewertungen, Erfahrungen und Lernprozesse führen zu einer Differenzierung der Gefühlspalette, auf der sich dann auch Regungen wie Eifersucht, Neid, Dankbarkeit, Schadenfreude, Stolz, Misstrauen, Unbehagen usw. finden. Hinsichtlich der Intensität einer Emotion und ihrer Zusammensetzung lassen sich unterschiedliche Gefühlskategorien und -dimensionen erfassen und z. B. in einem Gefühlsstern zur Darstellung bringen (▸ Abb. 1.1). In seinem Zentrum steht Gleichgültigkeit als Zustand weitgehender Emotionslosigkeit.

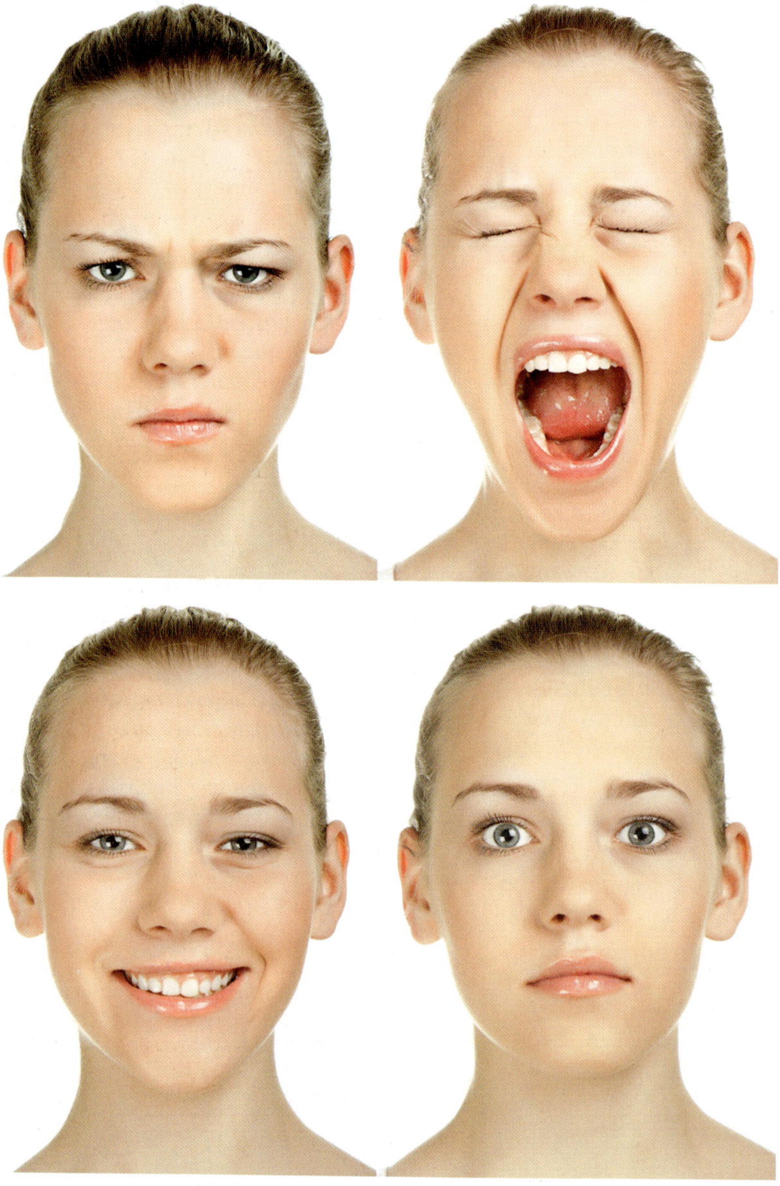

Abb. 1.18 Welches Gefühl gehört zu welchem Gesicht? [J787]

Wilhelm **Wundt** ordnete Gefühlsregungen in ein **dreidimensionales System** mit den Kategorien Lust/Unlust, Erregung/Beruhigung und Spannung/Lösung ein.
Heute klassifiziert man Gefühle auch anhand ihrer **sicht- und spürbaren Komponenten:**

- Äußerlicher Ausdruck von Gefühlen durch Mimik, Gestik, Körpersprache – Wie werden Gefühle nach außen hin dargestellt und von außen wahrgenommen?
- Körperliche Begleitphänomene im Zusammenhang mit Emotionen: Zittern, Herzklopfen, Parästhesien, Schwitzen, Erröten usw. – Wie werden Emotionen körperlich „kodiert"?
- Kognitive Bewertung von Gefühlen – Wird eine Emotion als angenehm, belastend, positiv, negativ usw. interpretiert?

- Reaktion auf ein Gefühl – Welches Verhalten löst die Emotion aus (z. B. Flucht, Anziehung, Angriff)?

1.4.4.3 Emotionstheorien

Mithilfe von Emotionstheorien versucht man zu erklären, was Emotionen sind, wie sie entstehen und wie sie sich auswirken. Heute geht man von komplexeren Zusammenhängen aus, doch lassen sich anhand der folgenden drei Theorien wichtige Schritte der Emotionsforschung nachvollziehen.

- **James-Lange-Theorie:** Emotionen entstehen als Reaktionen bzw. Interpretationen körperlicher Erscheinungen, die ihrerseits auf der Wahrnehmung von Sinnesreizen beruhen:
  Wenn es donnert, zittere ich, wenn ich zittere, habe ich Angst.
  Wenn ich meinen Geliebten sehe, spüre ich ein Kribbeln in der Magengegend, wenn ich ein Kribbeln in der Magengegend spüre, freue ich mich.
- **Cannon-Bard-Theorie:** Emotionen und körperliche Erscheinungen treten gleichzeitig als Folge einer Wahrnehmung auf:
  Wenn es donnert, schlägt mein Herz schneller, und habe ich Angst.
  Wenn ich meinen Geliebten sehe, schlägt mein Herz schneller, und freue ich mich.
- **Schachter-Singer-Theorie** (Zwei-Komponenten-Theorie): Emotionen sind die Folge einer kognitiven Bewertung einer unspezifischen körperlichen Erscheinung:
  Wenn ich bemerke, dass ich zittere und kurz zuvor der Donner gegrollt hat, interpretiere ich meinen Zustand als Angst.
  Wenn ich bemerke, dass ich zittere und dabei gerade auf dem Weg zum Telefon bin, um meinen Geliebten anzurufen, interpretiere ich meinen Zustand als aufgeregte Vorfreude.

Merke

- James-Lange: Reiz → Wahrnehmung → körperliche Reaktion → Emotion
- Cannon-Bard: Reiz → Wahrnehmung → körperliche Reaktion und Emotion
- Schachter-Singer: Reiz → körperliche Reaktion → kognitive Bewertung → Emotion

1.4.4.4 Spezifische Emotionen

Furcht

Furcht ist eine Form der Angst, die sich auf eine reale Bedrohung bezieht und damit rational begründet und angemessen ist. Sie wird auch als Realangst bezeichnet. Im Gegensatz dazu gilt die Phobie als eine nicht rational begründete und unangemessene Angst vor einem konkreten Objekt.

Angst

Angst ist als primäre Emotion der Oberbegriff für Gefühlsregungen, die im Zusammenhang mit **Bedrohung und Gefahr** auftreten. In der Abgrenzung zu Furcht und Phobie wird der Begriff der Angst verwendet, wenn kein konkreter Objektbezug hergestellt werden kann.

Zur Entstehung und Bedeutung der Angst gibt es unterschiedliche Theorien:

- Psychoanalyse: Angst ist Ausdruck eines inneren Konflikts.
- Behaviorismus: Angst ist eine gelernte emotionale Reaktion auf bestimmte Reize.
- Kognitivismus: Angst ist die Folge der kognitiven Bewertung „gefährlich".

Angst kann ein **momentaner Zustand** sein (State) oder als **Persönlichkeitseigenschaft** (Trait) überdauern. Menschen mit einer dispositionellen Angst neigen eher zu furchtsamem Verhalten und haben ein erhöhtes Risiko für die Entwicklung einer Angststörung.

Klinik

Die wichtigsten Angststörungen im Überblick:

Panikattacke	anfallsartige Angst, häufig verbunden mit einer ausgeprägten vegetativen Begleitsymptomatik: Zittern, Schwitzen, Tachykardie, Brustschmerzen, Atemnot, Schwindel, Parästhesien, Übelkeit
Generalisierte Angststörung	frei flottierende, nicht an bestimmte Objekte oder Situationen gebundene, ungerichtete Angst
Agoraphobie	Angst in engen Räumen, auf offenen Plätzen, in Menschenmengen, an Orten ohne Fluchtmöglichkeit
Soziale Phobie	Angst vor Ablehnung oder Blamage in sozialen Kontakten
Spezifische Phobie	auf ein Objekt oder eine bestimmte Situation gerichtete konkrete Angst

Zu bestimmten Zeitpunkten der frühkindlichen Entwicklung treten charakteristische Ängste auf (▸ Kap. 1.4.7.1):

- **6-Monats-Angst (Fremdeln):** Angst vor fremden (insbesondere großen, männlichen, bärtigen) Personen; tritt zwischen dem 4. und 8. Lebensmonat auf.
- **8-Monats-Angst (Trennungsangst):** Angst bei der Trennung bzw. dem vermeintlichen Verlust enger Bezugspersonen; tritt zwischen dem 7. und 18. Lebensmonat auf.

Trauer

Trauer ist die Emotion, die im Zusammenhang mit Abschied, Trennung und Verlust auftritt. Sie wird oft als ein seelischer Schmerz beschrieben. Hinsichtlich der Intensität des Gefühls lassen sich Bedauern, Betrübnis, Traurigkeit, Kummer, Hoffnungslosigkeit, Verzweiflung usw. unterscheiden.
Die krankhafte Dimension der Trauer ist die **Depression,** die als einmalige Episode oder als rezidivierende Störung auftreten kann. Sie ist gekennzeichnet durch Freud- und Interessenverlust, Hoffnungs- und Antriebslosigkeit, sozialen Rückzug, Schlafstörungen, Grübelneigung und Konzentrationsstörungen. Zuweilen kommen körperliche Symptome (Gewichtsverlust, Verspannungen, Schmerzen) oder Wahnvorstellungen (Schuld-, Versündigungs- oder Verarmungswahn) hinzu.

Aggression

Aggression bedeutet **Annährung und Angriff.** Diese Emotion tritt im Zusammenhang mit der Wahrnehmung eines Machtverlusts, einer Demütigung, Bedrohung oder (Bedürfnis-)Frustration auf und hat den Zweck, einem anderen oder sich selbst (Autoaggression) Schaden zuzufügen. Aggression kann sich als tätliche Gewalt, sexuelle Dominanz, bedrohliche Körpersprache, aber auch als verbale Attacke, Beschimpfung oder Verleumdung äußern.
Gewalt wird als psychische oder physische Kraft definiert, die dazu dient, Zwang auszuüben und Herrschaft durchzusetzen. Jedes Wesen besitzt eine gewisse Gewaltbereitschaft, die innerhalb sozialer Systeme durch Ethik, Konvention und Gesetz gehemmt wird. Als Ursachen **erhöhter Gewaltbereitschaft** kommen unterschiedliche Faktoren in Betracht:

- Genetische Veranlagung
- Hirnorganische oder physiologische (Hormone, Neurotransmitter) Störungen
- Soziale Einflüsse
- Stress und gesteigerte emotionale Erregung
- Enthemmung durch psychotrope Substanzen (Alkohol, Drogen)

Ob Gewalt im Rahmen von Computerspielen und anderen Medien die tatsächliche Gewaltbereitschaft eher reduziert (Aggressionsabbau durch das virtuelle Ausleben von Gewalt) oder steigert (Erzeugung aggressiver Impulse und Enthemmung durch den alltäglichen und unreflektierten Umgang mit Gewalt) wird kontrovers diskutiert.

1.4.4.5 Bedeutung von Emotionen in der Arzt-Patient-Beziehung

Krankheit und alles, was damit zu tun hat, bedingt häufig ein intensives emotionales Erleben – sowohl bei dem Betroffenen als auch bei seinen Angehörigen. Das Gefühlsspektrum in diesem Zusammenhang umfasst Sorge, Angst, Trauer, aber auch Hoffnung und Zuversicht. Nicht nur lebensbedrohliche Erkrankungen, sondern manchmal schon ein Infekt, der einen Menschen über wenige Tage daran hindert, sein Leben in gewohnter Weise zu führen, werfen existenzielle Fragen und, damit verbunden, intensive Gefühle auf. Der Arzt als Untersucher, Vermittler, Berater, Therapeut, Experte, Dienstleister, Helfer usw. ist in unterschiedlichem Ausmaß mit den Emotionen seines Patienten konfrontiert und reagiert mit eigenen Gefühlen. Als Regel zum Umgang mit Emotionen in der Arzt-Patient-Beziehung gilt: Der Arzt soll

- **Empathie** und einfühlende Anteilnahme zeigen,
- sich nicht verstellen,
- **affektiv neutral** sein,
- nicht in jede Gefühlsregung des Patienten einstimmen,
- weder zu große Nähe, noch zu große Distanz halten,
- **Objektivität** und **Sachlichkeit** bewahren und
- sich dabei nicht innerlich abwenden.

Für die Beziehung ist es von Vorteil, wenn es dem Arzt gelingt, die Gefühle des Patienten zu erkennen und ggf. anzusprechen. Häufig führt die Äußerung von Verständnis für die aktuelle Gefühlslage zu Erleichterung. Darüber hinaus können die mit den Emotionen verbundenen Gedanken und Bedürfnisse geklärt und ggf. beantwortet werden. Zur professionellen Haltung des Arztes gehört es aber auch, sich nicht mit dem Patienten und seinen Emotionen zu identifizieren, sondern die Position eines Außenstehenden zu bewahren.

1.4.4.6 Neuro- und psychobiologische Grundlagen

Der **Hypothalamus** gilt als das Kontrollzentrum für grundlegende psychobiologische Prozesse wie Ernährung, Wachheit und Schlaf, Sexualität, Temperatur und Kreislauf, Angriff, Flucht oder Verteidigung. Seinen Aufgaben entsprechend ist er sowohl mit emotionalen (limbisches System) als auch mit vegetativen (Hirnstamm) und endokrinen (Hypophyse) Funktionszentren verbunden und vermittelt deren Interaktion. Insbesondere Emotionen, die Flucht- oder Angriffsverhalten auslösen (Angst und Aggression), werden über den Hypothalamus gesteuert: Eine entsprechende Reizung bewirkt die Ausschüttung von ACTH aus der Hypophyse, was wiederum die Freisetzung von Stresshormonen wie Kortisol nach sich zieht.
Die **Amygdala** als Teil des limbischen Systems scheint vor allem an der Angstregulation beteiligt zu sein. Eine Schädigung kann dazu führen, dass das betroffene Individuum keine Angst mehr hat und in gefährlichen Situationen nicht flieht, obwohl es die Bedrohung kognitiv wahrnimmt. Darüber hinaus ist die Amygdala eng mit dem olfaktorischen System verbunden und verarbeitet entsprechend die über Gerüche und Pheromone vermittelten Emotionen.

Das **mesolimbische System** ist für die Verarbeitung angenehmer, lustvoller Empfindungen und Belohnungen zuständig. Der wichtigste Neurotransmitter ist in diesem Zusammenhang **Dopamin.** Aktivitäten und Substanzen, die das Belohnungssystem triggern, sind potenzielle Suchtmittel im Sinne des psychischen Grundbedürfnisses nach Lustgewinn und Unlustvermeidung.
Der **Hippocampus** ist die Schnittstelle zwischen Emotionen und Gedächtnis und damit z. B. auch an der Konditionierung von Gefühlen (z. B. Entwicklung einer Angststörung) beteiligt.
Im **präfrontalen Kortex (PFC)** erfolgen die kognitive Verarbeitung und bewusste Kontrolle von Emotionen: Lernt ein Patient z. B. im Rahmen einer Verhaltenstherapie seine Flugangst zu überwinden, führt dies nicht in erster Linie zu Veränderungen in der Amygdala, sondern im PFC.

Merke

Stark vereinfacht lässt sich sagen:
- Primäre Gefühle – unbewusst – Amygdala und Hypothalamus
- Sekundäre Gefühle – bewusst – limbisches System einschließlich PFC

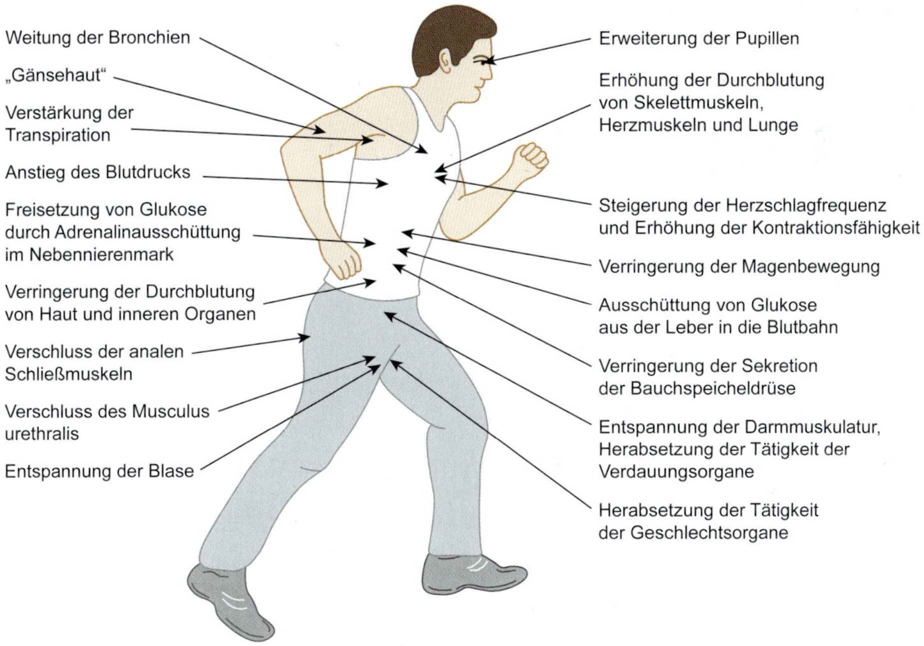

Abb. 1.19 Vegetative Reaktionen in Zusammenhang mit emotionaler Erregung (insbesondere Angst, Aggression, Stress) [L231]

Emotionen sind immer auch mit einer Aktivierung des **vegetativen Nervensystems** verbunden (► Abb. 1.19).

1.4.4.7 Emotion und Stressreaktion

Gemäß dem **transaktionalen Stressmodell** von Richard **Lazarus** ist **Stress** keine Objekteigenschaft, sondern die Folge einer **subjektiven Bewertung** von Reizen. Diese erfolgt im ersten Schritt emotional: Ein potenzieller Stressor wird in einer primären Bewertung als „angenehm", „bedrohlich" oder „irrelevant" eingeordnet. Die sekundäre Bewertung ist eine kognitive Analyse der vorhandenen Ressourcen. Fällt diese negativ aus, entsteht das Gefühl von Stress, das eine Stressreaktion auslöst (► Kap. 1.2.2.1). Für die **Stressbewältigung** ist die emotionale Zuordnung entscheidend: Positiv erlebte Herausforderungen **(Eustress)** führen meist zu einer Ressourcenaktivierung, die eine erfolgreiche Bewältigung ermöglicht, was wiederum angenehme Emotionen erzeugt. Hingegen führt Stress, der mit unangenehmen Gefühlen wie Angst, Ärger oder Traurigkeit verbunden ist **(Distress)** oft zu Konzentrationsstörungen, Erschöpfung, Resignation und Rückzug und in der Konsequenz zu einer Verstärkung der negativ bewerteten Emotionen.

Erlernte Hilflosigkeit

Der US-amerikanische Psychologe Martin E. P. **Seligman** prägte den Begriff der **erlernten Hilflosigkeit** für ein Phänomen, das er in zahlreichen Tierexperimenten beobachtet hatte. So setzte er Hunde unausweichbarem Stress aus, indem er ihnen wiederholt Elektroschocks zufügte, denen sie nicht entfliehen konnten. Eine zweite Gruppe von Hunden erhielt ebenfalls Stromschläge, konnte diese durch ein bestimmtes Verhalten (z. B. Betätigung eines Hebels) aber stoppen. Anschließend setzte Seligman die Tiere beider Gruppen in einen zweiteiligen Käfig: In einem Teil erhielten die Hunde erneut einen Elektroschock, dem sie dadurch ausweichen konnten, dass sie sich in den anderen Teil des Käfigs begaben. Die Tiere, die sich im ersten Experiment vollständig hilflos und ausgeliefert erlebt hatten, ließen auch im zweiten Experiment die Schmerzen über sich ergehen, ohne auszuweichen. Die Tiere, die gelernt hatten, dass sie sich durch Aktivität aus ihrer unangenehmen Lage befreien konnten, taten dies erneut. Seligman schloss daraus, dass Lebewesen durch das Erleben und Erlernen von Ohnmacht und Hilflosigkeit ihr **Verhaltensspektrum einengen** und auch dann in einer belastenden Situation verbleiben, wenn sie eigentlich die Möglichkeit hätten, dieser zu entgehen. Erlernte Hilflosigkeit beruht auf der wiederholten Erfahrung, dass das eigene Handeln keinerlei Konsequenz hat. Sie wird als ein auslösender und aufrechterhaltender Faktor bei **Depressionen** und **Angsterkrankungen** betrachtet.

Klinik

Definitionsgemäß wird eine **posttraumatische Belastungsstörung (PTBS)** nur dann diagnostiziert, wenn die charakteristische Symptomatik (Intrusionen, Hyperarousal, Vermeidung) mit einem Ereignis katastrophalen Ausmaßes oder außergewöhnlicher Bedrohung (Trauma) in Verbindung gebracht werden kann. Angesichts einer überwältigenden Naturkatastrophe, eines schweren Unfalls, extremer physischer oder psychischer Gewalt, Krieg, Terror oder Folter erlebt sich der Betroffene als völlig macht- und hilflos. Eine bis dahin angenommene relative Sicherheit in der Welt geht verloren. Die **ICD-10** beschreibt das Krankheitsbild wie folgt:

Typische Merkmale sind das wiederholte Erleben des Traumas in sich aufdrängenden Erinnerungen (Nachhallerinnerungen, Flashbacks), Träumen oder Alpträumen, die vor dem Hintergrund eines andauernden Gefühls von Betäubtsein und emotionaler Stumpfheit auftreten. Ferner finden sich Gleichgültigkeit gegenüber anderen Menschen, Teilnahmslosigkeit der Umgebung gegenüber, Freudlosigkeit sowie Vermeidung von Aktivitäten und Situationen, die Erinnerungen an das Trauma wachrufen könnten. Meist tritt ein Zustand von vegetativer Übererregtheit mit Vigilanzsteigerung, einer übermäßigen Schreckhaftigkeit und Schlafstörung auf. Angst und Depression sind häufig mit den genannten Symptomen und Merkmalen assoziiert und Suizidgedanken sind nicht selten. Der Beginn folgt dem Trauma mit einer Latenz, die wenige Wochen bis Monate dauern kann.

Wirkung von Emotion auf das Gedächtnis

Unter anderem aufgrund der Erfahrungen mit posttraumatischen Belastungsstörungen geht man davon aus, dass Erlebnisse, die von extrem starken Emotionen begleitet sind, nicht in der üblichen Weise vom Gedächtnis aufgenommen werden. Die Abstrahierung der Information, ihre Einordnung in einen Wissens- und Erfahrungskontext, ihre zeitliche und

örtliche Etikettierung mit „damals“ und „dort“ und ihre Integration in das autobiografische Bewusstsein finden nicht statt. Vielmehr erlebt der Betroffene bei einem entsprechenden Reiz die Erinnerung an das Trauma so, als fände es hier und jetzt statt.
Auf Chris **Brewin** geht das Konzept eines **dualen Gedächtnisses** zurück: Mit starken Emotionen verbundene Erlebnisse werden überwiegend über die **Amygdala** verarbeitet und sind dann als Inhalte des Traumagedächtnisses nicht steuerbar. Sie werden durch unspezifische Trigger ausgelöst und haben immer wieder die Qualität eines aktuellen Ereignisses. Die Verarbeitung nicht traumatisierender Ereignisse erfolgt eher über den **Hippocampus** und unterliegt dann weitgehend einer kognitiven Steuerung. Als z. B. „schlimme Erinnerung“ kann das Ereignis in die Autobiografie eingeordnet und in ihrem zeitlichen Kontext belassen werden.

Depression

Depressive Störungen sind gekennzeichnet durch eine traurige Stimmung bzw. Gedrücktoder Niedergeschlagenheit, Freud- und Interesselosigkeit, Antriebsminderung und Einschränkungen der Aktivität, vermindertes Selbstwertgefühl und psychovegetative Symptome wie Appetit-, Schlaf- und Libidostörungen. Meist entsteht die Erkrankung durch ein Zusammenwirken mehrerer Faktoren, u. a. biologisch-genetische, psychische und entwicklungsgeschichtliche. Auslöser sind oftmals aktuelle Ereignisse oder Zustände, z. B. Verlust einer nahestehenden Person, Trennung, Krankheit, Stress, Überforderung, Einsamkeit, beruflicher Misserfolg usw.
Daneben gibt es einige konkrete **Entstehungsmodelle,** z. B.:

- Depression als Folge einer **erlernten Hilflosigkeit** (Seligman): Die Erfahrung, auf das eigene Ergehen keinen Einfluss nehmen zu können, hilflos und ausgeliefert zu sein, führt zu Resignation, Passivität und Apathie.
- Depression als Konsequenz **dysfunktionaler Kognitionen** (Beck): Realitätsverzerrung und einseitig pessimistische Annahmen über sich selbst, die Umwelt und die Zukunft führen zu Ziel- und Hoffnungslosigkeit und lähmen den Antrieb.
- Depression als Folge von **Verstärkerverlusten** (Lewinsohn): Der Mangel an positiven Verstärkern (Erfolg, Anerkennung, Belohnung, Zuwendung) führt zur Reduktion von Aktivitäten, was die Wahrscheinlichkeit positiver Verstärkung weiter vermindert. Es resultieren depressive Syndrome mit dem vorherrschenden Gefühl der Sinnlosigkeit.

Klinik

Trauer ist die Emotion, die sich üblicherweise im Zusammenhang mit Verlusterlebnissen einstellt. Der Tod eines nahen Angehörigen oder eine eigene schwere Krankheit sind in vielen Fällen Auslöser einer depressiven Episode, die als eine vertiefte Trauerreaktion verstanden werden kann. Dabei spielen das Erleben fehlender Kontrolle, aber auch der abrupte Wegfall von Verstärkern eine wichtige Rolle für die Psychodynamik der Störung.

1.4.4.8 Soziale Kontrolle von Affekten

Ein Kleinkind zeigt alle Affekte genau so, wie es sie erlebt: Wut, Angst, Trauer und Freude sind unmittelbar an Mimik und Verhalten erkennbar. Im Verlauf seiner Entwicklung lernt der Mensch, insbesondere durch soziale Interaktion und Kontrolle, den äußeren Ausdruck seiner Gefühle zu regulieren und sich z. B. eher durch Verbalisation („Ich bin traurig“), als durch Aktion (Weinen) mitzuteilen. Dabei werden gesellschaftlich sowohl eine ausgeprägte Gefühlskontrolle („Pokerface“) als auch der ungehemmte Gefühlsausdruck („Weinen vor laufender Kamera“) durch Aufmerksamkeit honoriert. Insbesondere aggressive Gefühlsäußerungen werden im Rahmen der Erziehung frühzeitig durch kognitive Interventionen umgelenkt („Der Lehrer schimpft mit mir, wenn ich die anderen Kinder haue“).

1.4.5 Motivation

Wenn Du ein Schiff bauen willst, so trommle nicht Männer zusammen, um Holz zu beschaffen, Werkzeuge vorzubereiten, Aufgaben zu vergeben und die Arbeit einzuteilen, sondern lehre die Männer die Sehnsucht nach dem weiten endlosen Meer.

Antoine de Saint-Exupéry

Der Begriff Motivation stammt ab vom lateinischen Wort motus, Bewegung, und wird verwendet für die Beweggründe und die Triebkraft, den Ansporn und die Reize, die ein Lebewesen zum Handeln veranlassen.

1.4.5.1 Motivationstheorien

Ohne Motivation, ohne ein Motiv bzw. Ziel ist kein Handeln möglich. Was aber ist es, was Menschen, Tiere, Pflanzen bewegt, oder auch: sich bewegen lässt?

Merke

- **Bedürfnis bzw. Motiv:** inneres Empfinden einer Normabweichung und Streben nach ihrer Korrektur
- **Trieb:** innere Kraft und Erregung, mit der die Erfüllung eines Bedürfnisses forciert wird
- **Anreiz:** Wirkung des Objekts in Korrespondenz mit den Bedürfnissen; positiver Anreiz bewirkt Anziehung, negativer Anreiz bewirkt Abstoßung

Primäre und sekundäre Motive

- **Primäre** bzw. **biologische** Motive (auch: **homöostatische Triebe** oder Bedürfnisse) sind angeboren und dienen dem Erhalt der physischen Existenz bzw. dem inneren Gleichgewicht des Organismus (Homöostase). Dazu zählen z. B. Nahrung, Flüssigkeit, Wärme, Schlaf und Unversehrtheit. Auch die Sexualität wird den primären Motiven zugeordnet, obwohl sie nicht der Herstellung der Homöostase und nicht dem Erhalt des Individuums dient (wohl aber dem der Art!). Die Befriedigung der primären Bedürfnisse wird meist den sozialen und kulturellen Bedingungen angepasst. So essen wir häufig nicht dann, wenn wir Hunger haben, sondern wenn Essenszeit ist und trinken zuweilen „über den Durst".
- **Sekundäre** bzw. **soziale** Motive (auch: **nichthomöostatische Triebe** oder Bedürfnisse) werden erlernt oder anerzogen und dienen nicht unmittelbar biologischen Zwecken oder dem Erhalt der inneren Homöostase. Vielmehr entstehen sie in einem sozialen System und finden auch in diesem ihre Erfüllung. Zu den sekundären Motiven gehören u. a. Bindung, Anerkennung und Macht. Nichthomöostatische Triebe sind Neugier, Sexualität und angenehme Emotionen.

Merke

- **Homöostatische Triebe:** dienen der Aufrechterhaltung des inneren (biologischen) Gleichgewichts
- **Nichthomöostatische Triebe:** dienen nicht der Erhaltung eines inneren Gleichgewichts, sondern haben z. B. reproduktive, soziale oder emotionale Ziele

Klinik

Die Verbindung primärer und sekundärer bzw. homöostatischer und nichthomöostatischer Bedürfnisse lässt sich gut an **Störungen des Essverhaltens** erkennen. Zu diesen gehören:

- Anorexia nervosa (Magersucht)
- Bulimia nervosa (Ess-Brech-Sucht)
- Adipositas (Fettleibigkeit durch übermäßiges Essen)
- Binge-Eating-Disorder (Essanfälle)

Sowohl bei der **Anorexia nervosa** als auch bei den verschiedenen Arten des übermäßigen Essens wird das homöostatische Motiv Hunger zugunsten anderer Motive weitgehend aus der Bedürfnishierarchie gelöscht. Diese anderen Motive können bei der Anorexia nervosa z. B. Kontrolle, Macht, Zuwendung, Aufmerksamkeit, Selbstverletzung usw. sein. Sie werden durch den Verzicht auf Essen und die extreme – meist noch durch hohe sportliche Aktivität unterstützte – Gewichtsabnahme zumindest vorübergehend erfüllt. Der Verzicht auf Essen und die Befriedigung, die mit der Kontrolle und vermeintlichen Diszipliniertheit gegenüber dem eigenen Körper einhergeht, nehmen den Charakter einer Sucht an. Neben den psychologischen existieren allerdings auch biologische und soziale Faktoren, die eine Essstörung mitverursachen können.

Sexualität

Das Bedürfnis nach **Sexualität** ist angeboren und biologisch fest implementiert. Anders als die anderen Primärmotive, dient es nicht dem Erhalt des **Individuums,** sondern dem der **Art.** Wie groß die evolutionsbiologische Bedeutung der Fortpflanzung ist, lässt sich besonders gut aus dem Verhalten von Pflanzen und Tieren ableiten. Aber auch das menschliche Handeln weist eine Vielzahl von Variablen auf, die sich auf das Motiv der Sexualität zurückführen lassen. Als „biologische Grundausstattung" sollen die Besonderheiten der **Geschlechtsorgane** (erogene Zonen, Reizcharakter äußerer Geschlechtsmerkmale), die **Hormone** (männliche und weibliche Geschlechtshormone, Oxytocin) und die **neuropsychologischen Verknüpfungen** (Stimulierung des Belohnungssystems durch sexuelle Handlungen) die Voraussetzungen für eine erfolgreiche Reproduktion schaffen. Allerdings – „Sex ist nicht alles" – wird auch dieses Motiv durch soziale Faktoren und die Konkurrenz mit anderen Bedürfnissen gesteuert.

Klinik

Das DSM-5 unterscheidet folgende Arten sexueller Störungen (► Kap. 2.4.6.2, ► Kap. 2.4.6.3):

- **Sexuelle Appetenzstörung:** Das sexuelle Verlangen (Libido) ist vermindert, wodurch für den Betroffenen ein Leidensdruck entsteht; Ursache sind z. B. psychische Erkrankungen (Depression) oder hormonelle Störungen.
- **Sexuelle Erregungsstörung:** Die sexuelle Erregbarkeit ist vermindert; Ursache können z. B. anatomische Besonderheiten oder psychische Störungen (Stress) sein.
- **Orgasmusstörung:** Trotz sexueller Erregbarkeit kommt es nicht zum Orgasmus; auch hierfür kommen organische und psychische Ursachen in Betracht (z. B. Angst vor Hingabe und Kontrollverlust im Rahmen der Sexualität).
- **Genitale Schmerzsyndrome (Dyspareunie):** Während des Geschlechtsverkehrs treten Schmerzen auf, z. B. aufgrund von Entzündungen im Genitalbereich.
- **Sexuelle Störungen aufgrund körperlicher Erkrankungen**
- **Substanzinduzierte sexuelle Störungen**

Intrinsische und extrinsische Motivation

Innerhalb der kognitiven Lerntheorie werden intrinsische und extrinsische Motivation unterschieden:

- **Intrinsische Motivation:** Der Reiz einer Handlung liegt in ihr selbst und wird nicht etwa durch äußere Belohnung oder Bestrafung geleitet.
  Beispiel: Der Musiker, der nachts in der menschenleeren Fußgängerzone auf seinem Instrument spielt, hat höchstwahrscheinlich eine hohe intrinsische Motivation, die in der Freude am Musizieren liegt.
- **Extrinsische Motivation:** Der Reiz einer Handlung liegt in der erwarteten Konsequenz, nämlich einer Belohnung (Anerkennung, Beförderung, Geld, Sex) oder der Vermeidung einer Strafe (schlechte Note, Gehaltskürzung, Entlassung, Einsamkeit).
  Beispiel: Für die Absolvierung einiger Aufgaben im Dschungelcamp (z. B. das Verspeisen lebender Insekten) besteht höchstwahrscheinlich eine hohe extrinsische Motivation.

Inhaltstheorien der Motivation

Der US-amerikanische Psychologe Abraham **Maslow** erstellte eine Bedürfnishierarchie **(Bedürfnispyramide)** (► Abb. 1.20) und vertrat die Ansicht, dass Motivation und Handlung aus dem Streben nach **Bedürfnisbefriedigung** resultieren. Ein nicht befriedigtes Bedürfnis erzeugt eine innere Spannung, die es zu lösen gilt. Entsprechend werden Ziele festgelegt und Maßnahmen ergriffen bzw. Handlungen ausgeführt, um sie zu erreichen. Den Bedürfnissen einer Ebene innerhalb der Pyramide kann man sich erst dann widmen, wenn die darunterliegenden erfüllt sind („Erst kommt das Fressen, dann kommt die Moral", wusste auch Bertolt Brecht). Andererseits lässt der motivierende Effekt eines „unteren" Bedürfnisses rasch nach, sobald dieses befriedigt ist.

Der US-amerikanische Psychologe Henry **Murray** ging – anders als Maslow – von einer **individuellen Bedürfnishierarchie** aus, die sich durch Erfahrung und Lernen herausbildet. Aus der Kombination und Gewichtung der Bedürfnisse entsteht letzten Endes die Persönlichkeit. Das Spektrum möglicher Motive umfasst u. a. Unabhängigkeit, Aggression, Fürsorglichkeit, Ordnung, Spiel, Sexualität, Einsicht, Macht, Vermeidung von Misserfolg und Demütigung, Leistung, Geselligkeit, Selbstdarstellung und Sinnhaftigkeit.

Frederick Irving **Herzberg** entwarf, aufbauend auf Maslows Thesen, eine **Zwei-Faktoren-Theorie zur Arbeitsmotivation.** Ihr zufolge gibt es innere Beweggründe, sogenannte Motivatoren oder Inhaltsfaktoren (z. B. Erfolg, Anerkennung, Selbstverwirklichung), die eine Zunahme an Zufriedenheit versprechen; zudem erhöht das Fehlen von äußeren Bedingungen, sogenannten Hygiene- oder Kontextfaktoren wie Ordnung, Sicherheit, Entlohnung oder Personalpolitik die Unzufriedenheit.

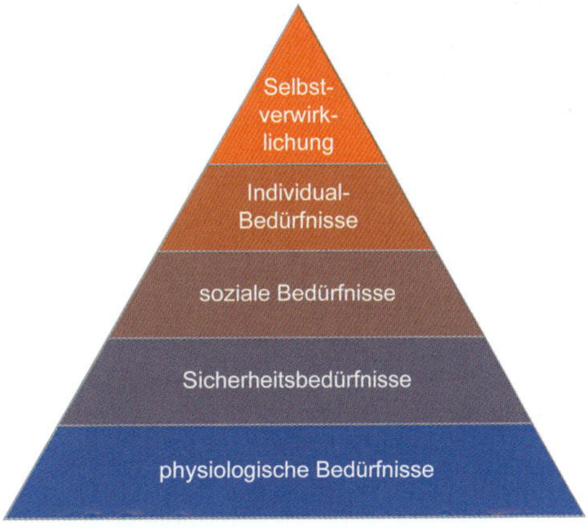

Abb. 1.20 Bedürfnispyramide nach Maslow [L231]

Merke

- Motivatoren beeinflussen die Zufriedenheit.
- Hygienefaktoren beeinflussen die Unzufriedenheit.

Im Zusammenspiel der Inhalts- und Kontextfaktoren sind folgende Konstellationen denkbar:

	Hohe Hygiene	Geringe Hygiene
Hohe Motivation	Idealzustand: motivierte Menschen arbeiten unter guten Bedingungen	interessante und schöne Arbeit unter schlechten äußeren Bedingungen
Geringe Motivation	die Arbeit selbst bietet wenig Anreize, die Arbeitsbedingungen sind aber gut	die Arbeit ist uninteressant, die Bezahlung schlecht, der Chef droht ständig mit Kündigung und die Kollegen mobben einander

Auch Clayton **Alderfer** beschäftigte sich mit den Motiven der Arbeiter in Unternehmen und entwarf die **ERG-Theorie.** Ihr zufolge sind es **E**xistence, **R**elations and **G**rowth, also Existenz-, Beziehungs- und Wachstumsmotive, die das Handeln bestimmen. Des Weiteren unterschied er Natur-, Kultur-, absolute und relative Bedürfnisse. Seine **Dominanztheorie** besagt, dass ein frustriertes Bedürfnis innerhalb der Hierarchie des Individuums aufsteigt. Kann es tatsächlich nicht befriedigt werden, wird das hierarchisch untergeordnete Bedürfnis dominant. Wird es hingegen befriedigt, kann sich das Individuum den hierarchisch übergeordneten Bedürfnissen zuwenden.

Prozesstheorien der Motivation

Während die Inhaltstheorien nach den Gründen bzw. Zielen und Motiven des Handelns fragen, beschäftigen sich die **Prozessmodelle** mit den kognitiven Vorgängen, die zwischen dem Motiv und der Handlung liegen. Zwei dieser Theorien sollen hier exemplarisch vorgestellt werden:

- **Rubikonmodell der Handlungsphasen nach Heckhausen und Gollwitzer:** Als Caesar im Jahr 49 v. Chr. den kleinen Grenzfluss Rubikon überschritt, setzte er einen Prozess in Gang, der in einem Bürgerkrieg gipfelte. Seither steht das geflügelte Wort „den Rubikon überschreiten" für eine folgenschwere Handlung, die nicht mehr rückgängig zu machen ist. Heinz Heckhausen und Peter Gollwitzer beschrieben vier Phasen, die zwischen der Auswahl von Zielen und ihrem Erreichen liegen:
  - **Prädezisionale Phase** (Abwägen): Auswahl eines Ziels aus der Vielzahl bestehender Wünsche, Abwägen der Erreichbarkeit des Ziels und der Folgen; mit der Entscheidung erfolgt „der Schritt über den Rubikon".
  - **Postdezisionale Phase** (Planen): Planung der Schritte und Mittel, die zum Erreichen des Ziels notwendig sind.
  - **Aktionale Phase** (Handeln): Durchführung von Handlungen, die zum Ziel führen sollen.
  - **Postaktionale Phase** (Bewerten): Auswertung der Handlung und des Ergebnisses (Erfolg oder Misserfolg?) hinsichtlich des angestrebten Ziels.
- **Valenz-Instrumentalitäts-Erwartungs-(VIE)-Theorie nach Vroom:** Die Entscheidung für ein Ziel und für eine Handlung ist von drei Faktoren abhängig:
  - **Valenz:** Wie wichtig, wie attraktiv ist das Ziel?
  - **Instrumentalität:** Welche Folgen hat das Handeln? Welche Konsequenzen hat es, wenn das Ziel erreicht wird?
  - **Erwartung:** Wie wahrscheinlich ist es, dass das Handeln zum angestrebten Ziel führt?

  Die Entscheidung, ob eine Handlung durchgeführt wird oder nicht, ist gemäß dieser Theorie das Produkt von Valenz und Erwartung.

1.4.5.2 Spezielle Motive

Aufbauend auf der Persönlichkeitstheorie und der Unterscheidung primärer und sekundärer Bedürfnisse nach Henry Murray, beschäftigte sich der US-amerikanische Verhaltens- und Sozialpsychologe David **McClelland** mit dem Thema Motivation. Als die drei wichtigsten Antriebe für menschliches Handeln stellte er die Bedürfnisse nach Erfolg, Zugehörigkeit und Macht heraus:

- **Leistungsmotiv:** Ziel einer Leistung ist es, Stolz zu empfinden bzw. Schamgefühl zu vermeiden. Hierzu bewertet das Individuum selbst seine Tüchtigkeit und seinen Fleiß anhand eines Gütemaßstabs, dessen Vorgaben es zu erreichen oder zu übertreffen versucht. Es geht also nicht in erster Linie um die Anerkennung von außen, sondern um die Befriedigung eines inneren Bedürfnisses nach Erfolg.
- **Anschlussmotiv:** Zugehörigkeit, Geborgenheit, Vertrautheit und Gemeinschaft sind die Ziele, die hinter der Motivation nach Anschluss stehen. Einsamkeit, Zurückweisung und Ausschluss gilt es zu vermeiden.

- **Machtmotiv:** Ebenfalls ein Grundbedürfnis ist es, Dominanz auszuüben, überlegen zu sein und Einfluss zu haben. Dahinter steht der Wunsch nach Kontrolle bzw. die Angst vor Kontrollverlust. Macht kann über ganz unterschiedliche Eigenschaften, mehr noch aber über Besitz ausgeübt werden. So gibt es z. B.
  - **Belohnungsmacht:** „Ich habe etwas, was Du gern haben willst und gebe es Dir, wenn Du dafür etwas tust."
  - **Bestrafungsmacht:** „Ich kann entscheiden, was ich Dir antue, wenn Du nicht machst, was ich will."
  - **Expertenmacht:** „Ich bin der Arzt und sage Dir, was für Dein Heil wichtig ist."
  - **Legitimationsmacht:** „L'état, c'est moi."
  - **Informationsmacht:** „Ich weiß etwas, was Du nicht weißt."

1.4.5.3 Motivationskonflikte

Die Vielfalt der Motive, die das Handeln bestimmen, bringt es mit sich, dass zuweilen Widersprüche und Konflikte auftreten. So ist es z. B. offensichtlich schwierig, den Wunsch nach Bindung mit dem nach Freiheit zu vereinbaren. Kurt **Lewin** schlug die Begriffe **Appetenz** und **Aversion** vor, mit denen ausgedrückt wird, dass ein Verhältnis von Anziehung oder Abstoßung, Annährung oder Vermeidung besteht. Folgende Konfliktsituationen werden unterschieden:

- **Appetenz-Appetenz-Konflikt:** Zwei nicht miteinander zu vereinbarende Objekte oder Tätigkeiten sind gleichermaßen anziehend: „Fahre ich in die Berge oder ans Meer?", „Gehe ich mit Klaus ins Kino oder mit Peter?", „Nehme ich Pudding zum Nachtisch oder Obst?"
- **Aversions-Aversion-Konflikt:** Zwei Objekte oder Handlungsalternativen sind gleichermaßen unangenehm: „Regen oder Traufe", „Teufel oder Beelzebub", „Ertrage ich die Zahnschmerzen weiter oder gehe ich zum Zahnarzt?"
- **Appetenz-Aversions-Konflikt** (Ambivalenzkonflikt): Ein Objekt oder eine Handlung hat sowohl angenehme als auch unangenehme Aspekte: „Die Hustentropfen helfen gut, aber sie schmecken ganz abscheulich."
- **Doppelter Appetenz-Aversions-Konflikt:** In eine Entscheidung fließen mehrere Faktoren ein, von denen einige attraktiv und einige aversiv sind: „Trenne ich mich von Paul?", „Ziehe ich nach Berlin?", „Wechsle ich meinen Arbeitsplatz?"

Motivationskonflikte treten auch dann auf, wenn Widersprüche zwischen **kurz- und langfristigen Zielen** bestehen: Kurzfristig brächte es den höchsten Lustgewinn, jetzt das Buch wegzulegen und shoppen zu gehen – allerdings steht dies dem langfristigen Ziel entgegen, das Staatsexamen mit einem Notendurchschnitt von 1,0 abzulegen.

1.4.5.4 Sucht

Substanzen, die in der Lage sind, Abhängigkeit zu erzeugen, funktionieren meist über einen **raschen und starken Belohnungseffekt.** Einige Drogen vermitteln einen „Kick", der in seiner Intensität einem Glücksgefühl gleichkommt, das normalerweise nur mit großem Aufwand zu erreichen ist. Andere führen scheinbar mühelos zu Beruhigung und Entspannung. Entsprechend hoch ist die Motivation Abhängiger, die Substanz zu bekommen und zu konsumieren – und entsprechend zielgerichtet ihr Handeln.

Klinik

Eine **Abhängigkeitserkrankung** liegt definitionsgemäß vor, wenn drei oder mehr der folgenden Kriterien erfüllt sind:

- Starker Wunsch oder Zwang bzw. unstillbares Verlangen die Substanz zu konsumieren bzw. die Handlung (Spielsucht!) durchzuführen
- Kontrollverlust hinsichtlich des Beginns und der Beendigung des Konsums
- Fortsetzung des Konsums trotz bereits eingetretener gesundheitlicher oder sozialer Schäden (Arbeitsplatzverlust, Scheidung)
- Toleranzentwicklung: gewünschter Effekt tritt nur noch nach immer größeren Mengen der Substanz bzw. häufigerem Konsum ein
- Entzugserscheinungen: körperliche und/oder psychische Entzugserscheinungen bei Unterbrechung des Konsums
- Vernachlässigung sozialer Kontakte und anderer Bedürfnisse zugunsten des Konsums

Die **Entwicklung einer Suchterkrankung** ist von unterschiedlichen Faktoren abhängig. Diese lassen sich in drei große Gruppen einteilen:

- **Die Person:** Einige Persönlichkeitsmerkmale und Veranlagungen gelten als Risikofaktoren für eine Suchterkrankung, z. B. psychische Erkrankungen (Depression, einige Persönlichkeitsstörungen, ADHS), genetische Dis-

position, geringe Frustrationstoleranz oder niedriges Selbstwertgefühl.
- **Die Umwelt:** Der Umgang mit Sucht und Drogen in der Gesellschaft, der Peer-Group und der Familie hat wesentlichen Einfluss auf die Entstehung von Abhängigkeitserkrankungen.
- **Die Droge:** Die (gewünschte) Wirkung der Substanz, insbesondere auf das dopaminerge Belohnungssystem, die Tolerierbarkeit der Nebenwirkungen und die Verfügbarkeit entscheiden ebenfalls in hohem Maße mit darüber, ob eine Sucht entsteht oder nicht.

Alkohol

Alkohol ist neben Nikotin das am weitesten verbreitete **legale Suchtmittel.** Unterhalb bestimmter Mengen wird es als Genussmittel betrachtet – bemerkenswert ist, dass nur ein kleiner Teil derer, die Alkohol trinken, abhängig wird.
Alkohol wirkt zunächst anregend und enthemmend, fördert Mut und Geselligkeit und hebt die Stimmung. Größere Mengen dagegen dämpfen, senken die Kritikfähigkeit, vermindern Konzentration und Koordinationsfähigkeit. Im Alkoholrausch ist die kognitive und motorische Kontrolle so gut wie aufgehoben. **Langfristiger regelmäßiger Alkoholkonsum** kann zu schweren körperlichen Erkrankungen und psychischen Veränderungen führen.
Die Alkoholabhängigkeit ist eine chronische Erkrankung: Oft dauert es über 15 Jahre, ehe ein Betroffener überhaupt ein Krankheitsbewusstsein entwickelt – fließend ist der Übergang zwischen einem verträglichen und einem „abhängigen" Konsum. Der Kontakt mit dem medizinischen System entsteht häufig erst im Zusammenhang mit **Alkoholfolgeerkrankungen,** wie z. B. einer akuten Pankreatitis oder Gastritis, Polyneuropathie, arterieller Hypertonie bzw. aufgrund einer schweren Intoxikation oder einer psychischen Begleitstörung (Suizidversuch, Fremdgefährdung, Eskalation eines Partnerschaftskonflikts, Depression).

Nikotin

Etwa jeder dritte Mensch in Deutschland raucht regelmäßig **Tabak.** Dessen psychoaktiver Inhaltsstoff Nikotin vermittelt im Gehirn über Dopamin, Serotonin, Adrenalin und weitere Neurotransmitter die Aktivierung des Belohnungssystems. Kurzfristig steigen Aufmerksamkeit und Gedächtnisleistung, werden die Stresstoleranz erhöht und der Appetit gemindert. Langfristig kommt es zu einer Toleranzentwicklung, sodass für den gewünschten Effekt immer größere Mengen an Nikotin erforderlich sind. Darüber hinaus bewirkt der regelmäßige Konsum Bluthochdruck und Gefäßverengungen. Für die schweren Folgeerkrankungen, wie chronische Bronchitis, kardio- und zerebrovaskuläre Erkrankungen oder Krebs, werden insbesondere die Zusatzstoffe in der Zigarette und die bei der Verbrennung entstehenden Gase verantwortlich gemacht.

Kokain

Kokain wird aus den Blättern des Coca-Strauchs gewonnen und gelangt nach chemischer Verarbeitung üblicherweise als weißes, kristallines Pulver auf den (Drogen-)Markt. Meistens wird es über die Nasenschleimhaut aufgenommen („gesnieft"), gelegentlich aber auch gespritzt oder als **Crack** oder **Freebase** geraucht. Kokain erzielt seine psychische Wirkung in erster Linie über eine Wiederaufnahmehemmung von Dopamin, das dann in größerer Menge im synaptischen Spalt zur Verfügung steht. Kurz nach der Einnahme kommt es zu einem Kick, einem Glücksgefühl mit erhöhtem Selbstvertrauen, gesteigerter Aktivität und Risikobereitschaft, Pupillenerweiterung, erhöhtem Blutdruck und Puls. Hunger, Durst und Müdigkeit werden unterdrückt. Häufig ist das sexuelle Verlangen gesteigert.
Regelmäßiger Konsum führt zu psychischen Störungen, wie Ängsten, Depression, Gereiztheit, Wahnvorstellungen, Halluzinationen und starker psychischer Abhängigkeit. Körperliche Schäden können sein: Verletzung der Nasenschleimhaut bis hin zur Perforation der Nasenscheidewand durch das Sniefen, Herz-Kreislauf-Erkrankungen, Bewegungsstörungen, erhöhte Infektanfälligkeit oder extremer Gewichtsverlust.

Opiate

Die große Substanzgruppe der Opiate und Opioide lässt sich auf Opium zurückführen. Damit bezeichnet man den psychoaktiven Inhaltsstoff des aus den unreifen Kapseln des Schlafmohns gewonnenen Saftes.
Das halbsynthetische Opioid **Diacetylmorphin** ist unter dem Namen **Heroin** als illegale Droge weltweit verbreitet. Heroin wird geschnupft oder geraucht, häufiger aber intravenös appliziert und entfaltet kurz nach der Einnahme eine euphorisierende, dann aber auch beruhigende und angstlösende Wirkung. Blutdruck, Puls und Atemfrequenz sinken ab, die Pupillen verengen sich, die Darmtätigkeit wird gedrosselt. Bei mehrfachem

Konsum entwickelt sich rasch eine körperliche und psychische Abhängigkeit. Absetzversuche gehen mit starken Entzugserscheinungen („einen Affen schieben") einher. Auch wenn die Substanz selbst ansonsten wohl keine schweren körperlichen Schäden verursacht, ist die Lebenserwartung von Heroinabhängigen nach wie vor deutlich verkürzt. Der intravenöse Konsum birgt ein hohes Infektionsrisiko (insbesondere HIV, Hepatitis C), die Beschaffung der illegalen Droge führt viele Süchtige über kurz oder lang in die soziale Verelendung.

Klinik

Opiate werden als **hoch potente Analgetika** insbesondere in der Intensiv- und Notfallmedizin, der Chirurgie und bei der Krebsbehandlung eingesetzt. Eine auf Tage bis wenige Wochen begrenzte Verabreichung löst normalerweise keine Abhängigkeit aus. Insbesondere bei Patienten mit Tumorschmerzen, denen man mittels einer Pumpe die Möglichkeit gibt, sich das Medikament bedarfsweise selbst zu applizieren, kommt es kaum zu einer (bei einer Sucht zu erwartenden) Dosissteigerung. Jedoch führen chronische Schmerzen und Somatisierungsstörungen nicht selten zu einer kritiklosen Verordnung von opioidhaltigen und anderen Analgetika bzw. zur Einnahme nicht verschreibungspflichtiger Schmerzmittel über längere Zeiträume. Von einem **Medikamentenmissbrauch** spricht man, wenn die Einnahme ohne medizinische Indikation oder in einer die medizinische Notwendigkeit übersteigenden Dosierung erfolgt. Dies betrifft nicht nur Analgetika, sondern z. B. auch Abführmittel, Vitamin- und Aufbaupräparate und Psychopharmaka. Die mit der Einnahme oder Dosissteigerung einhergehenden Nebenwirkungen werden in Kauf genommen oder manchmal sogar mithilfe weiterer Medikamente zu regulieren versucht.

Halluzinogene

Mit dem Begriff Halluzinogene fasst man eine große Gruppe unterschiedlicher Wirkstoffe zusammen, deren Gemeinsamkeit es ist, Halluzinationen bzw. Wahrnehmungsstörungen hervorzurufen. Zu den bekanntesten gehören LSD, „Zauberpilze" (psilocybinhaltige Pilze), Meskalin, PCP (Phenylcyclohexylpiperidin) und Ketamin. Auch der Fliegenpilz und einige Nachtschattengewächse werden zuweilen aufgrund ihrer halluzinogenen Eigenschaften konsumiert. Neben den Veränderungen des Bewusstseins, der Wahrnehmung und des Gefühlserlebens kommt es bei der Einnahme oft zu mäßigen bis starken Vergiftungserscheinungen, z. B. Tachykardie, Atemstörungen, Übelkeit, Erbrechen, Temperaturregulationsstörungen. Eine körperliche oder psychische Abhängigkeit ist eher selten.

Cannabis

Cannabis ist die in Deutschland am weitesten verbreitete illegale Droge. Der Wirkstoff **Tetrahydrocannabinol** (THC) ist sowohl in den Blättern (Marihuana) als auch im Harz (Haschisch) der Hanfgewächse enthalten. Übliche Konsumform ist das Rauchen im Joint, aber auch der Verzehr, z. B. in Plätzchen oder in Getränken. Die Wirkung besteht zunächst in einer Verstärkung des aktuellen Gefühlszustands und einer Verzerrung der Sinneswahrnehmungen und des räumlichen und zeitlichen Erlebens. Oft tritt ein Gefühl der Euphorie ein, manchmal kommt es zu anhaltenden Lachflashs. Nach einer Weile überwiegt der sedierende Effekt der Droge. Häufiger Konsum führt zu zunehmender Antriebs- und Interesselosigkeit, zu Gefühlsverflachung und Konzentrationsstörungen. Über die Möglichkeit einer Psychoseinduktion durch Cannabis wird kontrovers diskutiert. Die Ausprägung der körperlichen und psychischen Abhängigkeit entspricht in etwa der von Nikotin.

1.4.6 Persönlichkeit und Verhaltensstile

Persönlichkeit ist ein großes Wort. „Haben" und „sein" lassen sich als Verben damit verknüpfen. Unbefriedigend bleiben die Versuche einer Definition. Diese ist allerdings spätestens dann erforderlich, wenn man sich mit dem Krankheitsbild **Persönlichkeitsstörung** auseinandersetzt. Was also ist Persönlichkeit?

Im Allgemeinen versteht man darunter die Gesamtheit an Eigenschaften und Verhaltensweisen, geistigen und emotionalen Innerlichkeiten und Äußerlichkeiten eines Individuums, die sich im Verlauf von Kindheit und Jugend ausbilden, um danach in relativ stabiler Form zu bleiben.

Hans **Eysenck** schrieb 1970:

[Persönlichkeit ist] die mehr oder weniger stabile und dauerhafte Organisation des Charakters, Temperaments, Intellekts und Körperbaus eines Menschen, die seine einzigartige Anpassung an die Umwelt bestimmt. Der Charakter eines Menschen bezeichnet das mehr oder weniger stabile und dauer-

hafte System seines konativen Verhaltens (des Willens); sein Temperament das mehr oder weniger stabile und dauerhafte System seines affektiven Verhaltens (der Emotion oder des Gefühls); sein Intellekt das mehr oder weniger stabile und dauerhafte System seines kognitiven Verhaltens (der Intelligenz); sein Körperbau das mehr oder weniger stabile System seiner physischen Gestalt und neuroendokrinen (hormonalen) Ausstattung.

1.4.6.1 Psychodynamisches Modell

Zur Psychodynamik siehe auch ► Kap. 1.2.3. Mit Bezug zu Freunds Konzept der drei Instanzen (Es, Ich, Über-Ich) geht das **psychodynamische Modell** davon aus, dass die Persönlichkeit als ein Resultat gelungener und gescheiterter **Konfliktlösungen,** insbesondere in den ersten Lebensjahren, entsteht. Aus der Art und Weise wie ein Kind lernt, seine angeborenen Bedürfnisse bzw. Triebe zu befriedigen und aus den Erfahrungen, die es diesbezüglich mit „Objekten" (in erster Linie den Eltern) macht, entwickeln sich Wahrnehmungs- und Verhaltensmuster von relativer Stabilität. Genetische und konstitutionelle Faktoren bilden gewissermaßen die Bühne, auf der sich das Drama von Es, Ich, Über-Ich und Umwelt abspielt. Abhängig davon, wie die Lösung der verschiedenen Entwicklungsaufgaben gelingt, entwickeln sich die Ich-Struktur und die sogenannten internalisierten Objektbeziehungen. Beide bestimmen das innere Erleben und äußere Wirken der Persönlichkeit. Besonders deutlich wird dieser Prozess – wie so oft – anhand seiner Störungen (► Kap. 1.4.6.10). Persönlichkeitsakzentuierungen und -störungen resultieren aus maladaptiven Bewältigungen von Life-Events oder langfristigen Lebensumständen.

1.4.6.2 Statistisches Modell

Innerhalb statistischer Modelle wird die Persönlichkeit anhand verschiedener, mithilfe von Fragebögen oder Fremdbeurteilungen messbarer **Merkmale** beschrieben. Diese Merkmale gelten als universell – Individuen bzw. Persönlichkeiten werden charakterisiert durch ihre unterschiedliche Ausprägung. Dabei geht man von einer **genetischen Disposition** aus, die bis zu 40 % der Persönlichkeitsbildung bestimmt.

Der britische Persönlichkeitspsychologe Raymond Bernard **Cattell** postulierte 16 jeweils zweidimensionale Faktoren, anhand derer sich eine Persönlichkeit beschreiben und in ihrem offen gezeigten Verhalten erkennen lässt. Diese Faktoren sind:

- Sach- vs. Kontaktorientierung (Wärme)
- Konkretes vs. abstraktes Denken (logisches Schlussfolgern)
- Emotionale Störbarkeit vs. emotionale Widerstandsfähigkeit (emotionale Stabilität)
- Soziale Anpassung vs. Selbstbehauptung (Dominanz)
- Besonnenheit vs. Begeisterungsfähigkeit (Lebhaftigkeit)
- Flexibilität vs. Pflichtbewusstsein (Regelbewusstsein)
- Zurückhaltung vs. Selbstsicherheit (soziale Kompetenz)
- Robustheit vs. Sensibilität (Empfindsamkeit)
- Vertrauensbereitschaft vs. skeptische Haltung (Wachsamkeit)
- Pragmatismus vs. Unkonventionalität (Abgehobenheit)
- Unbefangenheit vs. Überlegenheit (Privatheit)
- Selbstvertrauen vs. Besorgtheit (Besorgtheit)
- Sicherheitsinteresse vs. Veränderungsbereitschaft (Offenheit für Neues)
- Gruppenverbundenheit vs. Eigenständigkeit (Selbstgenügsamkeit)
- Spontaneität vs. Selbstkontrolle (Perfektionismus)
- Innere Ruhe vs. innere Gespanntheit (Anspannung)

Hans **Eysenck** stellte die Persönlichkeit innerhalb der Dimensionen Extraversion, Introversion und Stabilität, Labilität (Neurotizismus) dar (► Abb. 1.21). **Extraversion** bedeutet dabei die Orientierung nach außen, offener Umgang mit anderen Menschen, Lebhaftigkeit, Sorglosigkeit, Optimismus, aber auch Unruhe und Impulsivität. **Introvertiertheit** ist die Orientierung nach innen, die mit Zurückhaltung, Ruhe, Nachdenklichkeit und Ernst, Pessimismus und Sensibilität verbunden ist. **Neurotizismus** steht für die Ausprägung von Eigenschaften wie Nervosität, Reizbarkeit, Ängstlichkeit, Gespanntheit, Labilität und Launenhaftigkeit.

Das Modell der **Big Five** (= Fünf-Faktoren-Modell, FFM) ist die Grundlage mehrerer Persönlichkeitstests. Folgende fünf Dimensionen der Persönlichkeit werden darin unterschieden:

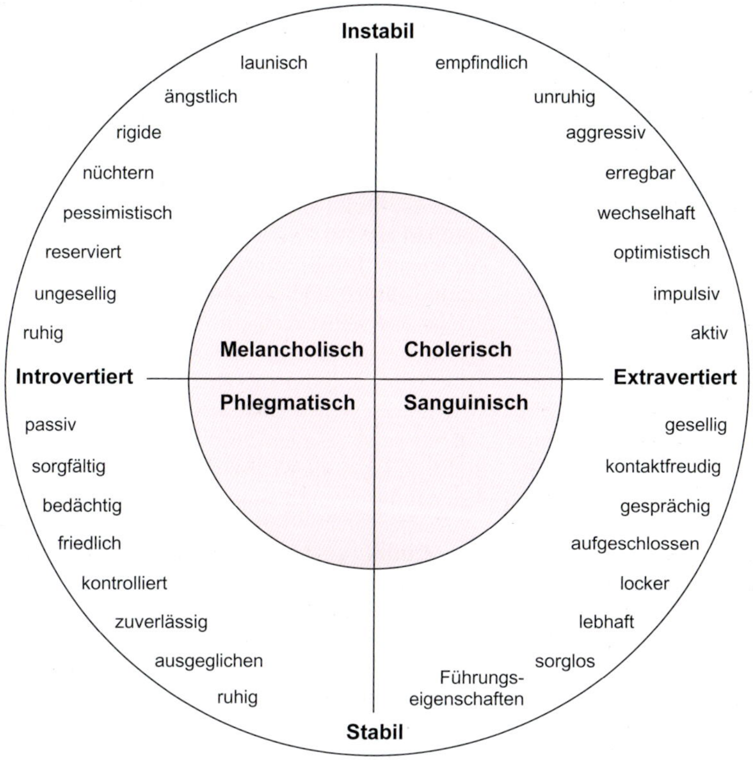

Abb. 1.21 Persönlichkeitsmodell nach Eysenck, Zuordnung der Ausprägungen von Introversion, Extraversion, Stabilität und Labilität zu den vier Temperamenten [G030/L231]

Eigenschaft	Hohe Ausprägung	Geringe Ausprägung
Extraversion	gesellig, gesprächig, heiter, aktiv	zurückhaltend, in sich gekehrt, ruhig, unabhängig
Offenheit für neue Erfahrungen	unkonventionell, neugierig, intellektuell, phantasievoll, kritisch	konventionell, sachlich, bodenständig, konservativ
Verträglichkeit	nachgiebig, gutmütig, friedfertig, altruistisch, kooperativ, mitfühlend	misstrauisch, streitlustig, konkurrierend, egozentrisch, kritisch
Gewissenhaftigkeit	ordentlich, zuverlässig, gewissenhaft, pedantisch, organisiert, zielstrebig	unzuverlässig, locker, unorganisiert, nachlässig, spontan, ungenau
Neurotizismus	ängstlich, nervös, launisch, unsicher, besorgt, labil	stabil, entspannt, sicher, zufrieden

Persönlichkeitsstörungen sind demzufolge ein **statistisches Konstrukt:** Die betroffene Person liegt hinsichtlich bestimmter Eigenschaften zu weit außerhalb einer die Normalität definierenden Mitte.

Lerntipp

Es gibt fünf Eigenschaftsdimensionen der Persönlichkeit, die sich immer wieder in den unterschiedlichen Erhebungsverfahren und in verschiedenen Stichproben finden. Diese fünf Dimensionen werden Big-Five genannt. Zu den **Big-Five** gehören: Verträglichkeit, Offenheit für Erfahrungen, Gewissenhaftigkeit, Extra- vs. Introversion und Labilität vs. Stabilität (Neurotizismus).

1.4.6.3 Interaktionistisches Modell

Innerhalb des interaktionistischen Modells wird die Entwicklung der Persönlichkeit als Resultat eines **wechselseitigen Wirkens von Person und Umwelt** verstanden. Dabei lassen sich vier Prozesse unterscheiden:

- Die Person verändert sich.
- Die Umwelt verändert sich.
- Die Person nimmt Einfluss auf die Umwelt.
- Die Umwelt nimmt Einfluss auf die Person.

Sowohl die Person als auch die Umwelt werden als kurzfristig konstant, mittel- und langfristig, aber veränderlich und beeinflussbar begriffen. **Persönlichkeitsstörungen** resultieren aus einer fehlerhaften Person-Umwelt-Interaktion.

1.4.6.4 Lerntheoretisches Modell

Die Entwicklung der Persönlichkeit kann auch als das **Resultat von Lernprozessen** verstanden werden. Die **Behavioristen** – Lernpsychologen und Verhaltensforscher – begründeten Anfang des 20. Jahrhunderts das lerntheoretische Modell, wonach eine Person gewissermaßen das Produkt ihrer Lern- und Entwicklungsgeschichte ist. Dabei beruht Lernen im Wesentlichen auf den Vorgängen der **klassischen und operanten Konditionierung** und des **Lernens am Modell.** Mit zunehmender Erfahrung wählt das Individuum die Reize, auf die es reagiert, selbst aus und zeigt charakteristische Reaktionsformen, die zu Kennzeichen der Persönlichkeit werden. Auch **Persönlichkeitsstörungen** werden demzufolge „gelernt".

1.4.6.5 State/Trait-Unterscheidung

Das englische Wort **trait** steht für einen Wesenszug, ein Charakteristikum bzw. eine Eigenschaft. In der Persönlichkeitspsychologie bezeichnet man damit die **überdauernden Merkmale** einer Person, wie z. B. ihre charakteristischen Reaktions- und Verhaltensweisen, ihre moralischen Grundannahmen, ihre soziale Orientierung und ihre Wertvorstellungen. **State** dagegen bezeichnet den **aktuellen Zustand,** also die vom Augenblick und der Situation beeinflussten Persönlichkeitsmerkmale, die momentane Stimmung und Leistung.

Merke

- State = Zustand
- Trait = Eigenschaft

Bestimmte Merkmale, z. B. Angst oder Zufriedenheit, können als dauerhafte Charaktereigenschaft („Herr K. ist ein Hasenfuß"), aber auch als momentaner Zustand („Ich könnte platzen vor Glück, weil die Sonne scheint") auftreten.

1.4.6.6 Selbstkonzept

Aus der Frage **„Wer bin ich?"** heraus entwickelt jeder Mensch ein Selbstkonzept. Was zeichnet mich aus? Was sind meine typischen Eigenschaften? Wie erlebe ich mich, wie erleben mich andere? Wie ist meine Haltung zu bestimmten Themen? Wie reagiere ich in bestimmten Situationen? Wovon lasse ich mich beeinflussen und leiten? Welche Rollen (beruflich, familiär usw.) fülle ich wie aus? Warum denke/fühle/handle ich so und nicht anders? Wie bin ich so geworden? Wie will ich sein?

Auf diese Weise entsteht ein **Bild der eigenen Persönlichkeit** und ihrer emotionalen und kognitiven Merkmale. Dieses kann positiv oder negativ bewertet werden und entsprechend ein starkes oder schwaches **Selbstwertgefühl** erzeugen. Schwierigkeiten entstehen insbesondere dann, wenn sich das reale Selbst und das angestrebte ideale Selbst deutlich unterscheiden bzw. wenn das Selbstkonzept auf ein diskrepantes Feedback aus der Umwelt stößt: „Ich bin die Klügste und Schönste, nur merken das die anderen seltsamerweise nicht."

Klinik

Die **Stabilität des Selbstkonzepts** wird vor allem dann auf die Probe gestellt, wenn Veränderungen eintreten. Das können **Umweltbedingungen** und **Life-Events** wie Umzug, Partnerschaft, Trennung, Arbeitsbeginn oder Arbeitslosigkeit sein. Aber auch **schwere Erkrankungen** fordern in den meisten Fällen die neuerliche Auseinandersetzung mit der „Wer bin ich"-Frage heraus. Insbesondere im Zusammenhang mit Krebserkrankungen wurden Bewältigungs- bzw. Coping-Strategien in Abhängigkeit von der prämorbiden Persönlichkeit beforscht. Adaptive bzw. funktionale (meist aktive) Strategien führen zu einer erfolgreichen Bewältigung, während maladaptive bzw. dysfunktionale (meist passive) Denk- und Verhaltensstile sogar eine Verschlechterung der Erkrankung bewirken können.

1.4.6.7 Kognitive- und Verhaltensstile

Die folgenden Konstrukte widmen sich bestimmten Persönlichkeitsmerkmalen, die als Stile des Fühlens, Denkens und Verhaltens aufgefasst werden können. In ihren extremen Ausprägungen werden sie zu kognitiven-, Verhaltens- bzw. Persönlichkeitsstörungen.

Interferenzneigung

Interferenz ist ein Begriff, der ursprünglich aus der Physik stammt und dort die Überlagerungserscheinungen beim Zusammentreffen von Wellen bezeichnet. In der Persönlichkeitspsychologie steht die Interferenzneigung für das Maß der **Störanfäl-**

ligkeit eines Individuums gegenüber irrelevanten Reizen bzw., einfacher ausgedrückt, für seine **Ablenkbarkeit.**
John Ridley **Stroop** entwickelte hierzu einen einfachen Aufmerksamkeitstest. Zunächst präsentierte er seinen Probanden schwarz gedruckte Worte wie „blau", „grün", „rot" und bat sie, diese vorzulesen. Anschließend sollten farbig gedruckte Worte (rot, grün, blau) vorgelesen und Farben (****) benannt werden. Der eigentliche Interferenztest bestand schließlich darin, die Farben bunt gedruckter Farbwörter zu benennen, bei denen Wortinhalt und Druckfarbe nicht übereinstimmten (gelb, blau, grün, orange). Hierbei geht es darum, den irrelevanten Reiz des Wortinhalts aktiv zu unterdrücken und sich ausschließlich auf die Farbe zu konzentrieren, was den Probanden – abhängig von ihrer Interferenzneigung – mit unterschiedlicher Geschwindigkeit gelang. Modifikationen dieses Tests werden noch heute in verschiedenen Untersuchungen im Rahmen der Persönlichkeitsdiagnostik verwendet. Eine erhöhte Interferenzneigung ist typisch für Menschen mit Schizophrenie.

Feldabhängigkeit

Das Konstrukt der Feldabhängigkeit bzw. Feldunabhängigkeit geht auf den amerikanischen Psychologen Herman **Witkin** zurück. Er beschäftigte sich mit dem Ausmaß, in dem Individuen die Informationen ihrer Umwelt (Feld) in die Beurteilung ihrer eigenen Lage einbeziehen.
Experimentell untersuchte er dies z. B. im **Rod-Frame-Test:** In einem abgedunkelten Raum wurde ein Stab schräg in einem schrägen Rahmen platziert. Der Proband saß auf einem im Verhältnis zum Fußboden gekippten Stuhl und bekam die Aufgabe, den Stab senkrecht zur Fußbodenebene zu positionieren. Personen, denen dies gelingt, gelten als feldunabhängig. Ihnen werden mathematisch-analytische Fähigkeiten, Individualität und eine differenzierte Selbstwahrnehmung zugesprochen. Feldabhängige Personen hingegen gelten als eher sozial und künstlerisch orientiert, abhängiger von den Anforderungen und Unterstützungen ihrer Umwelt und weniger deutlich in ihrem Selbstkonzept.

Sensation Seeking

Psychophysiologische Persönlichkeitskonzepte gehen davon aus, dass es für jedes Individuum ein optimales **Erregungsniveau** gibt. Dieses wird durch innere und äußere Faktoren beeinflusst. Oberhalb des Optimums erlebt die Person Stress, unterhalb Langeweile. Menschen mit einem von Natur aus hohen Erregungsniveau bedürfen der ständigen Reizung, Bewegung und Abwechslung, um sich wohlzufühlen. Sie werden als **Sensation Seekers** bezeichnet.
Der Psychiater und Psychotherapeut Theo R. Payk schreibt 2008:

„Vieles spricht dafür, dass die Verschränkung von Furcht und Wonne, dieses Gewebe aus Wagnis, Neugier, Lockung, Nervenkitzel und Abenteuerlust ein kollektives Erbe aus der Frühzeit der Menschengeschichte ist. Angstlust und Spannung, Unsicherheit und Dramatik unberechenbarer Risikosituationen fordern auch den modernen Menschen, der sich im Alltag der abgesicherten Gewohnheiten nicht genügend beansprucht fühlt, heraus und faszinieren ihn. Aktivitäten von Körper und/oder Geist sollen der Langeweile und inneren Leere die Waage halten. Vor allem Menschen mit einem sehr hohen Erregungsniveau – ‚Sensation Seekers' – haben ein unerschöpfliches Verlangen nach Stimulierung ihrer Sinne. Sie suchen ungewöhnliche Empfindungen in exzessiven Bestätigungen. Sie neigen zu Maßlosigkeit und Enthemmung auf der Suche nach dem ‚ultimativen Kick', wie er sich beispielsweise auch im ‚Flash' des Drogenrausches oder als Euphorie nach einer persönlichen Höchstleistung – oder vielleicht auch bei einer Gewalttat – einstellen kann."

Marvin **Zuckermann** unterscheidet hinsichtlich des Sensation Seekings vier Faktoren:

- Thrill and Adventure Seeking – Suche nach (körperlich) riskanten Aktivitäten, z. B. Bungee-Jumping, Snowboarding etc.
- Experience Seeking – Suche nach ungewöhnlichen Erfahrungen, z. B. durch Drogen, Fernreisen, besondere Sexualpraktiken
- Disinhibition Seeking – Suche nach Abwechslung durch Enthemmung, z. B. auf Partys
- Boredom Susceptibility – Anfälligkeit für Langeweile; Unruhe und Unzufriedenheit, wenn die Umwelt nicht genügend Reize bietet

Repression/Sensitization – R/S-Konstrukt

Der individuelle Umgang mit angstauslösenden Situationen kann auf einer Skala bestimmt werden, deren jeweilige Enden man mit **Sensitization** und **Repression** bezeichnet. Sensitization bedeutet dabei die aktive und bewusste Hinwendung zur Angst, während Repression für die Abwendung steht. Mit beiden Verhaltensweisen sind spezifische, aus der Psychoanalyse bekannte Abwehrmechanismen (► Kap. 1.2.3.4) assoziiert:

	Abwehrmechanismen
Sensitization	Isolierung, Intellektualisierung, Projektion, Kompensation, Depression, Autoaggression
Repression	Verdrängung, Verleugnung, Verschiebung, Reaktionsbildung, Sublimierung, Identifikation, Rationalisierung, psychosomatische Störung

Der **Sensitizer** sieht eine Bedrohung besonders deutlich, setzt sich intensiv mit ihr auseinander, ist entsprechend eher besorgt und versucht, Wege zu finden, die Bedrohlichkeit zu verringern. Der **Repressor** hingegen ignoriert die Gefahr länger, verharmlost, bereitet sich nicht vor, ist entsprechend gelassener, wird aber auch häufiger durch Bedrohungen überrascht. Beide unterscheiden sich in ihrem Informationsbedürfnis, was ggf. im ärztlichen Gespräch und Aufklärungsumfang berücksichtigt werden muss. Während Sensitizer alles ganz genau wissen wollen, verzichten Repressoren gern auf detailreiche Erläuterungen hinsichtlich ihrer Erkrankung.

Stressverarbeitungsstile

Hinsichtlich des Umgangs mit **Stress** werden drei Verhaltenstypen unterschieden:

- Das **Typ-A-Verhalten** ist gekennzeichnet durch Schnelligkeit, Ungeduld, Unruhe, Aggressivität, Konkurrenzdenken, Feindseligkeit, Perfektionismus, Leistungsstreben, hohes Verantwortungsbewusstsein, Kontrollbedürfnis, Zielorientiertheit und Verleugnung von Emotionen. Menschen mit diesem Verhaltensmuster haben ein erhöhtes Risiko für kardiovaskuläre Erkrankungen.
- Das **Typ-B-Verhalten** ist gekennzeichnet durch Ruhe und Gelassenheit, Geduld, gering ausgeprägtes Konkurrenz- und Leistungsverhalten und eine Orientierung hin zu Freizeit und Spiel. Ein erhöhtes spezifisches Krankheitsrisiko besteht nicht.
- Charakteristisch für das **Typ-C-Verhalten** sind Freundlichkeit, Aufopferungsbereitschaft, Nachgiebigkeit, Verleugnung eigener Bedürfnisse und Ansprüche bei fehlendem Kampfgeist. Es soll eine Assoziation dieses Verhaltenstypus mit Krebserkrankungen bestehen. Mittlerweile gilt diese sehr einfache Aufteilung in Persönlichkeitstypen als überholt. Der Zusammenhang zwischen Leistungsstreben, hohem Kontrollbedürfnis, Feindseligkeit und Herzerkrankungen wurde aber vielfach bestätigt.

Wohl weniger in Bezug auf die Krankheitsentstehung, jedoch für den **Umgang** mit der Erkrankung (und damit auch für Bewältigung und Heilung) scheint die **individuelle Kontrollüberzeugung** eine wichtige Rolle zu spielen. Die Annahme einer überwiegend **externalen** Verursachung und Beeinflussung von Ereignissen führt im Krankheitsfall und bei Stress eher zur Resignation (► Kap. 1.4.4.7, „Erlernte Hilflosigkeit"), während eine **internale** Kontrollüberzeugung („Jeder ist seines Glückes Schmied") aktive Bewältigungsstrategien ermöglicht.

1.4.6.8 Persönlichkeitsentwicklung und -fehlentwicklung

Interaktion von Genetik, Persönlichkeit und sozialer Umwelt

Es bedarf keiner außergewöhnlichen Anstrengung, sich vorzustellen, dass es bei der Vielzahl von Faktoren und Wechselwirkungen, die die Entwicklung einer Persönlichkeit prägen, auch zu Störungen kommen kann. Diese besteht auf **biologischer** Ebene vielleicht in einer Disposition zu besonders aggressivem oder ängstlichen Verhalten, in einer angeborenen Lernbehinderung oder einem mit körperlichen und psychischen Besonderheiten verbundenen Gendefekt.

Auch die **Persönlichkeit** selbst beeinflusst ihre Entwicklung: Ein eher introvertierter Mensch wird viele Erfahrungen mit Einsamkeit und Selbstgenügsamkeit machen und diese in sein Selbstkonzept integrieren, sodass rückblickend gefragt werden kann, was zuerst da war, die Introvertiertheit oder der Rückzug.

Die **soziale Umwelt** ist vom Beginn des Lebens an der Formung der Persönlichkeit beteiligt. Die Interaktion mit Eltern und Geschwistern, später mit einer Peergroup, mit Lehrern, mit dem Partner, mit sozialen Institutionen, Arbeitgebern, Kollegen usw. fordert das Individuum zum Handeln und zum Sein heraus. Die sich so formenden Interaktionsstile werden im Laufe der Zeit Teil der Persönlichkeit.

Persönlichkeitsstörungen

Jede Persönlichkeit weist **Akzentuierungen** im Sinne von Betonungen bestimmter Merkmale und Verhaltensweisen auf. So mag ein Mensch als eher ängstlich oder extrovertiert oder ordentlich oder vorsichtig oder lebhaft gelten. Erst wenn diese Akzente so stark ausgeprägt sind, dass sie für die Person selbst oder für ihre Umwelt zu **Problemen** bzw. **Gesundheitsgefährdungen** führen, spricht man von einer **Persönlichkeitsstörung.**
Gemäß der ICD-10 handelt es sich bei den Persönlichkeitsstörungen um „*meist länger anhaltende Zustandsbilder und Verhaltensmuster. Sie sind Ausdruck des charakteristischen, individuellen Lebensstils, des Verhältnisses zur eigenen Person und zu anderen Menschen. Einige dieser Zustandsbilder und Verhaltensmuster entstehen als Folge konstitutioneller Faktoren und sozialer Erfahrungen schon früh im Verlauf der individuellen Entwicklung, während andere erst später im Leben erworben werden. Die spezifischen Persönlichkeitsstörungen, die kombinierten und anderen Persönlichkeitsstörungen und die Persönlichkeitsänderungen sind tief verwurzelte, anhaltende Verhaltensmuster, die sich in starren Reaktionen auf unterschiedliche persönliche und soziale Lebenslagen zeigen. Sie verkörpern gegenüber der Mehrheit der betreffenden Bevölkerung deutliche Abweichungen im Wahrnehmen, Denken, Fühlen und in den Beziehungen zu anderen. Solche Verhaltensmuster sind meistens stabil und beziehen sich auf vielfältige Bereiche des Verhaltens und der psychologischen Funktionen. Häufig gehen sie mit einem unterschiedlichen Ausmaß persönlichen Leidens und gestörter sozialer Funktionsfähigkeit einher.*“
Die spezifischen Persönlichkeitsstörungen lassen sich in drei Gruppen einordnen, sogenannte **Cluster.** Sie werden charakterisiert durch bestimmte **Grundannahmen,** die eigene Person und die Beziehung zu anderen betreffend, und durch bestimmte **Verhaltensweisen.** Neuere Ansätze verstehen Persönlichkeitsstörungen sowohl ätiologisch als auch symptomatisch zunehmend als **Beziehungsstörungen.** Dies hat u. a. Bedeutung für die Psychotherapie, in der die Beziehungsgestaltung eine besonders große Rolle spielt.

Cluster	Persönlichkeitsstörung	Grundannahme	Merkmale/Verhalten
Cluster A – sonderbar, exzentrisch	paranoide Persönlichkeitsstörung	Menschen sind potenzielle Feinde; Andere wollen mir Böses	wachsam, vorsichtig, empfindlich gegenüber Zurückweisung, nachtragend, streitsüchtig, misstrauisch
	schizoide Persönlichkeitsstörung	Beziehungen bringen nichts	einzelgängerisch, in sich gekehrt, vermindertes Gefühlserleben
	schizotype Persönlichkeitsstörung	Die Dinge sind nicht, wie sie scheinen	magisches Denken, bizarres Verhalten, ungewöhnliche Wahrnehmungen, sozialer Rückzug, Misstrauen, Ängstlichkeit
Cluster B – dramatisch, emotional	emotional instabile Persönlichkeitsstörung	in Beziehungen wird man verletzt oder verlassen	emotionale Instabilität, Impulsivität, Wechsel zwischen Idealisierung und Entwertung von Partnern, Manipulation, Spaltung, Schwarz-Weiß-Denken, Selbstverletzung
	histrionische Persönlichkeitsstörung	Ich muss gefallen/imponieren	theatralisches Verhalten, ständiges Mühen um Anerkennung und Aufmerksamkeit, übertriebene und gleichzeitig oberflächliche Darstellung von Emotionen, egozentrisch, kränkbar
	dissoziale Persönlichkeitsstörung	Menschen sind dazu da, um ausgenutzt zu werden	verantwortungslos, ohne Mitgefühl, herzlos, sich nicht an soziale Normen haltend, frustrationsintolerant, aggressiv
	narzisstische Persönlichkeitsstörung	Ich bin etwas Besonderes	mangelndes Selbstbewusstsein, was durch scheinbar besonders selbstsicheres, großartiges, arrogantes Auftreten überspielt wird; Gefühl von Wichtigkeit, Entwertung anderer Personen, Neid, Wut, Mangel an Empathie, Desinteresse für andere

Cluster C – ängstlich, vermeidend	ängstliche Persönlichkeitsstörung	Ich bin gefährdet	zurückhaltend, ängstlich, vorsichtig, pessimistisch, selbstkritisch, schüchtern, Minderwertigkeitsgefühle, Empfindlichkeit gegenüber Kritik und Zurückweisung
	abhängige/dependente Persönlichkeitsstörung	Ich brauche einen starken anderen an meiner Seite; allein bin ich hilflos	anhänglich, sich selbst zugunsten einer Beziehung verleugnend, unterwürfig, entscheidungsunfähig, große Trennungsangst, Gefühle von Hilflosigkeit und Inkompetenz
	anankastische/zwanghafte Persönlichkeitsstörung	Mir darf kein Fehler passieren	Gewissenhaftigkeit, Perfektionismus, Zweifel, hohes Kontrollbedürfnis, Beharrlichkeit, Rigidität

1.4.7 Entwicklung und primäre Sozialisation

Als **Sozialisation** bezeichnet man einen Prozess, in dessen Verlauf sich ein Individuum mit seiner sozialen Umwelt und ihren Normen auseinandersetzt, diese internalisiert und daraus eine eigene Haltung und soziale Rolle entwickelt. Da sich die soziale Umwelt eines Menschen im Laufe seines Lebens ändert, lassen sich **drei Sozialisationsstufen** unterscheiden:

- **Primäre Sozialisation** findet in den ersten Lebensjahren statt und wird hauptsächlich durch die Familie realisiert; das Kind lernt Möglichkeiten der Beziehungsgestaltung und der Äußerung und Erfüllung von Bedürfnissen kennen.
- **Sekundäre Sozialisation** findet in der Kindheit und Jugend statt und wird durch die Peergroup, Lehrer und Eltern geprägt; in dieser Phase geht es um die Einpassung in den gesellschaftlichen Rahmen und die Übernahme unterschiedlicher sozialer Rollen.
- **Tertiäre Sozialisation:** Im Erwachsenenalter ist die Interaktion von Person und Gesellschaft insbesondere durch berufliche Bedingungen, gesellschaftliches Engagement und die Gründung einer eigenen Familie geprägt.

1.4.7.1 Neuropsychobiologische Grundlagen

Genetische, biologische, psychische und soziale Faktoren beeinflussen schon von der Zeugung eines Individuums an seine Entwicklung. Aus neuropsychobiologischer Perspektive wartet die enorme Menge der bei der Geburt angelegten Neuronen geradezu darauf, im Rahmen von Lernprozessen per Synapse miteinander in Verbindung zu treten. In der anfangs noch weitgehend ungeformten Masse der biologischen Möglichkeiten bilden sich im Laufe der Zeit, durch Reize und Reaktionen Strukturen heraus, die das materielle Korrelat des Ichs bilden.

Pränatale/intrauterine Entwicklung

Die Zeit von der Befruchtung bis zur Geburt lässt sich in zwei Phasen untergliedern:

- Die **Embryonalperiode** dauert von der Befruchtung bis zur achten Entwicklungswoche. In dieser Zeit werden aus den drei Keimblättern alle Organe angelegt und der Keim erhält seine menschliche Gestalt.
- Die **Fetalperoide** schließt an die Embryonalperiode an und dauert bis zur Geburt. Diese Zeit dient dem Wachstum und der Reifung der Organe und des Gesamtorganismus.

Klinik

„**Rauchen in der Schwangerschaft** schadet Ihrem Kind." Zu den mit dem Zigarettenkonsum in Verbindung gebrachten Schäden gehören u. a. Früh- oder Fehlgeburt, vermindertes Geburtsgewicht, plötzlicher Kindstod, Hyperaktivität, Lernstörungen, Allergien, Asthma und Übergewicht.
Verantwortlich dafür ist wohl in erster Linie eine chronische Minderversorgung mit Sauerstoff aufgrund von plazentaren Durchblutungsstörungen.

Die wichtigsten mit Wachstum und Entwicklung verbundenen biologischen Prozesse setzen unmittelbar nach der Befruchtung ein und enden erst mit dem Tod. Es handelt sich dabei um **Zellteilung, Zellmigration, Zellreifung und Zelltod.** Schon anhand der Begriffe wird die Dynamik von Werden und Vergehen deutlich, die nicht nur auf biologischer Ebene das Leben charakterisiert.
Bereits ab der 12. Woche zeigt der Fetus **Bewegungsmuster** wie Streckung und Beugung der Extremitäten, Saugen, Schlucken, thorakale In- und Exspirationsbewegungen und Gähnen. Zyklische Wechsel von Aktivität und Ruhe sind bereits ab der zehnten Woche nachweisbar. Bis zur Geburt bildet sich eine annähernd **zirkadiane Rhythmik** heraus.

Bereits im Uterus macht der Mensch Erfahrungen mit seinen **Sinnesorganen,** z. B. durch Berührung des eigenen Körpers, Daumenlutschen und olfaktorische und gustatorische Verarbeitung von Sinnesreizen aus dem Fruchtwasser. Reaktionen auf Geräusche der Umwelt (Herzschlag, Atemgeräusche, Stimme der Mutter oder anderer, Musik etc.) sind ab dem sechsten Monat nachweisbar. Inwieweit optische Reize bis in den Uterus gelangen und dort vom Kind verarbeitet werden, ist strittig. Die Forschung, die sich mit der pränatalen Entwicklung befasst, findet auch immer mehr Hinweise auf **Lernvorgänge** (Habituation, Dishabituation) und **Gedächtnisbildung** in utero (z. B. Wiedererkennen von Stimmen, Musik oder während der Schwangerschaft regelmäßig laut gelesener Gedichte).

Psychosoziale Einflüsse auf Schwangerschaft und Geburt

Dass sich mütterlicher **Stress** negativ auf die Schwangerschaft auswirken und schwangerschaftsbezogene Komplikationen, Frühgeburtlichkeit, aber auch Entwicklungs- und psychosomatische Störungen beim Kind verursachen kann, ist als Hypothese lange bekannt. Nach und nach entdeckt man die entsprechenden psychobiologischen (z. B. hormonellen) Zusammenhänge.

Was sich dabei als Stressor auswirkt, ist interindividuell unterschiedlich. Für die Mehrzahl der werdenden Mütter belastend sind vor allem eine **unsichere partnerschaftliche Bindung** (gewollte oder ungewollte Schwangerschaft? Kind als Retter der Beziehung? Schwangerschaft außerhalb einer festen Beziehung?) und **fehlende soziale Beziehungen,** sowie **Armut, Arbeitslosigkeit** und eigene **Erkrankungen.** Aber auch Unsicherheiten und Ängste auf Seiten der Eltern im Umgang mit der Schwangerschaft und mit dem Neugeborenen können als psychosoziale Faktoren auf die Persönlichkeitsentwicklung des Kindes Einfluss nehmen.

Klinik

Ein Mangel an Aufmerksamkeit, Zuwendung, Kommunikation und Kontakt kann – insbesondere wenn er in den sensiblen Phasen der kindlichen Entwicklung auftritt – zu schweren und anhaltenden psychischen Störungen führen. Man spricht von **Deprivation** oder **Hospitalismus.** Die betroffenen Kinder zeigen depressive, autoaggressive und/oder regressive (z. B. Einnässen) Verhaltensweisen. Zuweilen fallen sie durch stereotype Bewegungen und autistisch anmutende Interaktionsstörungen auf. Der Begriff Hospitalismus verweist auf das früher häufige Auftreten entsprechender Symptome bei Kindern, die lange im Krankenhaus liegen mussten oder in Kinderheimen untergebracht waren.

Postnatale Entwicklung: Maturation und Lernen

Sigmund Freud sah in der Geburt selbst das Urtrauma des Menschen; Ende und Beginn von etwas, das die moderne Entwicklungspsychologie eher als ein Kontinuum betrachtet. **Maturation** (Reifung) und **Lernen** setzen vor der Geburt ein und werden danach fortgeführt. Innerhalb dieses Prozesses lässt sich eine Vielzahl von Meilensteinen ausmachen, deren Erreichen zu bestimmten Zeitpunkten die normale Entwicklung kennzeichnet. Dies betrifft:

- **körperliche Merkmale,** z. B. Perzentilenkurven für Körpergröße und -gewicht, Zahnwachstum, Verknöcherung der Schädelnähte
- **motorische Fähigkeiten,** z. B. Kopf halten, Rollen, Krabbeln, Sitzen, Laufen
- **sprachliche Fertigkeiten,** z. B. Laute, Silben, erste Worte
- **psychische und psychosoziale Aktivitäten,** z. B. Fremdenangst, Trennungsangst und Entwicklung der Sauberkeit
  - **Fremdenangst (Fremdeln):** Im Alter von sechs bis acht Monaten beginnen viele Kinder damit, deutlich angstgesteuertes Verhalten beim Anblick von fremden Menschen zu zeigen. Unterschiedliche Erklärungsmodelle für dieses Phänomen sehen darin einerseits die Verwirklichung von Bindungszielen (Stärkung der Bindung zur Mutter, die von anderen Menschen unterschieden wird), andererseits den Ausdruck von differenziellen Kompetenzen (Unterscheidung von fremd und vertraut). Zudem fällt die Fremdenangst mit den ersten Krabbel- und Gehversuchen des Kindes zusammen, das somit seine Umwelt zu erkunden beginnt, sich aber gleichzeitig immer wieder auf Vertrautes bezieht.
  - **Trennungsangst:** Parallel zur Angst gegenüber Fremden zeigen viele Kinder ungefähr zwischen dem achten und 18. Lebensmonat Ängste und Unwohlsein, sobald der Kontakt zu einer wichtigen Bezugsperson abzubrechen droht. Dies ist z. B. der Fall, wenn die Mutter den Raum verlässt, der Vater

das Kind in die Kinderkrippe bringt oder dieses nachts erwacht und nicht sofort die Eltern um sich spürt. Der evolutionsbiologische Sinn dieses Verhaltens ist offensichtlich – der Verlust der schützenden und nährenden Bezugsperson ist für ein Kleinkind lebensbedrohlich.

- **Sauberkeitserziehung:** Voraussetzung für die eigenständige Nutzung von Toilette bzw. Töpfchen ist die Fähigkeit der willentlichen Schließmuskelkontrolle. Diese wird von den meisten Kindern im dritten Lebensjahr erreicht und kann vermutlich nicht durch Training beschleunigt werden.

1.4.7.2 Frühkindliche Entwicklung und primäre Sozialisation

Sensorik

Vorgeburtlich werden alle Sinnesorgane angelegt, zur Herausbildung ihrer vollständigen Funktionstüchtigkeit bedarf es jedoch eines Reifungs- bzw. Lernprozesses, also der Entdeckung, Nutzung und Übung sensorischer Fähigkeiten. Strukturell vollzieht sich dieser Prozess u. a. durch die Entwicklung der entsprechenden Sinneszentren im Gehirn und der nervalen Verknüpfungen.

- **Gesichtssinn:** Zum Zeitpunkt der Geburt kann das Kind Hell und Dunkel unterscheiden. Die Linse ist anfangs noch nicht zur Akkommodation in der Lage; scharf gesehen werden Gegenstände im Abstand von ca. 20 cm. Farbsehen und Sehschärfe entwickeln sich innerhalb der ersten Lebensmonate. Dann beginnt das Kind auch, Bewegungen mit den Augen zu verfolgen. Das räumliche Sehen bildet sich ungefähr im vierten Lebensmonat aus.
- **Gehör:** Die Fähigkeit, Töne wahrzunehmen, Tonhöhen zu unterscheiden und Klänge, wie z. B. den der mütterlichen Stimme, wiederzuerkennen besteht bereits vor der Geburt. Die Zuordnung von Geräuschen und das Verständnis sprachlicher Laute entwickeln sich postnatal.
- **Geschmackssinn:** Dass Kinder bereits vor der Geburt schmecken können (und wissen, was gut ist) stellte man experimentell z. B. dadurch fest, dass mit Zucker versetztes Fruchtwasser in viel größeren Mengen getrunken wurde als jenes, dem man Röntgenkontrastmittel beigemengt hatte. Die Geschmacksknospen werden pränatal angelegt und postnatal durch Reizung geschult. So entwickeln sich frühzeitig gustatorische Präferenzen.
- **Geruchssinn:** Evolutionsbiologisch erscheint es sinnvoll, dass ein Neugeborenes frühzeitig in der Lage ist, seine Mutter sicher zu identifizieren. Dies gelingt in erster Linie über den Geruchssinn, der zum Zeitpunkt der Geburt zur Verfügung steht, aber wohl intrauterin nicht geschult werden kann.
- **Tastsinn:** Taktile Wahrnehmung erfolgt über die gesamte Haut. Auch diese Fähigkeit wird pränatal erworben. Frühzeitig nutzt das Kind insbesondere Zunge und Lippen, um seine Umwelt zu erforschen. Eine genaue Identifizierung der eigenen Körpergrenzen anhand von Berührung bedarf aber gewisser kognitiver Fähigkeiten, die erst in den ersten Lebensmonaten erlangt werden.

> **Merke**
>
> Die frühe Sensorik ist ganz auf das Überleben des Neugeborenen durch eine möglichst umfassende Wahrnehmung sozialer Reize orientiert. So besteht eine Präferenz für das Sehen von Gesichtern, das Hören von menschlichen Stimmen sowie den Geruch der Mutter und den Geschmack der Muttermilch.

Motorik

Ebenfalls evolutionsbiologisch erklärbar (und z. B. bei Affenkindern noch gut nachzuvollziehen) sind die **frühkindlichen Reflexe.** Zu ihnen gehören u. a.:

- **Hand- und Fußgreifreflex:** ausgelöst durch Druck auf die Handfläche oder Fußsohle, diente wahrscheinlich dem Festhalten im Fell der Mutter.
- **Suchreflex:** beim Berühren des Mundes (z. B. durch die Mutterbrust) wird der Kopf in Richtung der Berührung gewendet.
- **Saug-Schluck-Reflex:** ausgelöst durch eine Berührung des Gaumens beginnt das Kind zu saugen. Nahrung im Mund setzt dann den Schluckmechanismus in Gang.
- **Atemschutzreflex:** Atemblockade, sobald Wasser in Nase oder Mund gerät.
- **Schreitreflex:** hält man das Kind so über eine Oberfläche, dass es diese gerade mit den Fußsohlen berührt, macht es schreitende Bewegungen mit den Beinen.

- **Moro-Reflex:** wird ausgelöst durch eine plötzliche Veränderung der Körperposition oder ein lautes Geräusch: Das Kind öffnet den Mund und breitet die Arme weit aus, um sie gleich darauf vor dem Körper zusammenzuführen bzw. sich an der Mutter festzuklammern.
- **Babinski-Reflex:** Streckung der Großzehe beim Bestreichen der Fußsohle.

Die meisten dieser Reflexe bilden sich innerhalb des ersten Lebensjahres zurück. Parallel dazu vollzieht sich die Entwicklung der **Willkürmotorik.** Die in der folgenden Tabelle genannten Zeiten sind eher grobe Richtwerte als vorgeschriebene Zielmaße.

Alter	Aktivität
1. Lebensmonat	Halten und leichtes Heben des Kopfes
2. Lebensmonat	aktives Strampeln mit Armen und Beinen
3. und 4. Lebensmonat	Bewegung der Hände und Finger, Greifen und Festhalten von Gegenständen, Heben von Kopf und Schultern in Bauchlage, Heben des Kopfs auch in Rückenlage
5. Lebensmonat	Abstützen auf den Händen in Bauchlage und Greifen nach Gegenständen; Hochziehen mithilfe aus der Rückenlage
6. Lebensmonat	Sitzen mit Unterstützung und aktives Greifen nach Gegenständen
7. Lebensmonat	Rollen aus der Bauch- in die Seiten- und Rückenlage, nach den Füßen greifen, Gegenstände von einer Hand in die andere geben
8. Lebensmonat	kriechende und robbende Vorwärtsbewegung aus der Bauchlage
9. Lebensmonat	freies Sitzen, Stehen mit Unterstützung
10. Lebensmonat	Vorwärts- und Rückwärtsbewegung durch Rutschen und Robben, Pinzettengriff mit Daumen und geradem Zeigefinger, Werfen von Gegenständen
11. Lebensmonat	Krabbeln; hält man das Kind an beiden Händen, kann es einen Fuß vor den anderen setzen und gehen; Zangengriff mit Daumen und gekrümmtem Zeigefinger
12. Lebensmonat	Beginn des freien Laufens
15. Lebensmonat	sicheres Stehen und Gehen

Klinik

Eine schwere Erkrankung der Mutter während der Schwangerschaft, Komplikationen bei der Geburt, Früh- und Zwillingsgeburten oder schwere Erkrankungen des Kindes, wie zerebrale Infektionen oder Hirnverletzungen in den ersten Lebensmonaten, können zu einer Reihe von Störungen führen, die unter dem Begriff **frühkindliche Hirnschädigung** zusammengefasst werden. Meist resultiert eine **Zerebralparese** mit motorischen Störungen (Spastik, Ataxie) unterschiedlichen Ausmaßes. Auch kognitive Funktionen können beeinträchtigt sein (z. B. Lernbehinderung). Die Behandlung erfolgt symptomatisch, u. a. mit Muskelrelaxanzien, Antiepileptika, Physio- und Ergotherapie, Logopädie und pädagogischer Frühförderung.

Emotion und Bindungsverhalten

Die Fähigkeit, Emotionen zu haben, auszudrücken, bei anderen zu erkennen und zu beantworten sichert das Überleben in einer sozialen Gemeinschaft. In einer Lebensphase, in der die **kognitiven Fähigkeiten** noch wenig ausgebildet sind, stellt das Kind bereits **emotionale Bindungen** zu seinen **primären Bezugspersonen** her.

Der britische Kinderpsychiater John **Bowlby** gilt als Pionier der Bindungsforschung. Er postulierte vier Phasen der frühkindlichen Bindung:

- **Vorbindungsphase:** innerhalb der ersten sechs Lebenswochen. Es bestehen ein starkes Nähebedürfnis und eine feste Bindung des Kindes an seine Bezugsperson(en), wobei diese noch beliebig wechseln können.
- **Bindungsbeginn/Personenunterscheidung:** sechste Lebenswoche bis ca. achter Lebensmonat. Das Kind entwickelt Vertrauen zu einer oder wenigen Bezugspersonen (z. B. Eltern) und unterscheidet diese sicher von Fremden.
- **Eigentliche Bindung:** achter bis 24. Monat. Das Kind hat eine feste Bindung zu einer Bezugsperson aufgebaut und zeigt deutlich Trennungsangst.
- **Differenzierung und Integrierung:** ab 18. Lebensmonat. Zunehmend kognitiv gesteuerte Beziehungsgestaltung mit reziproker Interaktion zwischen dem Kind und seinen Bezugspersonen.

Darauf aufbauend entwickelte die US-amerikanische Entwicklungspsychologin Mary **Ainsworth** den **Fremde-Situation-Test** (FST). Darin setzte sie Kleinkinder im Alter von zwölf bis 18 Monaten folgenden Situationen aus: Mutter und Kind kommen in einen Raum und beschäftigen sich unabhängig voneinander (z. B. das Kind mit einem Spielzeug, die Mutter mit Lesen). Eine zweite erwachsene Frau betritt den Raum und nimmt zu Mutter und Kind Kontakt auf. Anschließend verlässt die Mutter den Raum, während die fremde Frau bei dem Kind bleibt. Die Mutter kehrt zurück und die fremde Frau verlässt den Raum. Die Mutter geht, sodass das Kind allein zurückbleibt. Die fremde Frau kommt in den Raum und geht auf das Kind ein. Die Mutter kommt hinzu und die fremde Frau verlässt den Raum erneut.
Abhängig vom Verhalten des Kindes lassen sich mehrere Bindungsmuster bzw. Bindungsqualitäten unterscheiden.

Sicher gebunden	Das Kind ist verunsichert und weint, wenn die Mutter den Raum verlässt, lässt sich aber von der fremden Frau trösten und spielt mit ihr. Wenn die Mutter in den Raum zurückkommt, freut sich das Kind und läuft ihr entgegen. Die Mutter ihrerseits ist freundlich und zugewandt zu dem Kind, tröstet es, nimmt Blick- und Körperkontakt auf, kommuniziert viel.	Fähigkeit zur Regulierung von Nähe und Distanz zwischen Kind und Bezugsperson
Unsicher-vermeidend gebunden	Das Kind reagiert kaum auf das Verschwinden der Mutter, geht mit der fremden Frau kaum anders um als mit ihr. Wenn die Mutter zurückkehrt, begrüßt es sie nur zögerlich oder ignoriert sie ganz. Die Mutter tritt weniger und funktioneller mit dem Kind in Kontakt.	Pseudounabhängigkeit des Kindes von der Bezugsperson; Stressregulation eher extern z. B. durch Spielen
Unsicher-ambivalent gebunden	Das Kind klammert sehr an der Mutter, kann sich kaum von ihr lösen, ist nach ihrem Verschwinden nicht zu beruhigen. Wenn sie zurückkehrt, sucht es einerseits Nähe und Kontakt, andererseits weint es, strampelt und zeigt Wut. Die Mutter ist in ihrer Beziehungsgestaltung inkonstant, unaufmerksam, wenig sensibel für die Bedürfnisse des Kindes.	Ambivalenz zwischen Nähe und Distanz von Kind und Bezugsperson
Desorganisiert	Das Kind zeigt bizarres, unvorhersehbares, ungerichtetes Verhalten, Annährung und Rückzug, stereotype Bewegungen. Dieser Bindungstyp wurde erst nachträglich hinzugefügt und wird mit der Erfahrung körperlichen oder sexuellen Missbrauchs in Verbindung gebracht.	Zwischen dem Kind und der Bezugsperson besteht keine Halt oder Schutz bietende Bindung.

Kognition

Der Schweizer Entwicklungspsychologe Jean **Piaget** entwickelte – u. a. anhand der Bebachtung seiner eigenen drei Kinder – eine Theorie zur kognitiven Entwicklung des Kindes, die seither die Referenz für jede Forschung auf diesem Gebiet darstellt. Nach seiner Auffassung vollzieht sich die Entwicklung kognitiver Fähigkeiten in vier Phasen, die aufeinander aufbauen: Eine Phase kann erst begonnen werden, wenn die davorliegende abgeschlossen ist. Die Altersangaben sind dabei Richtwerte, von denen es individuelle Abweichungen geben kann.

- **Sensomotorische Phase:** dauert von der Geburt bis etwa zum zweiten Lebensjahr. Das Kind entdeckt seine Umwelt mithilfe seiner Sinne und seines Körpers. Es greift nach Gegenständen, nimmt sie in den Mund, betrachtet sie und ist ganz mit dem konkreten Erfassen beschäftigt. Gegen Ende dieser Phase hat das Kind ein Symbolverständnis entwickelt. Dazu gehören u. a. die Fähigkeit zur **Nachahmung** und zur **Symbolhandlung** sowie die **Objektpermanenz.** Darunter versteht man das Wissen, dass es einen Gegenstand bzw. eine Person (Mama!) gibt, auch wenn sie gerade nicht zu sehen ist. Innerhalb der sensomotorischen Phase unterscheidet Piaget sechs Stufen:

- **Stufe der Reflexmodifikation** (bis einen Monat): Angeborene Reflexe werden durch regelmäßige Ausübung und durch die Erweiterung des Spektrums reflexauslösender Reize zu individuellen Verhaltensweisen.
- **Stufe der primären Zirkulärreaktion** (bis vier Monate): Das Kind entdeckt, welche seiner Handlungen Reaktionen hervorrufen, die ihm selbst Lustgewinn verschaffen und beginnt diese Handlungen (zirkulär) zu wiederholen. Auf diese Weise entstehen Gewohnheiten. Im Mittelpunkt steht dabei der eigene Körper.
- **Stufe der sekundären Zirkulärreaktion** (bis acht Monate): Das Kind orientiert sich in dieser Phase zunehmend hin zur äußeren Umwelt und versucht, diese durch sein Handeln zu beeinflussen und angenehme Zustände zu verlängern. So entwickelt es Vorgehensweisen.
- **Stufe des intentionalen Verhaltens** (bis 12 Monate): Das Kind ist zunehmend zur Handlungsplanung befähigt, es weiß, was es will und kann zwischen Mittel und Zweck unterscheiden.
- **Stufe der tertiären Zirkulärreaktion** (bis 18 Monate): Das Kind experimentiert mit seinem Verhalten, folgt dem Konzept von trial and error, probiert also verschiedene Varianten aus und prüft, welche davon zum größten Erfolg führt.
- **Sechste Stufe** (bis 24 Monate): Sie bildet den Übergang in die nächste Entwicklungsphase.

• **Präoperative Phase:** dauert vom zweiten bis zum siebten Lebensjahr. Grundbegriffe dieses Entwicklungsstadiums sind
  - **Realismus:** Das Denken wird stärker von Wahrnehmung als von Logik geleitet.
  - **Animismus:** Das Kind nimmt Gegenstände als „beseelt" wahr.
  - **Artifizialismus:** Alles was existiert, ist von Menschen oder von Gott gemacht.
  - **Egozentrismus:** Das Kind ist noch nicht in der Lage, seine Perspektive zu wechseln und sich in andere hineinzuversetzen.

  In die präoperative Phase gehören Piagets **Umschüttversuche,** mit denen er die Fähigkeit zum Erkennen von Invarianzen (= Unveränderlichkeit physikalischer Größen, z. B. Volumina) prüfte. Dazu schüttete er zunächst Wasser von einem Becher in einen gleichförmigen anderen. Anschließend füllte er dieselbe Flüssigkeit in ein schmaleres und höheres Gefäß um und befragte Kinder unterschiedlichen Alters, in welchem Behälter sich mehr Wasser befinde. Kinder unter vier Jahren erkannten, dass in den gleich großen Bechern auch die gleiche Menge Wasser enthalten ist, vermuteten in dem dritten Gefäß aber mehr. Bei Kindern zwischen vier und sieben Jahren waren die Angaben unterschiedlich. Kinder über sieben Jahre erkannten, dass in allen drei Gefäßen die gleiche Menge Wasser enthalten war.

• **Konkret-operative Phase:** 7.–11. Lebensjahr. In dieser Phase erwirbt das Kind die Fähigkeit zum logischen Denken. Die damit verbundenen Begriffe sind **Dezentrierung** (Aufgabe der Egozentrik), **Reversibilität** (Fähigkeit, Umkehrschlüsse zu ziehen) und **Invarianz.** Kinder in dieser Entwicklungsphase „bestehen" den **Pegeltest,** bei dem es darum geht, den Wasserstand in einer auf einer Schräge stehenden Flasche einzuzeichnen.

• **Formal-operative Phase:** 11.–15. Lebensjahr. Das Kind erwirbt die Fähigkeit zum **abstrakten** und **hypothetischen Denken.** Hierzu verwendete Piaget den **Pendelversuch,** bei dem er Kinder unterschiedlichen Alters befragte, von welchen Faktoren die Frequenz, mit der ein Pendel hin- und herschwingt abhängig ist. Während jüngere Kinder unmittelbar aus ihren Beobachtungen schließen (z. B. ein kurzes schweres Pendel schwingt schneller als ein langes leichtes), führen Kinder in der formal-operativen Phase systematische Untersuchungen durch. Sie kombinieren alle möglichen Einflussfaktoren (schweres kurzes, schweres langes, leichtes kurzes und leichtes langes Pendel) und ermitteln so, dass lediglich die Länge des Pendelfadens Einfluss auf die Frequenz hat.

Ähnlich wie in einem Samen das Potenzial eines ganzen Baumes steckt, sah Piaget im Kind selbst alle Möglichkeiten von dessen (geistiger) Entwicklung angelegt. Äußere Faktoren spielten für ihn eine untergeordnete Rolle.

Merke

- **Assimilation** bedeutet die Anwendung eines bereits bestehenden Verhaltensschemas auf unterschiedliche Objekte.
- **Akkommodation** bedeutet die Anpassung bestehender Verhaltensschemata an neue Probleme bzw. Umweltbedingungen.

Piaget ging davon aus, dass die **kognitive Entwicklung** eines Kindes vom ständigen **Wechsel assimilativer und akkommodativer Prozesse** geprägt ist. Während die Assimilation das bereits Bestehende festigt und erweitert, führt die Akkommodation zur Neuentwicklung von Verhaltensmustern. Ein Kind, das gelernt hat, wie man einen Keks isst, wird auf ähnliche Weise auch Brot und Kuchen essen können (= Assimilation). Wird es dann mit einem Bauklötzchen konfrontiert, muss es eine neue Form der Umgangs lernen (= Akkommodation).

Sprache und Denken

Wie eng Sprache und Denken miteinander verknüpft sind, lässt sich rasch im Selbstversuch erfahren: Bitte denken Sie ohne ein Wort!

Das, wofür es keine Worte gibt, ist meist auch das Undenkbare. Oft zitiert wird das Beispiel von den Eskimos, die mehr als 20 unterschiedliche Begriffe für die Farbe von Schnee kennen, also mehr als 20 unterschiedliche Farben von Schnee wahrnehmen können. Denken ohne Sprache erscheint unmöglich. Entwicklungsforscher gehen allerdings von einer Art **„praktischen Denkens"** aus, das kleine Kinder zum scheinbar auf Denken basierenden Handeln befähigt, noch bevor das Sprechen beginnt.

Der **Spracherwerb** innerhalb des **ersten Lebensjahres** lässt sich nach Wilhelm **Wundt** in mehrere aufeinanderfolgende Phasen gliedern:

- Das Kind produziert unartikulierte Laute, weint und schreit, woraufhin sich die Bezugsperson ihm meist ebenfalls mit Lauten in einer emotionalen Stimmgestaltung zuwendet.
- Das Kind lallt und artikuliert Laute noch ohne sprachliche Bedeutung. Bezugspersonen reagieren meist dialogisch (lalalalala, nananana, dudududu).
- Das Kind ahmt die Sprache der Bezugspersonen nach, wiederholt Laute, noch ohne ihnen eine sinnvolle Bedeutung beizumessen. Die Dialoge sind weiterhin in erster Linie emotional gestaltet.
- Gegen Ende des ersten bzw. zu Beginn des zweiten Lebensjahres artikuliert das Kind erste sinnvolle Worte und versteht einfache sprachliche Äußerungen seiner Bezugsperson.

Im zweiten Lebensjahr vollzieht sich mit dem beginnenden **Sprachverständnis** und der beginnenden **Sprachproduktion** ein großer kognitiver Entwicklungsschritt. Lautäußerungen erfüllen dann nicht mehr nur eine Signalfunktion, sondern bedienen sich als artikulierte Sprache des Austausches von bzw. der Kommunikation über Symbole. Man vermutet, dass die Fähigkeit zum Spracherwerb genetisch verankert ist und dass es sensible Phasen gibt, in denen semantische und grammatikalische Regeln besonders gut erlernt werden können. Wird das Kind in diesen Phasen hinsichtlich der Kommunikation extrem vernachlässigt, resultieren deutliche und bleibende Mängel der sprachlichen Fähigkeiten.

Internalisierung sozialer Normen

Soziale Normen stellen innerhalb einer Gesellschaft eine nicht gesetzlich festgeschriebene Einigung darüber dar, „was man tut" und „was man nicht tut". Sie sind interkulturell verschieden und beziehen sich z. B. auf Hygieneregeln, Manieren und Höflichkeitsformen, Solidarität, Rechtsbewusstsein usw. **Internalisierung** heißt Verinnerlichung – ein Mensch, der in einer sozialen Gemeinschaft (Familie, Freundeskreis, Nachbarschaft, Dorf, Gegend, Land) aufwächst, übernimmt deren Normen überwiegend unbewusst, setzt sich im Laufe seiner Entwicklung aber z. T. auch kritisch mit ihnen auseinander.

Mit der Internalisierung sozialer Normen geht die **Gewissensbildung** einher. Die emotionalen Instrumente, mit denen Normen vermittelt werden, sind in erster Linie Scham, Schuld und Angst bei Übertretung von Normen bzw. Anerkennung, Stolz und soziale Integration bei ihrer Einhaltung.

Klinik

Die Diagnose einer **Aufmerksamkeitsdefizit- und/oder Hyperaktivitätsstörung** (hyperkinetische Störung, ADHS/ADS) wird gestellt, wenn ein Kind bereits im Vorschulalter und im weiteren Verlauf seiner Entwicklung durch erhebliche Konzentrationsstörungen und Unruhe, eine stark reduzierte Aufmerksamkeitsspanne, Achtlosigkeit und Impulsivität, Mangel an Vorsicht und häufige Unfälle, ständigen Rede- und Bewegungsdrang auffällt und ein extrem störendes Verhalten innerhalb der Kindergartengruppe oder später in der Schulklasse zeigt. Ursächlich sind vermutlich sowohl genetische (Veränderungen im Dopaminstoffwechsel) als auch hirnstrukturelle (u. a. Hypotrophie des Lobus frontalis), psychosoziale und exogene (Nikotin, Alkohol während der Schwangerschaft) Faktoren. Die Behandlung erfolgt entsprechend sowohl auf biologischer (Medikamente, z. B. Methylphenidat) als auch auf pädagogischer und psychotherapeutischer Ebene. Etwa 60 % der betroffenen Kinder zeigen auch im Erwachsenenalter noch Auffälligkeiten hinsichtlich Konzentrationsfähigkeit und Aktivität.

Leistungsmotivation

Leistungsmotivation wird verstanden als eine Bereitschaft, Aufgaben und Probleme durch eigene Anstrengung zu lösen. Sie ist interindividuell sehr unterschiedlich ausgeprägt. Carol **Dweck** und Ellen **Leggett** stellten 1988 ein Modell zur Entwicklung der Leistungsmotivation vor, das aus acht Stufen besteht. Diese können bestimmten Entwicklungsaltern zugeordnet werden und lassen erkennen, ob sich ein eher erfolgs- oder misserfolgsorientiertes Verhaltensmuster ausbildet.

- 1. Lebensjahr: Das Kind hat Freude am Effekt.
- 2. Lebensjahr: Das Kind hat Freude am Selbermachen.
- 5. Lebensjahr: Das Kind stellt einen Zusammenhang zwischen dem eigenen Handeln und dem Ergebnis fest und reagiert mit Freude oder Enttäuschung.
- 5. und 6. Lebensjahr: Das Kind kann zwischen dem eigenen Leistungsvermögen und der Schwierigkeit der Aufgabe unterscheiden.
- 10. Lebensjahr: Das Kind entwickelt ein eigenes Anspruchsniveau.
- 12. Lebensjahr: Das Kind nimmt seine Leistungen als Resultat seiner Anstrengungen wahr.
- 12. Lebensjahr: Das Kind nimmt seine Leistungen als Resultat seiner Fähigkeiten wahr.
- Bereits ab dem 8. Lebensjahr kann das Kind in unterschiedlichem Maße zwischen Glück und eigener Anstrengung im Zusammenhang mit dem erreichten Ergebnis unterscheiden.

Moralentwicklung

Als **Moral** bezeichnet man das **sittliche Empfinden** eines Individuums und einer Gesellschaft. Ihre Entwicklung wird durch **soziale Normen** bestimmt. Voraussetzung für moralisches Urteilsvermögen ist die Fähigkeit, sich in andere Personen hineinzuversetzen. Jean **Piaget** beschäftigte sich im Rahmen seiner entwicklungspsychologischen Forschungen auch mit der Ausbildung der Moral. Darauf aufbauend entwarf Lawrence **Kohlberg** eine Theorie der Moralentwicklung, die bis heute Gültigkeit besitzt.

Demnach beruht das Bewusstsein von Moral auf kognitiven Prozessen und entwickelt sich in aufeinander aufbauenden Stufen, von denen keine übersprungen werden kann:

- **Präkonventionelle Ebene** (Autoritätsmoral): wird von den meisten Kindern innerhalb der ersten neun Lebensjahre erreicht und von einigen (z. B. Straftätern) auch im Erwachsenenalter nicht verlassen
  - **Heteronome Stufe:** Orientierung an Autoritäten, Vorschriften und Bestrafungen
  - **Instrumentell-relativistische Stufe:** Orientierung an Bedürfnisbefriedigung und Gegenseitigkeit: „Eine Hand wäscht die andere" oder „Wie du mir, so ich dir"
- **Konventionelle Ebene** (Gruppenmoral): wird von den meisten Jugendlichen erreicht und von den meisten Erwachsenen nicht verlassen
  - **Stufe der interpersonalen Konkordanz:** Orientierung an sozialen Erwartungen und am Wunsch, ein „guter Junge" oder ein „liebes Mädchen" zu sein. „Was du nicht willst, dass man dir tu, das füg' auch keinem andern zu"
  - **Stufe der sozialen Ordnung:** Orientierung an Gesetzen, Normen, gesellschaftlichen Verpflichtungen im Sinne eines guten Funktionierens der Gemeinschaft
- **Postkonventionelle Ebene** (Prinzipienmoral): wird nur von einigen Menschen über 20 Jahre erreicht
  - **Stufe des Sozialvertrags:** Orientierung an Gerechtigkeit und Nützlichkeit für die gesamte Gesellschaft, wobei einzelne Regeln und Gesetze in Frage gestellt werden können
  - **Stufe universaler ethischer Prinzipien:** Orientierung z. B. an Kants kategorischem Imperativ: „Handle nur nach der Maxime, von der du zugleich wollen kannst, dass sie allgemeines Gesetz wird"

1.4.7.3 Soziokulturelle Einflüsse auf Entwicklung und Sozialisation

Abgesehen von **genetisch-biologischen** Anlagen sind es insbesondere **gesellschaftliche** und **kulturelle** Faktoren, die die Entwicklung eines Kindes beeinflussen. Dazu gehört der elterliche und schulische Erziehungsstil ebenso wie die Interaktionsmuster innerhalb des stetig wachsenden sozialen Netzes.

Klinik

Mit dem Begriff **Kindesmisshandlung** werden unterschiedliche Formen körperlicher und psychischer Gewalt gegenüber Kindern zusammengefasst. Dazu gehören neben der **Vernachlässigung** auch **tätliche** oder **emotionale Misshandlungen** und **sexueller Missbrauch.** Die **Inzidenz** solcher Taten ist unbekannt – häufig spielen sie sich im engeren Familienkreis oder in Erziehungseinrichtungen ab, wo sie der äußeren Wahrnehmung entzogen sind. Neben **akuten Verletzungen** und **psychischen Störungen** kommt es oft zu chronischen **Folgeerscheinungen,** wie z. B. einem gestörten Bindungsverhalten, einer posttraumatischen Belastungsstörung, Depression oder Aggression und z. T. schweren Entwicklungsverzögerungen.

Erziehungsstile

Als Erziehungsstil wird ein relativ stabiles System von Ansichten, Verhaltensweisen und Maßnahmen bezeichnet, mit dem Eltern und Lehrer auf die Entwicklung des Kindes Einfluss nehmen. Dies kann bewusst und unbewusst erfolgen. Zur Kennzeichnung eines reflektierten und intentionalen Handelns verwenden einige Autoren den Begriff **Erziehungskonzept.**

Ein Erziehungsstil ist durch eine Anzahl unterschiedlicher Elemente in unterschiedlicher Ausprägung gekennzeichnet, z. B. Strenge, Disziplin, Konsequenz, Fürsorge, Wertschätzung, Unterstützung, Responsivität, Autonomie, Kontrolle, Überbehütung, Akzeptanz oder Ablehnung. Folgende Erziehungsstile werden üblicherweise unterschieden:

- **Autokratisch:** Ausschlaggebend für diesen Erziehungsstil sind die Autorität des Erziehenden und der absolute Gehorsam des Kindes. Dessen Meinung ist irrelevant, Eigenständigkeit wird nicht gefördert, Strafe ist ein wesentliches Erziehungsinstrument.
- **Autoritär:** Auch in der autoritären Erziehung liegen alle Macht und Kontrolle bei den Erziehenden. Die Meinung des Kindes wird zwar gehört und akzeptiert, hat aber keinerlei Auswirkungen. Eine Entfaltung hin zur Eigenständigkeit wird unterdrückt.
- **Demokratisch:** Das Kind wird als eigenständige Persönlichkeit ernst genommen und in seiner Entwicklung wertschätzend unterstützt und gefördert. Altersangepasst übernimmt das Kind zunehmend Verantwortung, wobei ihm die Erzieher hilfreich zur Seite stehen.
- **Egalitär:** Erzieher und Kinder haben in jeder Hinsicht die gleichen Rechte und Pflichten.
- **Permissiv:** Die Erzieher treten in den Hintergrund, während die Kinder sehr früh Eigenverantwortung übernehmen und Entscheidungen selbstständig treffen müssen.
- **Laissez-faire:** Dieser Stil verzichtet auf jegliche Erziehungsmaßnahmen. Das Kind kann tun und lassen, was es möchte, in der Annahme, dass es damit zu sich selbst findet. Regeln existieren nicht. Der großen Freiheit auf der einen steht eine große Unsicherheit auf der anderen Seite gegenüber.
- **Negierend:** Dieser Erziehungsstil ist gekennzeichnet vom Desinteresse der Eltern an ihren Kindern, die entsprechend weder begrenzt, noch wertgeschätzt und gefördert werden.
- **Flexibel:** Angepasst an die jeweilige Situation werden Elemente unterschiedlicher Erziehungsstile ausgeübt.

Sprach- und Kommunikationsstile sowie Interaktionsmuster in Familie, Peergroup und Vorschule/Schule

Die Art und Weise wie in einer Familie, in einer Gemeinschaft Gleichaltriger (Peergroup) oder in anderen sozialen Bezugssystemen eines Kindes kommuniziert und interagiert wird, prägt dessen sprachliche und soziale Fähigkeiten entscheidend mit. Wie wird mit Gefühlen, Wünschen und Bedürfnissen umgegangen? Wie werden Interesse und Wertschätzung vermittelt? Welche Formen der sozialen Anerkennung und Ächtung werden gelebt? Welche sprachlichen Besonderheiten (Kosenamen, häufig verwendete Zitate oder Redewendungen, Codes, Sprechstile, Dialekte usw.) stabilisieren die Identität innerhalb der Gemeinschaft? Was ist nicht kommunizierbar oder wird aktiv aus der Interaktion herausgehalten (Tabus)?

Je mehr das Kind seinen Horizont erweitert, indem es (z. B. durch Schule, Hobby, später Ausbildung und Beruf) in unterschiedliche soziale Kreise vordringt, umso wichtiger wird die Auseinandersetzung mit den früh gelernten Formen der Kommunikation und Interaktion. Hat man z. B. nicht gelernt, Gefühle wahrzunehmen und darüber zu sprechen, kann das in späteren Partnerschaften erhebliche Probleme verursachen und die Einsicht in psychische Störungen erschweren.

1.4.7.4 Gesellschaftliche Determinanten

Dem uruguayischen Journalisten Eduardo **Galeano** wird das Zitat zugeschrieben: „Eine Gesellschaft erkennt man daran, wie sie mit ihren Kindern umgeht." In Anlehnung daran könnte man sagen, dass man an den Kindern erkennt, in welcher Gesellschaft sie aufwachsen. Unzweifelhaft ist jedenfalls, dass gesellschaftliche Strukturen die Entwicklung eines Individuums beeinflussen.

Strukturwandel der Familie

Gesamtgesellschaftliche Wandlungsprozesse betreffen immer auch die Familie als kleinste soziale Einheit. Vergleicht man heutige Familienstrukturen mit denen des 19. und beginnenden 20. Jahrhunderts, bzw. hiesige mit denen in anderen Kulturkreisen, so lassen sich fundamentale Unterschiede erkennen. Als für die kindliche Entwicklung wesentliche Determinanten werden u. a.

- die veränderten Geschlechterrollen (Berufstätigkeit der Frau, Elternzeit des Mannes, homosexuelle Lebensgemeinschaften usw.),
- die erhöhte Rate von Scheidungen, Alleinerziehenden und sogenannten Patchworkfamilien und
- die allgemeine Instabilität sozialer Beziehungen bei hoher (u. a. berufsbedingter) Mobilität gesehen.

Das **klassische Familienkonzept** „Vater, Mutter, zwei Kinder" steht heute gleichberechtigt neben einer Vielzahl anderer Formen des Zusammenlebens. Ein „richtig" und „falsch" bzw. „gut für das Kind" oder „schlecht für das Kind" lässt sich nicht ohne Weiteres bestimmen, doch ist die Ansicht, dass es für die gesunde Persönlichkeitsentwicklung eines Menschen sowohl der mütterlichen als auch der väterlichen Präsenz im Kindesalter bedarf, nach wie vor weit verbreitet.

Klinik

Werden wichtige **Bedürfnisse,** wie die nach Zuwendung, Geborgenheit, emotionaler Wärme und Schutz, dauerhaft nicht oder nicht ausreichend erfüllt, können **psychische Erkrankungen,** wie z. B. eine **Depression** daraus resultieren. Diese zeigt sich bei kleinen Kindern anders als bei Jugendlichen und Erwachsenen. Im ersten Lebensjahr fallen womöglich Trinkschwäche und Wachstumsverzögerung, ständiges Weinen und Wimmern oder völlige Apathie auf. Später kommt es zu Störungen der motorischen, sprachlichen und kognitiven Entwicklung. Das Kind wirkt unsicher, kann nicht alleine sein, weint viel, isst wenig, beklagt häufig Kopf- oder Bauchschmerzen, schläft schlecht und hat Alpträume oder ist teilnahmslos, in sich zurückgezogen. Etwas ältere Kinder fallen im Rahmen einer depressiven Erkrankung hinsichtlich ihrer Entwicklung zurück, nässen möglicherweise wieder ein, lutschen am Daumen und reduzieren ihr sprachliches Ausdrucksvermögen. Erst im mittleren Schulalter überwiegen die auch bei Erwachsenen typischen Symptome einer Depression wie Niedergeschlagenheit, Freudlosigkeit, Konzentrations- und Antriebsschwäche, Grübeln, Ängstlichkeit bis hin zu Suizidgedanken.

Einfluss der Medien

Im **Zeitalter der digitalen Medien** können und sollen diese nicht ohne Einfluss auf die Entwicklung und Sozialisation eines Kindes sein. **Medienkompetenz** ist mittlerweile ein etabliertes Schulfach, in dem der Umgang mit Informationen, insbesondere aus Fernsehen und Internet, gelehrt wird. Bilder, Filme, Computerspiele, Musik, alles, was das Internet an Kommunikations- und Werbemöglichkeiten zu bieten hat, bildet einen wesentlichen Bestandteil der Realität, innerhalb der sich Kinder mit großer Selbstverständlichkeit bewegen. Medial vermittelte Inhalte mögen dabei zuweilen konträr zu den elterlichen Erziehungszielen sein. Neben der Chance zu Bildung und Entwicklung, Vermittlung sozialer Kompetenzen und Unterhaltung wird auch immer wieder auf mögliche Gefahren beim unkontrollierten Umgang mit Medien verwiesen. Sozialer Rückzug, Konzentrationsstörungen, Bewegungsmangel, Schlafstörungen, Unruhe oder auch die Entwicklung von Suchterkrankungen sind einige der mit einem übermäßigen Medienkonsum assoziierten Symptome.

Armut bei Kindern

Arm ist, wer wenig hat. Innerhalb der **Europäischen Union** gilt der als **arm,** dem weniger als 60 % des durchschnittlichen Nettoeinkommens zur Verfügung stehen. Für Kinder spielen nicht so sehr finanzielle Größen eine Rolle, sondern der Vergleich mit anderen: Wer sich nicht leisten kann, was alle haben, wer nicht an Klassenfahrten und Freizeitgestaltungen teilnehmen kann, wer vielleicht arm aussieht, fühlt sich auch arm, benachteiligt und minderwertig.

In Deutschland geht man davon aus, dass derzeit **jedes sechste Kind** in Armut lebt. Neben den damit verbundenen psychischen und sozialen Problemen, kann Armut auch **gesundheitliche Schäden** mit sich bringen. Kinder aus armen Familien

ernähren sich oft ungesünder und bewegen sich weniger als jene aus wohlhabendem Elternhaus. Sie sind häufiger übergewichtig und entwickeln früher Krankheiten wie Diabetes mellitus und Bluthochdruck. In ihrer geistigen Entwicklung sind sie häufig benachteiligt, der Zugang zu intellektueller und kultureller Frühförderung wird ihnen erschwert, Bildung, als wichtigster Ausweg aus der Armut, wird ihnen oft nur in beschränktem Maße zuteil.
Die Wahrnehmung der eigenen Armut führt bei vielen Kindern zu einem Mangel an Selbstsicherheit, was sich in ängstlich-zurückhaltendem oder aggressivem Verhalten zeigen kann. Die Folge davon ist wiederum eine mangelnde Selbstwirksamkeitserfahrung, woraus weitere Selbstunsicherheit und Depressivität resultieren können.
Zahlreiche staatliche und private Initiativen versuchen, gegen Kinderarmut vorzugehen und gerade sozial schwachen Familien Bildungsangebote zu machen. Schwierigkeiten treten dabei insbesondere dann auf, wenn den Eltern Erfahrung und Einsicht in derartige Maßnahmen fehlen.

1.4.8 Entwicklung und Sozialisation im Lebenslauf und sekundäre Sozialisation

Hinsichtlich biologischer, psychischer und sozialer Merkmale lässt sich das Leben, orientiert am Alter eines Menschen, in verschiedene Phasen oder Stufen unterteilen. Diese sind: Kindheit, Jugend, Erwachsenenalter und Senium. Jede Altersstufe hat ihre besonderen Merkmale und Aufgaben, die es zu bewältigen gilt (► Abb. 1.22a, b).

1.4.8.1 Adoleszenz

Merkmale der Adoleszenz

Als Adoleszenz (lat. adolescere = heranwachsen und stark werden) bezeichnet man die Phase zwischen der Pubertät und dem Erwachsensein. Körperlich und sexuell ist der Mensch voll entwickelt. Mit der Festigung der Persönlichkeit vollziehen sich die **Loslösung vom Elternhaus** und die Übernahme der vollen **Verantwortung** für das eigene Leben.
Hinsichtlich der Alterspanne, die als Adoleszenz bezeichnet wird, herrscht Uneinigkeit: Einige Autoren beziehen sich auf das „Teenage", also die Phase vom 13. bis zum 19. Lebensjahr, andere siedeln sie etwas später zwischen dem 16. und 24. Lebensjahr an. Das Jugendrecht wird auf Menschen zwischen dem 13. und 21. Lebensjahr angewandt, während die WHO Jugend und Adoleszenz gleichsetzt und so die Phase zwischen dem 10. und dem 20. Lebensjahr bezeichnet.

Pubertät

Der Begriff Pubertät leitet sich von pubertas = **Geschlechtsreife** ab. Diese Phase der Adoleszenz ist gekennzeichnet durch die Herausbildung **sekundärer Geschlechtsmerkmale,** die beim Mädchen mit ca. elf (Brustwachstum, Menarche) und beim Jungen mit ca. 13 (Hodenwachstum) Jahren beginnt. Der Körper wandelt sich, Größe und Kraft nehmen zu, die Stimme verändert sich (besonders deutlich bei Jungen: Stimmbruch), Scham- und Achselbehaarung treten auf, die verstärkte Synthese von Geschlechtshormonen prägt das Verhalten. Dieses ist von der Entdeckung des eigenen und der Abgrenzung vom anderen Geschlecht gekennzeichnet. Dabei treten Diskrepanzen bezüglich des Tempos von körperlicher, seelischer und geistiger Entwicklung auf. Pubertierende gelten als unberechenbar, launisch, albern, selbstunsicher und herausfordernd für Eltern und Lehrer, was den Ruf der Pubertät als eine für alle Beteiligten schwierige Lebensphase begründet.

Sexualität

Nach wie vor kann der Umgang mit Sexualität von Gefühlen der Scham und Unsicherheit begleitet sein. Sexuelle Aufklärung erfolgt manchmal nicht oder in einer Weise, die die Unsicherheiten der Aufklärenden mit vermittelt. Andererseits suggerieren Medien und Werbung uneingeschränkte sexuelle Freiheit ohne jegliche Tabus. Die Mehrheit der Jugendlichen erlebt im Rahmen der sexuellen Entwicklung eine **homoerotische Durchgangsphase,** in der sich Mädchen und Jungen eher zum eigenen Geschlecht hingezogen fühlen. **Gleichgeschlechtliche Freundschaften** bilden vorerst den Ersatz für die angestrebte und gleichzeitig angstbesetzte Beziehung zum anderen Geschlecht.
Sexuelle Selbstbefriedigung (Masturbation) galt lange Zeit als Sünde und Perversion, wird heute aber als regelhafter und notwendiger Bestandteil der sexuellen Entwicklung angesehen, sowohl bei Jungen als auch bei Mädchen. Mit der Entdeckung des eigenen Körpers geht die Entdeckung der eigenen Wirkung auf andere einher. Die Gestaltung der eigenen **Attraktivität** gewinnt an Bedeutung. Die Kommunikation bezüglich sexueller Wünsche und

Abb. 1.22 Lebensstufen von a) Frau und b) Mann nach Fridolin Leiber (1853–1912) [O901]

Erfahrungen erfolgt weniger mit den Eltern, als innerhalb der Peergroup, durch die ein gewisser Druck ausgeübt wird. Während man Jungen Entdeckerlust, Neugier und Selbstbestätigung als erste Motivation für sexuelle Kontakte nachsagt, verbinden Mädchen dies angeblich eher mit Wünschen nach Nähe, Liebe und Beziehungsstabilität. Diese Unterscheidung scheint in der Realität aber so klar nicht zu existieren.

Hinsichtlich des Alters, in dem Jugendliche erste sexuelle Erfahrungen machen, gibt es unterschiedliche Beobachtungen: Die allgemeine Wahrnehmung einer zunehmenden Frühreife wird durch einige Studien widerlegt. Demnach haben 10–12 % der 14-Jährigen bereits Geschlechtsverkehr gehabt. Unter den 17-Jährigen sind es etwa 70 %. Hauptschüler haben im Durchschnitt früher Sex als Gymnasiasten. Im Zusammenhang mit einer verbesserten Aufklärung über Verhütungsmaßnahmen geht die Zahl der Schwangerschaften bei Teenagern zurück.

Übernahme von und Identifikation mit der Geschlechtsrolle

Die Geschlechtsrolle – also das, was als „typisch männlich" oder „typisch weiblich" gilt – ist in erster Linie kulturell geprägt. Nachdem es lange Zeit eine offenbar recht klare und einheitliche Zuordnung gab, kommt es in den vergangenen Jahrzehnten zu einer schrittweisen Veränderung der Rollenmerkmale. Kinder und Jugendliche orientieren sich an Vorbildern, an Idealen von „Mann" und „Frau", wobei diese im Zusammenhang mit dem sozialen Wandel an Heterogenität gewinnen. Häufig werden aber immer noch Grundsätze wie „Mädchen spielen mit Puppen, Jungen mit Autos", „Frauen sind für den emotionalen, Männer für den wirtschaftlichen Erhalt der Familie zuständig" oder „Männer handeln strategisch, Frauen emotional" vermittelt. Die Übernahme der Geschlechtsrolle wird zu einem großen Teil von der Umwelt geprägt, die „einen Jungen wie einen Jungen" und „ein Mädchen wie ein Mädchen" behandelt. Das Individuum kann diese Rolle annehmen, sich mit ihr identifizieren und sich mit der Zeit tatsächlich als Mann oder Frau fühlen. Schwierigkeiten mit der **geschlechtlichen Identität** werden dann meist als allgemeine Identitätsstörungen erlebt und führen im schlechtesten Fall zur sozialen Isolation.

Entwicklungsprobleme personaler und sozialer Identität

Wichtigste Aufgabe der Adoleszenz ist die Herausbildung einer **eigenen Identität,** also eines Selbst-Verständnisses und stabilen Selbstbilds. „Was für eine(r) bin ich denn?" Dies ist mit der Wahrnehmung körperlicher und charakterlicher Merkmale, eigener Fähigkeiten und Grenzen **(personale Identität)** und mit der Übernahme verschiedener sozialer Rollen **(soziale Identität)** verbunden. Eine Identitätsentwicklung völlig außerhalb sozialer Kontexte erscheint unmöglich. Entsprechend bedeutsam ist die Interaktion mit anderen (Eltern, Lehrer, Peergroup), was zu Erfahrungen von Integration und Stärkung, aber auch von Ausschluss und Identitätsverlust führen kann.

Zentrale Begriffe sind dabei **Autonomie** und **Konformität.** Letzteres bedeutet die Anpassung an eine Gruppe mit deren Regeln und Normen, was durch einen häufig unbewussten **Gruppendruck** (Gruppenzwang) gesteuert wird. **Autonomie** dagegen ist die Abweichung und die Eigenständigkeit, durch die dem Konformitätsdruck widerstanden wird. Beide Vorgänge sind für die Entwicklung sowohl der sozialen als auch der personalen Identität wichtig.

Ablösung und Ablösungskonflikte von der Herkunftsfamilie

Eine weitere zentrale Aufgabe der Adoleszenz ist die Ablösung vom Elternhaus. Dieser Vorgang ist zuweilen schmerzhaft, mit Konflikten und starken Emotionen verbunden und dabei unvermeidbar für die Entwicklung von **Selbstständigkeit** und **Verantwortung.** Der Jugendliche setzt sich mit den Werten und Normen der Eltern auseinander und entwickelt mitunter in einigen Aspekten eine Gegenposition. Gleichaltrige werden zu wichtigen Bezugspersonen und gewinnen an Einfluss auf das Denken, Fühlen und Verhalten. Freiräume, in die die Eltern nicht eindringen (eigenes Zimmer, eigenes Tagebuch, eigene Musik) werden wichtiger.

Ablösungskonflikte sind gekennzeichnet durch ein Zuviel oder ein Zuwenig:

- Völlige Trennung und Überwerfung mit den Eltern, frühzeitiger Auszug von zu Hause und Kontaktabbruch, fehlender Halt, fehlende Wertschätzung, gegenseitige Vorwürfe und Verletzungen
- Unfähigkeit zur Ablösung, z. B. aufgrund von Schuldgefühlen („Ich kann Mama doch nicht im Stich lassen") und Abhängigkeit; häufig liegt dem ein Rollenkonflikt zugrunde, wobei das Kind nicht nur Kind, sondern z. B. auch Partnerersatz ist

Gesundheitsriskantes Verhalten in der Adoleszenz

Neugier und Gruppendruck, das Suchen und Finden der eigenen Identität, das „Erobern" der Welt mit all ihren Möglichkeiten und die relative Freiheit des Handelns ermöglichen es Menschen auch, mehr oder weniger bewusst Risiken einzugehen und Grenzen zu überschreiten. Dies kann mit

gesundheitlichen Schäden einhergehen, deren Ausmaß sich nicht immer gleich überblicken lässt (▸ Kap. 3.1.3). So nehmen viele Suchterkrankungen (Alkohol- oder Drogenabhängigkeit) ihren Anfang in der Adoleszenz. Ungeschützter Sexualverkehr birgt das Risiko von Infektionen oder einer frühzeitigen ungewollten Schwangerschaft. Riskantes Fahrverhalten und die Ausübung sogenannter Extremsportarten kann zu Unfällen führen. Auch gesundheitsfördernde wie gesundheitsgefährdende Ernährungsgewohnheiten manifestieren sich in der Jugend.

1.4.8.2 Frühes und mittleres Erwachsenenalter

Statuserwerb

Kindheit und Jugend sind geprägt von Wachstum und Lernen. Der Mensch nimmt auf, entwickelt Wissen und Fertigkeiten, lernt sich selbst kennen und entdeckt die Regeln und Mechanismen des Lebens. Mit dem Eintritt in das Erwachsenenalter geht es darum, dieses Wissen anzuwenden, vom Konsumieren zum Produzieren zu kommen, zu arbeiten und Neues zu schaffen, „auf eigenen Beinen" zu stehen und die Verantwortung nicht nur für sich selbst, sondern auch für eine kommende Generation zu übernehmen. Auf die Schulzeit folgen eine berufliche Ausbildung und der Eintritt ins Arbeitsleben. Auf die Erfahrungen mit freundschaftlichen, partnerschaftlichen und sexuellen Beziehungen folgt die Gründung einer Familie mit der Übernahme einer stabilen Partner- und Elternrolle.

Berufsrolle

Die Ausübung einer beruflichen Tätigkeit dient in erster Linie der Sicherung des (finanziellen) **Lebensunterhalts.** Darüber hinaus bietet eine Arbeit meist vielfältige Möglichkeiten des **sozialen Kontakts,** der Erfüllung eigener und fremder Leistungsansprüche, der **Bestätigung und Anerkennung** und der Erweiterung und Vertiefung spezifischer Kenntnisse und Erfahrungen. Nicht zu unterschätzen ist die Bedeutung der Arbeit für die **Strukturierung** der Zeit. Viele Menschen identifizieren sich stark mit ihrer beruflichen Rolle (Nicht „Ich arbeite als Arzt", sondern „Ich bin Arzt"). Diese ist von bestimmten Erwartungen und Klischees beeinflusst und nicht immer vom Privatleben abzugrenzen (der Papst ist immer Papst und nie privat).

Schwierigkeiten treten insbesondere dann auf, wenn sich eine Person in ihrem Beruf dauerhaft über- oder unterfordert fühlt (Burnout), wenn die Identifikation mit der Berufsrolle überhaupt nicht gelingt („Ich wollte immer was ganz anderes machen") oder wenn diese verloren geht, z. B. durch Arbeitsplatzverlust oder krankheitsbedingte Berufsunfähigkeit. Nachgewiesen ist ein Zusammenhang zwischen Arbeitslosigkeit und Depression, der u. a. auf dem Verlust einer wichtigen sozialen Rolle beruht (▸ Kap. 1.2.4.3).

Partner- und Familienrolle

Eng verknüpft mit der personalen Identität ist die Rolle, die ein Mensch innerhalb einer Partnerschaft übernimmt. Unter der Vielzahl von möglichen Beziehungskonzepten (Lebenspartnerschaft vs. Lebensabschnittsgefährten, Ehe vs. Wohngemeinschaft, heterosexuelle vs. homosexuelle Beziehungen, Single usw.) ist das der Ehe von Mann und Frau, die durch die Geburt von einem oder mehreren Kindern zur Familie wird, noch immer das am weitesten verbreitete und von den meisten angestrebte. Der Begriff **Familienplanung** suggeriert einen Grad an Kontrolle (z. B. über die Beziehungsstabilität und den Zeitpunkt der Zeugung), der in der Realität nur selten gegeben ist.

Rollenkonflikte und psychosoziale Belastungen in Familie und Beruf

Die unterschiedlichen **sozialen Rollen,** die ein Mensch gleichzeitig innehat, sind nicht immer in Einklang zu bringen. Der Versuch, sowohl den beruflichen als auch den partnerschaftlichen und familiären Anforderungen gerecht zu werden und womöglich noch weitere Rollenerwartungen zu erfüllen (Freunde, Verein, soziales oder politisches Engagement) misslingt zuweilen, was für den Betroffenen mit erheblichem Stress einhergehen kann.

Fast jede zweite Ehe wird in Deutschland wieder **geschieden;** häufiger sind es die Frauen, die den entsprechenden Antrag stellen. Im Durchschnitt bestand die Beziehung bis zur Scheidung ca. 14 Jahre und betrifft dann nicht nur die Ehepartner, sondern auch ihre (oft noch minderjährigen) Kinder. Deren Risiko, später in ihrer eigenen Ehe zu scheitern, ist gegenüber Kindern ungeschiedener Eltern erhöht.

Anforderungs-Kontroll-Modell

In den 1970er-Jahren entwickelte der US-amerikanische Soziologe Robert **Karasek** das **Job-Demand-Control-Model** (Anforderungs-Kontroll-Modell) zum Verständnis für die Entstehung von Stress im Beruf. Dieser hängt nach Karasek nicht allein mit der Höhe der Anforderungen an einen Arbeitnehmer zusammen, sondern auch mit dem Maß an Kontrolle bzw. Autonomie, das dieser innerhalb seiner Tätigkeit hat. So erzeugt eine herausfordernde Aufgabe zunächst eine Art Motivationsschub, der im positiven Sinne genutzt werden kann, wenn gleichzeitig genug Handlungsspielraum zur Verfügung steht. Sind die Kontrollmöglichkeiten des Arbeitnehmers jedoch begrenzt, führt eine hohe Arbeitsbelastung eher zu Überforderung und Stress (► Abb. 1.23).

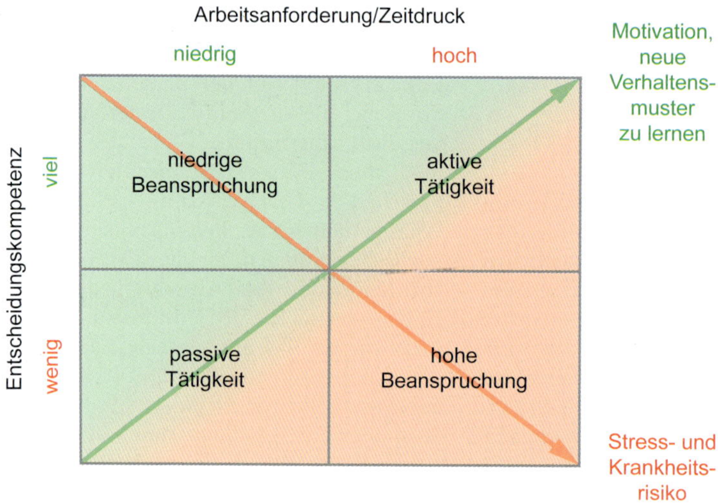

Abb. 1.23 Anforderungs-Kontroll-Modell nach Karasek und Theorell 1990 [L231]

Gratifikationskrisenmodell

Der Schweizer Medizinsoziologe Johannes **Siegrist** stellte ein **Modell der beruflichen Gratifikationskrise** als Erklärung für arbeitsbedingte Erkrankung vor. Demnach ist es die Diskrepanz zwischen **beruflichem Engagement** (Investition von Kraft, Zeit, Wissen, Aufmerksamkeit, Hingabe, Persönlichkeit) und erwarteter **Belohnung** (Geld, Anerkennung, Aufstiegschancen, Prestige), die eine sogenannte Gratifikationskrise verursacht. Diese kann sich als psychische (Depression, Alkoholabhängigkeit) oder psychosomatische Störung ausdrücken und geht mit einem erhöhten Risiko insbesondere für Herz-Kreislauf-Erkrankungen einher.

1.4.8.3 Klimakterium, Midlife-Crisis

Der Begriff **Klimakterium** geht auf die griechische Bezeichnung für einen kritischen Punkt im menschlichen Leben zurück. Als einen solchen erleben viele Frauen den Wechsel von der reproduktiven Phase in die Postmenopause, in der die Hormonsynthese der Ovarien und damit die Fruchtbarkeit erlöschen. Diese sogenannten **Wechseljahre** gehen mit z. T. starken allgemeinen Beeinträchtigungen einher. Dazu gehören zunehmende Blutungsunregelmäßigkeiten, Hitzewallungen, Schweißausbrüche, Stimmungsschwankungen, Gereiztheit oder Niedergeschlagenheit, Selbstwertzweifel, Nervosität, Konzentrations- und Schlafstörungen, Kopf- und Gliederschmerzen, Atrophie der Vaginalschleimhaut, Störungen der Libido und Schmerzen beim Geschlechtsverkehr (Dyspareunie).

Auch beim Mann findet sich eine Symptomatik, die man in Anlehnung an das weibliche Klimakterium als „Wechseljahre" bezeichnet. Der Rückgang der Testosteronproduktion im mittleren Alter geht mit Libidoverlust, erektiler Dysfunktion, verminderter allgemeiner Leistungskraft, depressiver Stimmung und Erschöpfung einher. Darüber hinaus beklagen Männer jenseits des 50. Lebensjahres häufiger Schlafstörungen und innere Unruhe.

Viele Menschen geraten in einer Phase der relativen beruflichen, familiären und finanziellen Stabilität in eine sogenannte **Mittlebenskrise (Midlife-Crisis),** in der sie bilanzierend zurückblicken und das Erreichte in Frage stellen, unzufrieden und unsicher sind, erste Alterserscheinungen und die Begrenztheit der verbliebenen Möglichkeiten als bedrohlich wahrnehmen und nach dem Lebenssinn und weiteren Lebenszielen suchen. Dies kann als wirkliche Krise das Ausmaß einer depressiven Störung annehmen, die aber meist mit der Orientierung an altersbezogenen Aufgaben zurückgeht.

1.4.8.4 Altern

Normales und pathologisches Altern

Das Altern lässt sich zunächst als ein **fortschreitender, unumkehrbarer biologischer Prozess** verstehen, der genetisch programmiert ist, alle Lebewesen betrifft und mit dem Tod endet. Zellen, Gewebe und Organe verändern sich im Laufe der Zeit, erreichen in ihrer Funktion einen Höhepunkt und degenerieren wieder.

Die Frage, **wann** das Altern beginnt, wird von Wissenschaftlern unterschiedlich beantwortet. Manche sehen den Anfang bereits bei Befruchtung oder Geburt, andere orientieren sich an sozialen Vereinbarungen (das Alter beginnt mit der Rente) oder an der subjektiven Wahrnehmung („Jeder ist so alt, wie er sich fühlt"). Zu einem normalen Alterungsprozess gehört das allmähliche Nachlassen der Kräfte, die Veränderung der äußeren Gestalt, eine zunehmende Einschränkung der Sinneswahrnehmungen, ein langsamer Abbau kognitiver Fähigkeiten und eine Verringerung der Belastbarkeit von Organsystemen und Organismus. **Das Altern selbst ist keine Krankheit.** Häufig wird der Alterungsprozess jedoch von **chronischen Erkrankungen** (kardiovaskulär, neurologisch, psychisch, den Bewegungsapparat oder den Stoffwechsel betreffend) begleitet und die Widerstandskraft gegen akute Störungen lässt nach. Von pathologischem Altern spricht man, wenn degenerative Veränderungen das normale Maß (z. B. innerhalb einer Population) übersteigen, die Integrität des Gesamtorganismus dauerhaft gestört ist, sich die Lebensqualität vermindert, die individuelle Lebenserwartung verkürzt und/oder die Autonomie deutlich eingeschränkt ist.

> **Merke**
>
> Die **Gerontologie** ist die Wissenschaft vom Altern. Sie untersucht unter Einbeziehung biologischer, soziologischer, psychologischer, medizinischer und geisteswissenschaftlicher Erkenntnisse die Prozesse des Altwerdens.

Die **Soziologie** hat einige Theorien des Alterns entwickelt. Zu ihnen gehören:

- **Disengagement-Theorie:** Der alternde Mensch zieht sich aus der Gesellschaft zurück, um sich ganz auf den Prozess des Alterns zu konzentrieren. Gleichzeitig distanziert sich die Gesellschaft vom alternden Menschen.
- **Aktivitätstheorie:** Der alternde Mensch baut seine sozialen Kontakte und Aktivitäten aus, um einem Funktionsverlust entgegenzuwirken. Er fühlt sich wohl, wenn er sich engagieren kann und gebraucht wird.
- **Kontinuitätstheorie:** Im Alter setzt sich fort, was auch früher gelebt wurde; aktive Menschen brauchen Aktivität im Alter, während sich eher passiv-geruhsame Menschen für den Rückzug entscheiden.

Psychosoziale Entwicklung im höheren Lebensalter

Gemäß dem Stufenmodell der psychosozialen Entwicklung nach Erik H. **Erikson** (▸ Kap. 1.2.3.1) besteht die Aufgabe der letzten Lebensphase darin, Rückschau zu halten auf das gelebte Leben, dieses anzunehmen und sich vor dem Tod nicht zu fürchten. Integrität ist das Ergebnis einer gelingenden Bewältigung, während andernfalls Verzweiflung droht. Diese kann sich als Trauer oder Angst, Enttäuschung oder Verachtung, Zorn oder Anklage offenbaren.

Das **Kompetenzmodell des Alterns** versteht diese letzte Lebensphase wie die vorherigen als einen Prozess der Anpassung an biologische, psychische und soziale Veränderungen, für den individuelle Ressourcen und Strategien zur Verfügung stehen. Vergleiche werden dabei innerhalb einer Altersgruppe gezogen und nicht etwa die Jugend als Maßstab gesetzt. Das Modell geht von einer positiven (kompetenten) Bewältigung der Altersaufgaben aus, ohne die Möglichkeit des Scheiterns zu berücksichtigen.

Selektive Optimierung durch Kompensation

Die Psychologen und Gerontologen Margret und Paul **Baltes** stellten in den 1980er-Jahren das **Modell**

der Selektiven Optimierung und Kompensation (SOK) als Strategie zum Kompetenzerhalt im Alter vor. Aus dem sich zunehmend einschränkenden körperlichen und geistigen Leistungsvermögen werden (oft unbewusst) insbesondere jene Fähigkeiten herausgesucht (selektiert) und geübt (optimiert), die leichtfallen, gut funktionieren und zum Erhalt der Lebensqualität beitragen. Auf diese Weise soll der Verlust anderer Fähigkeiten ausgeglichen (kompensiert) werden.

Innerhalb medizinisch-pflegerischer Zusammenhänge geht es dabei um einen Wechsel von der reinen Defizitorientierung („Was geht alles nicht mehr") hin zur **Ressourcenorientierung** („Was ist, trotz Einschränkungen, noch möglich").

Paul Baltes verdeutlichte seine Theorie mithilfe des Pianisten und Chopin-Interpreten Arthur Rubinstein. Dieser konzentrierte sich im Alter auf das Spielen einiger weniger Stücke (Selektion), die er besonders intensiv übte (Optimierung). Vor schnellen Passagen innerhalb eines Stücks reduzierte er das Tempo, um den Kontrast besonders deutlich werden zu lassen (Kompensation).

Soziale Lage alter Menschen

Das Ende der Erwerbstätigkeit und der Eintritt ins Rentenalter sind für die meisten Menschen mit deutlichen Veränderungen ihrer sozialen Lage verbunden. Neben **finanziellen Einschränkungen** (häufig liegt der monatliche Rentenbetrag deutlich unter dem früheren Einkommen, dagegen steigen die Ausgaben, u.a. für medizinische Leistungen und Hilfsmittel) bis hin zur sogenannten Altersarmut, kommt es oft zum **Rückgang sozialer Beziehungen** und gemeinschaftlicher Aktivitäten. Etwa ⅓ der Menschen im Rentenalter lebt allein. Wichtig wird in dieser Phase der Kontakt zur Familie, zu Kindern und Enkeln, insbesondere dann, wenn der Lebenspartner und enge Freunde sterben.

Klinik

Mit der **Verwitwung** steigen das Krankheits- und Sterberisiko des verbliebenen Partners. Bekannt ist das Phänomen, dass nach dem Tod des womöglich über längere Zeit pflegebedürftigen Lebensgefährten der andere relativ rasch verfällt und innerhalb Jahresfrist ebenfalls stirbt. Dies betrifft mehr Männer als Frauen.

Klinik

In Deutschland sterben jährlich mehr als 9.000 Menschen durch **Suizid.** Ein Drittel von ihnen ist älter als 65 Jahre. Das höchste Suizidrisiko besteht für Männer über 75. Häufig wählen sie „sichere" und „harte" Methoden wie Erschießen, Erhängen, aus großer Höhe springen oder sich vor einen Zug stürzen. Als Ursachen werden oft genannt: Vereinsamung, Partnerverlust, schwere Krankheit, chronische Schmerzen, zunehmender Verlust der Selbstständigkeit, finanzielle Sorgen, Depression und die Angst, Angehörigen eine Last zu werden.

Der drohenden **sozialen Isolation** wird in zunehmendem Maße mit unterschiedlichen Modellen des gemeinschaftlichen Wohnens entgegengewirkt, z.B. in Mehrgenerationenhäusern oder Alters-WGs. Viele Alten- und Pflegeheime bieten angegliederte Apartments an, in denen alte Menschen selbstständig wohnen und bei Bedarf rasch und unkompliziert auf haushälterische und pflegerische Unterstützung zugreifen können. Die Zahl und das Angebotsspektrum **ambulanter Pflegedienste** nehmen stetig zu. Dies hat einerseits finanzielle Gründe (ambulante Versorgung ist wesentlich kostengünstiger als stationäre), berücksichtigt andererseits aber auch das starke Bedürfnis insbesondere alter Menschen, in den eigenen vier Wänden zu leben und eine späte **Entwurzelung** durch Auszug aus dem gewohnten Umfeld zu vermeiden.

Klinik

Nicht immer sind es rein medizinische Anliegen, die einen Menschen zum Arzt führen. Insbesondere im Alter und bei chronisch Kranken geht es häufig auch um den sozialen Kontakt, um Sicherheit, Aufmerksamkeit und Zuwendung. Diese Bedürfnisse werden orts- bzw. situationsspezifisch mittels Krankheitssymptomen kommuniziert. Insbesondere Hausärzte machen häufig die Erfahrung, dass ihren langjährigen Patienten mehr am Kontakt als an der Befreiung von Krankheit gelegen ist.

1.4.9 Soziodemografische Determinanten des Lebenslaufs

Die **Demografie** ist eine Wissenschaft, die die Entwicklung und Struktur einer Bevölkerung mithilfe statistischer Daten bzw. Determinanten beschreibt. Dazu gehören u.a. Alters- und Geschlechtsverteilung, Geburtenrate und Sterbeziffern, Aus- und

Einwanderungszahlen, Bildungsgrad, Berufstätigkeit und Zugehörigkeit zu Religionsgemeinschaften.

1.4.9.1 Generatives Verhalten und seine Determinanten

Als generativ kann Verhalten bezeichnet werden, das auf die Geburt von Kindern und damit das Wachstum der Bevölkerung ausgerichtet ist. Dieses Verhalten wird vielfältig determiniert, u. a. biologisch, sozial, wirtschaftlich, weltanschaulich/religiös, kulturell und psychologisch. Einige in diesem Zusammenhang wichtige Begriffe sollen im Folgenden erläutert werden:

- **Fertilität:** Fruchtbarkeit bzw. Fähigkeit eines Organismus zur Fortpflanzung. In der Demografie wird der Begriff für die Anzahl der Lebendgeburten innerhalb einer bestimmten Bevölkerungsgruppe verwendet. Die Fertilitätsrate beschreibt die Zahl der Kinder, die durchschnittlich jede Frau zwischen dem 15. und 45. Lebensjahr zur Welt bringt.
- **Nuptialität:** Heiratshäufigkeit. Damit wird die Anzahl der Eheschließungen in einer Bevölkerung in einem bestimmten Zeitraum bezeichnet.
- **Mortalität:** Sterberate bzw. Anzahl der Todesfälle in einer Bevölkerung in einem bestimmten Zeitraum.
- **Letalität:** Tödlichkeit bzw. Anteil der an einer bestimmten Krankheit Verstorbenen unter der Gesamtzahl der dieserart Erkrankten in einem bestimmten Zeitraum.
- **Geburtenziffer:** Anzahl der Lebendgeborenen innerhalb eines Jahres bezogen auf 1.000 Einwohner.
- **Sterbeziffer:** Anzahl der Todesfälle innerhalb eines Jahres bezogen auf 1.000 Einwohner.
- **Geschlechtsproportion:** Verhältnis von weiblichen und männlichen Personen bezogen auf einen Jahrgang bzw. Altersgruppen.
- **Altenquote bzw. Altenquotient:** Verhältnis von Personen im Rentenalter zu denen im Erwerbsalter innerhalb einer Bevölkerung. In Deutschland nimmt die Altenquote zu („Die Bevölkerung altert").

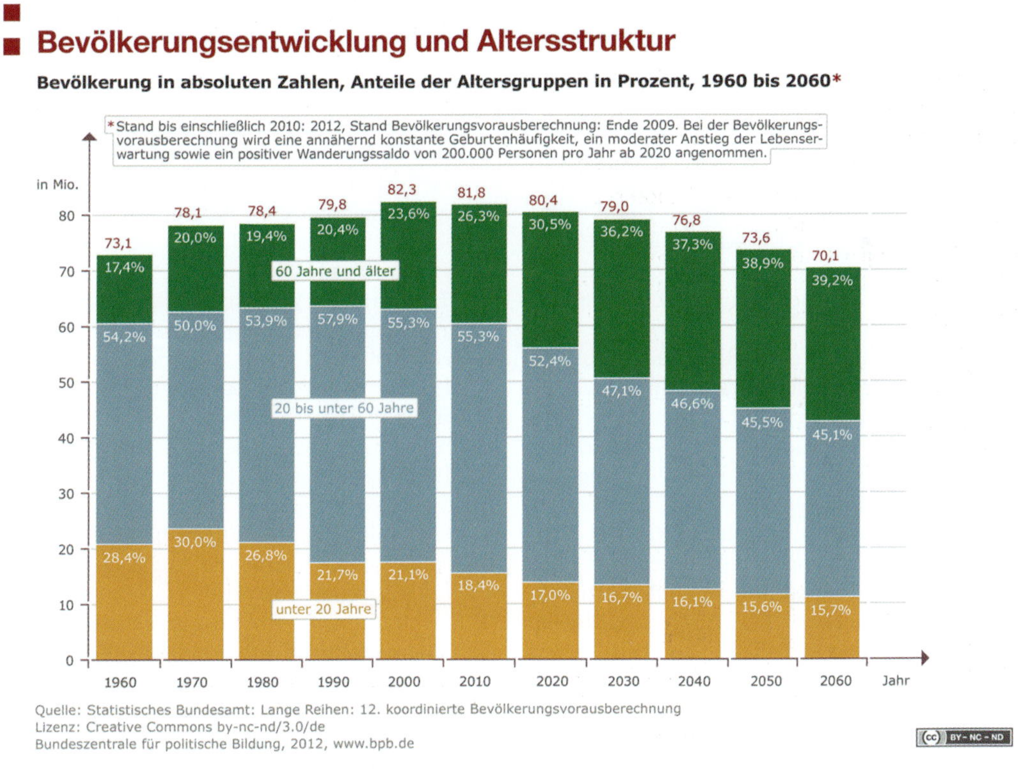

Abb. 1.24 Bevölkerungsentwicklung und Altersstruktur in Deutschland [W859]

Das Wachstum einer Bevölkerung ist nicht nur abhängig von Geburten- und Sterbeziffer, sondern auch von **Migrationsbewegungen.** In Deutschland versucht man, ein Schrumpfen der Bevölkerung aufgrund einer verminderten Geburtenrate durch Veränderungen der Familien- und Einwanderungspolitik zu verhindern. Das Statistische Bundesamt geht dennoch von einer Reduktion der Einwohnerzahl von ca. 80 Millionen im Jahr 2020 auf 70 Millionen im Jahr 2060 aus (► Abb. 1.24).

1.4.9.2 Alters- und geschlechtsspezifische Unterschiede bezüglich Gesundheit und Krankheit

Noch vergleichsweise jung ist der Teilbereich der Medizin, der sich mit Geschlechtsunterschieden bezüglich Gesundheit und Krankheit beschäftigt **(Gender-Medicine).** Dabei sind einzelne Phänomene, die diesen Unterschied belegen, schon lange bekannt: Die durchschnittliche Lebenserwartung von Frauen übersteigt die von Männern in Deutschland derzeit um sechs Jahre, bei den meisten psychischen Störungen sowie bei einigen somatischen Erkrankungen weiß man um die unterschiedliche Inzidenz bei beiden Geschlechtern und geradezu sprichwörtlich ist die Verschiedenheit des Leidens von Männern und Frauen. Biologisch und anatomisch lassen sich viele dieser Differenzen gut erklären, z. B. durch eine unterschiedliche genetische und hormonelle Ausstattung oder geschlechtsspezifische Besonderheiten in Struktur und Funktion einiger Organe (z. B. Gehirn, Darm, Herz, Haut). Darüber hinaus gibt es psychische und soziale Einflüsse auf Wahrnehmung und Zuschreibung der Eigenschaften „krank“ und „gesund“.

Klinische **Medikamentenstudien** wurden über einen langen Zeitraum überwiegend an jungen gesunden Männern durchgeführt. Frauen blieben von den Untersuchungen oft ausgeschlossen, da man kein Risiko bezüglich ihrer Fertilität eingehen wollte. Unberücksichtigt blieb dabei, dass es z. B. aufgrund einer unterschiedlichen Fett- und Wasserverteilung bei Männern und Frauen zu Unterschieden in der Pharmakokinetik und Pharmakodynamik kommen kann. Dies erfordert bei einigen Medikamenten unterschiedliche Dosierungen, was bisher nicht immer beachtet wurde.

Der Schwerpunkt der Gender-Medicine liegt im Bereich der Erforschung von Unterschieden bezüglich Häufigkeit, Risikofaktoren, Symptomatik, Früherkennung, Diagnostik, Therapie und Prognose von Erkrankungen. Beispielsweise werden **Herzinfarkte** bei Frauen zuweilen zu spät erkannt, weil sie sich anders äußern als bei Männern. Statt der klassischen Symptomatik mit thorakalem Vernichtungsschmerz und Schock, treten bei Frauen häufiger Oberbauchschmerzen, Übelkeit, Druck- und Engegefühle sowie Kurzatmigkeit auf.

Auch das **Alter** beeinflusst das Erscheinungsbild von Krankheiten und die Empfindlichkeit gegenüber (pharmako-)therapeutischen Maßnahmen. Die Symptomwahrnehmung verändert sich, die Unterscheidung zwischen „normalen“ und krankheitsbedingten Einschränkungen fällt zuweilen schwer. In den meisten Fällen ist im höheren Alter eine Reduktion der Medikamentendosis erforderlich, was u. a. mit Veränderungen des Stoffwechsels zusammenhängt.

1.4.9.3 Migration und Akkulturation

Die **Migrationssoziologie** untersucht die Ursachen, den Verlauf und die Auswirkung von Migrationsprozessen für den Einzelnen und für die Gesellschaft. Wohnortwechsel können z. B. politisch (Flucht und Vertreibung aus Kriegsgebieten oder totalitären Staaten), wirtschaftlich (Bildungs- und Arbeitsmigration) oder privat (Eheschließung, Familienzusammenführung) motiviert sein.

Wichtige Begriffe sind in diesem Zusammenhang:

- **Migration:** „Wanderung“, dauerhafte Verlegung des Wohnsitzes an einen anderen Ort. Immigration bedeutet Einwanderung, Emigration Auswanderung über eine Staatsgrenze hinweg. Von Binnenmigration spricht man bei Umzügen innerhalb eines Landes.
- **Akkulturation:** gegenseitige Beeinflussung und Angleichung zweier Kulturen, die durch Gruppen oder einzelne Personen repräsentiert werden. Der Begriff bezeichnet auch das „Hineinwachsen“ eines Menschen in seine Kultur, z. B. im Rahmen der Adoleszenz. Bezogen auf die Migration lassen sich folgende Prozesse unterscheiden:
  - **Assimilation:** das Aufgehen einer Gruppe in einer anderen bzw. die Angleichung bis hin zur Verschmelzung zweier Gruppen auf sozialer, kultureller und/oder struktureller Ebene. Meistens assimiliert sich die Minderheit in die Mehrheit.
  - **Integration:** Einbeziehung einer kulturellen Gemeinschaft in eine andere, ohne dass es zu einer völligen Verschmelzung kommt. Anpassung wird von beiden Seiten geleistet, Diffe-

renzen können innerhalb eines gewissen Rahmens ausgehalten und bestenfalls als Bereicherung erlebt werden.
- **Segregation/Separation:** Abgrenzung einer kulturellen Gemeinschaft von der anderen. Dies ist z. B. in Großstädten der Fall, in denen es deutlich abgegrenzte kulturell identifizierte Viertel gibt (z. B. „China-Town").

Die Migration in ein fremdes Land und eine andere Kultur kann hinsichtlich der **Gesundheit** von Vorteil oder von Nachteil sein. Die Notwendigkeit einer Anpassung und damit einhergehende Verständigungsprobleme, die Erfahrung von Ausgrenzung sowie schwierige Lebens- und Arbeitsbedingungen können das Risiko für Erkrankungen erhöhen. Andererseits schafft die Bildung von Kulturgemeinschaften im fremden Land Möglichkeiten der Identifizierung und Solidarisierung, die sich förderlich auf das Gesundheitsverhalten auswirken.

Von den in Deutschland lebenden Menschen haben etwa 20 % einen sogenannten **Migrationshintergrund.** Hinsichtlich ihres Krankheitsspektrums unterscheiden sie sich kaum von ihren nichtmigrierten Mitbürgern. Allerdings sind die Schwerpunkte etwas anders verteilt: abhängig vom Herkunftsland können einige Infektionskrankheiten (z. B. Tuberkulose) häufiger auftreten. Während atopische Erkrankungen bei ausländischen Kindern seltener vorkommen als bei deutschen, tritt Übergewicht bei ihnen häufiger auf. Der Konsum von Suchtmitteln liegt in der Einwanderergeneration deutlich unter dem von in Deutschland Geborenen. Im Verlauf gleichen sich die Zahlen aber an. Darüber hinaus gibt es eine Reihe von Erkrankungen, die mittelbar mit der Migration im Zusammenhang stehen können, darunter posttraumatische Belastungsstörungen und Anpassungsstörungen sowie Gesundheitsstörungen bei Menschen ohne Aufenthaltserlaubnis. Deren praktisch-medizinische Versorgung wird durch die Angst vor Entdeckung und Ausweisung beschränkt.

1.4.9.4 Schema der demografischen Transformation

Das **Modell des demografischen Übergangs** bzw. der demografischen Transformation geht auf Warren S. **Thompson** und Frank W. **Notestein** zurück und beschreibt die Bevölkerungsentwicklung in Abhängigkeit von Veränderungen der Geburten- und Sterbeziffern (▶ Abb. 1.25).

In diesem Prozess lassen sich fünf Phasen unterscheiden:

- **Vorbereitungsphase** (prätransformativ): Es bestehen gleichermaßen hohe Geburten- und Sterberaten, sodass die Bevölkerungsgröße insgesamt gleich bleibt. Krieg, Hungersnot oder Seuchen können zu einem kurzfristigen Rückgang der Population führen.
- **Einleitungsphase** (frühtransformativ): Aufgrund verbesserter medizinischer, hygienischer und sozialer Bedingungen kommt es zu einem leichten Anstieg der Geburtenziffer bei gleichzeitiger Verringerung der Sterberate.
- **Umschwungphase** (mitteltransformativ): Die Sterberate geht weiter deutlich zurück, die Lebenserwartung steigt, während sich gleichzeitig die Geburtenrate etwas verringert.
- **Einlenkungsphase** (spättransformativ): Die Sterberate bleibt auf niedrigem Niveau, die Geburtenrate geht durch Regulation (Berufstätigkeit der Frauen, Empfängnisverhütung, Förderung der Ein-Kind-Ehe) zurück. Dadurch verringert sich die Bevölkerungsgröße.
- **Ausklingphase** (posttransformativ): Geburten- und Sterberate sind niedrig und verändern sich kaum noch, der Reproduktionszyklus dehnt sich aus (Zunahme von Spätgebärenden), die Bevölkerungsgröße bleibt weitgehend konstant.

Dem Modell liegen Beobachtungen in verschiedenen europäischen Ländern zugrunde, in denen sich der Übergang von der agrarischen zur industriellen und postindustriellen Gesellschaft in dieser Weise vollzog. Während der Prozess in England fast 200 Jahre in Anspruch nahm, waren es in Deutschland nur ca. 70 Jahre. Aus dem Modell lassen sich nur bedingt Voraussagen für die Entwicklung in anderen Gesellschaften treffen.

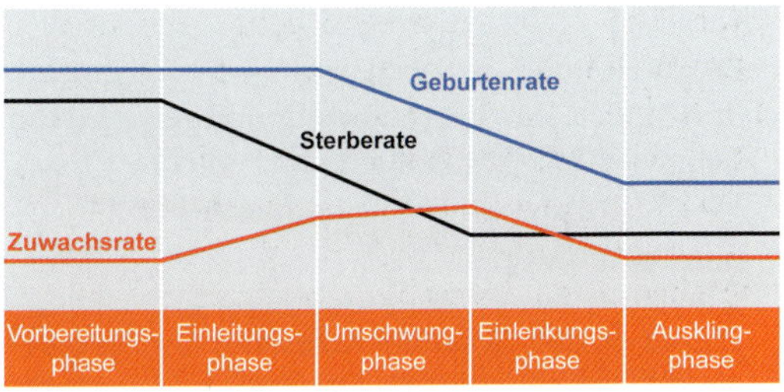

Abb. 1.25 Die demografische Transformation in Deutschland [L231]

1.4.9.5 Demografisches Altern und Kompression der Morbidität

Vom demografischen Altern ist nicht ein Individuum, sondern eine ganze Bevölkerung betroffen. Nimmt die Lebenserwartung zu, während gleichzeitig die Geburtenrate abnimmt, steigt sukzessive das Durchschnittsalter der Bevölkerung an. Populärsprachlich ist zuweilen von einer „Vergreisung“ die Rede. Dies hat sowohl wirtschaftliche als auch soziale, politische und medizinische Konsequenzen:

- Die Zahl der Leistungserbringer (Berufstätige) nimmt ab, während die der Leistungsempfänger (Rentner) zunimmt; dies betrifft. u. a. das Gesundheits- und Rentensystem, deren Ausgaben steigen, während gleichzeitig die Einnahmen rückläufig sind.
- Kulturelle Angebote, Markt und Werbung, Politik und Bildung stellen sich auf ältere Konsumenten und Wähler ein; gleichzeitig sollen durch die Förderung von Familien, die Unterstützung berufstätiger Mütter, die Bereitstellung von Krippen- und Kindergartenplätzen und andere Maßnahmen Anreize zur Erhöhung der Geburtenrate geschaffen werden.
- Chronische und degenerative Erkrankungen nehmen zu, die Anzahl multimorbider Patienten wächst und mit ihr der Pflegebedarf; die medizinische Ausrichtung ist weniger kurativ als rehabilitativ.

Dagegen besagt die Theorie von der **Kompression der Morbidität,** dass mit einer steigenden Lebenserwartung nicht automatisch die Krankheitsphase zunimmt, sondern sich vielmehr die **krankheits- und behinderungsfreie Zeit** verlängert. Dies wird durch Präventionsmaßnahmen unterstützt. Die Phase, in der ein Mensch tatsächlich „altersschwach“ und pflegebedürftig wird, verlagert sich in die letzten Lebensmonate oder -jahre und wird gleichsam komprimiert. Ihr geht eine längere Phase „gesunden Alters“ voraus.

Die WHO und die Weltbank haben gemeinsam das Modell der **beeinträchtigungsgewichteten Lebensjahre** (Disability Adjusted Life Years, **DALY**) entwickelt. Darin werden neben Morbidität und Mortalität auch Faktoren der Lebensqualität bzw. deren Einschränkungen erfasst. Ziel ist es, den Gesundheitszustand der Bevölkerung zu erfassen und die Qualität und Wirksamkeit präventiver und therapeutischer Maßnahmen zu ermitteln. Die Zahl der DALY wird als Summe der durch einen, gegenüber der Vergleichspopulation, vorzeitigen Tod verlorenen und der mit Behinderung gelebten Jahre berechnet.

Generationenvertrag Als eine Art ungeschriebenes Gesetz bildet der sogenannte Generationenvertrag die **Grundlage des deutschen Rentensystems.** Der aktuell arbeitende Teil der Bevölkerung kommt mittels monatlicher Beiträge zur Rentenversicherung für die finanzielle Versorgung der aktuell im Ruhestand befindlichen Menschen auf. Gleichzeitig erwirbt er sich auf diese Weise das Recht, später durch die nachfolgende Generation unterstützt zu werden.

Mit dem **demografischen Altern** ergeben sich Schwierigkeiten bei der Erfüllung des Generationenvertrags: Einer wachsenden Zahl von Rentenempfängern stehen auf der anderen Seite immer weniger Rentenzahler gegenüber. Durch eine Erhöhung der Rentenbeiträge bei gleich bleibender Rentenauszahlung sowie die Förderung privater Altersvorsorge versucht die Politik, regulierend einzugreifen.

1.4.9.6 Entwicklung der Weltbevölkerung

Über 100 Milliarden Menschen haben seit der Entstehung des Homo sapiens auf der Erde gelebt und sind gestorben. Derzeit geht man von einer Weltbevölkerung von ca. 7,1 Milliarden aus. Dies ist die bisher größte Zahl von Menschen, die gleichzeitig am Leben waren. Und Demografen prognostizieren für das Jahr 2100 11–12 Milliarden – das Wachstum schreitet voran. Dabei beteiligen sich die Kontinente in unterschiedlichem Maße. Während in Asien und Afrika die Bevölkerungszahl rasch steigt – die Geburtenrate nimmt zu, die Sterbeziffer nimmt ab – verlangsamt sich ihr Wachstum in Amerika allmählich und in Europa kommt es sogar zu einem Rückgang. Einige Forscher sagen eine weltweite Stagnation ab dem Jahr 2070 voraus (► Tab. 1.10).

Das Wachstum der Weltbevölkerung stellt diese selbst vor große Herausforderungen. Wie können die Grundbedürfnisse aller Menschen befriedigt werden? Wie wird die Ernährung gesichert? Wie werden die Energie- und Rohstoffressourcen sinnvoll und gerecht genutzt? Wie begegnet man den ökologischen Veränderungen? Welchen Einfluss nehmen Politik, Wirtschaft und Religion?

Tab. 1.10 Wie viele waren es wann? Milliarden-Stufen der Bevölkerungsentwicklung

Jahr	1804	1927	1960	1974	1987	1999	2011
Bevölkerung in Mrd.	1	2	3	4	5	6	7

Auch wenn es rein rechnerisch möglich ist, die gesamte Weltbevölkerung sitzend auf der Insel Mallorca unterzubringen, gehört die Frage nach der Gestaltung von Lebens- und Wohnräumen zu den wichtigen gesellschaftlichen Themen unserer Zeit.

Geburtenkontrolle und Religion

Die katholische Kirche positioniert sich aus religiösen Gründen klar gegen die Geburtenkontrolle und setzt sich damit der Kritik all jener aus, die im rasanten Bevölkerungswachstum ein Problem sehen. Aus katholischer Sicht ist der wichtigste Grund für die Ehe und der einzige Zweck des Geschlechtsverkehrs die Zeugung von Kindern – Empfängnisverhütung beruht damit einzig und allein auf Enthaltsamkeit. Alle anderen Methoden stellen einen unerlaubten Eingriff in Gottes Wirken dar.

Internationale Bevölkerungspolitik

Die Internationale Bevölkerungspolitik wird von den einzelnen Staaten der Welt, den Vereinten Nationen (UN) und nicht staatlichen Organisationen (NGO) gesteuert. Zu ihren Aufgaben und Zielen gehört u. a.

- Politik der Familienplanung: gesundheitliche Versorgung von Müttern und Kindern, Sexualaufklärung, Aufklärung hinsichtlich Empfängnisverhütung
- Gesundheitspolitik: Bekämpfung von Infektionskrankheiten, Herstellung und Sicherung von Hygienestandards
- Bildungs- und Wirtschaftspolitik: Gleichstellung der Geschlechter, Zugang zu Bildung, Sicherung des Lebenserhalts durch Arbeit und Einkommen

Armut und Kindersterblichkeit

Mangelhafte Ernährung, Defizite in der Hygiene und damit einhergehend Infektionskrankheiten sowie eine unzureichende medizinische Versorgung bilden die Hauptverbindung zwischen Armut und **Kindersterblichkeit.** Während in den Industrienationen etwa eines von 140 Kindern vor dem fünften Lebensjahr stirbt, sind es in armen Ländern bis zu 10 %. Noch deutlicher drückt sich der Zusammenhang in der **Säuglingssterblichkeitsrate** aus. Diese beträgt in Deutschland 4/1.000, in Angola aber 190/1.000.

Die Bevölkerungstheorie von Malthus

Der britische Ökonom Thomas Robert **Malthus** entwickelte Ende des 18. Jahrhunderts eine pessimistische Theorie zur Bevölkerungsentwicklung. Nach seiner Auffassung führten biologische Triebe zum ungehemmten **exponenziellen** Wachstum der Bevölkerung. Daraus ergäben sich zwangsläufig Platz- und Versorgungsprobleme – insbesondere die Produktion von Nahrung könne nur **linear** gesteigert werden und so der rasanten Entwicklung nicht nachkommen. Hunger, Seuchen, Naturkatastrophen und Kriege würden zu einer vorübergehenden Dezimierung der Bevölkerung führen. Aufgabe der gesamten Gesellschaft sei es, diesem Verlauf z. B. durch späte Heirat und sexuelle Enthaltsamkeit entgegenzuwirken. Einen anderen Ausweg aus der „Malthusianischen Falle“ gebe es nicht.

Dem widersprachen Theorien, wonach mit dem Wachstum der Bevölkerung auch ein **technischer Fortschritt** erfolgt, der es ermöglicht, den jeweils aktuellen Erfordernissen gerecht zu werden.

In der Realität – beobachtbar in der Geschichte der Industrienationen und der Gegenwart der Entwicklungsländer – lässt sich, wie so oft, ein Sowohl-als-auch beobachten. Zwar steigt, gefördert durch moderne Technologien, die Nahrungsmittelproduktion schneller als von Malthus vorhergesehen, doch ist das Problem des Hungers in den Entwicklungsländern bis heute ungelöst.

1.4.10 Sozialstrukturelle Determinanten des Lebenslaufs

In die Sozialstruktur einer Gesellschaft gehen Bildungsgrad, berufliche Stellung bzw. berufliches Ansehen und Einkommen, Familienstand und Beziehungsgefüge, soziale Rollen und soziale Funktionen als individuelle Faktoren ein. Darüber hinaus wird die Sozialstruktur von politischen, wirtschaftlichen, kulturellen und religiösen Einflüssen geprägt.

1.4.10.1 Modernisierungsprozess von Gesellschaften

Nichts bleibt, wie es ist – auch Gesellschaften sind einem ständigen Wandel unterworfen. Der Begriff **Modernisierung** impliziert Fortschritt und Verbesserung und wird sowohl für technische als auch für soziale, kulturelle und politische Prozesse verwendet. Damit verbunden sind soziologische Phänomene, wie z. B.

- Der Übergang von der Agrar- in die Industrie- und weiter in die Dienstleistungs- und Informationsgesellschaft
- Die Wandlung politischer Systeme, z. B. von der Monarchie zur Demokratie
- Die Wandlung wirtschaftlicher Systeme, z. B. von der Plan- zur Marktwirtschaft
- Veränderungen bezüglich Wohnen und Arbeiten, „Landflucht, Verstädterung, Urbanisierung"
- Soziale Differenzierung – Etablierung unterschiedlicher Lebensentwürfe und -stile, Aufgliederung der sozialen Schichten
- **Individualisierung** – Übergang von der Fremd- zur Selbstbestimmung im Rahmen politischer, wirtschaftlicher und sozialer Modernisierungsprozesse; zunehmende Konzentration auf individuelle Bedürfnisse und Lebensgestaltung. Die Individualisierung innerhalb unserer Gesellschaft steht in engem Zusammenhang mit
  - der Steigerung des individuellen und gesellschaftlichen Wohlstands,
  - dem Rückgang der Arbeitszeit und der Zunahme von Freizeit und
  - der Steigerung des individuellen und gesellschaftlichen Bildungsniveaus
- Globalisierung – zunehmende wirtschaftliche, politische, soziale und ökologische Verflechtung der einzelnen Staaten

Verbunden mit gesellschaftlichen Modernisierungsprozessen sind auch Veränderungen des sozialen Handelns. Nach Max **Weber** lassen sich folgende Formen unterscheiden:

- Traditionelles Handeln: geprägt von Gewohnheiten, Konventionen und überbrachten, nicht mehr in Frage gestellten Regeln
- Affektuelles Handeln: geprägt von momentanen Gefühlszuständen, dadurch eher irrational und reagierend
- Wertrationales Handeln: orientiert sich an religiösen, ethischen oder sozialen Überzeugungen
- Zweckrationales Handeln: beruht auf einer bewussten Abwägung von Zielen, zur Verfügung stehenden Mitteln und vorhersehbaren Konsequenzen

In der modernen Gesellschaft nimmt das **zweckrationale Handeln** eine hervorgehobene Stellung ein, während die Orientierung an Traditionen, Emotionen oder Werten eher konservativen Gesellschaftsformen zugeordnet wird.

Klinik

Die **Gentechnik** ist ein biotechnologisches Verfahren, das gezielte Veränderungen des genetischen Materials und dessen Übertragung von einem Organismus auf den anderen ermöglicht. Sie findet sowohl in der Forschung (Medizin, Genetik, Entwicklungsbiologie) als auch in der Industrie (Pharmazie, Landwirtschaft, Umwelttechnik, Lebensmittelindustrie) breite Anwendung. Als eine Art Schlüsseltechnologie der modernen Gesellschaft ist sie Gegenstand kontroverser Diskussionen, in denen ethische, religiöse, ökologische und gesundheitliche Argumente eine wesentliche Rolle spielen.

Klinik

Verfahren der **Telemedizin** ermöglichen den Austausch medizinischer Informationen (z. B. Röntgenbilder, Befundberichte, Operationsvideos) zwischen Arzt und Patient bzw. zwischen medizinischem Personal mithilfe moderner Informations- und Kommunikationstechnologien (z. B. Internet). Auch die Überwachung von Vitalparametern (z. B. Puls, Blutdruck, EKG) oder der Aktivität und Leistung eines implantierten Defibrillators können funkgestützt über große Distanzen erfolgen.

1.4.10.2 Änderungen der Erwerbsstruktur

Drei-Sektoren-Hypothese

Allan G. B. **Fisher** und Colin G. **Clark** entwarfen eine Hypothese, wonach jede Gesellschaft durch ihre dominierende Wirtschaftsform bzw. **Erwerbssektoren** charakterisiert wird. Diese wurde von Jean **Fourastié** weiter entwickelt. Man unterscheidet:

- **Agrargesellschaft:** Arbeit hauptsächlich im primären Sektor: Rohstoffgewinnung, Landwirtschaft
- **Industriegesellschaft:** Arbeit hauptsächlich im sekundären Sektor: Rohstoffverarbeitung, Güterproduktion in Fabriken
- **Dienstleistungsgesellschaft:** Arbeit hauptsächlich im tertiären Sektor: Dienstleistungen, z. B.

in Kunst und Kultur, Gastronomie, Finanzwesen, Medizin usw.

Anknüpfend an diese Entwicklung bezeichnet man die derzeitige soziale Struktur auch als **Informations- und Wissensgesellschaft** (vierter Sektor).

Merke

Der Begriff **Tertiarisierung** beschreibt den Wandel der Erwerbsstruktur mit einer Rückbildung des primären und sekundären und einer Zunahme des tertiären Sektors.

Mit den Veränderungen der **Erwerbsstruktur** – Wer verdient wo und wie sein Geld? Wie hoch sind die Gehälter? Wie ist die Arbeit organisiert? – ändert sich auch das Verhältnis der Menschen zu ihrer Arbeit. Für viele dient der Beruf nicht mehr in erster Linie der Überlebenssicherung, sondern stellt vielmehr eine von mehreren Komponenten der Selbstverwirklichung dar. Mit der differenziellen Verwendung der Begriffe Arbeit und Beruf wird dieser Umstand verdeutlicht.

Erwerbsquote

Die Erwerbsquote ist der Anteil der sogenannten Erwerbspersonen (= Erwerbstätige und Erwerbslose über 15 Jahre) an der Gesamtbevölkerung. Erwerbslos sind all jene, die keiner bezahlten Tätigkeit nachgehen, aber prinzipiell erwerbsfähig sind und dem Arbeitsmarkt zur Verfügung stehen. Erwerbstätige führen eine bezahlte Arbeit von mindestens einer Stunde pro Woche aus. Zu ihnen gehören auch Selbstständige, Freiberufler und geringfügig Beschäftigte (= „Ein-Euro-Job").

Strukturelle Arbeitslosigkeit

Arbeitslosigkeit kann konjunkturell bzw. saisonal bedingt sein und entsprechenden Schwankungen unterliegen. Von **struktureller Arbeitslosigkeit** spricht man, wenn das Angebot von Arbeitnehmern dauerhaft nicht zur Nachfrage des Arbeitsmarkts passt. Wenn z. B. jeder Medizinstudent Pädiater wird, gibt es einen Überschuss an Kinderärzten, was zu einer strukturellen Arbeitslosigkeit dieser Berufsgruppe führt. Mithilfe von Umschulungsmaßnahmen und finanziellen bzw. nicht finanziellen Anreizen versucht der Staat, regulierend in den Arbeitsmarkt einzugreifen. Beispielsweise gibt es umfangreiche Förderprogramme für Mediziner, die sich zum Allgemeinarzt ausbilden lassen und ihre Praxis in unterversorgten Regionen des Landes eröffnen.

1.4.10.3 Soziale Determinanten von Gesundheit und Krankheit

In der von der WHO 1997 veröffentlichten „Jakarta-Erklärung zur Gesundheitsförderung für das 21. Jahrhundert" werden die soziale Determinanten von Gesundheit und Krankheit genannt und aktuelle Herausforderungen für die Weltgemeinschaft beleuchtet:

Grundvoraussetzungen für Gesundheit sind Frieden, Unterkunft, Bildung, soziale Sicherheit, soziale Beziehungen, Nahrung, Einkommen, Handlungskompetenzen (empowerment) von Frauen, ein stabiles Ökosystem, nachhaltige Nutzung von Ressourcen, soziale Gerechtigkeit, die Achtung der Menschenrechte und die Chancengleichheit. Armut ist dabei die mit Abstand größte Bedrohung für die Gesundheit.

Demographische Trends wie Verstädterung, die steigende Zahl älterer Menschen und die hohe Prävalenz chronischer Krankheiten stellen alle Länder vor neue Probleme. Weitere soziale, biologische und Verhaltensänderungen, wie z. B. zunehmende Bewegungsarmut, Resistenz gegen Antibiotika und andere weit verbreiteten Medikamente, die Zunahme des Drogenmissbrauchs sowie Gewalt im öffentlichen und privaten Raum gefährden Gesundheit und Wohlbefinden von Hunderten von Millionen Menschen.

Dringendes Handeln erfordern neue und wiederauftretende Infektionskrankheiten sowie die stärkere Beachtung psychischer Gesundheitsprobleme. Es ist entscheidend, dass Ansätze der Gesundheitsförderung entwickelt werden, die diesen veränderten Gesundheitsgefahren wirksam entgegentreten.

Transnationale Faktoren haben ebenfalls einen entscheidenden Einfluss auf die Gesundheit. Dazu gehören die Globalisierung der Wirtschaft, der Finanzmärkte und des Handels, der breite Zugang zu den Medien und Informationstechnologien sowie die Umweltzerstörung als Ergebnis des verantwortungslosen Umgangs mit unseren natürlichen Ressourcen.

Diese Wandlungsprozesse formen weltweit die Wertvorstellungen, Lebensweisen und Lebensbedingungen der Menschen über die gesamte Lebensspanne. Einige dieser Prozesse können der Gesundheitsentwicklung entscheidende positive Impulse geben, wie z. B. die Entwicklung der Kommunikationstechnologien, während andere, wie z. B. der internationale Tabakhandel, vornehmlich negative Einflüsse auf die Gesundheit haben.

http://www.who.int/healthpromotion/conferences/previous/jakarta/en/hpr_jakarta_declaration_german.pdf (letzter Zugriff 28.11.2013)

2005 installierte die WHO eine Commission in Social Determinants of Health (CSDH) mit dem Auftrag, internationale Ungleichheiten bezüglich der Gesundheit zu erfassen und Verbesserungsstrategien zu entwickeln. In ihrem Abschlussbericht 2008 formulierte die Kommission drei Empfehlungen:

- Allgemeine Verbesserung der Lebensbedingungen: gleiche Bildungschancen für alle, Zugang zu medizinischer Versorgung, Schaffung von gerechten Arbeitsbedingungen, soziale Sicherung
- Auflösung der ungleichen Verteilung von Macht, Geld und Ressourcen
- Organisation und Auswertung aller in diesem Sinne durchgeführten Maßnahmen, sinnvolle Arbeitsaufteilung und regelmäßige Prozessevaluation

Klinik

Der Zusammenhang zwischen Bildung, Einkommen und Gesundheitsverhalten wird beim **Tabakkonsum** besonders deutlich: Unter den sogenannten Geringverdienern rauchen bis zu 38 %, während von den Personen mit höherem Einkommen nur etwa 14 % regelmäßig zur Zigarette greifen. Die Motivation zur Raucherentwöhnung steigt statistisch mit dem Bildungsgrad.

Sozialer Gradient

Der Zusammenhang zwischen sozialer Schicht und Gesundheit wird als sozialer Gradient dargestellt. Dabei korreliert ein niedriger sozioökonomischer Status mit einer hohen Mortalität und Morbidität und umgekehrt sind Krankheitslast und Sterblichkeit in höheren Bildungs- und Einkommensschichten reduziert (► Kap. 1.2.5.1).

1.4.10.4 Soziale Differenzierung

Die Zuordnung einer Person zu einer **sozialen Schicht** (Ober-, Mittel- und Unterschicht) erfolgt anhand der drei Faktoren Bildung, Beruf und Einkommen (► Kap. 1.2.5.1). Diese werden auf vielfältige Weise beeinflusst. Entsprechend umfangreich ist das Spektrum von Auslösern **sozialer Ungleichheit.** Neben persönlichen Eigenschaften (z. B. Gesundheit, Intelligenz, Anpassungsfähigkeit) spielen familiäre (Welcher Schicht gehören die Eltern an?) und gesellschaftliche (Wie wird Bildung staatlich gefördert? Welchen Wert haben Leistung und Arbeit in der Gesellschaft?) Gegebenheiten eine wichtige Rolle. In einigen Entwicklungsländern wirkt das Bild der sozialen Ungleichheit beinahe wie eine Karikatur: Dem extremen Reichtum einiger weniger Personen steht die unfassbare Armut eines ganzen Volkes gegenüber.

In den Industrienationen bemüht man sich mithilfe politischer Maßnahmen um einen gewissen Ausgleich, wobei es auch in diesen Ländern immer wieder heißt, dass sich „die Schere zwischen Arm und Reich" weiter öffnet. Beispielsweise gibt es in Deutschland eine große Zahl gering qualifizierter Menschen, denen es schwerfällt, eine Arbeit zu finden, mit der sie ihren Lebensunterhalt bestreiten können. Nicht zuletzt aus finanziellen Gründen bleibt ihnen die Möglichkeit der Weiterbildung oft verwehrt. So verharren sie in der Unterschicht und tragen die häufig damit verbundene Last mangelnder Selbstachtung und Selbstwirksamkeit. Dem gegenüber steht eine wachsende Zahl hoch qualifizierter und gut verdienender Personen, die sich aktiv in die politische, wirtschaftliche und kulturelle Gestaltung des Staates einbringen und dadurch an Einfluss und Macht gewinnen. Besonders deutlich wird soziale Ungleichheit auch innerhalb des Spannungsfelds gelingender und nicht gelingender **Integration von Einwanderern.**

Einkommensdisparität ist der Fachbegriff für Ungleichheiten bezüglich der Lohnverteilung. Beispielsweise gibt es in vielen Berufen nach wie vor Gehaltsunterschiede zwischen west- und ostdeutschen Arbeitnehmern. Der Ungleichheit bei der Entlohnung von Männern und Frauen wird mit viel politischem Engagement entgegengewirkt. Mit den Schlagworten „Spitzenverdiener" und „Niedriglohnsektor" wird das weite Feld der Einkommensdisparität grob umrissen.

Soziale Mobilität

Die Bewegung eines Individuums innerhalb des sozialen Schichtsystems bezeichnet man als **soziale Mobilität.**

Vertikale Mobilität bedeutet in diesem Zusammenhang den Auf- oder Abstieg von einer Schicht in die andere („Vom Tellerwäscher zum Millionär"). Dieser kann innerhalb eines Lebens **(Intragenerationenmobilität)** erfolgen, z. B. indem sich ein Mensch durch Ausbildung und berufliche Karriere von der Unterschicht zur Mittelschicht „hocharbeitet". Von **Intergenerationenmobilität** spricht man, wenn sich der Wechsel der sozialen Schicht über mehrere Genera-

tionen vollzieht, z. B. ist die Mutter Hausfrau, während die Tochter studiert.
Horizontale Mobilität vollzieht sich z. B. als berufliche Veränderung, ohne dass dadurch die soziale Schicht gewechselt wird.

Armut und Exklusionsprozesse

Mit dem Begriff der **Exklusion** (= Ausschluss) wird eine neue Qualität in die Betrachtung sozialer Ungleichheit eingeführt. Es geht nicht mehr allein um das „Oben oder Unten", sondern auch um das „Drinnen oder Draußen". Wer exkludiert bzw. ausgegrenzt wird, nimmt nicht mehr teil an gesellschaftlichen Prozessen und hat keinen Einfluss mehr auf die soziale Welt, die ihn umgibt (▸ Abb. 1.26).
Als eine Art Einstieg in den Teufelskreis der Armut stellt sich für viele Menschen der Verlust des Arbeitsplatzes dar. Gibt es funktionierende soziale Strukturen, kann dieser Einschnitt häufig kompensiert werden. Soziale Sicherungssysteme, wie z. B. Arbeitslosengeld und Maßnahmen zur beruflichen Wiedereingliederung sollen den Abstieg aufhalten. Gelingt es dem Betroffenen z. B. aus gesundheitlichen Gründen nicht, davon Gebrauch zu machen, beginnt mit dem sozialen Rückzug etwas, was mit der vollständigen Exklusion enden kann. Die Begrenzung der finanziellen Möglichkeiten führt zu Einschränkungen der sozialen Teilhabe: Reisen, kulturelle Veranstaltungen, gemeinsames Ausgehen usw. fallen weg; der Zugang zu kostenpflichtigen Informationen wie Weiterbildungen, aber auch Zeitungen, Fernsehen oder Internet wird erschwert. Als „Point of no return" wird schließlich der Verlust der Wohnung erlebt. Ohne ein Dach über dem Kopf und ohne eine Meldeadresse löst sich ein Mensch aus ganz grundlegenden gesellschaftlichen Verankerungen. Der Weg zurück in die Sozialgemeinschaft gelingt von dort aus nur mit erheblichen Anstrengungen und in den seltensten Fällen ohne Unterstützung von außen.
Von sozialer Exklusion sind häufig auch **behinderte Menschen** und **Migranten** betroffen. Aufgrund bestimmter persönlicher Einschränkungen oder sprachlicher und kultureller Verständigungsprobleme können sie sich nicht in vollem Maße in die Gemeinschaft integrieren. Alleinerziehende Elternteile leben ebenso wie Mitglieder anderer sogenannter sozialer Randgruppen mit dem Risiko der gesellschaftlichen Ausgrenzung (Diskriminierung).

Merke

Soziale Exklusion findet überall dort statt, wo Menschen der Zugang zu gesellschaftlichen Einrichtungen und Prozessen verwehrt ist. Dieser Vorgang ist nicht auf die Unterschicht begrenzt.

Abb. 1.26 Armut und Exklusion: Kampagne „Armut macht krank" der Caritas [W194]

Ärztliches Handeln

02

IMPP-Hits

In den letzten Jahren wurden vom IMPP besonders folgende Themen in absteigender Reihenfolge gefragt:

- Strukturelle Besonderheiten des deutschen Gesundheitssystems (► Kap. 2.5.3.3)
- Kognitive Verhaltenstherapie (► Kap. 2.4.2.2)
- Halo-Effekt (► Kap. 2.2.2.4)
- Klassifikationssysteme (► Kap. 2.3.1.3)
- Flooding (► Kap. 2.4.2.4)
- Projektion (► Kap. 2.2.2.4)
- Reaktanz des Arztes (► Kap. 2.1.5.4)
- Partizipative Entscheidungsfindung (► Kap. 2.1.4.3)
- Empathie und Wertschätzung (► Kap. 2.1.4.3)
- Didaktische Methoden (► Kap. 2.4.1.4)
- Analytische Psychotherapie und tiefenpsychologisch fundierte Psychotherapie (► Kap. 2.4.2.2)
- Reizkonfrontation in vivo (► Kap. 2.4.2.4)
- Sexuelle Störungen (► Kap. 2.4.6.3)
- Hospize (► Kap. 2.4.7.1)

2.1 Arzt-Patient-Beziehung

Kernthemen der Beziehung zwischen Arzt und Patient sind Gesundheit und Krankheit, Anamnese, Diagnostik, Aufklärung, Beratung, Therapie und Prävention. Dabei erteilt der Patient – häufig implizit durch sein Verhalten – dem Arzt einen **Auftrag,** den dieser in der Rolle eines **Experten** annimmt (► Kap. 1.4.4.5). Meist besteht dabei ein **Informations- und Kompetenzgefälle,** mit dem die unterschiedlichen Varianten von Beziehungsmodellen auf verschiedene Weise umgehen. Man unterscheidet:

- **Paternalistisches Modell:** Der Arzt ist der überlegene „Halbgott in Weiß", während der Patient im Sinne des Wortes die Rolle des „Geduldigen", „Duldenden" einnimmt, der weitgehend passiv den Anweisungen des Arztes folgt.
- **Dienstleistungsmodell:** Der Patient als Kunde erteilt dem Dienstleister Arzt – ähnlich wie einem Mechaniker in der Autowerkstatt – eine Art „Reparaturauftrag", den dieser professionell, aber weitgehend ohne emotionale Anteilnahme erfüllt.
- **Partnerschaftliches Modell:** Arzt und Patient arbeiten gemeinsam an einem Problem, wobei der Arzt sein Wissen und seine Kompetenzen, der Patient seine Persönlichkeit einbringt und man Entscheidungen gemeinschaftlich trifft.

Häufig treten **Mischformen** dieser Modelle auf bzw. nimmt ein Arzt gegenüber unterschiedlichen Patienten verschiedene Rollen ein.

2.1.1 Ärztliche Berufstätigkeit

2.1.1.1 Gesundheitsberufe als Dienstleistungsberufe

Innerhalb einer Gesellschaft, die sich in vielen Bereichen der Regeln einer **sozialen Marktwirtschaft** bedient, wird zuweilen auch Gesundheit als Konsumgut verstanden, das materiell zu beeinflussen ist. Gesundheit scheint abhängig zu sein von der richtigen Ernährung, vom richtigen Verhältnis von körperlicher und psychischer Belastung und Ruhe bzw. vom richtigen Lebensstil und kann somit gelernt und gemacht werden. So gesehen nehmen Ärzte und Pfleger, Therapeuten und Apotheker, medizinische Institutionen und Publikationen, die Rolle von **Dienstleistern** ein, deren Aufgabe darin besteht, das mündige Individuum als „Gesundheitskunden" zu beraten und zu unterstützen.

Bei Menschen mit chronischer Krankheit scheint diese Betrachtungsweise durchaus gerechtfertigt: Im Lauf ihres Lebens werden sie mehr und mehr zu Experten der eigenen Krankheit und lernen, gut einzuschätzen, wie, wann und von wem sie welche Leistung brauchen. Allerdings muss in Frage gestellt werden, inwiefern dies auch auf akut Erkrankte zutrifft. Einem Menschen, der soeben einen Herzinfarkt erlitten oder eine Krebsdiagnose erhalten hat, volle Souveränität gegenüber seinem Leiden zuzumuten, käme im Sinne des klassischen ärztlichen Selbstverständnisses einem Behandlungsfehler gleich. Entsprechend wehren sich medizinische Verbände gegen die Einordnung von Gesundheitsberufen als Dienstleistungsberufe und empfehlen das **partnerschaftliche Beziehungsmodell.**

Merkmale des Professionalisierungsprozesses und Entprofessionalisierungstendenzen

Professionalisierung bedeutet Verwissenschaftlichung, Spezialisierung, Qualifizierung, Steigerung des Ausbildungsgrads und der Qualitäts- und Leistungskontrolle innerhalb eines Berufs. Mit dem Grad der Professionalisierung steigen zumeist auch Ansehen und Gehalt. Innerhalb des ärztlichen Berufsstandes lässt sich der **Professionalisierungsprozess** in erster Linie an der fortschreitenden **Spezialisierung** der einzelnen Disziplinen erkennen: Der Internist ist nicht mehr Internist, sondern Nephrologe, Kardiologe, Gastroenterologe, Hepatologe usw.; der Chirurg spezialisiert sich zum Herz-, Neuro-, Gefäß- oder Traumachirurgen. In der Krankenpflege wiederum vollzieht sich derzeit der Übergang von der Berufsausbildung zum Studium.

Merke

Zu den wesentlichen Merkmalen des **Professionalisierungsprozesses** gehören:

- Spezialisierung innerhalb des Berufsbilds
- Verwissenschaftlichung der beruflichen Inhalte
- Höherqualifizierung der Berufsausbildung und Einrichtung von Studiengängen
- Fachliche Prüfungen sowohl am Ende der beruflichen Ausbildung als auch bei jedem weiteren Qualifizierungsschritt
- Berufliche Autonomie und Bildung von Berufsverbänden
- Etablierung spezieller beruflicher Werte und Normen (z. B. Kodizes, Leitlinien)
- Steigerung von beruflichem Ansehen und Einkommen

Parallel zum Professionalisierungsprozess gibt es auch den der **Entprofessionalisierung.** Dieser betrifft momentan insbesondere den Pflegeberuf, in dem auch aufgrund eines Mangels an Fachpersonal häufig wenig qualifizierte Menschen, oft im Rahmen sogenannter Zeitarbeit tätig werden. Ärzte beklagen zuweilen eine Entprofessionalisierung, wenn ihre Arbeit zu stark von fachfremden Interessen beeinflusst wird, z. B. von wirtschaftlichen Vorgaben der Krankenhausleitung oder der Krankenkassen.

2.1.1.2 Chancen und Risiken der Spezialisierung

Die zunehmende Spezialisierung innerhalb des Arztberufs – fast jedes Organ hat mittlerweile seinen Facharzt – hat Vor- und Nachteile. Einerseits können auf diese Weise immer genauere und individuellere Wege in Diagnostik und Therapie beschritten werden; statt eines Breitenwissens, das zwangsläufig oberflächlich bleiben muss, kann der einzelne Arzt ein **Tiefenwissen** erlangen und zur Anwendung bringen. Nur so wird man letztlich auch dem Umfang wissenschaftlicher Erkenntnis gerecht. Andererseits geht die Fokussierung auf das Spezielle mit dem **Verlust eines umfassenden Blicks** einher. Im Mittelpunkt der Behandlung steht nicht mehr der Gesamtorganismus, sondern das Organ. Betrifft eine Erkrankung mehrere Organsysteme, ist eine **multidisziplinäre Zusammenarbeit** erforderlich, die nicht immer gelingt. Hier liegt die besondere Bedeutung des Allgemeinmediziners und Hausarztes, der die Einzelbefunde der Fachärzte zu einem Ganzen zusammenfügen und in den meisten Fällen eine Art Kompromissbehandlung durchführen muss.

Berufsordnung als Aufgabe der Standespolitik

Die **Standespolitik** umfasst alle Vorgaben und Maßnahmen, die sich auf die Tätigkeit der Mitglieder eines Berufsstands (in erster Linie Heilberufe) auswirken. Ärzte, Zahnärzte, Tierärzte und Apotheker unterstehen einer **Berufsordnung,** in der ihre Rechte und Pflichten gegenüber Patienten, Kollegen und dem Berufsverband geregelt sind. Die Berufsordnung für Ärzte wird von der **Bundesärztekammer** und dem **Deutschen Ärztetag** festgelegt und angepasst. Als Aufsichtsbehörden haben die **Gesundheitsministerien** der Bundesländer ein Mitspracherecht. Die Berufsordnung ist für jeden Arzt rechtsverbindlich. Sie enthält u. a. Bestimmungen zu folgenden Themen:

- Pflichten zur Berufsausübung
- Schweigepflicht
- Aus- und Fortbildung
- Werbung
- Gemeinsame Praxisausübung
- Berufliches Verhalten

Die Musterberufsordnung für die in Deutschland tätigen Ärztinnen und Ärzte findet sich im Internet auf der Homepage der Bundesärztekammer: http://www.bundesaerztekammer.de/

Psychotherapeutengesetz

Im Sinne einer beruflichen Abgrenzung regelt das **Psychotherapeutengesetz** (PsychThG), wer in Deutschland eine Psychotherapie anbieten darf, welche fachlichen Voraussetzungen dafür erfüllt sein müssen und welche Therapieverfahren dabei anerkannt werden. Auch dieser Gesetzestext ist im Internet abrufbar: http://www.gesetze-im-internet.de/psychthg/ (letzter Zugriff 29.11.2013)

Zugangsregulation

Die **Zulassung (Approbation)** eines Arztes oder Psychotherapeuten berechtigt diesen, an der vertragsärztlichen **ambulanten Versorgung** von Patienten teilzunehmen und die erbrachten Leistungen der gesetzlichen Krankenversicherung in Rechnung zu stellen. Der Zulassungsausschuss setzt sich aus Vertretern der **Ärztekammer** und der **Krankenkassen** zusammen. Mit seiner Zulassung wird der Arzt Mitglied der **Kassenärztlichen Vereinigung (KV).**

In Deutschland besteht grundsätzlich eine **Niederlassungsfreiheit:** jeder approbierte Arzt kann den Ort seiner beruflichen Tätigkeit frei wählen. Dies wird allerdings durch eine sogenannte **Bedarfsplanung** der Krankenkassen beschränkt, die für jede Region die Zahl der Kassensitze festlegt und die nur in einem engen Rahmen überschritten werden darf.

2.1.1.3 Wandel von Versorgungsformen

Die medizinische Versorgung wird nicht zuletzt aus wirtschaftlichen Gründen einem steten Wandel unterzogen. Aber auch Qualitätsziele spielen für die aktuellen Prozesse der **Ambulantisierung** und **Dezentralisierung** eine Rolle. Im ambulanten Bereich gründen sich **Praxisnetze,** deren Kooperation unterschiedliche Ausmaße annehmen kann. Dazu gehören z. B. die gemeinsame Ausrichtung von Notfall- und Präsenzdiensten, gegenseitige Praxisvertretung, gemeinsame Budget-Vereinbarungen mit den Krankenkassen, gemeinsame Anbindung an Krankenhäuser bis hin zu gemeinsamer Verwaltung, gemeinsamer Nutzung von Geräten, gemeinsam ausgerichteten Patientenschulungen und Weiterbildungen oder gemeinsamer Gestaltung eines Internetauftritts.

Hausarztmodell

Der **Hausarzt** ist eine Art „Gatekeeper" und Lotse innerhalb der medizinischen Versorgungslandschaft. Er wird in dieser Funktion auch als **Primärarzt** bezeichnet. Patienten, die einen entsprechenden Vertrag mit ihrer Krankenkasse eingehen, sollen den Hausarzt als ersten Ansprechpartner bei gesundheitlichen Beschwerden aufsuchen. Er entscheidet dann über die Hinzuziehung ambulanter Fachärzte bzw. die Einweisung in ein Krankenhaus; bei ihm sammeln sich die Befunde und werden alle Behandlungsmaßnahmen koordiniert. Auf diese Weise sollen Mehrfachuntersuchungen und unnötige Arztbesuche vermieden und gegenläufige Behandlungsmaßnahmen verhindert werden. Gegner des Modells sehen die Möglichkeit der freien Arztwahl und des Einholens einer Zweitmeinung in unzulässiger Weise eingeschränkt.

Merke

Hinsichtlich ihrer Tätigkeit innerhalb des medizinischen Versorgungssystems lassen sich folgende ärztliche Funktionsbezeichnungen unterscheiden:
- Primärarzt = Hausarzt; Allgemeinmediziner; erster ärztlicher Ansprechpartner
- Gebietsarzt = Facharzt, spezialisiert auf ein bestimmtes Fachgebiet (z. B. Gynäkologe, Pädiater, HNO-Arzt)
- Krankenhausarzt = in einem Krankenhaus tätiger Arzt in Ausbildung oder Facharzt

Integrierte Versorgung (IV)

Im Rahmen sogenannter **IV-Projekte** arbeiten stationäre und ambulante medizinische Einrichtungen, ärztliches und nichtärztliches Personal zusammen, um sektor- und fachübergreifend eine optimale Versorgung von Patienten zu gewährleisten. Dies ist besonders bei chronischen und komplexen Erkrankungen, wie z. B. Diabetes mellitus, Adipositas, Herz-Kreislauf-Erkrankungen und einigen psychischen Krankheiten, von Vorteil:
- Die Patienten sind in ein Versorgungsschema eingebunden, das ihnen die mühsame Suche nach den jeweils richtigen Ansprechpartnern erspart.
- Mehrfachuntersuchungen werden vermieden.
- Die Dauer stationärer Behandlungen wird verkürzt.
- Die Übergänge von ambulanter und stationärer Behandlung können vereinfacht werden, Wartezeiten sind verkürzt.
- Standardisierte Behandlungsabläufe schließen regelmäßige Nachuntersuchungen ein, wodurch Folgeerkrankungen und Komplikationen frühzeitig erkannt und behandelt werden können.

Medizinische Versorgungszentren (MVZ)

Innerhalb Medizinischer Versorgungszentren sind – in Anlehnung an die in der DDR verbreiteten Polikliniken – ambulant tätige Ärzte verschiedener Fachrichtungen als Angestellte oder Vertragsärzte organisiert. MVZ können von Ärzten, Krankenhäusern, von Erbringern nichtärztlicher Dialyseleistungen oder von bestimmten gemeinnützigen Trägern gegründet werden und müssen immer **ärztlich geleitet** sein. Im Unterschied zu Gemeinschaftspraxen erfolgt die Zulassung der Ärzte nicht einzeln, sondern gemeinsam, und es müssen unterschiedliche Fachrichtungen vertreten sein.

Klinik

Von einer **ambulanten Operation** spricht man, wenn ein Patient weder die Nacht vor, noch die Nacht nach einem chirurgischen Eingriff im Krankenhaus verbringt. Einige derartige Eingriffe (z. B. hautärztliche oder gynäkologische Operationen, kleine kinderchirurgische Eingriffe) werden in ambulanten Praxen durchgeführt. Für andere Maßnahmen begibt sich ein Patient in die Klinik und verlässt diese postoperativ nach einem gewissen Beobachtungszeitraum wieder.

Tagesklinik

Tageskliniken sind **teilstationäre Einrichtungen,** in denen sich Patienten zu diagnostischen und therapeutischen Zwecken werktags und tagsüber aufhalten. Sie sind somit zwischen ambulanten und stationären Versorgungsarten angesiedelt und werden insbesondere dann genutzt, wenn interdisziplinäre oder regelmäßige und intensive Leistungen erforderlich sind, ohne dass es der ständigen Versorgung bedarf. Besonders verbreitet ist das Konzept der teilstationären Behandlung innerhalb der Psychiatrie. Darüber hinaus gibt es z. B. geriatrische, internistische, neurologische und chirurgische Tageskliniken.

Disease-Management-Programm (DMP)

Das Angebot des Krankheitsmanagements bzw. der **strukturierten Behandlungsprogramme** richtet sich in erster Linie an **chronisch kranke** Menschen. Standardisierte Behandlungs- und Betreuungskonzepte sollen eine optimale und wirtschaftlich sinnvolle Versorgung gewährleisten und **tertiär präventiv** wirken. Sie orientieren sich an den Prinzipien der **Evidence-based Medicine** (EbM) (▸ Kap. 1.3.8.2). Die Teilnahme an einem DMP ist seitens der Patienten freiwillig. Laut der Kassenärztlichen Bundesvereinigung waren 2012 ca. 6 Millionen chronisch Kranke in eine oder mehrere dieser Maßnahmen eingeschrieben. Angeboten werden DMP derzeit bei:

- Diabetes mellitus Typ I und II
- Brustkrebs
- Koronarer Herzkrankheit (KHK) und Herzinsuffizienz
- Asthma bronchiale und
- Chronisch obstruktiver Lungenkrankheit (COPD)

Innerhalb des Programms werden Therapieziele entwickelt, Schulungen und Präventionsmaßnahmen durchgeführt, regelmäßige Befundkontrollen erhoben und relevante Daten im Sinne einer Qualitätssicherung ausgewertet.

2.1.1.4 Kooperation mit anderen Gesundheitsberufen

Die Zusammenarbeit der verschiedenen Gesundheitsberufe und deren allseitiges Verständnis als Team entspricht dem **partnerschaftlichen Modell** und kommt fraglos der Patientenversorgung zugute. Effizienz und Effektivität medizinischer Leistungen nehmen zu. Darüber hinaus verschafft es dem Arzt Entlastung, nicht nur von Versorgungsauftrag und Arbeit, sondern auch von Verantwortung. In Zeiten des **Ärztemangels** werden ohnehin zwangsläufig viele Tätigkeiten von Pflegenden und nichtärztlichen Therapeuten übernommen. Viele Mediziner erleben es jedoch zumindest als eine Herausforderung, Aufgaben zu delegieren und zu teilen und somit **hierarchische Strukturen** zu lockern. Einige fürchten die Entwertung ihres Berufsstands durch die Aufwertung der anderen und antizipieren negative Auswirkungen auf Prestige und Gehalt. Im Spannungsfeld zwischen sinnvoller Ergänzung und Konkurrenz gestaltet sich die Kooperation zuweilen schwierig.

2.1.2 Arztrolle

2.1.2.1 Organisatorische und ökonomische Determinanten des ärztlichen Handelns

Auch wenn der Arztberuf ein sogenannter **freier Beruf** ist, der dem Ausübenden grundsätzlich die Möglichkeit gibt, im Sinne seines Wissens und seiner Fähigkeiten zu handeln, Entscheidungen zu treffen und Verantwortung zu tragen, gibt es **organisatorische und wirtschaftliche Beschränkungen.** Der niedergelassene Arzt ist auch Unternehmer, der mit seinen materiellen und personellen Ressourcen Gewinne erzielen oder zumindest Verluste verhindern muss. In viel größeren Dimensionen trifft dies auf die Krankenhäuser zu. Im **Sozialgesetzbuch** werden die Leistungen festgelegt, die Ärzte ihren Patienten anbieten können. Mittels **Fallpauschale** (Diagnosis-Related Groups, DRG bzw. einheitlicher Bewertungsmaßstab, EBM) nehmen die Krankenkassen über die **Honorargestaltung** der Ärzte mittelbar Einfluss auf die Behandlung von Patienten. Sie sind es auch, die auf die Umsetzung der sozialgesetzlichen Gebote von **Wirtschaftlichkeit** und **Zweckmäßigkeit** des ärztlichen Handelns achten.

2.1.2.2 Normen der Arztrolle

Der US-amerikanische Soziologe Talcott **Parsons** stellte Regeln für die Arzt- und Patientenrolle auf. Ihm zufolge gibt es an Erstere fünf Verhaltenserwartungen:

- **Funktionale Spezifität:** Die Arztrolle hat einen bestimmten Zweck und beinhaltet klar definierte Aufgaben (Prävention, Diagnostik und Therapie), die nach besten Möglichkeiten zu erfüllen sind.
- **Fachliche Kompetenz:** Der Arzt soll zumindest in seinem Fachgebiet auf dem aktuellen Wissensstand sein und dieses Wissen anwenden. Er soll aber auch die Grenzen seines Wissens kennen und nicht die eigenen Kompetenzen überschreiten. Dazu gehört auch die Beschränkung eines Gebietsarztes auf seinen Fachbereich.
- **Uneingeschränkte Hilfsbereitschaft**/Universalismus: Der Arzt soll jeden Menschen gleichermaßen behandeln, unabhängig von dessen Herkunft, Geschlecht, sozialer Schicht oder Gesinnung.
- **Affektive Neutralität:** Der Arzt soll alle Patienten möglichst unbeeinflusst von persönlicher Sympathie oder Antipathie behandeln.
- **Kollektivitätsorientierung** und Altruismus: Der Arzt soll uneigennützig handeln und die Notlage seiner Patienten nicht missbrauchen.

Zu den neueren Erwartungen an den Arzt gehört es auch, dass er wirtschaftlich denkt und handelt, organisatorische Fähigkeiten aufweist und als Dienstleister im Sinne der Gesundheit auch serviceorientiert ist.

Der Hippokratische Eid

Eine der ältesten Darstellungen ärztlich-ethischer Richtlinien wird auf den griechischen Arzt **Hippokrates von Kos** (um 460–370 v. Chr.) zurückgeführt. In dem nach ihm benannten Eid werden mit religiösem Bezug berufliche Normen aufgestellt, von denen die Mehrzahl heute noch Bedeutung hat. Dazu gehören u. a. die Achtung gegenüber den Lehrern, die Orientierung des Handelns am Nutzen für den Patienten, das Verbot von Sterbehilfe und Abtreibung, die Beschränkung auf das erlernte Fachgebiet, der unbedingte Verzicht auf einen Missbrauch der Arztrolle (z. B. zu sexuellen Zwecken) und die ärztliche Schweigepflicht.
Heutzutage ist die Leistung des Hippokratischen Eides für Ärzte nicht mehr verpflichtend.

2.1.2.3 Motivation zum Arztberuf

Die Motivation, Medizin zu studieren und Arzt zu sein, ist abhängig von persönlichen Eigenschaften und Erfahrungen und wandelt sich bei vielen im Laufe der Zeit. Folgende Faktoren spielen eine mehr oder weniger große Rolle:

- Humanitäre und altruistische Motive: Helfen wollen, nützlich sein, Leiden lindern
- Interessensmotive: naturwissenschaftliche, psychologische oder technische Interessen, Arzt als „spannender Job"
- Sozioökonomische Motive: sichere Stellensituation und regelmäßiges Einkommen, soziales Ansehen, relativ freies Arbeiten, gute Aufstiegsmöglichkeiten

Zuweilen wirken sich auch äußere Karriereerwartungen auf die Motivation aus, z. B. Aufwachsen in einer Familie, in der schon Vater, Großvater und Urgroßvater Ärzte waren und sämtliche Geschwister Medizin studieren.

Berufliche Sozialisation zum Arzt

Als berufliche Sozialisation lassen sich alle jene Prozesse verstehen, bei denen die Arbeit Einfluss nimmt auf die **Persönlichkeitsentwicklung** dessen, der sie antizipiert bzw. ausübt. Häufig nimmt diese Form der Bildung und des Lernens ihren Anfang schon im Kindes- und Jugendalter in der Auseinandersetzung mit dem Beruf der Eltern. Im Rahmen der **medizinischen Berufsausbildung** werden neben dem fachlichen Wissen und berufsbezogenen Fertigkeiten auch Werte und Normen vermittelt. Ein Mensch wird also üblicherweise nicht „als Arzt geboren", sondern erwirbt sich den Arztberuf im Laufe seiner Ausbildung und Arbeit und in der sozialen Interaktion. Dies geht mit einer zunehmenden **Professionalisierung** einher. Häufig wandeln sich dabei die Einstellungen: Der Idealismus des Helfen-Wollens tritt dann meist hinter die wissenschaftlichen, sozialen und ökonomischen Interessen zurück.
Der Arztberuf ist nicht frei von Zuschreibungen bezüglich der **Geschlechtsrolle.** Nachdem dieses Amt über Jahrhunderte fast ausschließlich von Männern ausgeübt wurde, sind heute mehr als die Hälfte der Medizinstudenten Frauen. Allerdings sind hierarchisch übergeordnete Stellen (Ober- und Chefarztposten) nach wie vor überwiegend mit Männern besetzt. Die Voraussetzungen dafür, Kind und Karriere vereinbaren zu können, empfinden Ärztinnen oft als unzureichend erfüllt.

2.1.2.4 Ethische Entscheidungskonflikte ärztlichen Handelns

Wo es um Gesundheit und Leben, Geburt und Sterben, technische Machbarkeiten und Menschenwürde geht und wo entsprechende Entscheidungen getroffen werden müssen, treten zwangsläufig ethische Konflikte auf. In der ärztlichen Tätigkeit betrifft dies z. B. Themen wie Präimplantationsdiagnostik, Schwangerschaftsabbruch, Therapiebegrenzung am Lebensende oder Sterbehilfe. Ethische Grundregeln sind z. B. im Eid des Hippokrates formuliert: *„Ich werde ärztliche Verordnungen treffen zum Nutzen der Kranken nach meiner Fähigkeit und meinem Urteil, hüten aber werde ich mich davor, sie zum Schaden und in unrechter Weise anzuwenden."* Sie geben jedoch auf manche Fragestellungen keine eindeutige Antwort. Hier sind die Persönlichkeit des Arztes und seine Fähigkeit gefragt, sich mit ethischen Konflikten auseinanderzusetzen. Wenn möglich bezieht er in diesen Prozess den Patienten, ggf. dessen Angehörige und medizinische Kollegen mit ein.

2.1.2.5 Psychische und gesundheitliche Belastungen des Arztberufes

Der ärztliche Beruf birgt zahlreiche Stressbelastungen. Es herrschen zeitlicher und wirtschaftlicher Druck, Beschränkungen der ärztlichen Behandlungsfreiheit und eine Zunahme von Verwaltungs-

aufgaben zu Lasten der Arbeit am Patienten. Demgegenüber stehen die mit dem Berufsbild selbst verbundenen Belastungen: hohe Verantwortung, Umgang mit schwerer Krankheit, Sterben, Tod, Umgang mit ethischen Konflikten, Begrenzungen der Einflussmöglichkeiten, insbesondere in der Kinder- und Jugendmedizin oder bei der Behandlung von Menschen in schwieriger sozialer Situation.
Hohe eigene Leistungsansprüche oder eine altruistische Grundhaltung bis hin zum **Helfersyndrom,** sind psychische Komponenten, die sich häufig bei Ärzten finden und die mit einer erhöhten Anfälligkeit für Depression und Burnout-Syndrom einhergehen (s. u.). Auch Suchterkrankungen und Suizide treten in dieser Berufsgruppe überdurchschnittlich häufig auf.
Physisch belastend wirkt sich oft die Arbeit im Schicht- oder Notdienst aus. Insbesondere Chirurgen und Orthopäden sind z. T. extremen körperlichen Anstrengungen ausgesetzt.

Rollenkonflikte

Intrarollenkonflikte im Arztberuf resultieren aus den unterschiedlichen Anforderungen und Erwartungen, die Patienten, Angehörige, Kollegen, Pflegepersonal, Vorgesetzte, der Staat, die Kostenträger oder der Arzt an sich selbst stellen. So kann ein Patient am Lebensende den Wunsch nach ärztlicher Sterbehilfe äußern, dem seine Verwandten und das Gesetz vehement widersprechen. Oder der Chefarzt ordnet eine Therapie an, deren Sinn sich dem Assistenzarzt nicht erschließt. Insbesondere junge Ärzte erleben Intrarollenkonflikte häufig im Umgang mit lange tätigem und erfahrenem Krankenpflegepersonal, auf deren Unterstützung sie angewiesen sind und denen gegenüber sie sich gleichzeitig als „der Arzt" glauben behaupten zu müssen.
Interrollenkonflikte ergeben sich aus den unterschiedlichen sozialen Rollen, die ein Mensch einnimmt und denen vollständig gerecht zu werden oft nicht gelingt (z. B. Rollen als Ärztin und Mutter).

Helfersyndrom

Sowohl ursächlich als auch bezüglich der Auswirkungen kann Helfen zuweilen Dimensionen des Pathologischen annehmen. Der Psychologe **Wolfgang Schmidbauer** schlug dafür den Begriff Helfersyndrom vor, ohne dass dies (bisher) eine anerkannte Diagnose wäre. Beschrieben werden damit Personen, die ihren **Selbstwert** einseitig **über die Hilfe stabilisieren,** die sie anderen zukommen lassen. Ihr Helfen dient also nicht in erster Linie dem Wohl des anderen, sondern der Befriedigung eines anders nicht zu stillenden Bedürfnisses nach Anerkennung und Wichtigkeit. Diese „Hilfsbereitschaft" nimmt selbstschädigende Ausmaße an, wenn sich der Helfer z. B. eigentlich ausgenutzt und missbraucht fühlt, er sich „aufopfert" oder wenn seine Hilfe überhaupt nicht gewollt wird, und er trotzdem nicht aufhören kann. Ausgeprägte Selbstzweifel, Resignation, aber auch Wut auf den „undankbaren" anderen sind die Gefühle, die Menschen mit einem Helfersyndrom oft erleben. Die Ursache sieht Schmidbauer in frühkindlichen Beziehungsstörungen zu den als nicht stützend und schützend erlebten Eltern.
Menschen mit einem Helfersyndrom wählen häufig soziale Berufe, wie z. B. Arzt, Pfleger, Lehrer, Sozialarbeiter, Seelsorger.

Klinik

Die Entstehung eines **Burnout-Syndroms,** also des psychischen Ausgebranntseins, lässt sich nach Wolfgang Schmidbauer in mehrere Phasen gliedern. Ein einseitig an Leistung und Anerkennung orientierter Selbstwert und ein daraus resultierendes **Helfersyndrom** sind häufige Risikofaktoren innerhalb des Krankheitsgeschehens.

- **Anfangsphase:**
  - Gesteigertes berufliches Engagement
  - Verzicht auf Entspannung und Erholung zugunsten übermäßiger Arbeit und besonderen Fleißes
  - Gefühl der eigenen Unentbehrlichkeit
  - Zurückstellung eigener Bedürfnisse
  - Übertragung der eigenen Leistungsansprüche auf Kollegen, gleichzeitig Entwertung und Konkurrenzgefühl
- **Einbruchsphase:**
  - Überforderungssymptome
  - Erleben, dass den eigenen Leistungsansprüchen nicht genügt werden kann bzw. die erhoffte Anerkennung ausbleibt
  - Unlust
  - Müdigkeit
  - Zynismus
  - Gehäufte Krankmeldungen
  - Schuld- und Versagensgefühle
  - Selbstzweifel und Verlust früherer Ideale
  - Aggressionen gegen sich selbst oder andere
  - Entwertung
  - Anklage
  - Suche nach Schuldigen
  - „Innere Kündigung"

- **Abbauphase:**
  - Konzentrationsstörungen
  - Leistungsabfall
  - Depressiver Rückzug
  - Gleichgültigkeit
  - Häufige Krankmeldungen
  - Schmerzen
  - Schlafstörungen
  - Vermehrter Alkoholkonsum oder Medikamentenmissbrauch
  - Soziale Interaktionsstörungen
  - Rückzug aus Partnerschaft und Freundeskreis

Abzugrenzen vom Begriff des Helfersyndroms ist der des **Altruismus.** Damit bezeichnet man eine durch Uneigennützigkeit und Zuwendung zu anderen gekennzeichnete Grundhaltung, deren Gegensatz der Egoismus ist. Altruistisches Handeln zielt weder auf Belohnung noch auf Bewunderung oder Abhängigkeit des anderen ab, sondern genügt sich selbst.

Möglichkeiten des Erhalts der Gesundheit im Arztberuf

Mithilfe von **Supervisionen, Balintgruppen** oder **Coaching** soll der Entstehung berufsbedingter psychischer Störungen vorgebeugt werden. Der regelmäßige Austausch mit Kollegen, die Selbsterfahrung innerhalb einer Gruppe, das angeleitete Reflektieren über Belastungen am Arbeitsplatz, schwierige Arzt-Patienten-Interaktionen, Konflikte innerhalb des Kollegiums oder mit Vorgesetzten, strukturelle Probleme usw. und die gemeinsame Suche nach Lösungsmöglichkeiten gelten als wirksame Prophylaxe insbesondere von Burnout-Erkrankungen.

2.1.3 Krankenrolle

2.1.3.1 Merkmale der Krankenrolle

Talcott Parsons formulierte nicht nur die Merkmale und Normen der Arzt-, sondern auch die der **Patientenrolle.** Demnach

- hat der Patient **keine Verantwortung** für sein Erkranken,
- wird der Patient für die Dauer seiner Krankheit von seinen sonstigen **Verpflichtungen befreit,**
- soll der Patient alles ihm Mögliche dafür tun, **wieder gesund zu werden,**
- ist der Patient verpflichtet, **medizinische Hilfe** zu suchen und mit dem Arzt zu kooperieren.

Der Begriff **Adhärenz** hat etwas mit Anhaften, Festhalten, Befolgen zu tun. Damit bezeichnet man die Konzentration auf ein einheitliches Therapieziel, sowohl vom Patienten als auch vom Arzt, und die Einhaltung entsprechender Bedingungen; dazu gehören z. B. Diätvorschriften, vorschriftsgemäße Medikamenteneinnahme, regelmäßige Kontrolluntersuchungen, ärztliche Aufklärung und Anpassung der Therapie an die Bedürfnisse und Fähigkeiten des Patienten.

Der ältere Begriff der **Compliance** wird mit „Therapietreue" übersetzt. Von guter Compliance ist die Rede, wenn der Patient alle Anweisungen des Arztes befolgt und sich konsequent an die therapeutischen Vorschriften hält. **Non-Compliance** hingegen bedeutet das Nichtbefolgen ärztlicher Empfehlungen bzw. das Fehlen jeglicher Kooperationsbereitschaft oder -fähigkeit des Patienten (► Kap. 2.1.5.1).

Merke

- **Adhärenz:** Arzt und Patient als Partner hinsichtlich gemeinsamer Therapieziele
- **Compliance:** Patient ist mittels Therapietreue für den Erfolg der Behandlung verantwortlich

Adhärenz und Compliance werden u. a. durch sozioökonomische, krankheitsabhängige, patientenabhängige, therapeutenabhängige und therapieabhängige Faktoren beeinflusst.

2.1.3.2 Akut und chronisch Kranke: Krankheitsbewältigung

Sowohl akute als auch chronische Krankheiten lassen dem Betroffenen gar keine andere Wahl, als mit ihnen umzugehen, sie zu bewältigen und **Coping-Strategien** (engl. to cope = zurechtkommen, bewältigen, beherrschen, verkraften, meistern) zu entwickeln und umzusetzen (► Kap. 3.1.5.2). Dabei gibt es günstige **(adaptive)** und ungünstige **(maladaptive)** Verfahren. Gemäß dem Stressmodell von Lazarus lassen sich zwei Bewältigungsansätze unterscheiden, die häufig kombiniert auftreten:

- **Problemorientiertes Coping:** Versuch, die Situation zu verändern und das Problem zu lösen.
- **Emotionsorientiertes Coping:** Versuch, die mit der Situation verbundenen Gefühle (Trauer, Angst, Wut) zu beeinflussen; Beispiele dafür sind Unterdrückung der Gefühle durch Medika-

mente oder Alkohol, Veränderung durch positives Denken oder Ausleben der Gefühle durch Weinen, Schreien und Stampfen.

Bezüglich des **kognitiven Umgangs** mit schwerer Krankheit oder anderen Formen von Stress und Belastung unterscheidet man folgende Bewältigungsstile:

- **Verleugnung:** „Ich bin gar nicht krank. Mir geht es doch gut. Wird schon wieder."
- **Sinnsuche:** „Ich soll aus meiner Krankheit etwas lernen. Das passiert mir, weil ich Schuld auf mich geladen habe."
- **Aktivismus:** „Wenn ich mich richtig anstrenge und es wirklich will, kann ich die Krankheit besiegen."
- **Hilflosigkeit:** „Ich brauche jetzt ganz viel Unterstützung und Nähe, sonst bin ich verloren."

Maladaptive Coping-Strategien führen zu einer Zunahme körperlicher, psychischer oder sozialer Beschwerden. So kann aus der Vermeidung körperlicher Aktivität bei Schmerzen eine zunehmende Bewegungseinschränkung resultieren oder aus dem Nicht-Akzeptieren-Können einer Krebsdiagnose eine Depression. **Adaptive Coping-Strategien** hingegen helfen, die Erkrankung erträglich zu machen, den Selbstwert nicht zu verlieren, soziale Bindungen aufrechtzuhalten und im emotionalen Gleichgewicht zu bleiben.

Patientenkarriere

Mit dem Begriff der Patientenkarriere wird der Prozess des Krankwerdens, Krankseins, Gesundwerdens und des Gesundseins beschrieben. Dieser lässt sich in vier Phasen gliedern:

- **Symptomwahrnehmung:** Subjektive Feststellung einer Zustandsveränderung: „Irgendwas ist nicht in Ordnung mit mir."
- **Annahme der Krankenrolle:** Wenn die Symptome nicht verschwinden und zu Einschränkungen von Aktivität und Leistung führen, folgt die Erkenntnis: „Ich bin krank"; in dieser Phase werden zunächst Selbsthilfeversuche unternommen und Laien (Freunde, Internet) konsultiert.
- Hilfesuche und Behandlung, **Annahme der Patientenrolle:** Eingang in das medizinische Versorgungssystem (Hausarzt, ggf. Facharzt, Klinik, Rehabilitationsmaßnahme).
- **Abgabe der Patienten- und Krankenrolle** durch Genesung oder Tod.

Innerhalb dieses Prozesses wirkt eine Vielzahl **psychosozialer Faktoren** auf den Kranken und den Verlauf seiner Krankheit ein. Chronische Störungen führen in eine lange Patientenkarriere, die oft mit dem Erwerb besonderer Erfahrungen und Kompetenzen („Patient als Experte seiner Krankheit") einhergeht. Insbesondere psychosomatische und somatoforme Erkrankungen, bei denen die Betroffenen sich rasch als „psychisch krank" fehletikettiert fühlen, leiten häufig problematische Patientenkarrieren ein, die von zahlreichen **Arztwechseln** geprägt sind (▸ Kap. 2.5.3).

Krankheitsgewinn

Als Krankheitsgewinn werden all jene Vorteile bezeichnet, die einem Patienten aufgrund seiner Erkrankung zuteil werden. Dazu gehören z. B. die Entlastung von sozialen Verpflichtungen, die Möglichkeit der Schonung und materielle bzw. finanzielle Hilfen.

- Der **primäre** Krankheitsgewinn liegt in einer unbewusst durch die Krankheit ermöglichten Konfliktvermeidung: „Ausgerechnet heute, am Tag der Matheklausur, bekomme ich diese blöde Erkältung und muss zu Hause bleiben."
- Der **sekundäre** Krankheitsgewinn ist begründet in allen Formen der Zuwendung und Aufmerksamkeit, die der Patient durch sein soziales Umfeld erfährt: Blumensträuße, Geschenke, Postkarten, Mitgefühl, Anteilnahme, Schonung.
- Einen **tertiären** Krankheitsgewinn haben die Angehörigen eines Kranken, die sich in ihrer Rolle als Helfende gebraucht und wichtig fühlen können.

Aggravation, Simulation und Dissimulation

Aggravation bezeichnet sowohl die objektive Verschlechterung einer Krankheit oder eines Symptoms als auch die bewusste Übertreibung von Schmerz und Leiden durch den Patienten: „Herr Doktor, Herr Doktor! So schlecht wie heute ging es mir noch nie." Die übermäßige Betonung tatsächlich vorhandener Beschwerden kann eine Erhöhung von Aufmerksamkeit, Anteilnahme oder Unterstützung zum Ziel haben oder auch ein befürchtetes Nicht-ernst-genommen-Werden verhindern.

Ein **Simulant** täuscht bewusst nicht vorhandene Symptome oder Krankheiten vor, meist, um einen Krankheitsgewinn zu erzielen. Dieser besteht z. B. in dem sogenannten **Rentenbegehren,** aufgrund dessen sich ein Mensch gegenüber dem ärztlichen Gutachter gesundheitlich eingeschränkter darstellen kann als er in Wirklichkeit ist.

Hingegen spricht man von **Dissimulation,** wenn vorhandene Krankheitssymptome verschwiegen oder verharmlost werden. Dies geschieht vor allem dann, wenn mit der Krankenrolle soziale Nachteile verbunden sind.

Kausalattribution und subjektive Krankheitstheorien

Mit dem Bedürfnis nach Ordnung und Vorhersehbarkeit werden auch bei Phänomenen wie Krankheit, Unfall oder Tod mögliche Ursachen und logische Zusammenhänge gesucht. **Kausalattribution** oder -attribuierung bedeutet die Zuschreibung von Ursachen zu einem Ereignis. Daraus ergeben sich **subjektive Krankheitstheorien** und Erklärungsmodelle, die Einfluss auf die Krankheitsbewältigung und den Behandlungsverlauf nehmen. So kann die Krankheitsursache eher in äußeren (externale Attribution) oder in inneren Umständen (internale Attribution) gesucht werden. Entsprechend gering oder groß ist die Kontrollüberzeugung und damit die Motivation zur aktiven Bewältigung.

2.1.3.3 Wirtschaftliche, rechtliche und familiäre Einflüsse auf die Krankenrolle

Neben den medizinischen hat eine Krankheit auch eine Anzahl sozialer Aspekte. Sowohl gesamtgesellschaftlich betrachtet als auch aus Sicht der Betroffenen führen **Krankschreibungen** (Arbeitsunfähigkeitsbescheinigungen) zu **wirtschaftlichen Einbußen,** v. a. durch einen Ausfall der Arbeitskraft und (zumindest bei längerer Dauer) Lohnminderung. Einerseits steigen die Krankmeldungen bei sinkendem Wohlstand, andererseits wagen in Zeiten hoher Arbeitslosigkeit weniger Menschen, sich krankschreiben zu lassen. Mittels der **krankheitsbedingten Frühpensionierung** älterer Arbeitnehmer werden nur vordergründig sozialverträgliche Wege des Personalabbaus beschritten.
Durch die Übernahme der Krankenrolle werden **Rechte** erworben (Recht auf medizinische Hilfe, auf Arbeitsbefreiung), aber auch beschränkt. So ist es unzulässig, während der Zeit der Krankschreibung Freizeitaktivitäten nachzugehen, die die Krankheitsdauer verlängern könnten, z. B. Eisbaden bei Krankschreibung wegen Grippe.
Der Umgang der **Familie** und des engen sozialen Umfeldes mit Krankheit (Schonung vs. Inakzeptanz) hat ebenfalls einen Einfluss darauf, wie weit die Krankenrolle ausgelebt wird.

2.1.4 Kommunikation und Interaktion

Kommunikation ist der sprachliche (verbale) oder nicht sprachliche (nonverbale) Austausch von **Informationen** zwischen zwei oder mehr Personen. Der lateinische Begriff communicare steht für teilen, mitteilen, verbinden. Jedes Aufeinanderwirken von Individuen kann als **Interaktion** bezeichnet werden. Kommunizieren ist eine Form des Interagierens.

2.1.4.1 Kommunikationstheorien

Jede Kommunikation hat **drei Komponenten:** Sender, Nachricht und Empfänger. Darüber, wie diese drei miteinander in Verbindung stehen, gibt es unterschiedliche Theorien. Drei von ihnen sollen hier vorgestellt werden.

Kommunikationstheorie von Paul Watzlawick

Der österreichische Kommunikationswissenschaftler und Psychotherapeut **Paul Watzlawick** stellte fünf Axiome bzw. Grundregeln der Kommunikation auf. Diese sind:

- Man kann nicht nicht kommunizieren – Versuchen Sie's doch mal!
- Jede Kommunikation hat Inhalts- und Beziehungsaspekte. Erstere bestimmen das Was, letztere das Wie der Kommunikation. Neben dem Sachinhalt werden immer auch Botschaften über die Art der Beziehung zwischen den Kommunikationspartnern vermittelt.
- Kommunikation ist immer sowohl Ursache als auch Wirkung. Sie verläuft kreisförmig und es ist oft nicht festzustellen, wann sie beginnt und von wem sie ausgeht.
- Menschliche Kommunikation beruht auf analogen und digitalen Mitteln. Analog sind dabei alle nonverbalen Kommunikationsanteile, die in erster Linie Beziehungsaspekte vermitteln. Digital ist der sprachliche Teil, über den der Sachinhalt transportiert wird. Missverständnisse entstehen insbesondere dann, wenn sich digitale und analoge Botschaften widersprechen.
- Kommunikation kann symmetrisch oder komplementär sein. Symmetrische Kommunikation erfolgt zwischen gleichstarken Partnern, die sich um eine Minimierung von Unterschieden bemühen, während es bei der komplementären Kommunikation einen überlegenen und einen unterlegenen Partner gibt, die in ihrem Verhalten einander ergänzen.

Kommunikationsmodell von Friedemann Schulz von Thun

Mit seinem Modell der „vier Ohren" und „vier Schnäbel" erklärt der Hamburger Kommunikationswissenschaftler und Psychologe Friedemann **Schulz von Thun,** welche enorme Leistung gelingende Kommunikation ist. Demnach hat jede Botschaft sowohl von Seiten des Senders als auch von Seiten des Empfängers vier Ebenen:

- Sachinhalt: Was wird inhaltlich/sprachlich gesagt?
- Selbstoffenbahrung: Was sagt der Sender über sich selbst aus?
- Beziehung: Was sagt der Sender über die Beziehung zum Empfänger aus?
- Appell: Wozu fordert der Sender den Empfänger implizit auf?

Zu Missverständnissen kommt es vor allem dann, wenn die Ohren des Empfängers auf der Selbstoffenbarungs-, Beziehungs- oder Appellebene etwas wahrnehmen, dessen sich der Sender nicht bewusst ist (▸ Abb. 2.1).

Kommunikationstheorie von Niklas Luhmann

Der Soziologe und Gesellschaftskritiker Niklas **Luhmann** gilt als einer der wichtigsten deutschen Systemtheoretiker. Nach seiner Auffassung sind es nicht Menschen, sondern Systeme, die miteinander kommunizieren. Kommunikation ist nicht die Übergabe einer Information vom Sender an den Empfänger, sondern vielmehr ein Prozess, der erst im Sein entsteht. Mit den Begriffen „Mitteilung", „Information" und „Verstehen" umreißt er das, was sich als Einheit aus Sender, Objekt und Empfänger entwickelt. Dabei sind die Möglichkeiten des Nichtverstehens und Nichterreichens derart vielfältig, dass gelingende Kommunikation extrem unwahrscheinlich wird. Allerdings: *Kommunikation ist nicht unterzukriegen – was auch passiert, man kann immer darüber reden. (Niklas Luhmann)*

2.1.4.2 Formen der Kommunikation

Um, wie Paul Watzlawick sagt, „nicht nicht" zu kommunizieren, gibt es eine Vielzahl von Möglichkeiten. Man unterscheidet verbale und nonverbale Kommunikation, Individual- und Massenkommunikation, Face-to-face- und Telekommunikation, mündliche und schriftliche Kommunikation, Gruppenkommunikation, Metakommunikation u. v. m.

- **Verbale** Kommunikation erfolgt mittels Sprache, Worten und Schrift.
- **Nonverbale** Kommunikation kommt ohne Worte aus. Sie erfolgt über Geräusche, Mimik, Gestik, Körperhaltung, Blickkontakt, über Bilder und nicht sprachliche Symbole, Musik, Handzeichen, Rauchzeichen oder ganz allgemein auch über das Verhalten (▸ Abb. 2.2).
- **Paraverbale** Kommunikation umfasst all das, was die verbale Kommunikation unmittelbar begleitet und was gehört (aber nicht gelesen) werden kann: Stimmfärbung, Lautstärke, Artikulation, Betonung, Sprechtempo, Sprechpausen, Sprachmelodie usw.
- Persönliche, direkte, **Face-fo-face**-Kommunikation bedeutet direkten Kontakt: Die beteiligten Personen sind in beidseitiger Sicht- und Hörweite, die Kommunikation findet zu einer Zeit und an einem Ort statt, es erfolgt eine unmittelbare Interaktion zwischen den Kommunikationspartnern.
- **Indirekte oder mediale** Kommunikation**:** zwischen die Kommunikationspartner ist ein Medi-

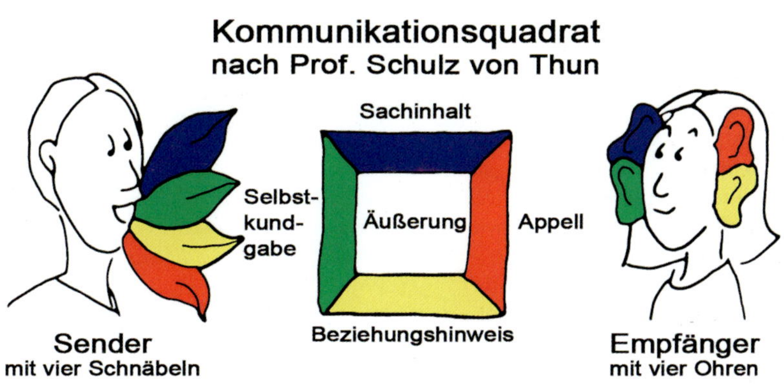

Abb. 2.1 Vier Ebenen einer Botschaft nach Schulz von Thun (Grafik freundlicherweise zur Verfügung gestellt durch Prof. Schulz von Thun, Institut für Kommunikation, Hamburg; www.schulz-von-thun.de) [T605]

Abb. 2.2 Beispiel für nonverbale Kommunikation: „Kompliment an den Koch!" [J787]

um geschaltet, wodurch die räumlich-zeitliche Einheit der persönlichen Kommunikation aufgelöst wird. Solch ein Medium können Briefpapier, eine Buchseite, eine Zeitung, eine bemalte Häuserwand, ein Radio oder Fernseher, das Internet, eine Geisterbeschwörerin usw. sein. Die mediale Kommunikation ermöglicht oft eine Speicherung und Übertragung von Informationen. Sie erzeugt in den meisten Fällen zwei getrennte Kommunikationssituationen: Auf der einen Seite wird ein Medium mit einer Information beladen, auf der anderen Seite wird die Information von dem Medium abgerufen. Dabei fallen Metakommunikation und Feedback häufig weg: Der Sender kann nicht wissen und nicht unmittelbar erfragen, ob und wie der Empfänger die Information aufgenommen hat. Eine besondere Form der medialen Kommunikation ist die **Massenkommunikation,** bei der ein Sender mit seiner Botschaft ein großes, anonymes Publikum erreicht, ohne dass ein direkter Kontakt stattfindet.

Die Begriffe **direkte und indirekte** Kommunikation können sich auch auf Inhalt und Art des Sprechens beziehen, wie folgende Geschichte illustriert:

Der Medizinprofessor der Uni-Klinik hat keine Ohren.
Keiner weiß so genau, wie er seine Ohren verlor. Alle sehen feinfühlig darüber hinweg. Und doch, es fällt schon auf, daß der Professor keine Ohren mehr hat.
Eines Tages ist Vorstellungsgespräch, der Professor sucht einen neuen Assistenzarzt. Der erste betritt das Zimmer, und der Professor fragt sofort:
„Na – was fällt Ihnen denn auf?"
Der junge Arzt denkt: „Oh je, wenn ich jetzt direkt sage: ‚Sie haben keine Ohren', dann bin ich den Job vielleicht schon los." Also redet er drum herum, indem er den schönen Schreibtisch erwähnt, die neuesten Fachbücher, die er dort erkennt, den Picasso an der Wand etc.
Der Professor unterbricht ihn schließlich: „Mann, Sie wollen Arzt sein! Ihnen fehlt ja jede Beobachtungsgabe! Jedes Kind sieht doch, daß ich keine Ohren habe. Wenn ich mir vorstelle, Sie untersuchen einen Patienten hier in der Klinik und sollen eine Diagnose stellen, und Sie übersehen bei einem Patienten etwas so Offensichtliches. Nein, so einen Arzt kann ich in meinem Team nicht gebrauchen."
Der junge Arzt verläßt den Raum und verständigt die beiden Wartenden draußen noch fairerweise über den Verlauf des Gesprächs: „Der Professor hat keine Ohren, und wenn man das nicht sieht, dann ist man den Job schon los."
Der zweite Kandidat betritt den Raum und bekommt ebenfalls die Frage gestellt: „Na, was fällt Ihnen hier auf?"
Der junge Arzt sagt: „Sie haben keine Ohren."
Der Professor explodiert: „Mann, wie wollen Sie eigentlich Arzt sein? Überhaupt keine Sensibilität für die Situation, überhaupt kein Feingefühl. Sie können doch nicht so mit der Tür ins Haus fallen. Wenn ich mir vorstelle, Sie stellen bei einem Patienten die Diagnose und knallen sie ihm derartig vor den Latz. Nein, so einen Arzt kann ich in meinem Team nicht gebrauchen."
Der Zweite berichtet im Vorbeigehen dem Dritten, wie es bei ihm lief. Dieser betritt den Raum, und wieder die Frage: „Na, was fällt Ihnen hier denn auf?"
Der dritte junge Arzt antwortet: „Sie tragen Kontaktlinsen."

Der Professor: „Unglaublich, diese Beobachtungsgabe und diese Reaktionsschnelle! Ich habe noch nie einen jungen Arzt so schnell und sicher reagieren sehen. Wie haben Sie das so schnell beobachtet?"
Der dritte Kandidat antwortet: „Ehrlich gesagt: Gesehen habe ich es nicht. Ich habe es erschlossen. Ich dachte, eine Brille würde bei Ihnen herunterfallen."

Aus: Trenkle, Bernhard: Das Ha-Handbuch der Psychotherapie: Witze – ganz im Ernst, Carl-Auer Verlag, Heidelberg, 8. Aufl., 2010, ISBN: 978-3-89670-763-5

- **Metakommunikation** ist die Kommunikation über die Kommunikation: Die Gesprächspartner unterhalten sich darüber, wie sie miteinander kommunizieren, machen also das Gespräch selbst, einschließlich seiner nonverbalen Anteile, zum Gesprächsinhalt.

2.1.4.3 Bedürfnisse von Kranken

Neben den Bedürfnissen nach medizinischer Versorgung, Linderung von Leiden und pflegerischer Unterstützung haben Menschen im Allgemeinen und Kranke im Besonderen oft auch ein Bedürfnis nach Zuwendung, Information und Kontrolle:

Was für eine Erkrankung habe ich? Wie kann man sie genau diagnostizieren? Wie kann man sie therapieren? Wie ist die Prognose? Worauf muss ich mich einstellen? Welche Komplikationen kann es geben? Was bedeutet das für mich, meine Familie, meinen Beruf, meine Zukunft? Wo bekomme ich Hilfe? Was kann ich selbst tun?

Während es früher üblich war, dass der Patient gewissermaßen an der Krankenhauspforte die Verantwortung für Gesundheit und Leben in die Hände des Arztes übergab, wird heute eher das Prinzip des **Informed Consent** (informierte Einwilligung) vertreten. Der Kranke wird umfassend aufgeklärt und damit in die Lage versetzt, verantwortlich zu bleiben und an den ihn betreffenden medizinischen Entscheidungen mitzuwirken. Man spricht auch von **partizipativer Entscheidungsfindung,** die dem partnerschaftlichen Modell der Arzt-Patient-Beziehung entspricht.

Health Literacy

Der englische Begriff Health Literacy kann mit **Gesundheitskompetenz** übersetzt werden und umfasst all jene kognitiven und sozialen Fertigkeiten, die einen Menschen in die Lage versetzen, gesund zu leben bzw. eigenverantwortlich für seine Gesundheit zu sorgen und die dafür relevanten Informationen einzuholen. Dies schließt das Wissen, wann es sinnvoll ist, das Gesundheitssystem in Anspruch zu nehmen und die Befähigung zu einer gelingenden Kommunikation mit dem Arzt, ein.

Risikokommunikation

Zu den Themen, die innerhalb der Kommunikation von Arzt und Patient eine Rolle spielen, gehören auch die Ergebnisse wissenschaftlicher Untersuchungen und Statistiken zu bestimmten Krankheiten sowie die Aufklärung über gesundheitliche Risiken. Der Arzt muss in der Lage sein, entsprechende Zusammenhänge zu verstehen, Untersuchungsergebnisse richtig zu interpretieren und sie dem Patienten in angemessener Form zu vermitteln (▸ Kap. 3.1.4.3).

2.1.4.4 Modelle der Arzt-Patient-Beziehung

Zur Arzt-Patient-Beziehung (paternalistisches, Dienstleistungs- oder partnerschaftliches Modell) ▸ Kap. 2.1.

2.1.4.5 Funktionen der Kommunikation

Vielfältig wie die Arten der Kommunikation sind auch ihre Funktionen. In der Arzt-Patient-Beziehung geht es in erster Linie um **Orientierung und Information** für beide Seiten: Der Patient äußert seine Beschwerden oder sein Anliegen, der Arzt stellt diagnostische und therapeutische Überlegungen an. Beide verständigen sich über Behandlungsziele, -schritte und -ergebnisse. Dabei geht es auch um die Herstellung eines Kooperationsbündnisses und um **emotionalen Kontakt.** Innerhalb psychotherapeutischer Behandlungen ist die verbale Kommunikation sogar das eigentliche Therapeutikum.

In 50 % der Fälle stellen Ärzte die richtige Diagnose allein anhand der **Anamnese,** also des Gesprächs mit dem Patienten und seinen Angehörigen. Bezieht man die körperliche Untersuchung ein, steigt der Anteil richtiger Diagnosen sogar auf 80 %. Dabei ist die Sprech-„Stunde" ein übertriebenes Maß – die wichtigsten Informationen werden meist innerhalb von zwei Minuten übermittelt – wenn es dem Gesprächspartner denn gelingt, so lange zuzuhören.

2.1.4.6 Strukturen der Kommunikation

Anhand der Struktur der Kommunikation zwischen Arzt und Patient lassen sich Aussagen über das zugrunde liegende **Beziehungsmodell** (paternalistisches, Dienstleistungs- oder partnerschaftliches Modell, ► Kap. 2.1) treffen. Andersherum wirkt dieses natürlich auch auf die Kommunikation. Folgende Kommunikationsstrukturen können unterschieden werden:

- **Symmetrische vs. asymmetrische Kommunikation:** Symmetrische Kommunikation erfolgt zwischen zwei gleichberechtigten oder auf etwa gleichem Wissensstand bezüglich des Gesprächsinhalts befindlichen Personen.
  Bei der asymmetrischen Kommunikation liegt ein Wissens- oder Machtgefälle zwischen den Gesprächspartnern vor (z. B. Lehrer – Schüler, Vorgesetzte – Angestellter, Arzt – Patient).
- **Direktive vs. nondirektive Kommunikation:** Direktiv, also Anweisungen gebend und geschlossene Fragen stellend, gestaltet der Arzt die Kommunikation insbesondere dann, wenn er rasch und strukturiert an Informationen kommen möchte. Dies schränkt die Äußerungsmöglichkeiten des Patienten allerdings ein, manchmal kommen wichtige Dinge nicht zur Sprache.
  Der nondirektive Gesprächsstil ist kennzeichnend für die **klientenzentrierte Gesprächstherapie** nach **Carl Rogers.** Dabei folgt der Arzt dem Patienten in seinen Ausführungen, stellt offene Fragen, lässt Raum für Überlegungen und Assoziationen, macht selbst keine oder kaum Vorgaben bezüglich des Gesprächsinhalts und -verlaufs. Dies ist deutlich zeitaufwendiger, bringt aber möglicherweise mehr Informationen.

Das Interaktionsmodell von Jones und Gerard

Die US-amerikanischen Sozialpsychologen **E. E. Jones und H. B. Gerard** postulierten vier Interaktionsstile, die die Kommunikation bestimmen:

- **Wechselseitige Kontingenz:** konstruktive Form der Kommunikation, in der die Gesprächspartner aufeinander eingehen, zuhören und erläutern, sodass eine für beide befriedigende Interaktion zustande kommt.
- **Pseudokontingenz:** Beide Partner haben vorgefertigte Gesprächs- und Interaktionspläne, von denen sie nicht abweichen. Dadurch reden sie aneinander vorbei, ohne dass es zum wirklichen Austausch kommt.
- **Asymmetrische Kontingenz:** Ein Gesprächspartner hat einen Gesprächs- oder Interaktionsplan, den er ohne Rücksicht auf den anderen durchsetzt. Diesem bleibt nur die Möglichkeit, zu folgen.
- **Reaktive Kontingenz:** Keiner der Gesprächspartner hat einen Plan, beide reagieren wechselseitig auf das, was der andere tut oder sagt.

Im Gespräch zwischen Arzt und Patient (z. B. im Rahmen der Visite) ist es manchmal schwierig, eine wechselseitige Kontingenz herzustellen. Manchmal wählt der Arzt aus Unsicherheit oder Eile **ausweichende Kommunikationsstrategien:**

- **Themenwechsel:** Der Arzt ignoriert einen Einwand des Patienten bzw. tut so, als habe er ihn nicht gehört oder kommt von sich aus auf ein anderes Thema zu sprechen, ohne auf das Anliegen des Patienten einzugehen: „Übrigens haben Sie nachher noch eine CT-Untersuchung."
- **Adressatenwechsel:** Der Arzt wendet sich vom Patienten ab und z. B. der Krankenschwester zu und schneidet so das Gespräch ab: „Stefanie, bitte nehmen Sie hier nochmal den Zuckerwert ab."
- **Beziehungskommentar:** Das Gespräch wechselt vom Sachinhalt zur Beziehung: „Sie müssen auch ein bisschen besser mitmachen bei der Behandlung, sonst kann's ja nichts werden."
- **Mitteilung funktionaler Unsicherheit:** Der Arzt zieht sich durch Nichtwissen aus der Affäre: „Das kann ich jetzt auch nicht sagen – dazu gibt es leider noch keine Studie."

Kommunikation als Vermittler von Vertrauen

Die zentralen Merkmale bzw. Kommunikationsprinzipien der mit dem Namen des US-amerikanischen Psychologen Carl **Rogers** verbundenen Gesprächsform sind Empathie, Wertschätzung und Echtheit bzw. Kongruenz. Diese Begriffe sind wie folgt zu verstehen:

- **Empathie** ist die Fähigkeit, sich in die Gedanken und Gefühle einer anderen Person hineinzuversetzen.
- **Wertschätzung** bedeutet Achtung und positive Hinwendung zu einem Menschen in seiner Ganzheit. Sie schließt die Möglichkeit der kritischen Betrachtung einzelner Handlungen ein.
- **Echtheit und (Selbst-)Kongruenz** bezeichnen das Übereinstimmen und Zusammenpassen von innerer Haltung und äußerem Ausdruck eines

Menschen. Auf Masken, Fassaden oder andere Formen des Verstellens und Versteckens wird verzichtet.

Diese überwiegend **nonverbal** vermittelten Eigenschaften sind geeignet, innerhalb einer Kommunikation bzw. einer Beziehung Vertrauen entstehen zu lassen oder ein aufgrund asymmetrischer Verhältnisse gegebenes Misstrauen auszuräumen. Auch die **Transparenz,** als ein Durchsichtigmachen bzw. Offenlegen und Erklären von Handlungsweisen und Beweggründen gehört zu den in dieser Weise wirksamen Kommunikationsmerkmalen. Spürt der Arzt Unsicherheiten oder Vorbehalte auf Seiten des Patienten, kann er dies auf der Metaebene ansprechen („Ich habe das Gefühl, unser Gespräch hat Sie verunsichert") und auf diese Weise zur Entlastung und Entspannung der Gesprächssituation beitragen.

Übertragung und Gegenübertragung

Die Kommunikation im Rahmen einer psychoanalytischen Therapie beinhaltet die Phänomene der Übertragung und Gegenübertragung:

- **Übertragung:** Eine Person überträgt unbewusst Gefühle, Annahmen und Erwartungen, Wünsche und Befürchtungen aus frühen Beziehungen (z. B. zu den Eltern) auf eine andere Person (z. B. den Therapeuten). Derartige unbewusste Assoziationen spielen wahrscheinlich bei der Auswahl von Freunden und Feinden, insbesondere von Partnern, eine große Rolle. In der therapeutischen Beziehung kann die Übertragung genutzt werden, um frühe Konflikte aktuell zu bearbeiten, ohne dass die tatsächlichen Konfliktpartner involviert werden müssen.
- **Gegenübertragung** bedeutet, dass der Therapeut seine neutrale Position gegenüber dem Patienten verlässt und mit eigenen Gefühlen, Erwartungen und Vorurteilen auf dessen Übertragungen reagiert. Wird sich der Therapeut dieses Phänomens bewusst, kann er es nutzen, um den Patienten und dessen Verhalten besser zu verstehen. Dafür ist es erforderlich, dass er im Rahmen einer strukturierten Selbsterfahrung lernt, eigene Anteile von übertragenen Anteilen des Patienten zu unterscheiden.

2.1.4.7 Organisatorisch-institutionelle Rahmenbedingungen

Die Kommunikation zwischen Arzt und Patient findet innerhalb organisatorischer und institutioneller Rahmen statt, deren Einfluss nicht zu unterschätzen und dabei schwer zu fassen ist. In der Psychologie bezeichnet der Begriff **Setting** alle Umgebungs- und Situationsbedingungen, in denen sich Begegnungen und Leben abspielen. Dazu gehören die Gestaltung des Wartezimmers in einer Arztpraxis genauso wie die Stationsregeln in einer Alkoholentzugsklinik.

Einzel- vs. Gruppengespräche

Die Kommunikation zwischen Arzt und Patient findet überwiegend in **Einzelgesprächen** statt. Diese dienen der Anamneseerhebung, der Beratung, der Aufklärung und der Therapiebegleitung. Ihre Inhalte unterliegen der ärztlichen Schweigepflicht. Bei Bedarf werden Angehörige oder – falls vorhanden – der gesetzliche Betreuer des Patienten hinzugezogen.

Das **Gruppengespräch** bietet sich vor allem für allgemeine Beratung (Edukation, z. B. Psychoedukation hinsichtlich psychischer Erkrankungen) und Aufklärung an und wird dann oft wie ein Vortrag gestaltet. In **Selbsthilfegruppen** mit oder ohne therapeutische Anleitung geht es um den Erfahrungs- und Informationsaustausch zwischen Menschen, die alle an der gleichen Erkrankung leiden. **Psychotherapeutische Gruppen** nutzen die als sogenannte Gruppendynamik auftretenden Interaktionsphänomene für diagnostische und therapeutische Zwecke. Die Gruppe wirkt dabei wie ein „soziales Labor", in dem eigene und fremde Verhaltensweisen unmittelbar reflektiert und ggf. korrigiert werden können.

Paar- und Familiengespräche

Insbesondere chronische Erkrankungen oder psychische Störungen betreffen nicht nur den Patienten selbst, sondern auch seine Angehörigen. Paar- und Familiengespräche tragen dem Rechnung und beziehen Partner, Eltern, Geschwister oder Kinder in die Prozesse der Aufklärung, Beratung und Behandlungsplanung ein.

Psychotherapeutische Paargespräche sollen bei Partnerschafts- und Ehekonflikten der Problemklärung und -lösung dienen. Eine **Familientherapie** wird durchgeführt, wenn innerhalb der Familie schwerwiegende Kommunikations- und Interaktionsstörungen vorliegen. Insbesondere psychische Störungen bei Kindern lassen sich oft als **systemische Störungen** der Familie verstehen, die dann auch frühzeitig in die Behandlung einbezogen werden sollte.

Tab. 2.1 Vor- und Nachteile ambulanter und stationärer Behandlung

	Ambulante Versorgung	Stationäre Versorgung
Vorteile	• der Patient verbleibt in seinem häuslichen und sozialen Umfeld und bewahrt damit weitgehend Eigenständigkeit • geringere Kosten als bei stationärer Versorgung	• medizinische „Vollversorgung": ständige Überwachung, pflegerische Unterstützung und ärztliche Erreichbarkeit sind gewährleistet • therapeutische und diagnostische Aktionen können rasch und aufeinander abgestimmt durchgeführt werden • zuweilen hilft die Herausnahme aus dem sozialen Umfeld bei der Krankheitsbewältigung
Nachteile	• medizinische Überwachung und Versorgung sind zeitlich und räumlich begrenzt • der Patient muss Entfernungen überwinden, um zu den Orten der ambulanten Versorgung zu kommen und z. T. lange Wartezeiten in Kauf nehmen • bei Bedarf von Hausbesuchen erhöht sich der Aufwand für Ärzte oder Pflegedienst	• Autonomieverlust und Hospitalisierung bei längerem stationären Aufenthalt: Der Patient gibt immer mehr Verantwortung ab und entwöhnt sich aus seinem privaten Umfeld, was die Rückkehr dorthin erschwert • höhere Kosten als bei der ambulanten Versorgung

Ambulante vs. stationäre Versorgung

Im Rahmen der **ambulanten Versorgung** nimmt der Patient medizinische Leistungen in Anspruch, ohne dafür in einer stationären Einrichtung (z. B. Krankenhaus oder Pflegeheim) zu übernachten. Eine **stationäre Behandlung** hingegen schließt die Übernachtung im Krankenhaus ein (► Tab. 2.1). Im Sozialgesetzbuch (SGB IX), das u. a. die Pflegeversicherung regelt, ist das Prinzip „ambulant vor stationär" im Sinne einer patientenfreundlichen und kostensparenden Versorgung verankert. Darüber hinaus soll damit Mechanismen der Hospitalisierung entgegengewirkt und das Selbstwirksamkeitserleben von Patienten gefördert werden.

2.1.4.8 Soziokultureller Rahmen der Kommunikation

Der Begriff **Soziokultur** umfasst alle sozialen, kulturellen und politischen Interessen und Bedürfnisse einer Gesellschaft bzw. einer Gruppe. Beim Zusammentreffen unterschiedlicher Kulturen können **Kommunikationsschwierigkeiten** auftreten.

Sprachstile

- Die **Umgangs- oder Alltagssprache** bedient sich meist eines übersichtlichen Wortschatzes und einer einfachen Grammatik und ist damit gut verständlich, zuweilen salopp. Bei der Interaktion zwischen Arzt und Patient vermittelt sie eine soziale Gleichheit, was in den meisten Fällen den Kontakt begünstigt.
- Die **Fachsprache** dient in erster Linie der kommunikativen Abgrenzung: Sie wird unter Kollegen verwendet und trägt dort meist zu einer inhaltlichen Präzision bei. Ihre Verwendung gegenüber Patienten erfüllt einerseits – ähnlich wie der weiße Kittel – Rollenerwartungen, schafft aber andererseits auch Distanz durch das Empfinden, dass man nicht dieselbe Sprache spricht.

Die Existenz einer sprachlichen **Schichtspezifität** („Sprich, und ich sage Dir, welcher Schicht Du angehörst") ist sicherlich anzuzweifeln. Allerdings lassen sich nach **Basil Bernstein** sogenannte Sprachcodes unterscheiden:

- **Elaborierter (sorgfältiger) Sprachcode:** Kennzeichen der Oberschicht. Zu seinen Charakteristika gehören die häufige Verwendung von Fachbegriffen, sprachliche Explizitheit, grammatikalische Korrektheit, logische Strukturierung, umfangreicher Wortschatz und häufige Verwendung des Passivs.
- **Restringierter (begrenzter) Sprachcode:** Kennzeichen bildungsferner Schichten. Zu seinen Charakteristika gehören kurze, z. T. unvollständige Sätze, einfache, z. T. unkorrekte Grammatik und ein eher geringer Wortschatz.

Kommunikation mit fremdsprachigen Kranken

Ganz offensichtlich entstehen Kommunikationsschwierigkeiten dort, wo Arzt und Patient sich sprachlich nicht oder nur unzureichend verständigen können. Die Übersetzungshilfen von Angehörigen bergen die Gefahr einer übergriffigen Inter-

pretation des Gesagten. Professionelle Dolmetscher stehen mittlerweile in den meisten Krankenhäusern zur Verfügung bzw. können unkompliziert gebucht werden.
Kulturspezifische Besonderheiten der Kommunikation sollte der Arzt kennen und beachten. Dazu gehören auch religiöse Gebräuche. Die Gefahr von **unbewussten Grenzverletzungen** besteht insbesondere bei der körperlichen Untersuchung, zumal wenn Arzt und Patient nicht dasselbe Geschlecht haben.

2.1.5 Besonderheiten der Kommunikation und Kooperation

Zu kooperieren (lat. cooperatio = Zusammenwirkung, Mitwirkung) ist in den meisten Fällen für alle Beteiligten vorteilhaft: Es entsteht eine Gemeinschaft, die die Kräfte und Fähigkeiten der Einzelpersonen sinnvoll verbindet. Dies kann allerdings auch zu subjektiven Beschränkungen führen, insbesondere dann, wenn Kompromisse geschlossen werden müssen.

2.1.5.1 Formen der Kooperation bei Patienten

Aktive vs. passive Kooperation

Aktive Kooperation ist gekennzeichnet durch die Mitarbeit des Patienten, der sich über seine Erkrankung und Therapiemöglichkeiten informiert, sich an Entscheidungen beteiligt und aus eigenen Überlegungen in Absprache mit dem Arzt handelt (partizipative Entscheidung).
Passive Kooperation dagegen bedeutet, dass der Patient folgsam alles tut, was ihm der Arzt empfiehlt, dabei aber keine Eigeninitiative entwickelt und keine Entscheidungen trifft. Manchmal trägt dies zur Vereinfachung bzw. Reibungslosigkeit der Behandlung bei.

Autonome vs. heteronome Kooperation

Autonome Kooperation erfolgt aus eigener Überzeugung und eigenem Antrieb: Der Patient arbeitet mit, weil er erkennt, dass dies seinen eigenen Interessen dienlich ist.
Heteronom bedeutet fremdbestimmt – der Patient kooperiert nur, weil er von außen (z. B. durch Angehörige, Arbeitgeber, Arzt) unter Druck gesetzt wird. Eine intrinsische Motivation besteht nicht. Dies ist z. B. häufig bei suchtkranken Patienten der Fall, die zum Entzug in eine Klinik geschickt werden.

Compliance und Non-Compliance

Nach Schätzungen der WHO weisen etwa 50–75 % aller Patienten eine gute **Compliance** bzw. Therapietreue auf. Sie folgen den Empfehlungen und Ratschlägen des Arztes, nehmen ihre Medikamente vorschriftsmäßig ein, erscheinen zu den Kontrolluntersuchungen, kurz: sie kooperieren gut.
Das Ausmaß der **Noncompliance** der übrigen 25–50 % ist unterschiedlich und reicht vom gelegentlichen Vergessen der Medikamente bis hin zur völligen Negation der Erkrankung. Nichtkompliante Patienten folgen weder den ärztlichen Empfehlungen noch halten sie die Therapievorschriften ein. Dies kann seitens des Patienten absichtlich oder unabsichtlich erfolgen, wobei Letzteres viel häufiger der Fall ist. **Mangelnde Information** oder Aufklärung, **fehlende Krankheits- und Behandlungseinsicht,** unerwünschte **Nebenwirkungen** der Therapie, entstehende **Kosten** oder Mühen, Vergesslichkeit, Bequemlichkeit oder **Ängste** sind häufige Ursachen für mangelnde Kooperation.
Die individuellen Gründe der Non-Compliance zu verstehen und darauf einzugehen trägt oft zur Verbesserung der Compliance bzw. Adhärenz (▸ Kap. 2.1.3.1) bei. Dies kann u. a. geschehen durch erweiterte Aufklärung und Information, eine Vereinfachung des Therapieschemas, Organisationshilfen und regelmäßige Therapiekontrollen.

2.1.5.2 Formen der Kooperation bei Ärzten

Ärzte interagieren mit verschiedenen **Kooperationspartnern.** Neben ihren Patienten sind dies auch ärztliche Kollegen, Krankenpfleger, Therapeuten, Apotheker sowie Krankenkassen und Gesundheitsbehörden. Abhängig vom Kooperationspartner werden unterschiedliche Schwerpunkte gesetzt. So sind z. B. eher patienten-, technik- oder wirtschaftlichkeitsorientierte Kooperationsformen denkbar.
Die Kooperation von Ärzten untereinander spielt besonders in Krankenhäusern und Gemeinschaftspraxen eine wichtige Rolle, wo Personal, Räume, Geräte, Kommunikationstechnik und Infrastrukturen miteinander geteilt werden. Fehlende Kooperationsbereitschaft kann hier zu erheblichen Störungen der Abläufe führen und die Arbeitsqualität beeinträchtigen.

2.1.5.3 Besondere kommunikative Anforderungen an Ärzte

Besondere kommunikative Fähigkeiten werden dem Arzt dann abverlangt, wenn es um sehr **emo-**

tionale oder **kontroverse Themen** geht. Der Umgang mit Schwerkranken oder Sterbenden und ihren Angehörigen, die Mitteilung einer ungünstigen Diagnose, die Aufklärung bezüglich einer belastenden Behandlung, das Überbringen einer Todesnachricht und ähnliche Aufgaben sind ein Bestandteil ärztlicher Tätigkeit, der zumeist als schwierig und unangenehm empfunden wird. Diesbezüglich sind der kollegiale Austausch, die Reflexion eigener Gedanken und Gefühle und die Besinnung auf „kommunikative Grundtugenden" (Empathie, Wertschätzung, Echtheit) besonders wichtig.

In anderer Weise herausfordernd kann auch die **Kommunikation mit Kindern** sein: Hier ist der kognitive und emotionale Entwicklungsstand zu berücksichtigen und der Sprach- und Interaktionsstil entsprechend anzupassen. Häufig geht es zunächst um die Schaffung von Kontakt und Vertrauen sowie die Reduktion von Angst, ehe Sachinhalte vermittelt werden können. Bei kleinen Kindern sollten immer die Eltern in den Kontakt einbezogen werden. Ähnliches gilt für die Kommunikation mit geistig Behinderten.

Klinik

In der **Begleitung Sterbender** auf einer Palliativstation geht es nicht um kurative Ansätze, Heilung oder Verhinderung des Sterbens mit allen Mitteln, sondern um die Akzeptanz eines Lebensendes und die Linderung aktueller Leiden. Die Rolle des Arztes ist hier mehr die eines Begleiters, vielleicht auch eines Lernenden, und nicht mehr die eines autoritären „Halbgottes in Weiß". Entsprechend wird die Kommunikation überwiegend **nondirektiv** zu gestalten sein.

2.1.5.4 Einflüsse auf Kommunikation und Kooperation

Die Kommunikation und Kooperation zwischen Arzt und Patient ist einer Vielzahl äußerer Störfaktoren ausgesetzt. Dazu zählt oft an erster Stelle der **Zeitdruck:** Patienten fühlen sich nicht ernst genommen und sind stark verunsichert, wenn der Arzt Eile signalisiert und das Gespräch beendet, ehe der Patient das Gefühl hat, alles Wichtige gesagt oder gefragt zu haben. Umgekehrt fühlen sich Patienten gut aufgehoben und sicher, wenn sich der Arzt ausreichend Zeit für sie nimmt – ganz unabhängig davon, was er an tatsächlicher medizinischer Hilfe leistet.

Organisatorische und **rechtliche Bedingungen** wie Dokumentationsaufgaben, Abrechnungen oder Maßnahmen der Qualitätssicherung beanspruchen Zeit und Aufmerksamkeit des Arztes, die dann nicht dem Patientenkontakt und der medizinischen Versorgung zur Verfügung stehen. Im ambulanten Bereich müssen Ärzte ihre Arbeitsstruktur an einer Gebührenordnung ausrichten, die das Gespräch mit dem Patienten nur geringfügig honoriert.

Fehlerquellen und Beurteilungsfehler

Zahlreiche **psychologische Effekte** beeinflussen die Kommunikation und Kooperation zwischen Arzt und Patient und können, wenn sie nicht bewusst gemacht werden, leicht zu Fehlerquellen werden (► Kap. 2.2.1.2, ► Kap. 1.3.3.3):

- **Primacy-Effekt:** Der erste Eindruck vom Patienten überdeckt alles Weitere und beeinflusst das Verhalten des Arztes. Dieser kann z. B. aus dem betont selbstsicheren Auftreten des Patienten auf dessen Bereitschaft zur aktiven Kooperation schließen und gar nicht bemerken, dass der Patient auf diese Weise nur seine großen Ängste zu überspielen versucht und dabei jede Auseinandersetzung mit seiner Krankheit vermeidet.
- **Recency-Effekt:** Der letzte Eindruck, den der Patient z. B. beim Verlassen des Untersuchungszimmers hinterlässt, bleibt besser im Gedächtnis als alle vorherigen. So kann es passieren, dass der Arzt die Schwere der gesundheitlichen Beeinträchtigung des Patienten übersieht, wenn dieser mit einem scheinbar lockeren Spruch die Praxis verlässt.
- **Halo-Effekt** (Überstrahlungseffekt): Ein Merkmal des Patienten überstrahlt alle anderen und verführt zu ungeprüften Schlüssen bzw. Verallgemeinerungen. So laufen ausländische Patienten häufig Gefahr, aufgrund von Schwierigkeiten mit dem Sprachverständnis als weniger intelligent abgestempelt zu werden.
- **Kontrastfehler:** Wird der Patient im Zusammenhang einer Referenzgruppe betrachtet, wird in erster Linie das wahrgenommen, was ihn von dieser unterscheidet. Das kann einerseits zu Verharmlosungen (in einer Gruppe von Schwerkranken ist der einzelne Schwerkranke gar nicht so schwer krank), andererseits zu Überbetonungen einzelner Merkmale führen.
- **Projektionseffekt:** Der Arzt nimmt unbewusst eigene Anteile im Patienten wahr und neigt

dann auch in der Beurteilung und Behandlung dazu, von sich auf den anderen zu schließen.

- **Effekt der zentralen Tendenz:** Extreme Beurteilungen werden zugunsten mittlerer Urteile vermieden, was dazu führen kann, dass besonders schwere Leiden verharmlost werden.
- **Stereotypien** wie z. B. „Ärzte und Lehrer sind die schwierigsten Patienten", führen leicht zu Beurteilungsfehlern.

Ablehnende Kranke und Reaktanz des Arztes

Die (uneingestandene) Angst vor der Erkrankung, das Empfinden von Ungerechtigkeit („Warum ausgerechnet ich?") und eine damit verbundene Wut, grundsätzlich querulatorische Persönlichkeitsanteile oder andere psychische oder soziale Faktoren können dazu führen, dass sich ein Patient gegenüber dem Arzt und der medizinischen Behandlung ablehnend verhält. Non-Compliance geht dann mit **Passivität** oder **Aggressivität** einher, Personen oder Handlungen werden in Frage gestellt und entwertet, der Patient beschwert sich häufig, kann nicht zufriedengestellt werden, zeigt sich undankbar und ungerecht, boykottiert alle Maßnahmen oder sucht mit großem Aufwand nach Behandlungsfehlern. Dies kann beim Arzt zu **Reaktanz,** einem zunächst inneren, dann vielleicht auch nach außen tretenden Widerstand führen, der auf den Gefühlen von Unsicherheit, Enttäuschung und Ärger beruht. Wird das zugrunde liegende Problem (z. B. die Angst des Patienten) nicht erkannt, besteht die Gefahr, dass die Ablehnung auf beiden Seiten immer größer wird und die Kooperation sowie letztlich die Behandlung daran scheitern. **Supervisionen** können helfen, diesen Prozess zu durchschauen und zu unterbrechen.

Erwartungsenttäuschung des Kranken

Der wissenschaftliche und technische Fortschritt und das Leben in einer Zeit und einer Gesellschaft, die suggerieren, dass prinzipiell alles möglich und machbar ist, wecken auch hohe Erwartungen an die Medizin bzw. deren Vertreter. Patienten reagieren enttäuscht, wenn sie mit den Grenzen der ärztlichen Kunst, mit Nebenwirkungen einer Therapie oder mit dem Ausbleiben des erhofften Behandlungserfolgs konfrontiert werden, insbesondere dann, wenn sie sich selbst sehr angestrengt haben dafür. Im Rahmen der Aufklärung bezüglich Diagnose und Therapieoptionen sollten entsprechend möglichst realistische Erwartungen vermittelt werden.

Patientensicherheitskultur in der Medizin

Maßnahmen im Sinne der **Patientensicherheit** dienen dem Erkennen, Erfassen und Verhindern von (vermeidbaren) Schäden durch medizinische Behandlungen.

Die **Sicherheitskultur** als gesellschaftliche Form des Umgangs mit Sicherheit und Sicherung ist eng verknüpft mit der **Fehlerkultur.** Wie wird z. B. in einem Krankenhaus mit Behandlungsfehlern umgegangen? Werden sie vertuscht oder öffentlich gemacht? Werden sie zum Anlass für Verbesserungen der Behandlungsqualität und der Sicherheit genommen oder bleiben sie folgenlos? Übernehmen die handelnden Personen und ihre Vorgesetzten Verantwortung für ihr Tun oder geht es primär um die Suche und Sanktionierung von Schuldigen?

Die Patientensicherheit ist ein Bestandteil des **Qualitätsmanagements** medizinischer Einrichtungen (▶ Kap. 2.5.4).

2.2 Untersuchung und Gespräch

Zu den zentralen Aufgaben des Arztberufs gehören das Gespräch mit dem Patienten, die Anamneseerhebung und die Untersuchung. Deren Abläufe sind innerhalb der einzelnen Fachrichtungen weitgehend standardisiert.

2.2.1 Erstkontakt

Im Erstkontakt stehen sich zwei Menschen gegenüber, die zunächst nichts voneinander wissen, außer dem, was anhand der **Rollenzuschreibung** festgelegt ist: Einer ist Arzt, der andere Patient. Möglicherweise haben beide Seiten im Vorfeld Informationen über den anderen eingeholt: Patienten erkundigen sich im Bekanntenkreis oder im Internet über Ärzte und Krankenhäuser und machen von der Möglichkeit der freien Arztwahl Gebrauch. Ärzte wiederum erhalten möglicherweise Vorabauskünfte durch den Kollegen, der den Patienten überweist. Der erste Kontakt aber prägt häufig die weitere Beziehung und sollte deshalb, soweit möglich, **bewusst** gestaltet werden.

2.2.1.1 Patientenperspektive

Die Erwartungen, die ein Kranker an den Arztbesuch oder Krankenhausaufenthalt stellt, können ganz unterschiedlich sein und sollten möglichst im Erst-

kontakt zur Sprache kommen, um Orientierung zu schaffen und Enttäuschungen zu vermeiden. So mag es bestimmte **zeitliche Erwartungen** geben („Wie viel Zeit hat der Arzt jetzt für mich? Wie lange muss ich im Krankenhaus bleiben? Wie schnell ist mit einer Verbesserung meiner Beschwerden zu rechnen?") oder auch Erwartungen bezüglich der **Arzt-Patient-Beziehung** (paternalistisches vs. partnerschaftliches vs. Dienstleistungsmodell, ► Kap. 2.1).
Der Betroffene hat bestimmte Annahmen hinsichtlich der **Ursachen** und Zusammenhänge seiner Erkrankung und entwickelt daraus eine mehr oder weniger starke **Kontrollüberzeugung** und Aktivität, die er wiederum in den Behandlungsprozess einbringt. Auch besitzen die meisten Menschen Vorkenntnisse und **Vorerfahrungen** in Bezug auf sich selbst und ihre eigene Rolle als Patient, aber auch in Bezug auf das medizinische System. Einige weisen eine lange **Patientenkarriere** auf, innerhalb derer sie gelernt haben, sich möglichst effektiv – ggf. auch manipulativ – hinsichtlich ihrer Bedürfnisse und Ziele zu verhalten. Andere kommen tatsächlich zum ersten Mal mit einem Arzt oder einem Krankenhaus in Berührung und haben möglicherweise Schwierigkeiten, die Patientenrolle anzunehmen.

2.2.1.2 Arztperspektive

Der Arzt beginnt mit der Diagnostik, sobald er den Patienten zum ersten Mal sieht und sucht nach Antworten auf die Fragen: Was ist das für einer? Was führt ihn zu mir? Wie schwer krank ist er? Wie kann ich ihm helfen? Was erwartet er? Was muss ich tun? Die Suche nach Wiedererkennbarem, nach bestimmten Mustern bzw. Stereotypen dient der Zeitersparnis: Sich wiederholende Zusammenhänge müssen nicht immer aufs Neue exploriert werden. Andererseits besteht die Gefahr von Vor- und Fehlurteilen, unzulässigen **Verallgemeinerungen** und Ungenauigkeiten.
Besonders bedeutsam sind oft der **erste und der letzte Eindruck** (Primacy- und Recency-Effekt, ► Kap. 2.1.5.4). Während der erste Eindruck über den Vergleich mit Vorerfahrungen geradezu automatisch zu einer ersten Kategorisierung führt, die dann oft nur durch sehr starke andere Eindrücke korrigiert werden kann, ist das, was der Arzt als Letztes von dem Patienten wahrnimmt, häufig auch das, was in ihm „nachhallt". Beide Eindrücke nehmen insbesondere dann, wenn sie unbewusst bleiben, großen Einfluss auf die weitere Kontaktgestaltung und überlagern häufig die Wahrnehmungen der Zwischenzeit. Als weitere Ursachen von **Beurteilungsfehlern** können der Haloeffekt, der Kontrasteffekt, Projektionseffekte oder der Effekt der zentralen Tendenz wirken (► Kap. 2.1.5.4).

Klinik

Voreilige **Blickdiagnosen** können zuweilen falsch und für den Patienten, der sich womöglich häufig **Fehlurteilen** ausgesetzt sieht, sehr frustrierend sein. So kann aus einer roten Gesichtsfärbung in Zusammenhang mit grobporiger Haut und geschwollener Nase vorschnell auf eine Alkoholkrankheit geschlossen werden. Dies mag den Arzt dazu veranlassen, eine entsprechende Diagnostik einzuleiten und den Patienten, der den Alkoholkonsum negiert, als „typisch suchtkrank" einzuordnen. Dabei wird vielleicht eine Herz- oder Hautkrankheit übersehen, die in Wirklichkeit zu der Gesichtsröte führte.

Der Arzt bildet sich im Erstgespräch auch ein Urteil darüber, ob die Kontaktaufnahme durch den Patienten in Ursache und Form dem Beratungsanlass angemessen ist und ob eine medizinische **Behandlungsindikation** besteht.
Die Erwartung, mit der ein Patient einen Arzt aufsucht, aber mehr noch dessen Annahme, was der Patient von ihm erwartet (Rettung, Krankschreibung, Medikamentenverordnung, Attest) beeinflussen maßgeblich die Kontaktgestaltung und das Ergebnis.

2.2.2 Exploration und Anamnese

Die Anamnese (altgriech. ana = gegen, Mnemosyne ist die griechische Göttin der Erinnerung und des Vergessens), die **Krankengeschichte,** ist eine Art Gedächtnis. Sie wird aus den Erinnerungen des Patienten erhoben und dient dem Arzt dazu, die aktuellen Beschwerden, die gesundheitsbezogene Vorgeschichte, die Lebensumstände und möglicherweise krankheitsfördernde Dispositionen zu verstehen.
Die **Exploration** (Erforschung, Erkundung) stellt eine gezielte mündliche Befunderhebung dar.

2.2.2.1 Funktion der Anamnese

Die Anamnese dient dem Kennenlernen des Patienten und der Erfragung jener Beschwerden, die ihn zum Arzt führen. Der Arzt systematisiert die geschilderten Symptome und leitet daraus eine **Verdachtsdiagnose** ab. Diese bildet die Grundlage für weiterführende diagnostische und therapeutische Schritte. Im Einzelnen lassen sich die Funktionen der Anamnese wie folgt benennen:

- **Datengewinnung und Diagnostik:** Der Patient berichtet spontan, der Arzt fragt gezielt nach und beobachtet gleichzeitig Aussehen und Verhalten des Patienten.
- **Therapie:** Die Anamnese steht meist zu Beginn der Arzt-Patient-Beziehung und bereitet den Boden für ein therapeutisches Bündnis. Insbesondere in der Psychiatrie sind oft bereits im Erstgespräch therapeutische Elemente enthalten.
- **Differenzialdiagnose:** Durch das gezielte Erfragen von Symptomen und Zusammenhängen kann das Spektrum möglicher Erkrankungen deutlich eingeschränkt werden, bis eine Verdachtsdiagnose bzw. einige wenige Differenzialdiagnosen übrig bleiben.
- **Therapieplanung:** Am Ende des Anamnesegesprächs und der Exploration stellt der Arzt dem Patienten seine Verdachtsdiagnose vor und erläutert die weiterführenden diagnostischen und therapeutischen Optionen. In der Regel wird daraus gemeinsam ein Therapieplan entwickelt.
- **Aufklärung, Edukation:** Im Zusammenhang mit der Exploration, der Diagnosestellung und der Therapieplanung klärt der Arzt den Patienten über allgemeine und individuelle Risikofaktoren, die Ursachen, mögliche Folgen und Komplikationen sowie Behandlungsoptionen auf.
- **Emotionale Unterstützung:** Implizit liegt im Kontakt, in der Kommunikation, der Möglichkeit, Beschwerden zu schildern sowie Zeit, Aufmerksamkeit und Anteilnahme zu erhalten, in der gemeinsamen Problembetrachtung und der gemeinsamen Suche nach einer Lösung in einer für den Patienten schwierigen Situation auch ein hohes Maß an emotionaler Unterstützung. Daraus begründet sich die besondere Bedeutung des Erstgesprächs bzw. der Anamnese für die weitere therapeutische Beziehung.

Klinik

Während **Gebietsärzte** die Anamnese häufig auf die ihr Fachgebiet betreffenden Inhalte beschränken können, muss sich der **Allgemeinarzt** ein möglichst umfassendes Bild seines Gegenübers verschaffen. Um im Gespräch nichts Wichtiges zu vergessen, werden Patienten manchmal aufgefordert, vorher eine **Symptom-Checkliste** bzw. einen Fragebogen auszufüllen. So ist ein erstes **Screening** möglich, das es dem Arzt erlaubt, gezielter auf die Beschwerden des Patienten einzugehen.

2.2.2.2 Formen der Anamnese

Abhängig von der Person, die befragt wird, unterscheidet man folgende Anamneseformen:

- **Eigenanamnese:** Angaben, die der Patient selbst zu sich und seiner Krankheit bzw. seinen Beschwerden macht.
- **Fremdanamnese:** Angaben, die andere Personen (z. B. Angehörige, Betreuer, Pflegende) über den Patienten machen bzw. zusätzliche Informationen, die durch die Befragung Dritter gewonnen werden. Die Fremdanamnese ist insbesondere dann von Bedeutung, wenn der Patient selbst keine Angaben über sich machen kann oder seine Selbstwahrnehmung (z. B. kognitiv) eingeschränkt ist.

Hinsichtlich des Befragungsgegenstandes lassen sich unterscheiden:

- **Sozialanamnese:** umfasst Fragen nach der sozialen Situation des Patienten, z. B. Familienstand, Bildungsgrad, Beruf, Wohnsituation, finanzielle Situation, soziales Netz, Religionszugehörigkeit, Freizeitgestaltung, und nach möglichen psychosozialen Belastungen.
- **Biografische Anamnese:** Erfragung von lebensgeschichtlichen Zusammenhängen, schulischer und beruflicher Entwicklung, Kindheit und Jugend, Besonderheiten im Elternhaus, körperlicher, psychischer und sozialer Entwicklung. Dies spielt insbesondere in der Psychiatrie eine wichtige Rolle.
- **Familienanamnese:** Befragung nach Erkrankungen in der Familie, um Hinweise auf erbliche Störungen bzw. familiäre Dispositionen zu erhalten (z. B. Herz-Kreislauf-, Krebs-, Autoimmun-, psychische Erkrankungen).
- **Krankheitsanamnese:** Erfragung der aktuellen Beschwerden und Symptome sowie früherer Erkrankungen und Behandlungen. Zur Krankheitsanamnese gehören, z. T. abhängig vom medizinischen Kontext und vom Anliegen des Patienten, auch:
  - **Sexualanamnese:** Fragen nach Verlauf der sexuellen Entwicklung, sexueller Identität, sexuellen Störungen, sexuellen Gewohnheiten, Häufigkeit von Sexualkontakten, Verhütung usw.
  - **psychische Anamnese:** Fragen nach psychischen Auffälligkeiten/Veränderungen/Beschwerden, früheren Erkrankungen und Behandlungen, Erhebung des psychopathologischen Befunds

- **Suchtanamnese:** Fragen nach Suchtmittelgebrauch, ggf. Dauer und Häufigkeit, Gründen für Suchtmittelkonsum, Konsum- und Entzugserfahrungen, früheren Entzugsbehandlungen usw.
- **Reiseanamnese:** Fragen nach Fernreisen, insbesondere zum Ausschluss hierzulande seltener Infektionskrankheiten

- **Entwicklungsanamnese:** Erfragung von den Meilensteinen der Entwicklung (Laufen, Sprechen, Sauberkeit, psychosoziale Entwicklung). Diese spielt insbesondere in der Kinder- und Jugendmedizin eine wichtige Rolle.
- **Medikamentenanamnese:** Erfragung aktueller und früherer Medikamenteneinnahmen, Unverträglichkeiten, Gründen für das An- oder Absetzen einer Medikation, Einnahme nicht verschreibungspflichtiger Medikamente.

Darüber hinaus dienen Kontakt und Gespräch mit dem Patienten auch der Verhaltensbeobachtung und -analyse. Diese geben Aufschlüsse über auslösende und aufrechterhaltende Bedingungen bestimmter (günstiger oder ungünstiger) Verhaltensweisen.

2.2.2.3 Struktur der Anamnese

Von Seiten des Arztes kann das Anamnesegespräch eher direktiv oder eher nondirektiv gestaltet werden. Eine **direktive** Form ist gekennzeichnet durch gezielte, überwiegend geschlossene Fragen, bewusste inhaltliche Strukturierung und Zielsetzung sowie aktive Gesprächslenkung: „Tut es rechts oder links weh? Seit wann bestehen die Beschwerden? Wie häufig treten sie auf?"

Im **nondirektiven** Gespräch stellt der Arzt eher offene Fragen; Verlauf und Ziel sind nicht vorbestimmt und der Patient ist relativ frei in Art und Ausmaß seiner Schilderungen: „Wie fühlen Sie sich? Was führt Sie zu mir? Wie würden Sie Ihre Kindheit beschreiben?"

Merke

Anamnesestruktur
- Direktiv (vom Arzt geführt und schematisch) vs. nondirektiv (weitgehend dem Patienten überlassen und flexibel)
- Allgemein (umfassend) vs. symptomorientiert (einschränkend)
- Beziehungsorientiert vs. inhalts- und handlungsorientiert

Fragestile

- **Offene Fragen:** Sie erlauben es dem Befragten, Inhalt und Ausführlichkeit seiner Antwort selbst zu gestalten. Sie öffnen gewissermaßen den Gesprächsraum.
  Beispiele: „Was sind Ihre Wünsche?", „Welche Erwartungen haben Sie an mich?", „Wie kann ich Ihnen helfen?"
- **Geschlossene Fragen:** Dabei sind die Antwortmöglichkeiten festgelegt, z. B. Ja oder Nein, Stimmt oder Stimmt nicht.
  Beispiele: „Haben Sie Schmerzen?", „Können Sie nachts gut schlafen?", „Nimmt der Schmerz zu, wenn ich hier drücke?"
- **Alternativfragen:** Diese bieten zwei oder mehr Möglichkeiten zur Auswahl an, beschränken den Befragten aber gleichzeitig auf diese Auswahl.
  Beispiele: „Sind die Beschwerden abends größer oder morgens?", „Ist es ein dumpfer, ein pochender oder ein stechender Schmerz?"
- **Suggestivfragen:** Durch die Fragestruktur wird der Befragte dahin gelenkt, eine Antwort im Sinne der Erwartung oder Zielsetzung des Fragenden zu geben.
  Beispiele: „Sie haben Ihre Tabletten wohl nicht immer zum gleichen Zeitpunkt eingenommen?", „Wollten Sie nicht schon längst mit dem Rauchen aufhören?", „Macht es Ihnen etwas aus, morgen noch einmal in meine Praxis zu kommen?"

2.2.2.4 Schwierigkeiten der Anamnese

Die Anamneseerhebung gestaltet sich schwierig, wenn **sprachliche Barrieren** zwischen Arzt und Patient stehen. Einige Inhalte können auch nonverbal vermittelt werden, wichtige Aufschlüsse mögen sich aus der körperlichen Untersuchung ergeben, Angehörige oder professionelle Dolmetscher können Übersetzungshilfe leisten – Kennenlernen und Verstehen gelingen auf diesen Wegen aber nur mittelbar. Für beide Seiten gehen sprachliche Verständigungsprobleme mit erhöhter Unsicherheit in der Beziehungsgestaltung und im Behandlungsverlauf einher.

Sprachbarrieren ergeben sich aber nicht nur aus der unterschiedlichen Muttersprache, sondern z. B. auch aus der Verwendung unterschiedlicher Sprachcodes (restringierte vs. elaborierte Sprache, ► Kap. 2.1.4.7) oder einer fehlenden Berücksichtigung kognitiver Fähigkeiten; Letzteres ist vor allem der Fall bei Kindern, Menschen mit geistiger Behinderung oder Demenz-Patienten.

Arztzentrierte vs. patientenzentrierte Gesprächsführung

Bedient sich der Arzt von vornherein und ausschließlich eines **direktiven Gesprächsstils** (► Kap. 2.1.4.5), besteht die Gefahr, dass wichtige Themen oder Details nicht zur Sprache kommen, weil der Arzt nicht danach fragt. Der Patient bekommt den Eindruck, nur unvollständig gesehen und vorschnell kategorisiert zu werden, was möglicherweise zu Verunsicherung führt und eine positive, vertrauensvolle Beziehungsgestaltung behindert.

Ein **nondirektiv** und patientenzentriert gestalteter Erstkontakt gibt dem Kranken die Möglichkeit, selbst die Schwerpunkte bei der Informationsübermittlung zu setzen. Auch hierbei können allerdings wichtige Details übersehen werden, weil der Patient selbst sie nicht für relevant erachtet oder der Arzt sie innerhalb seiner gedanklichen Struktur als Zuhörer nicht erfasst. Zudem könnte der Patient den Eindruck bekommen, dass ein Arzt, der wenig nachfragt, unsicher oder desinteressiert ist.

Am besten geeignet erscheint – wie so oft – der Mittelweg, bei dem das Arzt-Patient-Gespräch aus einer ausgewogenen Mischung direktiver und nondirektiver Elemente besteht und somit arzt- und patientenzentriert verläuft.

Beobachtungs- und Beurteilungsfehler

Wahrnehmen und Beurteilen sind Prozesse, die einer Vielzahl von Einflüssen unterworfen sind. Hundertprozentige Objektivität gibt es möglicherweise bei Maschinen, nicht aber bei Menschen, auch nicht bei Ärzten. **Beobachtungs- und Beurteilungsfehler** treten nicht nur bei wissenschaftlichen Untersuchungen, sondern auch in alltäglichen Begegnungen oder in der ärztlichen Sprechstunde auf (► Kap. 2.1.5.4). Zu ihnen gehören u. a. die Folgenden:

- **Halo-Effekt:** Das besonders hervorstechende Merkmal einer Person überstrahlt eine Gesamtwahrnehmung, z. B. „Brillenträger sind klug", „Menschen mit gefärbten Haaren sind in ihren Ansichten unkonventionell".
- **Projektion:** Der Beobachter nimmt unbewusst eigene ungeliebte Eigenschaften oder Verhaltensweisen bei seinem Gegenüber wahr und beurteilt sie dort besonders streng; z. B. weist ein nikotinabhängiger Arzt seinen Patienten besonders deutlich auf die Gefährlichkeit des Rauchens hin oder eine Psychiaterin, die besonders ehrgeizig ist, betrachtet den Arbeitseifer ihrer Patientin besonders kritisch.

Erwartungseffekte beruhen auf meist unbewussten kommunikativen Prozessen:

- **Rosenthal- oder Pygmalion-Effekt:** Die positive Erwartunghaltung einer (Autoritäts-)Person nimmt im Sinne einer selbsterfüllenden Prophezeiung Einfluss auf Verhalten und Leistung ihres Gegenübers. Dies geschieht unbewusst, z. B. durch eine verstärkte Aufmerksamkeit oder Zuwendung, durch die subtile Vermittlung von Hoffnungen und Erwartungen und entsprechende Bestärkung bei Erfolg. Zum Beispiel spricht der Patient den fragend dreinblickenden Assistenzarzt auf der Station an: „Mir geht es schon viel besser, Herr Doktor."
- **Plazebo-Effekt:** Die Annahme, dass eine Therapie helfen werde, trägt erheblich zu deren Wirkung bei. Auch wirkstofffreie Scheinmedikamente können auf diese Weise einen quasi-pharmakologischen Effekt (einschließlich Nebenwirkungen) erzielen.

2.2.3 Körperliche Untersuchung

Die körperliche Untersuchung erfordert es, dass sich der Patient vor dem Arzt weitgehend entkleidet, um angesehen (Inspektion) und angefasst (Palpation) zu werden. Je nach Beratungsanlass kommen zusätzlich spezielle Untersuchungsmethoden zum Einsatz, wie gynäkologische, neurologische oder rektale Untersuchung. Diese Form des Kontakts ist charakteristisch für die Arzt-Patient-Beziehung und kann auf beiden Seiten mit Hemmungen und Befürchtungen verbunden sein.

2.2.3.1 Psychosoziale Aspekte aus Patientenperspektive

Die ärztliche Untersuchung stellt in jedem Fall einen **Eingriff in die Intimsphäre** des Patienten dar, wobei dieser normalerweise implizit sein **Einverständnis** dafür gibt. Dennoch treten häufig Gefühle von Angst und Scham auf: Von einer fremden Person nackt gesehen und berührt zu werden, ist für viele Menschen unangenehm und in manchen Kulturen sogar ein Tabu. Der Arzt sollte diesbezügliche **interkulturelle Unterschiede** kennen und berücksichtigen. Insbesondere dann, wenn ein männlicher Arzt eine Patientin untersucht, kann es

für diese entlastend und angstmindernd sein, wenn eine Krankenschwester anwesend ist.
Viele Frauen bevorzugen für die gynäkologische Betreuung eine Ärztin, wobei deren männlichen Kollegen paradoxerweise oft ein besseres Einfühlungsvermögen nachgesagt wird.
Neben den unangenehmen Gefühlen innerhalb dieser Form der sozialen Interaktion und den eventuell durch die Untersuchung auftretenden Schmerzen, hat der Patient möglicherweise auch Angst vor dem **Untersuchungsergebnis.** Hier kann der Arzt zur Entspannung der Situation beitragen, indem er die Befürchtungen anspricht und ruhig und sachlich erklärt und begründet, was er tut.

2.2.3.2 Psychosoziale Aspekte aus Arztperspektive

Auch Ärzte sind Menschen. Und diesen ist es zuweilen unangenehm, einen anderen anzufassen, insbesondere dann, wenn Gefühle von Abstoßung und Ekel eine Rolle spielen. Zu den Verhaltenserwartungen an den Arzt gehört aber nach Talcott **Parsons** (► Kap. 2.1.2.2) die **affektive Neutralität,** welche sich u. a. in der Kontrolle aversiver Emotionen oder erotischer Anziehung zeigt. Die innere professionelle Distanz wird häufig äußerlich durch die Verwendung von Einmalhandschuhen symbolisiert, wobei dies Vor- (Hygiene!) und Nachteile (Kontakt!) hat.
Bereits die ausführliche Anamnese, deutlicher aber noch die körperliche Untersuchung und eventuell folgende invasive diagnostische Verfahren bedeuten im juristischen Sinne einen **Eingriff** in die psychische und körperliche Integrität einer Person. Mit der Konsultation des Arztes verleiht der Patient diesem unausgesprochen das **Eingriffsrecht,** das er aber jederzeit zurückziehen kann. Wichtig ist, dass der Arzt den Patienten während der Untersuchung kontinuierlich über sein Tun informiert und ihn durch Erklärungen und Nachfragen („Tut es hier weh?") im Gespräch hält. Auch sollte er darauf achten, dass sich der Patient nur so weit entkleiden muss, wie es für die momentane Untersuchung nötig ist. Ironie, zweideutige oder anzügliche Bemerkungen („Sie haben da aber ein schönes Tattoo") sollten unbedingt vermieden werden.
Die **Emotionen** von Angst und Scham und die Präsentation von Verletzlichkeit und „blindem Vertrauen", die der Patient mehr oder weniger bewusst in die Beziehung einbringt, können **Übertragungs- und Gegenübertragungsphänomene** hervorrufen. So ist denkbar, dass zwischen einem Patienten und einer Ärztin anlässlich der körperlichen Untersuchung und Nähe erotische Spannungen auftreten oder angesichts der schweren körperlichen Beeinträchtigung einer Patientin Beschützerinstinkte beim Arzt ausgelöst werden. Der Arzt sollte in der Lage sein, diese Empfindungen wahrzunehmen und zu reflektieren, ohne sie auszuagieren.

2.3 Urteilsbildung und Entscheidung

Auch jenseits von Notfallsituationen, in denen es darum geht, rasch und dennoch überlegt zu handeln, sind das Bilden von Urteilen und das Treffen von Entscheidungen wesentliche ärztliche Aufgaben. Dies betrifft sowohl den diagnostischen als auch den therapeutischen Prozess und darüber hinaus die Kontaktgestaltung mit Patienten, Kollegen und letztlich mit sich selbst. Fragen wie „Wer bin ich? Wer bist Du? Was ist hier los? Was kann ich/können wir tun?" helfen bei der Standortbestimmung.

2.3.1 Grundlagen der diagnostischen Entscheidung

Die Diagnose (altgriech. dia = durch, gnosis = Wissen oder Erkenntnis) ist eine Entscheidung oder Unterscheidung, die durch Einsicht und Urteil gewonnen wird. Dabei ist zunächst der Arzt, der die Anamnese und die körperliche Untersuchung durchführt, selbst das „Messinstrument". Im Verlauf des **diagnostischen Prozesses** kommen aber z. B. auch Laboruntersuchungen, technische Untersuchungen, bildgebende Verfahren oder psychologische Tests zum Einsatz. Neben der Feststellung und Benennung der Krankheit geht es im Rahmen der Diagnostik auch darum, ein **Genesemodell** zu entwickeln, innerhalb dessen sich Risikofaktoren erkennen und eventuell ausschalten lassen.

2.3.1.1 Normen, Testfairness, Testethik

Eine Diagnose wird meist aufgrund der Kombination bestimmter **Symptome** gestellt. Symptome wiederum sind Zeichen, die auf eine Krankheit hindeuten, weil bzw. indem sie von der gesunden Norm abweichen. Um diagnostisch tätig sein zu können, muss man also zunächst wissen und entscheiden, was normal und was pathologisch ist und welche Symptome miteinander in Verbindung ste-

hen (= Symptomkomplex oder Syndrom) bzw. welche Symptome nur zufällig gleichzeitig auftreten.
Jede Untersuchung und jeder Test setzt das Vorhandensein von **Normwerten** voraus. Diese sind freilich kein Naturgesetz, sondern beruhen auf wissenschaftlichen und statistischen Konventionen. So liegt ein normaler Blutdruck zwischen 105/60 mmHg und 140/90 mmHg. Darunter spricht man von arterieller Hypo-, darüber von Hypertonie. Ausgedrückt wird mit diesen Werten aber lediglich, dass sie bei einer Mehrheit der Menschen vorgefunden werden.
Der Begriff der **Testfairness** kommt aus der psychologischen Diagnostik und gehört dort zu den Gütekriterien. **Testunfairness** liegt vor, wenn bestimmte Personengruppen innerhalb der Testung diskriminiert werden. Dies kann z. B. auf Geschlecht, sozioökonomischem Status, Bildungsgrad oder Sprachkenntnis beruhen. Mit dem Ziel der Testfairness wurden z. B. der Culture Fair Intelligence Test (CFIT) und andere Culture Free Tests entwickelt, wobei die theoretische und praktische Möglichkeit einer völlig **kulturunabhängigen Untersuchung** bezweifelt werden muss (▸ Kap. 1.3.3.1).
Testethik geht insofern über Testfairness hinaus, als sie auch den Anspruch beinhaltet, dass dem Untersuchten aus der Testung kein Nachteil erwächst bzw. Testaufwand und -nutzen in einem sinnvollen Verhältnis stehen.
Der sogenannte **Labeling-Approach** oder Etikettierungsansatz stellt dar, in welcher Weise die äußere Zuschreibung einer Normabweichung diese aufrechterhält bzw. überhaupt erst erzeugt. Ein Patient, der nach der Durchführung eines schriftlichen Tests das Etikett einer Persönlichkeitsstörung zugewiesen bekommt, kann sich weder innerlich noch nach außen hin ganz davon lösen und wird möglicherweise in der Auseinandersetzung mit der Diagnose die entsprechenden Symptome weiter ausgestalten.

2.3.1.2 Diagnostikformen

Hinsichtlich ihrer Zielsetzung, ihres Zeitpunktes und ihrer Durchführung lassen sich folgende Formen der Diagnostik unterscheiden: **Indikations-, Prozess- und Ergebnisdiagnostik.** Sie alle stellen eine Art der Befunderhebung und Begutachtung dar. Aus medizinischen, organisatorischen und juristischen Gründen sollten alle Untersuchungen und Ergebnisse gut dokumentiert und über einen gesetzlich bestimmten Zeitraum aufbewahrt werden.

Indikationsdiagnostik

Die **Indikation** ist der Grund, warum eine Untersuchung oder eine Behandlung durchgeführt wird. Etwas ist indiziert, wenn es sachlich begründet und angemessen ist. Zur Indikationsdiagnostik gehören alle Untersuchungen, die notwendig sind, um eine Behandlungsindikation stellen und einen Therapieplan entwickeln zu können. Beispielsweise kann im Rahmen einer Blutuntersuchung eine schwere Anämie festgestellt werden, aus der sich die Indikation für eine Bluttransfusion ergibt. Aus einer leichten Erhöhung des Blutzuckerwerts lässt sich die Indikation für Veränderungen des Lebensstils (Ernährung, Bewegung), nicht aber für eine sofortige Insulinbehandlung ableiten.
So wie nicht alle Therapiemöglichkeiten bei jedem Menschen und zu jeder Zeit ausgeschöpft werden können und sollen, ist auch hinsichtlich der Untersuchungsoptionen auf **Sinnhaftigkeit** und **Angemessenheit** zu achten. Manchmal wird mehr gemacht, als eigentlich notwendig ist, z. B. weil der Arzt sichergehen will oder weil der Patient es fordert („Schließlich habe ich regelmäßig in die Krankenkasse eingezahlt"). Indikationsdiagnostik bedeutet in diesem Zusammenhang auch, sich auf medizinisch indizierte Untersuchungen zu beschränken.

Prozessdiagnostik

Wird der Patient während einer Behandlung **mehrfach hinsichtlich derselben Symptome** untersucht, spricht man von einer Prozessdiagnostik. Diese dient der **Verlaufskontrolle** und damit der Entscheidung, ob die Therapie in gleicher Art fortgeführt oder aber verändert werden sollte. Beispielsweise kann ein Patient mit einer Depression im Verlauf der Psychotherapie mehrfach den gleichen Fragebogen ausfüllen (z. B. Becks Depressionsinventar, BDI), um eine Änderung der Beschwerden zu beobachten.

Ergebnisdiagnostik

Am Ende einer Behandlung dient die Ergebnisdiagnostik gewissermaßen zur **Erfolgskontrolle:** Hat die Therapie überhaupt etwas gebracht? Wurde das angestrebte Ziel erreicht? Mit welchen Mitteln? Was genau hat sich verbessert? Gab es Komplikationen? Sind Restbeschwerden geblieben?
Der Arzt fasst den Behandlungsverlauf und die Ergebnisse meist als **Katamnese** bzw. Abschlussbericht zusammen. Gegebenenfalls äußert er sich darin auch zur **Prognose.**

Ebenso wie die Prozessdiagnostik dient auch die Ergebnisdiagnostik der **Evaluation,** also der Analyse und Bewertung der Therapie. Entsprechend wird auch die Beurteilung durch den Patienten einbezogen.

Merke

- Indikationsdiagnostik: vor der Behandlung – Frage nach dem Behandlungsgrund
- Prozessdiagnostik: während der Behandlung – Frage nach dem Behandlungsverlauf
- Ergebnisdiagnostik: nach der Behandlung – Frage nach dem Behandlungserfolg

2.3.1.3 Diagnostischer Prozess

Der diagnostische Prozess schafft die **Informationsbasis** für ärztliche Entscheidungen. Er folgt üblicherweise einem **Stufenschema,** das mit der Anamnese und der körperlichen Untersuchung beginnt und sich bis zu schwerwiegenden invasiven, riskanten oder sehr kostenintensiven Methoden fortsetzt. Ziel ist es, ein Urteil über die Art der Erkrankung zu fällen und einen Entschluss bezüglich der Therapie zu fassen. Häufig bildet sich der Arzt bereits während der Diagnostikphase **Hypothesen** hinsichtlich der vermuteten Erkrankung. Diese nehmen ihrerseits Einfluss auf die Wahl der Untersuchungsmethoden.

Der diagnostische Prozess lässt sich in seiner Struktur mit **wissenschaftlichen Studien** vergleichen. Wie diese folgt er einer Ordnung von Fragestellung, Hypothesenbildung, Datensammlung und -auswertung, Ergebnisbewertung und Schlussfolgerung bzw. Handlung und Therapie, die allerdings im klinischen Alltag zuweilen nicht ganz so klar einzuhalten ist.

Hinsichtlich diagnostischer Schlussfolgerungen lassen sich zwei Verfahren unterscheiden:

- **Additive Schlussfolgerungen:** Es werden zunächst sehr viele Informationen und Befunde erhoben, ehe es zu einer Auswertung kommt. Diese Methode ist aufwendig und teuer, minimiert aber das Risiko, etwas zu übersehen.
- **Lineare Schlussfolgerungen:** Der Arzt legt sich frühzeitig auf eine Verdachtsdiagnose fest und führt schrittweise nur solche Untersuchungen durch, die geeignet sind, diese zu erhärten oder zu widerlegen. Dieses zielstrebige Vorgehen ist aus ökonomischer Sicht vorteilhaft, birgt aber die Gefahr, sich diagnostisch „auf der falschen Spur“ zu bewegen.

Sinnvoll und in der Praxis üblich ist es, beide Verfahren miteinander zu kombinieren.

Klassifikationssysteme Die Klassifikation, also Systematisierung und Ordnung von Symptomen und Befunden, dient der Vereinfachung und Vereinheitlichung diagnostischer Prozesse. Weltweit hat sich die von der WHO publizierte **Internationale statistische Klassifikation von Erkrankungen und verwandten Gesundheitsproblemen** (ICD) durchgesetzt. In der Psychiatrie wird darüber hinaus das vor allem in Amerika gebräuchliche **Diagnostische und Statistische Handbuch psychischer Störungen** (DSM) verwendet (► Kap. 1.1.3.2).

2.3.2 Urteilsqualität

2.3.2.1 Testgütekriterien

Versteht man die Diagnostik samt der daraus folgenden Beurteilung, Entscheidung und Handlung als einen wissenschaftlichen Vorgang und verwendet man dementsprechende Maßstäbe bezüglich der Qualität, so kommt man unweigerlich zu den **Testgütekriterien** Objektivität, Reliabilität und Validität (► Kap. 1.3.3.1).

- **Objektivität** bedeutet, dass die Untersuchungsergebnisse und die Interpretation der erhobenen Befunde, aber auch die Therapie weitgehend unabhängig sind von der Person des Arztes. Idealerweise ist es für den Patienten unerheblich, auf welchen Arzt er in der Klinik trifft. Er kann davon ausgehen, das durch jeden die gleichen Befunde erhoben würden.
- **Reliabilität** heißt, dass die Untersuchungsergebnisse verlässlich und genau sind. Auch dies beschreibt einen Idealzustand, in dem sich der Patient darauf verlassen kann, dass jede gleiche Untersuchung auch zu gleichen Ergebnissen führen würde.
- **Validität** bedeutet, dass das Verfahren tatsächlich das untersucht, was es untersuchen soll. Nicht valide wäre es z. B., wenn man versuchen würde, einen Weichteilschaden an den Extremitäten mithilfe einer Röntgenuntersuchung auszuschließen.

Die **Interrater-Reliabilität** trifft eine Aussage darüber, wie hoch die Übereinstimmung der Urteile zweier Untersucher in Bezug auf denselben Untersuchungsgegenstand ist. Beispielsweise ließe sich prüfen, ob zwei Psychiater nach der Untersuchung eines Patienten dieselbe Diagnose stellen oder ob zwei Radiologen ein MRT-Bild in gleicher Weise interpretieren. Ein Maß für diese Übereinstimmung ist **Cohens Kappa.** Dieses berechnet sich wie folgt:

$$\kappa = (p_0 - p_c) \div (1 - p_c)$$

Dabei ist p_0 die tatsächliche Übereinstimmung der beiden Untersucher und p_c die zufällige Übereinstimmung (gemessen z. B. dadurch, dass man 100 Nicht-Radiologen ein MRT-Bild beurteilen lässt). Ein Kappa-Wert von 1 bedeutet, dass die Untersucher in ihrem Urteil vollständig übereinstimmen. Stimmen sie nur in Höhe der Zufallsmessung überein, wird Kappa 0. Ein negativer Wert deutet auf eine gemeinsame Trefferquote unterhalb zufallsgesteuerter Wahrscheinlichkeit hin.

2.3.2.2 Entscheidungskonflikte und -fehler

In den seltensten Fällen stellt sich die Medizin lehrbuchmäßig dar. Klassifikationssysteme, Diagnosekriterien, Leitlinien und Expertenmeinungen helfen bei der Urteils- und Entscheidungsfindung, garantieren jedoch keine Eindeutigkeit. Alltäglich sind **Entscheidungskonflikte** und damit unvermeidbar auch **Entscheidungsfehler.** So gibt es häufig mehrere, in Bezug auf Nutzen und Risiko, Kosten und Gewinn gleichwertige Behandlungsalternativen, von denen eine gewählt werden muss. Einer Beratung bezüglich grundsätzlicher Veränderungen der Lebensführung (z. B. Umstellung der Ernährung, Reduktion von beruflichem Stress, regelmäßiger Sport, Raucherentwöhnung) wird manchmal die Verordnung von Medikamenten vorgezogen. Der Konflikt beruht in diesem Fall auf dem Für und Wider einer mühevoll-nachhaltigen oder einer raschen, aber möglicherweise nicht dauerhaft erworbenen Hilfe.

Innerhalb psychiatrischer Behandlungskonzepte stellt sich häufig die Frage, ob der **Psychopharmakologie** oder der **Psychotherapie** der Vorzug zu geben ist. Viele Studien weisen nach, dass in einer Mehrzahl der Fälle die Kombination aus beiden die besten Ergebnisse bringt.

Oft gilt es auch, den erwarteten **Nutzen und die Risiken** einer Therapie gegeneinander **abzuwägen.** Dies betrifft z. B. die Chirurgie und Orthopädie, wenn es darum geht, den richtigen Zeitpunkt für die Implantation einer Hüft- oder Kniegelenkprothese zu finden. Besonders in **Notfällen** müssen Entscheidungen oft auf einer unsicheren Informationsgrundlage getroffen werden. Und hin und wieder gibt es wissenschaftlichen Dissens bezüglich der Therapie der Wahl bzw. Schulenstreit oder Autoritätenkonflikte.

Führungsstil und Autorität

Entscheidungsprozesse in **hierarchisch gegliederten Systemen,** wie z. B. dem Krankenhaus, orientieren sich nicht nur an fachlichen Kriterien. Abhängig vom Führungsstil können auch **traditionelle Werte** und die Konsolidierung von **Machtverhältnissen** eine gewisse Rolle spielen.

- **Funktionale Autorität** beruht auf Wissen und Erfahrung (Lisa Simpson besitzt aufgrund ihres hohen Intellekts gegenüber Bart funktionale Autorität).
- **Positionale Autorität** leitet sich aus dem Dienstrang ab (Bart als älterer Bruder hat gegenüber Lisa positionale Autorität).

Ein **partizipativer Führungsstil** ist dadurch gekennzeichnet, dass die Mitarbeiter in Entscheidungen einbezogen werden bzw. eine kollegiale Entscheidungsfindung praktiziert wird. Charakteristisch ist ein hohes Maß an **funktionaler Autorität.** Im günstigsten Fall tut jeder das, was er am besten kann. Beispielsweise überlässt der Chefarzt die Behandlung von Patienten weitgehend den Assistenzärzten, nachdem er sich vergewissert hat, dass diese die entsprechenden fachlichen Kompetenzen besitzen. Dabei steht er als Berater und Unterstützer zur Verfügung. Zuweilen ist diese Art der demokratischen Arbeitsgestaltung sehr zeitaufwendig.

Ein Chefarzt, der einen **autoritär-direktiven Führungsstil** lebt, trifft alle Entscheidungen selbst, gibt seinen Ober- und Assistenzärzten Anweisungen, die zu befolgen sind und führt Kontrollen durch, um Abweichungen zu erkennen. Hier herrscht die **positionale Autorität** vor. Medizinische Entscheidungen orientieren sich dann oft an Wissen und Erfahrungen der ärztlichen Leitung. Eine Meinungsdivergenz wird nicht akzeptiert. Dies ist einerseits effektiv – Entscheidungen werden rasch und „ohne Diskussion" getroffen –, andererseits bestehen die Gefahren diktatorischer Fehlbarkeit und einer von Unzufriedenheit oder gar Angst geprägten Arbeitsatmosphäre.

Verpflichtungen gegenüber dem individuellen und allgemeinen Wohl

Ärztliche Entscheidungen betreffen häufig nicht nur den einzelnen Patienten, sondern zumindest indirekt auch das **Gesundheitssystem** und damit die Allgemeinheit. Der Begriff **Allokation** steht für das Problem begrenzter Ressourcen und den sich daraus ergebenden Ansprüchen an eine **Verteilungsgerechtigkeit.** Stellvertretend für die Solidargemeinschaft hinterfragen die Krankenversicherungen kritisch das **Kosten-Nutzen-Verhältnis** medizinischer Leistungen für den Einzelnen. Dem Arzt kommt dabei die Verantwortung zu, notwendige Behandlungen nicht vorzuenthalten und überflüssige zu vermeiden. Dies geschieht sowohl im Interesse des Individuums als auch der Allgemeinheit, ist aber nicht immer ganz zweifelsfrei zu vermitteln.

2.3.2.3 Urteilsheuristiken, Beobachtungsfehler

Die **Heuristik** ist eine Art Schnellverfahren der Problemlösung, das sich aus Erfahrungen, Faustregeln und Verallgemeinerungen bedient und damit nicht streng strukturiert, sondern eher aus dem Bauch heraus zu Lösungen kommt. Mit relativ **wenig Informationen** sollen relativ rasch **gute Ergebnisse** erzielt werden. Dieses Verfahren spart Zeit, birgt aber ein erhöhtes Risiko für Fehlurteile. In der Medizin ist die sogenannte **Blickdiagnose,** also das Erkennen einer Krankheit durch die bloße Betrachtung des Patienten, ein Beispiel für heuristisches Vorgehen. In Notfallsituationen, in denen schnell verstanden und gehandelt werden muss, kommt man um die Anwendung heuristischer Prinzipien (Trial and Error) gar nicht herum. Aber auch der Hausarzt, der entscheidet, ob er einen Patienten in die Klinik einweist oder weiter ambulant betreut, der Assistenzarzt im Nachtdienst, dem es obliegt, einen Menschen stationär aufzunehmen, oder ihn wieder nach Hause zu schicken oder der Pädiater, der Anzeichen für eine Kindeswohlgefährdung sieht und dies thematisieren muss, betreiben Urteilsheuristik.

Klinik

Das Nichterkennen von **Suizidalität** ist sicher einer der folgenschwersten Beobachtungsfehler. Zu unterscheiden, ob ein Mensch suizidgefährdet ist oder die Suizidandrohung zum Erreichen bestimmter Ziele (z. B. Aufnahme ins Krankenhaus, Medikation mit Tranquilizern) missbraucht, gelingt wahrscheinlich nie mit 100-prozentiger Sicherheit. Im Rahmen **psychiatrischer Erstuntersuchungen** sollte das Thema immer aktiv vom Arzt angesprochen werden und auch in anderen Fachbereichen sollten entsprechende Andeutungen des Patienten zur Nachfrage bewegen. Sind Zweifel hinsichtlich der **Suizidgefährdung** und der diesbezüglichen **Absprachefähigkeit** des Patienten nicht auszuräumen, muss als Ultima Ratio eine **Zwangsunterbringung** auf einer geschlossen-psychiatrischen Station erwogen werden.

2.4 Interventionsformen und besondere medizinische Situationen

Intervention ist das, was dazwischenkommt. In der Medizin bezeichnet man damit in erster Linie therapeutische Handlungen, die den Ausbruch oder das Fortschreiten einer Erkrankung zu verhindern suchen. Einige Formen der Intervention sollen in diesem Kapitel vorgestellt werden.

2.4.1 Ärztliche Beratung und Patientenschulung

Zu den Aufgaben des Arztes gehören nicht nur Diagnostik und Therapie, sondern auch Beratung, Aufklärung und Weiterbildung (Edukation). Insbesondere innerhalb des partnerschaftlichen Modells der Arzt-Patient-Beziehung strebt man an, dass der Patient ein Experte seiner eigenen Krankheit wird und auf der Grundlage von Wissen und Erfahrung in der Lage ist, Entscheidungen zu treffen bzw. mitzutragen.

2.4.1.1 Erklärungen zur Pathogenese, Diagnose und Behandlung, Gesundheitsberatung

Um mit und in einer Erkrankung handlungsfähig zu bleiben und nicht etwa im Sinn der erlernten Hilflosigkeit in resignative Passivität zu verfallen, ist es sinnvoll, ein schlüssiges **Krankheitsmodell** zu haben. Dieses gibt Aufschluss darüber, wie eine Krankheit entsteht (Pathogenese), wie die einzelnen Symptome in das Gesamtbild zu ordnen sind, welche Risikofaktoren und Auslöser es gibt und welche Einflussmöglichkeiten bestehen. Daraus ergeben sich auch die Indikatoren für Diagnostik und Therapie. Aufgabe des Arztes ist es, dem Patienten ein umfassendes **Krankheitsverständnis** zu vermitteln und Ansatzpunkte für eine gesundheitsförderliche Selbstwirksamkeit aufzuzeigen. Auf diese Weise kann am ehesten eine nachhaltige **Behandlungsmotivation** erreicht werden.

Im Sinne der Krankheitsprävention gehört auch die **Gesundheitsberatung** zu den ärztlichen Aufgaben. Diese erfolgt z. B. bezogen auf:

- bestimmte **Lebensalter** (kinderärztliche Beratung, Aufklärung in Schulen, Schwangerenberatung, Beratung zur Vorsorge im höheren Lebensalter)

- **Risikofaktoren** (Drogen-, Ernährungs-, arbeitsmedizinische, sportmedizinische Beratung)
- spezifische **Krankheitsbilder** (Diabetesschulung, Schulung bei Adipositas, zu Herz-Kreislauf-Erkrankungen, Osteoporoseschulung).

Klinik

In **Asthmaschulungen** wird vermittelt, wie die Krankheit und ihre Symptome biologisch und psychologisch zu verstehen sind, welche typischen Risiko- und Auslösefaktoren es für einen Asthmaanfall gibt, welche Behandlungsmethoden zur Verfügung stehen und was in einer Notfallsituation zu tun ist. Aufbauend auf dem Teufelskreis der Angst (▸ Abb. 2.3) werden psychosomatische Zusammenhänge erklärt. Die Betroffenen erlernen Atemübungen und den richtigen Umgang mit Asthmasprays. Auch Angehörige werden in Sofortmaßnahmen für den Notfall unterrichtet.

2.4.1.2 Patientenaufklärung

Die Information, Aufklärung, Beratung und Schulung von Patienten kann auf unterschiedlichen Wegen erfolgen. Gebräuchlich ist das **Beratungsgespräch** in der Praxis oder in der Klinik, z. B. auch in Anwesenheit der Angehörigen des Patienten. Dieses kann eher allgemein gehalten werden oder individualisiert anhand vorliegender Befunde und unter Berücksichtigung persönlicher Besonderheiten erfolgen.

Darüber hinaus gibt es ärztlich geleitete **Seminare,** von Krankenkassen oder Interessenvertretungen organisierte **Trainingsmaßnahmen, Selbsthilfegruppen** für Betroffene oder Angehörige, Informationen in den **Medien** (Beratungssendungen in Rundfunk und Fernsehen, Gesundheitszeitschriften, Aufklärung und Beratung im Internet) oder **Weiterbildungsbroschüren** und **Selbsthilfeliteratur.** Auch Pharmafirmen engagieren sich bezüglich der Patientenaufklärung, wobei oftmals der Verdacht vorrangiger wirtschaftlicher Interessen nicht ganz auszuräumen ist.

Entscheidungshilfen (Decision Aids) sollen in sachlicher und nicht wertender Weise alle Informationen bereitstellen, die ein Patient braucht, um rational entscheiden zu können. Sie dienen nicht dazu, ein bestimmtes Verfahren zu propagieren oder die Therapietreue zu erhöhen. Vielmehr sollen sie den Patienten unterstützen, seine eigene Haltung, Bedürfnisse und Ansichten zu reflektieren, eine **persönliche Einstellung** zu entwickeln und aufgrund dessen selbstbestimmt Entscheidungen zu treffen. Entscheidungshilfen werden in Form von Broschüren, Entscheidungstafeln, Filmen oder Internetprogrammen z. B. zu folgenden Fragestellungen angeboten:

- Soll ich mein Kind impfen lassen?
- Soll ich einen Organspendeausweis ausfüllen?
- Soll ich eine Vorsorgevollmacht erstellen und wenn ja, wie?
- Soll ich an Screening-Untersuchungen teilnehmen, auch wenn ich keine Beschwerden habe?
- Soll ich mein Kind zu Hause oder in der Klinik gebären, per Kaiserschnitt oder vaginal?

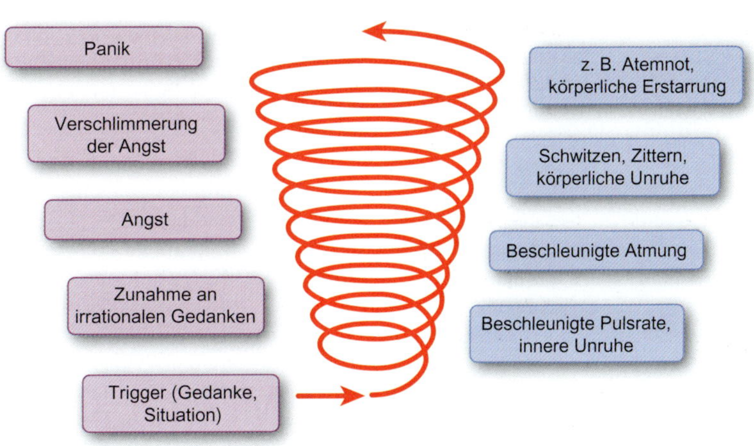

Abb. 2.3 Teufelskreis der Angst [M547/L157]

2.4.1.3 Ziele

Der Aufwand, der in den Methoden der Patientenaufklärung, -beratung und -schulung steckt, wird durch die Resultate gerechtfertigt. Im Einzelnen werden folgende Ziele angestrebt:

- Erwerb eines differenzierten **Krankheitswissens** und -verständnisses durch den Betroffenen
- Verbesserung des **Krankheits- bzw. Gesundheitsverhaltens,** Ermöglichen eines planvollen Handelns
- Verbesserung der **Lebensqualität** durch aktiven Umgang mit der Erkrankung und bewusste Berücksichtigung von eigenen Bedürfnissen
- Reduktion von **Krankheitskosten,** z. B. durch Vermeidung von Mehrfachuntersuchungen oder „sinnlosen" Therapieversuchen
- Verbesserung der **Krankheitsprognose** durch gezielte Maßnahmen zur Gesundheitsförderung
- Entlastung von **Bezugspersonen** durch Förderung der Eigenaktivität und motivierte Zusammenarbeit
- Änderung von **Einstellung** und Verhalten durch Lernprozesse und erworbene Einsicht
- **Empowerment und Selbstmanagement:** Verstärkung von Autonomie, Selbstbestimmung und Eigenverantwortung als Folge von Bildung und Ressourcenstärkung. Der Patient übernimmt Zielsetzung, Planung, Organisation und Erfolgskontrolle seiner gesundheitsbezogenen Handlungen und zieht ggf. medizinisches Personal als Berater und Unterstützer hinzu.

2.4.1.4 Didaktische Methoden, Effektivität

Der Begriff **Patientenschulung** legt nahe, dass auf Seiten des Arztes pädagogisch-didaktische Fähigkeiten von Vorteil sind. Kliniken, Universitäten oder Ärztekammern bieten deshalb häufig Seminare zu **Gesprächsführung** und Gruppenleitung an. Einige Prinzipien der **Wissensvermittlung** sind gewissermaßen Allgemeingut:

- Klare Struktur
- Verständliche Sprache, freie Rede
- Bündelung von Informationseinheiten, Verzicht auf Nebensächliches
- Übung, Wiederholung und Zusammenfassung
- Einbeziehung von Erfahrungen der Teilnehmer/Wissensaustausch
- Vermittlung positiver Emotionen, wertschätzende Kontaktgestaltung
- Erhöhung der Aufmerksamkeit durch Mittel der Rhetorik und Präsentation
- Vermittlung von praktischen Fertigkeiten für den Alltag/Hausaufgaben

Die **Effektivität** von Patientenschulungen ist schwer zu operationalisieren. Hinweise werden aber z. B. durch **Evaluationen** gewonnen, in denen die Teilnehmer häufig berichten, welchen hohen Stellenwert neben der Wissensvermittlung das Gruppengespräch und der Erfahrungsaustausch hatten. Auch therapiebegleitende **Fall-Kontroll-Studien** bei chronisch Kranken (Vergleich des Krankheitsverlaufs in zwei Gruppen mit und ohne Schulungsprogramm) lassen wenig Zweifel an den gesundheitlichen, psychischen, wirtschaftlichen und sozialen Vorteilen der Wissensvermittlung an Patienten.

2.4.2 Psychotherapie

Als Psychotherapie bezeichnet man eine Anzahl nichtmedikamentöser Verfahren, deren Ziel die Linderung seelischer Leiden bzw. die Behandlung psychischer Störungen ist. Lange Zeit wurden diese religiös, nicht medizinisch verstanden und dementsprechend in erster Linie von Priestern und Schamanen behandelt. Psychotherapie im heutigen Sinne gibt es erst seit Mitte des 19. Jahrhunderts. Wichtige Namen sind in diesem Zusammenhang Sigmund Freud, Alfred Adler, Wilhelm Reich und Carl Gustav Jung.

2.4.2.1 Psychotherapeutische Grundorientierung

Anhand der Annahmen darüber, was die Seele ist, wie sich die seelische Entwicklung vollzieht und worauf seelische Störungen beruhen, lassen sich mehrere **psychotherapeutische Modelle** bzw. Grundorientierungen unterscheiden:

Psychoanalytisches Modell

Dieses beruht auf den Theorien von **Sigmund Freud,** der als wesentlichen Motor des Empfindens und Handelns das **Unbewusste** ansah. Mithilfe der Strukturtheorie **psychischer Instanzen** (Es, Ich und Über-Ich) und der sich zwischen ihnen abspielenden **Konflikte** werden Symptome und Verhaltensweisen, Träume und sogenannte Fehlleistungen erklärt. Den Trieben und (unbewussten) Wünschen, die das Es symbolisiert, stehen soziale Normen und verinnerlichte Moralvorstellungen als

Über-Ich gegenüber. Das handelnde Ich versucht einen Ausgleich zwischen beiden zu schaffen. Eine Reihe von **Abwehrmechanismen** helfen einerseits, die psychische Integrität zu bewahren, können andererseits aber auch Störungen hervorrufen und aufrechterhalten.

Lerntipp

Die Abwehrmechanismen aus der Psychoanalyse nach Freud sind eines der Lieblingsthemen des IMPP. Man sollte sie wirklich gut beherrschen!
Zu den Abwehrmechanismen gehören:
Projektion, Rationalisierung, Reaktionsbildung, Verleugnung, Verschiebung, Spaltung (Dissoziation) und Verdrängung (▶ Kap. 1.2.3.4).

Lerntheoretisches Modell

Innerhalb des lerntheoretischen bzw. **behavioristischen Modells** geht man davon aus, dass allem Empfinden und Handeln, allem Denken und Fühlen Lernprozesse zugrunde liegen. Demnach werden auch psychische Störungen „erlernt". Aus Fehlern resultiert ein Problemverhalten, das verhaltenstherapeutischen Maßnahmen zugänglich ist. Der Begriff Verhalten umfasst dabei nicht nur das Handeln, sondern auch das Denken und Fühlen.

Humanistisches Modell

Die mit diesem Modell verbundenen Namen sind Abraham **Maslow** und Carl **Rogers.** Sie sehen den Menschen als ein gutes, aktives, nach Sinn und Erfüllung strebendes Wesen, dem ein freier Wille innewohnt. Seelische Störungen können demnach auftreten, wenn die psychischen Grundbedürfnisse nach Autonomie und Bindung, Selbstwert und Orientierung, Lustgewinn und Unlustvermeidung nicht erfüllt sind, wenn die Fähigkeit zur Selbstverwirklichung eingeschränkt ist oder aktuelle Lebensaufgaben nicht gelöst werden können.

2.4.2.2 Psychotherapeutische Verfahren

Aufbauend auf den psychotherapeutischen Grundorientierungen wurden unterschiedliche psychotherapeutische Verfahren entwickelt, die nach und nach in den Leistungskatalog der Krankenversicherungen Eingang finden. Für welches Verfahren sich ein Patient entscheidet, hängt unter anderem von seiner Persönlichkeit und Weltsicht, von der Diagnose, vom sozialen Setting und von der Verfügbarkeit therapeutischer Angebote ab.

Psychodynamische Psychotherapie

Psychodynamik lässt sich mit „Wirken innerseelischer Kräfte" übersetzen. Bei diesen handelt es sich nach Freud um Lebens- (Eros) und Todestrieb (Thanatos), Es, Ich und Über-Ich, Bewusstes, Vorbewusstes und Unbewusstes, deren **Konflikte** zur Ausbildung von Symptomen führen können. Die Psychodynamische Psychotherapie orientiert sich an den Annahmen der **Psychoanalyse.** Die auf unbewussten Konflikten beruhenden psychischen Störungen werden im Rahmen einer therapeutischen Beziehung bearbeitet. Diese wird durch die Phänomene der Übertragung und Gegenübertragung und des Widerstands geprägt.
Psychodynamische Psychotherapie ist der Oberbegriff für die analytische Psychotherapie und die tiefenpsychologisch fundierte Psychotherapie. Die Unterscheidung dieser beiden Verfahren wird allerdings u. a. durch den Wissenschaftlichen Beirat Psychotherapie in Frage gestellt.

- **Analytische Psychotherapie:** ist zeitlich unbegrenzt und kann über Jahre dauern; pro Woche finden zwei bis drei Sitzungen statt; das klassische Setting sieht einen auf der Couch liegenden Patienten und einen außerhalb seines Sichtfeldes sitzenden Therapeuten vor. Inhaltlich liegt der Fokus auf dem **„Dort und Damals"** – wie hat sich der psychische Konflikt in der Kindheit entwickelt? Durch eine **Regression** innerhalb der therapeutischen Beziehung wird der frühere Konflikt aktualisiert und der Lösung zugänglich gemacht. Dabei geht es in erster Linie um eine Umstrukturierung und Nachreifung der Persönlichkeit und eher nebenbei um den Rückgang der Krankheitssymptome.
- **Tiefenpsychologisch fundierte Psychotherapie:** ist zeitlich begrenzt auf zwei bis drei Jahre; pro Woche findet eine Sitzung statt; Patient und Therapeut sitzen einander gegenüber. Inhaltlich liegt der Fokus auf dem **„Hier und Jetzt"** – wie wirkt sich der Konflikt heute aus? Die Regression innerhalb der therapeutischen Beziehung wird dabei eher eingeschränkt.

Kognitive Verhaltenstherapie

Die Kognitive Verhaltenstherapie beruht auf den Annahmen des **lerntheoretischen Modells.** Ihr Schwerpunkt liegt auf der Wahrnehmung und Veränderung von **dysfunktionalen Kognitionen**

(= Gedanken, Einstellungen, Bewertungen) und daraus folgenden **Verhaltensänderungen.** Dabei geht es weniger um eine Aufdeckung unbewusster psychischer Dynamiken als um eine **Problemlösung** innerhalb aktueller Gegebenheiten. Beispiele für derartige dysfunktionale Gedanken sind:

- Schwarz-Weiß-Denken, Alles-oder-Nichts-Denken: „Wenn ich nicht den ersten Platz belege, bin ich ein Versager."
- Willkürliche Schlussfolgerungen: „Wenn mein Mann nicht fröhlich ist, heißt das, dass ich eine schlechte Ehefrau bin."
- Umdeutung von Positivem: „Ich habe das Spiel nur gewonnen, weil Du mich hast gewinnen lassen."
- Personalisierung: „Dass er mich nicht ansieht heißt, dass er mich hasst."
- Gedankenlesen: „Meine Frau hält mich für dumm." (was aber nie ausgesprochen wurde)

Der Begriff Verhalten schließt Krankheitssymptome wie depressiven Rückzug, Selbstentwertung, Grübeln oder psychosomatische Beschwerden ein.
Die Sitzungen finden einmal pro Woche über einen Zeitraum von einem ¾ Jahr bis hin zu zwei Jahren statt.

Gesprächspsychotherapie

Die Gesprächspsychotherapie ist ein Verfahren, das sich am **humanistischen Modell** orientiert. Sie wird nach Carl **Rogers** auch als **Klientenzentrierte Psychotherapie** bezeichnet. Dabei stehen der Patient mit seinem Selbstkonzept und die von Empathie, Wertschätzung und Echtheit geprägte Grundhaltung des Therapeuten im Mittelpunkt. Letztere ermöglicht es dem Patienten, sich selbst zu verstehen, weil er vom Gegenüber verstanden wird, und daraus Akzeptanz des Gegebenen oder Veränderungsbereitschaft zu entwickeln. Eine Gesprächstherapie wird üblicherweise in wöchentlichen Sitzungen über 20–25 Einzelstunden durchgeführt.

Systemische Therapie

Innerhalb systemischer Modelle wird die psychische Störung eines Menschen als **Störung des Systems** verstanden, dessen Teil er ist. Der Betroffene fungiert als Symptomträger einer viel weiterreichenden Erkrankung. Entsprechend muss die Therapie das System berücksichtigen und beeinflussen. Das kann geschehen, indem z. B. nicht nur das mit der Diagnose ADHS versehene Kind, sondern seine ganze Familie behandelt wird. Auch diese Therapieform ist dem **humanistischen Modell** zuzuordnen. Darüber hinaus werden soziologische Modelle wie die Systemtheorie und der Konstruktivismus einbezogen.
Das als Einzel-, Paar-, Familien- und Gruppentherapie angelegte Verfahren bedient sich spezieller Methoden (z. B. zirkuläre Fragen, Reframing, paradoxe Intervention, Reflecting Team, Soziogramm) und ist in seinem räumlichen und zeitlichen Setting weniger klar strukturiert als die vorherigen Therapieformen.

Neuropsychologische Therapie

Die neuropsychologische Therapie widmet sich in erster Linie der Behandlung **organisch bedingter psychischer Störungen,** wie sie z. B. nach einem Schädel-Hirn-Trauma, einem Schlaganfall, einer Gehirnoperation oder einer zerebralen Infektion auftreten. Solche Störungen können z. B. Konzentrations- und Gedächtnisleistung, Denken und Wahrnehmung, Stimmung und Affektregulation, Planen und Handeln, die Fähigkeit zur Selbstreflexion oder die Impulssteuerung betreffen.
Ziele der Therapie sind:

- **Restitution:** Wiederherstellung früherer Fähigkeiten (z. B. computergestütztes Reaktionszeittraining)
- **Kompensation:** Erlernen von Hilfs- und Ersatzstrategien, wenn die Restitution nicht vollständig möglich ist (z. B. Gedächtnishilfen)
- **Adaptation:** Anpassung der Umwelt an die veränderten Bedürfnisse des Patienten

Dazu bedient sich das Verfahren eigener Methoden, wie z. B. computergestützer Lern- und Übungsprogramme, integriert aber auch Elemente anderer Therapieformen wie Verhaltenstherapie oder Gesprächstherapie.

2.4.2.3 Psychotherapeutische Methoden

Die unterschiedlichen psychotherapeutischen Verfahren bedienen sich unterschiedlicher Methoden, von denen hier nur einige aufgelistet werden können. Bezüglich näherer Informationen sei auf die Lehrbücher der Psychologie und Psychotherapie verwiesen.

- Entspannungsverfahren (z. B. Autogenes Training, Progressive Muskelentspannung nach Jacobson)
- Hypnotherapie
- Gestalttherapie

- Psychodrama
- Spieltherapie
- Rational emotive Psychotherapie
- Biofeedback
- Kunsttherapie
- Tanztherapie

Schematherapie

Das Prinzip der Schematherapie geht auf Jeffrey **Young** zurück. Nach seiner Annahme werden in der frühen Kindheit zahlreiche **Denk- und Erlebensmuster** (Schemata) angelegt, die im Jugendlichen- und Erwachsenenalter zu schwerwiegenden **psychischen und sozialen Störungen** (Persönlichkeitsstörungen) führen können. Im Rahmen der Schematherapie werden solche Denkmuster mittels kognitiver und verhaltenstherapeutischer Methoden aufgedeckt und bearbeitet. Im Vordergrund stehen dabei:

- Das **emotionale Erleben:** Dieses wird durch emotionsorientierte Verfahren gefördert, z. B. Imaginationsübungen oder Dialog mit dem leeren Stuhl.
- Die **biografische Herleitung:** Validierung der aktuell dysfunktionalen Schemata als häufig einzig mögliche Überlebensstrategie in der Kindheit.
- Die **therapeutische Beziehung:** Diese offeriert sich als Möglichkeit, korrigierende Erfahrungen der Interaktion zu machen und dysfunktionale Beziehungsschemata zu verändern.

Interpersonelle Psychotherapie

Diese Therapiemethode wurde von Harry Stack **Sullivan** ursprünglich zur Kurzzeitbehandlung depressiver Erkrankungen entwickelt. Mittlerweile wurde ihre Indikation auf das gesamte Spektrum **affektiver Störungen** erweitert. Ausgangspunkt der Therapie ist die Annahme, dass es soziale Defizite (Einsamkeit), Rollenveränderungen (z. B. Auszug der Kinder, Beginn der Rente) oder Konflikte in zwischenmenschlichen Beziehungen (z. B. Partnerschaft, Familie, Kollegium) sind, die zu Depressionen führen können. Entsprechend geht es um die Analyse der **Sozial- und Kommunikationsstrukturen** des Patienten und die Vermittlung von Veränderungsstrategien. Dazu können u. a. Training sozialer Kompetenzen, Ressourcenaktivierung oder die kognitive und emotionale Bearbeitung zwischenmenschlicher Konflikte gehören.

2.4.2.4 Psychotherapeutische Techniken

Die verschiedenen psychotherapeutischen Verfahren bedienen sich jeweils eigener Techniken, deren Wirksamkeit innerhalb des zugrunde liegenden Modells nachvollziehbar wird.

Übertragungsdeutung

Charakteristisch für die therapeutische Beziehung im Rahmen der Tiefenpsychologie bzw. Psychoanalyse sind die Prozesse der Übertragung und Gegenübertragung. Diese zu erkennen und gemeinsam mit dem Patienten zu deuten, ist eine der Hauptaufgaben des Therapeuten. Die Deutung kann im **Hier und Jetzt** erfolgen: Der Analytiker deckt die **unbewussten Motive** des Patienten innerhalb der therapeutischen Beziehung auf. Eine mögliche Deutung wäre: „Sie lächeln häufig und bringen immer kleine Aufmerksamkeiten zur Sitzung mit, weil sie verhindern wollen, dass ich Sie mit unangenehmen Beobachtungen konfrontiere." Oder es erfolgt eine **genetische Deutung,** die ihren Schwerpunkt in der Wiederholung bzw. Aktualisierung früherer Beziehungsmuster im Kontakt mit dem Therapeuten hat: „Ihr Wunsch, von mir als freundlich und fleißig erkannt zu werden, gilt eigentlich Ihrer Mutter, von der Sie sich immer missachtet fühlten."

Reizkonfrontation in vivo

Eine verhaltenstherapeutische Technik, die bei Angst- oder Zwangsstörungen zum Einsatz kommt, ist die **Exposition.** Der Patient wird dabei mit dem angstauslösenden Objekt bzw. der angstauslösenden Situation konfrontiert und macht die Erfahrung, dass die anfänglich starke Angst mit der Zeit auch ohne Anwendung von **Vermeidungsstrategien** nachlässt und verschwindet. Man unterscheidet das **Flooding,** bei dem der Patient sofort dem stärksten angstauslösenden Reiz ausgesetzt wird von der **systematischen Desensibilisierung,** die eine allmähliche Steigerung des Schwierigkeitsgrads anhand einer Angsthierarchie beinhaltet. So würde Flooding für einen Patienten mit einer Spinnenphobie vielleicht bedeuten, dass er in ein Terrarium mit 20 ungiftigen Vogelspinnen eingeschlossen wird. Bei der systematischen Desensibilisierung würde er zunächst eine Zeichnung, dann ein Foto von einer Spinne gezeigt bekommen, dann vielleicht eine Plastikspinne aus der Ferne sehen, eine echte Spinne hinter Glas beobachten, eine kleine Spinne in die Hand nehmen und schließlich eine größere Spinne über den Arm krabbeln lassen.

Eine Reizkonfrontation **in vivo** bedeutet, dass die Übungen in der Realität durchgeführt werden. Dagegen erfolgt die Exposition **in sensu** gedanklich: „Bitte schätzen Sie den Grad Ihrer Anspannung auf einer Skala von 0–100 ein, während Sie sich ganz genau vorstellen, wie eine Vogelspinne über ihren Bauch läuft."

Übende und suggestive Interventionen

Entspannungstechniken wie Autogenes Training, Muskelrelaxation nach Jacobson (= Progressive Muskelentspannung) und Hypnoseverfahren werden als übende und suggestive Interventionen u. a. bei Depressionen, Angststörungen, Schlafstörungen oder stressassoziierten somatischen Erkrankungen eingesetzt. Sie dienen einer Verbesserung der Körper- und Selbstwahrnehmung und ermöglichen bei ausreichender Übung eine aktive **Anspannungsregulation** und Beschwerdereduktion.

2.4.2.5 Behandlungssetting

Der englische Begriff **Setting** steht für Situation, Verhältnisse, Rahmen, Schauplatz, Milieu. Bezüglich der Psychotherapie bezeichnet man damit die **äußeren und formalen Bedingungen,** unter denen sie stattfindet: Einzel- oder Gruppentherapie, Verfahren und Techniken, Gestaltung des Therapieraums und der Umgebung, stationäres oder ambulantes Setting.

Die Auswahl des Behandlungssettings ist in erster Linie abhängig von Art und Schwere der Erkrankung des Patienten und kann im Verlauf verändert werden. So kann ein Übergang von der stationären, in die teilstationäre und schließlich ambulante Psychotherapie stattfinden oder ein Wechsel von Einzelsitzungen zu Familiengesprächen gegen Ende eines stationären Aufenthalts, um die Rückkehr in das soziale Umfeld zu erleichtern.

2.4.3 Intensiv- und Notfallmedizin

Die Intensiv- und Notfallmedizin ist eine Fachrichtung, deren Hauptinhalte im Erkennen und Behandeln **lebensbedrohlicher Zustände** und Erkrankungen bestehen. Während der Notarzt in den meisten Fällen den Patienten am Ort des Notfalls aufsucht, erfolgt die **intensivmedizinische Behandlung** auf eigens dafür eingerichteten, personell und technisch besonders ausgestatteten Stationen (Intensivstation, ITS bzw. Intensive Care Unit, ICU).

2.4.3.1 Der Patient als Notfall oder auf der Intensivstation

Der Begriff **Notfall** bezeichnet oft nicht nur die bedrohliche Situation bzw. das (lebens-)gefährdende Geschehen, sondern auch den Menschen, der davon betroffen ist. Ein Notfall zu „sein" stellt neben dem körperlichen auch einen psychischen **Ausnahmezustand** dar. Der Begriff Schock lässt sich sowohl somatisch (Hypoxie infolge einer unzureichenden Blutversorgung) als auch psychisch (akute Belastungsstörung, „Nervenzusammenbruch") verstehen. Manchmal kommt es nach einem Unfall bzw. einer körperlichen oder seelischen Traumatisierung zu einer verzögerten psychischen Reaktion. Der Betroffene erscheint zunächst gefasst und orientiert, reagiert adäquat, handelt scheinbar rational, bricht aber dann im Nachhinein zusammen.

Klinik

Die **akute Belastungsreaktion** wird in der ICD-10 folgendermaßen beschrieben:

Eine vorübergehende Störung, die sich bei einem psychisch nicht manifest gestörten Menschen als Reaktion auf eine außergewöhnliche physische oder psychische Belastung entwickelt, und die im allgemeinen innerhalb von Stunden oder Tagen abklingt. Die individuelle Vulnerabilität und die zur Verfügung stehenden Bewältigungsmechanismen (Coping-Strategien) spielen bei Auftreten und Schweregrad der akuten Belastungsreaktionen eine Rolle. Die Symptomatik zeigt typischerweise ein gemischtes und wechselndes Bild, beginnend mit einer Art von „Betäubung", mit einer gewissen Bewusstseinseinengung und eingeschränkten Aufmerksamkeit, einer Unfähigkeit, Reize zu verarbeiten und Desorientiertheit. Diesem Zustand kann ein weiteres Sichzurückziehen aus der Umweltsituation folgen (bis hin zu dissoziativem Stupor) oder aber ein Unruhezustand und Überaktivität (wie Fluchtreaktion oder Fugue). Vegetative Zeichen panischer Angst wie Tachykardie, Schwitzen und Erröten treten zumeist auf. Die Symptome erscheinen im allgemeinen innerhalb von Minuten nach dem belastenden Ereignis und gehen innerhalb von zwei oder drei Tagen, oft innerhalb von Stunden zurück. Teilweise oder vollständige Amnesie bezüglich dieser Episode kann vorkommen.

Bezüglich der posttraumatischen Belastungsstörung siehe auch ► Kap. 1.2.3.4 und ► Kap. 1.4.4.7

Der schwer kranke, möglicherweise vom Tod bedrohte Patient auf einer **Intensivstation** befindet sich ebenfalls in einer Ausnahmesituation, in der normale psychosoziale Gegebenheiten außer Kraft gesetzt sind bzw. auf die zugunsten einer optimalen medizinischen Versorgung zumindest teilweise verzichtet werden muss. Häufig ist der **Tag-Nacht-Rhythmus** gestört. Personelle Fluktuation verhindert den **Beziehungsaufbau.** Krankheitsbedingt oder iatrogen herbeigeführt, befinden sich viele Patienten im Zustand der **Bewusstseinstrübung,** im Rahmen derer die Reizverarbeitung in kaum kalkulierbarer Weise erfolgt. Orientierungslosigkeit im Sinne eines sogenannten psychischen **Durchgangssyndroms** kann auftreten. Für Unsicherheit und Angst auf Seiten des Patienten sorgen auch **Informationsdefizite** angesichts einer Unüberschaubarkeit des eigenen Zustands und der äußeren Umgebung sowie die häufig unter erheblichem Zeitdruck durchgeführte Behandlung.
Darüber hinaus stellt die Intensivstation einen oft von **Reizmonotonie** einerseits und **Reizüberflutung** andererseits geprägten Raum dar, in dem die nüchterne Funktionalität (weitgehender Verzicht auf „Wohnlichkeit", stattdessen Sterilität im Sinne des Wortes, Überwachungsmonitore, Alarmtöne, Geruch von Desinfektionsmittel usw.) sowohl Sicherheit als auch ein Gefühl der Isolation und des Ausgeliefertseins vermitteln kann. Nicht zu umgehen ist der weitgehende Verlust der **Intimsphäre:** Überwachung ist lebensnotwendig, jede Veränderung der Vitalparameter soll registriert werden, für sofortige Interventionen muss der Patient ständig verfügbar sein. Die Unfähigkeit, sich selbst zu versorgen, begründet den Intensivpflegebedarf, der innerhalb notwendiger Routinen erfüllt wird.

Klinik

Als **Intensive-Care-Unit(ICU)- oder Durchgangssyndrom** bezeichnet man eine kurzfristige psychische Störung, die als Reaktion auf die Bedingungen einer operativen und/oder intensivmedizinischen Behandlung verstanden wird. Charakteristisch ist eine **delirante Symptomatik** mit Affektschwankungen (Angst, Trauer, Wut, Euphorie), Denk-, Gedächtnis- und Orientierungsstörungen, optischen Halluzinationen, Realitätsverkennung und einer dadurch bedingten Eigengefährdung. Als **Ursachen** kommen
- medizinische (Operation, Narkose, Medikamente, Organstörungen),
- psychische (psychiatrische Vorerkrankung, Persönlichkeitsdisposition) und
- soziale (Belastungsfaktoren im unmittelbaren Zusammenhang mit der Behandlung, fehlende soziale Unterstützung) Faktoren

in Betracht.

Dem kurzfristigen Schutz der seelischen Integrität dienen verschiedene psychische **Abwehrmechanismen** (► Kap. 1.2.3.4), die mittelfristig allerdings Schwierigkeiten verursachen können. Besonders häufig werden **regressive Prozesse** beobachtet, durch die der Patient unbewusst seine Hilfs- und Schutzbedürftigkeit für sich annehmbar macht. Daraus entwickelt sich eine scheinbare **Abhängigkeit,** deren Auflösung zuweilen mühevoll ist. Beispiele sind Entwöhnung vom Atemgerät, Wiederaufnahme einer selbstständigen Ernährung oder Verlegung auf eine Normalstation.
Im Gegensatz dazu kann der Abwehrmechanismus der **Verleugnung** damit einhergehen, dass der Patient die Bedrohlichkeit seines Zustands nicht erkennt und z. B. die Entlassung erzwingt oder von der Intensivstation „flieht", obwohl noch medizinischer Behandlungsbedarf besteht.

2.4.3.2 Betreuungserfordernisse

Die besonderen Gegebenheiten der Intensiv- und Notfallmedizin stellen besondere Anforderungen an den Arzt. Gegenüber anderen medizinischen Rahmenbedingungen sind die Abläufe verändert: Insbesondere im Fall von Bewusstseinsveränderungen ist eine **Anamneseerhebung** nicht oder nur eingeschränkt möglich, die **körperliche Untersuchung** beschränkt sich zunächst auf die Abklärung vital bedrohlicher Zustände, und es gilt die Maxime „Überleben sichern", der sich soziale und kommunikative Vorgänge unterordnen. Sinnvoll sind die frühzeitige Einbeziehung von **Angehörigen** und die Kooperation mit **psychosozialen Diensten.** Deren Tätigkeiten erstrecken sich über die unmittelbare Patientenversorgung hinaus auch auf das Umfeld, z. B. Organisation der Kinderbetreuung nach Unfall der alleinerziehenden Mutter, Hilfsangebote für Angehörige, Krankmeldung beim Arbeitgeber, Beantragung einer stationären

Kurzzeitpflege oder Rehabilitationsmaßnahme, Anregung einer gesetzlichen Betreuung usw.

Klinik

Bezüglich der **Überbringung der Todesnachricht** an Angehörige eines Verstorbenen gibt es kaum allgemeingültige Regeln: Das Wer? Wie? und Wann? ist in hohem Maß abhängig von der Situation und den betroffenen Menschen. Häufig ist es für alle Beteiligten zunächst am naheliegendsten, über Fakten zu sprechen, Sachinformationen zu übermitteln und sich so etwas vom emotionalen Erleben zu lösen. Ein Angebot sofortiger oder späterer **seelsorgerlicher** oder **psychologischer Unterstützung** sollte in jedem Fall erfolgen.
Eine besonders schwierige ärztliche Aufgabe ist es, im Zusammenhang mit dem Sterben und Tod eines Patienten ihn selbst bzw. seine Angehörigen bezüglich einer **postmortalen Organspende** anzusprechen. In einer Situation, die von Fassungslosigkeit und Trauer, dem Empfinden eines unersetzlichen Verlusts und einer persönlichen Katastrophe geprägt ist, erscheint die Beschäftigung mit diesem Thema fast unzumutbar. Der öffentliche Diskurs über Patientenverfügung und Organspende soll dazu anregen, sich bereits im Vorfeld mit diesen Fragen auseinanderzusetzen und Entscheidungen zu einem Zeitpunkt zu treffen, der nicht einer so starken emotionalen Belastung unterliegt (► Abb. 2.4). Dies entbindet den Arzt jedoch nicht von seiner beruflichen Verantwortung.

Krisenintervention

Mit diesem Begriff bezeichnet man alle Maßnahmen, die kurzfristig dazu dienen, eine psychische oder soziale Krise zu bewältigen bzw. zunächst eine weitere Verschlimmerung zu verhindern. Manchmal stellt die Herausnahme eines Menschen aus seinem sozialen Umfeld, z. B. durch die Aufnahme auf eine psychiatrische Station, bereits eine Krisenintervention dar. Im Zusammenhang mit der Intensiv- und Notfallmedizin kann eine Krisenintervention darin bestehen, den Patienten situationsangemessen mit Informationen und empathischer Zuwendung zu versorgen, seine Angehörigen in ihrer eigenen Not wahrzunehmen und Unterstützung anzubieten, soziale Belastungen und Anforderungen abzufangen oder auch medikamentös (z. B. durch Schlaf- und Beruhigungsmittel) Entlastung zu verschaffen.

2.4.3.3 Belastungen beim ärztlichen und pflegerischen Personal

Die häufige Konfrontation mit schwerer Krankheit und Verletzung, körperlicher und seelischer Not, mit Tod und Trauer, mit Menschen, die aus ihrem normalen Leben plötzlich herausgerissen werden oder bei denen ein lang dauernder Leidensprozess vonstatten geht, stellt hohe Anforderungen an die psychische Belastbarkeit des ärztlichen und pflegerischen Personals. Damit gehen Vorgänge der **Identifikation** („Das könnte auch mein Kind sein") oder der **Abgrenzung** („Selbst Schuld – wie kann man nur betrunken Auto fahren") gegenüber dem Leiden einher, welche die Arbeitsfähigkeit beeinträchtigen können. Übermäßiges Engagement oder Zynismus und scheinbare Gefühlskälte gelten als Hinweis auf ein beginnendes **Burnout-Syndrom** (► Kap. 2.1.2.5).
Der alltägliche Umgang mit **lebensverlängernden Maßnahmen** wirft immer wieder ethische Konflikte auf, die zur persönlichen Standortbestimmung in Bezug auf Fragen nach Lebenssinn und -qualität herausfordern.
Notfallmediziner können als Helfer vor Ort (z. B. bei einem Verkehrsunfall, einem Amoklauf, einer schweren Naturkatastrophe) unmittelbar in das Geschehen involviert und selbst Opfer von **Traumatisierungen** werden. Die berufliche Rolle wirkt sich dabei manchmal als Schutzfaktor aus (professionelle Distanz), birgt aber andererseits das Risiko irrationaler Selbsteinschätzung („Mir kann nichts passieren, ich bin doch Arzt") und des Übersehens einer psychischen Belastungsreaktion.

Klinik

Eine **Aufwachstation** dient der Beobachtung und Betreuung von Patienten unmittelbar im Anschluss an eine Operation, bis sie körperlich und psychisch stabil genug sind, um auf eine Normalstation verlegt werden zu können. Neben der Überwachung der Vitalparameter stehen Schmerztherapie und pflegerische Zuwendung im Mittelpunkt der Behandlung. Derartige Übergangssituationen sind häufig von hoher Emotionalität bei begrenzter kognitiver Erreichbarkeit geprägt und stellen eine Herausforderung für die professionelle Nähe-Distanz-Regulation dar.

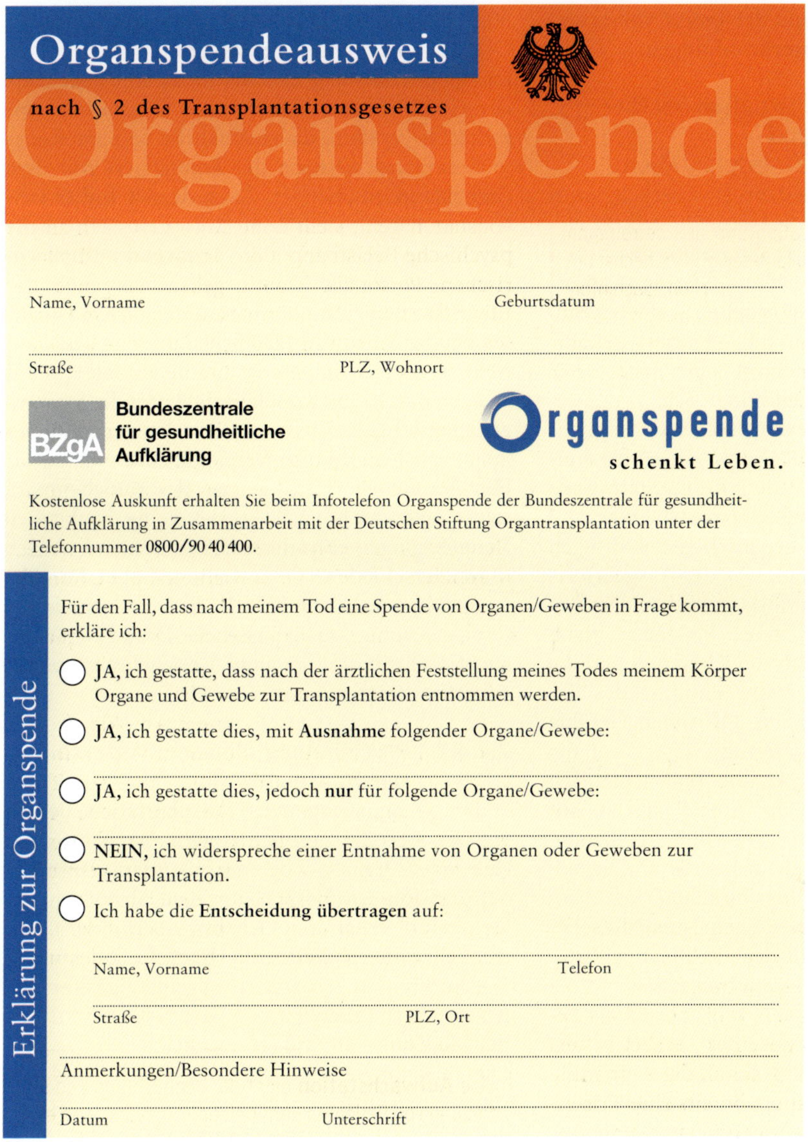

Organspendeausweis

nach § 2 des Transplantationsgesetzes

Organspende

Name, Vorname .... Geburtsdatum

Straße .... PLZ, Wohnort

BZgA Bundeszentrale für gesundheitliche Aufklärung

Organspende schenkt Leben.

Kostenlose Auskunft erhalten Sie beim Infotelefon Organspende der Bundeszentrale für gesundheitliche Aufklärung in Zusammenarbeit mit der Deutschen Stiftung Organtransplantation unter der Telefonnummer **0800/90 40 400.**

Erklärung zur Organspende

Für den Fall, dass nach meinem Tod eine Spende von Organen/Geweben in Frage kommt, erkläre ich:

◯ **JA,** ich gestatte, dass nach der ärztlichen Feststellung meines Todes meinem Körper Organe und Gewebe zur Transplantation entnommen werden.

◯ **JA,** ich gestatte dies, mit **Ausnahme** folgender Organe/Gewebe:

◯ **JA,** ich gestatte dies, jedoch **nur** für folgende Organe/Gewebe:

◯ **NEIN,** ich widerspreche einer Entnahme von Organen oder Geweben zur Transplantation.

◯ Ich habe die **Entscheidung übertragen** auf:

Name, Vorname .... Telefon

Straße .... PLZ, Ort

Anmerkungen/Besondere Hinweise

Datum .... Unterschrift

Abb. 2.4 Organspendeausweis [W233]

2.4.4 Transplantationsmedizin und Onkologie

Transplantation bedeutet die Verpflanzung von Zellen, Geweben oder Organen von einem Spender (Donor) in einen Empfänger (Host). Man unterscheidet

- **Lebendspende**
- **Postmortale Transplantatation**
- **Autogene** Spende (Spender = Empfänger)
- **Isogene** Spende (Spender und Empfänger sind eineiige Zwillinge)
- **Allogene** Transplantation (Spender und Empfänger gehören derselben Spezies an)
- **Xenogene** Transplantation (Spender und Empfänger gehören unterschiedlichen Spezies an)

Auch nach dem Transplantationsort und der Transplantatsfunktion kann differenziert werden.

Die **Onkologie** (lat. onkos = Schwellung) befasst sich mit der Entstehung, Entwicklung, Diagnostik,

Behandlung, Nachsorge und Prävention von in erster Linie **malignen Tumorerkrankungen.**

2.4.4.1 Psychosoziale Situation bei Nieren-, Leber-, Herz- und Knochenmarkstransplantation

Eine Transplantation wird dann erforderlich, wenn die eigene Organfunktion versagt. Sie stellt in vielen Fällen die Ultima Ratio dar, wenn das Leben anderweitig nicht oder nur unter erheblichen Einschränkungen der Qualität erhalten werden kann. Menschen, die ein Organ transplantiert bekommen, haben entsprechend oft eine sehr lange Krankheits- und Leidenszeit hinter sich.

Die Behandlung eines **Nierenversagens** erfolgt zunächst mittels regelmäßiger Dialyse. Zwei- bis dreimal pro Woche muss der Patient für mehrere Stunden an das Dialysegerät angeschlossen werden und die damit verbundenen körperlichen Belastungen und das Gefühl der Abhängigkeit, des Ausgeliefertseins und des Kontrollverlusts ertragen. Die Lebensgestaltung (Alltag, Beruf, Freizeit, Urlaub usw.) wird wesentlich durch die Krankheit und die Behandlung gelenkt, die Wahrnehmung des Bedrohtseins ist ständig präsent. Oft treten Gefühle von Angst, Trauer und Hoffnungslosigkeit auf, die sich zuweilen auch als Trotz und Wut gegen sich selbst und gegen das soziale Umfeld äußern. Mit einer **Nierentransplantation** gewinnt der Patient meist einen Großteil an Lebensqualität und Selbstständigkeit zurück. Allerdings bestehen auch dann die Notwendigkeit regelmäßiger medizinischer Kontrollen und die Gefahr der Transplantatabstoßung oder des erneuten Organversagens.

Nieren- und Lebertransplantation können als **Lebendspende** durchgeführt werden. Dabei erfolgt ein operativer (und damit potenziell gesundheitsgefährdender) Eingriff an einem gesunden Menschen ausschließlich zum Nutzen eines anderen. Um Missbrauch und Organhandel zu verhindern, legt das **Transplantationsgesetz** der Bundesrepublik Deutschland fest, dass Lebendspenden nur freiwillig, unentgeltlich und zwischen persönlich eng verbundenen Menschen durchgeführt werden dürfen. Auch die **postmortale Spende** bedarf der vorherigen Zustimmung des Verstorbenen, z. B. durch einen zu Lebzeiten ausgestellten Organspendeausweis (► Abb. 2.4) oder – sofern dieser nicht vorliegt – der Einschätzung des nächsten Angehörigen bezüglich seines mutmaßlichen Willens.

Hinsichtlich der **psychologischen Aspekte** einer Organtransplantation nimmt das **Herz** sicherlich eine Sonderstellung ein: Als metaphorischer „Sitz der Gefühle" und „Motor" des Organismus, erzwingt es geradezu die gedankliche und emotionale Auseinandersetzung des Empfängers mit dem (unbekannten) Spender, durch dessen Tod er weiterleben kann. Für viele stellt dies eine erhebliche psychische Belastung dar. **Transplantationszentren** bieten in der **Nachsorge** auch psychotherapeutische Begleitung an bzw. unterstützen Patienten bei der Vermittlung in Selbsthilfegruppen.

Maligne Erkrankungen des blutbildenden Systems können durch eine **Knochenmarkspende (Stammzellspende)** geheilt werden. Der Aufwand für den Spender ist hierbei im Vergleich zum Nutzen für den Empfänger relativ gering: das Knochenmark bildet sich rasch nach, sodass keine bleibenden Veränderungen entstehen. In Deutschland werden durch verschiedene Organisationen Spenderregister geführt, aus denen bei Bedarf ein hinsichtlich der Gewebemerkmale passender Donor herausgesucht und um die freiwillige Knochenmarkspende gebeten werden kann.

2.4.4.2 Psychoimmunologische Aspekte der Transplantation

Außer bei der **autogenen Transplantation,** bei der eigenes Gewebe verpflanzt wird, ist nach einer Zell- oder Organspende eine lebenslange **Immunsuppression** erforderlich, um eine Abstoßung des als „fremd" erkannten Organs zu verhindern. Damit geht eine erhöhte Anfälligkeit für Infekte und Krebserkrankungen einher. Regelmäßige Kontrollen der Verträglichkeit bzw. der Nebenwirkungen der Medikamente sind erforderlich.

Die Zusammenhänge zwischen **Psyche und Immunsystem** sind vielschichtig und in ihren Konsequenzen nicht endgültig erforscht. Unbezweifelt ist bislang die Beobachtung einer wechselseitigen Schwächung oder Stärkung: Eine **Transplantatabstoßung** ist häufig mit einer depressiven, ängstlich-pessimistischen Einstellung assoziiert und umgekehrt fördert eine positiv-optimistische Grundhaltung die Toleranz des fremden Gewebes.

Wachsendes Interesse gilt der Beobachtung **immunologischer Konditionierungsprozesse:** Die regelmäßige Kopplung eines immunsuppressiven Medikaments mit einem neutralen Stimulus führt nach einer Weile dazu, dass dieser dann konditionierte Reiz selbst immunsuppressiv wirkt.

Klinik

Erschöpfung, ständige Müdigkeit, körperliche Schwäche – diese als **Fatigue-Syndrom** zusammengefassten Beschwerden treten häufig im Zusammenhang mit schwerer Krankheit und anstrengender Therapie auf. Ursächlich sind in unterschiedlichem Maß die Symptome selbst, Wirkung und Nebenwirkung der Medikamente, Schlafmangel, psychischer Stress und soziale Faktoren. Die Behandlung erfolgt bedürfnisorientiert sowohl auf somatischer (regelmäßige Bewegung, Schlafhygiene, Entspannung) als auch auf psychischer (Krankheitsbewältigung, Stärkung positiver Aktivitäten, Tagesstrukturierung) Ebene.

2.4.4.3 Rechtliche und ethische Aspekte

Da – ganz wirtschaftlich formuliert – die Nachfrage nach Spenderorganen höher ist als das Angebot, ergeben sich ethische Schwierigkeiten hinsichtlich der **Verteilung.** Folgende Aspekte spielen für die Auswahl eine Rolle:

- **Medizinische** Faktoren: Dringlichkeit der Behandlung, Kompatibilität zwischen Spender und Empfänger, Prognose mit und ohne Transplantation
- **Logistische** Faktoren: Wie rasch können Empfänger und Organ zusammengeführt werden, wenn ein Spender gefunden wurde?
- **Rechtlich-formale** Faktoren: bisherige Wartezeit, bisheriges gesundheitsförderliches oder -schädliches Verhalten des Empfängers

Der Patient befindet sich in einer Situation, in der er (bei postmortaler Spende) auf den Tod eines anderen warten muss, um mit dessen Organ weiterleben zu können. Bei der Lebendspende eines nahen Angehörigen können **Schuld- und Abhängigkeitsgefühle** entstehen.

Der Vorgang der Transplantation und das Leben mit einem fremden Organ wirft auch Fragen nach der eigenen Identität auf: „Bin ich noch ich, wenn mich ein fremdes Herz am Leben hält?"

Eine veränderte **Körperwahrnehmung** ergibt sich schon aus dem therapeutischen Effekt der Transplantation: Nach den erheblichen Einschränkungen durch z. B. eine Herz- oder Niereninsuffizienz, nimmt postoperativ die **Leistungsfähigkeit** wieder zu. Eine kontinuierliche Auseinandersetzung mit der Erkrankung, mit der Rolle als Organtransplantierter und mit einem Leben durch fremde Hilfe ergibt sich durch die Notwendigkeit einer **lebenslangen Nachsorge,** die den Patienten an Ärzte und medizinische Einrichtungen bindet. Mögliche Veränderungen der Persönlichkeit durch die Transplantation selbst und die immunsuppressive Therapie werden immer wieder vermutet, sind aber naturgemäß schwer nachweisbar.

Die **rechtlichen Aspekte** der Organtransplantation sind im Gesetz über die Spende, Entnahme Übertragung von Organen und Geweben (Transplantationsgesetz, TPG) festgehalten. Nähere Informationen sind unter http://www.gesetze-im-internet.de/bundesrecht/tpg/gesamt.pdf (letzter Zugriff 28.11.2013) nachzulesen.

2.4.4.4 Modelle der Krankheitsverarbeitung bei Krebs

Mit der Diagnose Krebs sind Ängste und Trauer sowie oft ganz grundsätzliche Veränderungen der Lebenssituation verbunden. Viele Betroffene und ihre Angehörigen sind hin- und hergerissen zwischen Schmerz, Resignation, Selbstaufgabe, Todesangst, Verlusterleben, Depression auf der einen Seite und Hoffnung, Widerstandswillen, intensivierter Lebenserfahrung und Hilfe auf der anderen. Abhängig von der Persönlichkeit und dem erlernten Stil im Umgang mit Bedrohungen und Ängsten (▶ Kap. 1.4.6.7) gibt es Patienten, denen die Krebsverarbeitung am ehesten durch ein hohes Maß an **Information, Mitbestimmung und Kontrolle** gelingt. Andere wählen (meist unbewusst) den Weg der **Verdrängung,** indem sie nach Möglichkeit weiterleben wie bisher. Für manche ist die Erkrankung eine Gelegenheit, sich vertrauensvoll der Fürsorge anderer zu überlassen und damit möglicherweise veränderte soziale Situationen zu schaffen (z. B. Versöhnung der zerstrittenen Geschwister am Krankenbett der Mutter). Eher **dysfunktionale Verarbeitungsmodelle** verharren im Zustand des Haderns und Anklagens, bei der Suche nach Schuldigen und der aggressiven Abwehr wohlmeinender Unterstützung („Wenn es mir nicht gut geht, soll es anderen auch nicht gut gehen") oder in resignierter Passivität verbunden mit sozialem Rückzug („Mir kann sowieso keiner mehr helfen", „Hauptsache, ich falle niemandem zur Last").

Im Zusammenhang mit schweren körperlichen Erkrankungen kann es zur Entwicklung **psychischer Störungen** kommen (v. a. Depression, aber auch Angststörungen und somatoforme Störungen), die dann psychiatrisch und psychotherapeutisch zu behandeln sind.

Psychoonkologen sind eigens für die psychologische Unterstützung Krebskranker ausgebildet. Zu ihren Aufgaben gehören Krisenintervention, Information, Beratung, Krankheitsbewältigung, Ressourcenstärkung, Bedarfsfeststellung, psychosoziale Hilfen und Förderung der Adhärenz.

2.4.5 Humangenetische Beratung und Reproduktionsmedizin

Die **Reproduktionsmedizin** befasst sich mit der Fortpflanzung und ihren Störungen sowie der assistierten Reproduktion. Sie umfasst als Teildisziplinen Gynäkologie, Andrologie, Urologie, Genetik, Bioethik und Recht.
Bei bestehendem Kinderwunsch bzw. eingetretener Schwangerschaft wird eine **humangenetische Beratung** empfohlen, wenn

- Fehlbildungen, Chromosomenanomalien oder angeborene Behinderungen,
- neurologische, neurodegenerative oder muskuläre Erkrankungen,
- Stoffwechselstörungen oder
- Tumorerkrankungen

in der Familie bestehen oder wenn

- lange Zeit ein unerfüllter Kinderwunsch bestand,
- die Schwangere über 40 Jahre alt ist,
- Konsanguinität (= genetische Verwandtschaft) zwischen den Partnern besteht,
- mehrfach Fehl- oder Totgeburten aufgetreten sind oder
- ein auffälliger Ultraschallbefund in der Schwangerschaft erhoben wurde.

2.4.5.1 Psychosoziale Aspekte

Die Familienplanung und alle damit verbundenen Hoffnungen und Befürchtungen oder ein über längere Zeit unerfüllter Kinderwunsch konfrontieren ein Paar mit eigenen Erwartungen und denen des sozialen Umfelds. Der freundlich gemeinte Wunsch „Hauptsache gesund", soll den werdenden Eltern so etwas wie Leistungsdruck nehmen und erzeugt doch gerade diesen. Auch in Zeiten der allseits verbreiteten Inklusion ist die Angst davor, ein krankes oder behindertes Kind zu bekommen groß. Die **genetische Beratung** dient dazu, vorhandene Risiken sachlich zu beurteilen und versetzt somit die Ratsuchenden in die Lage, Entscheidungen auf der Grundlage fundierten Wissens zu fällen. Neben **medizinischen** und **statistischen** spielen dabei auch **ethische** und eventuell **religiöse Aspekte** eine wichtige Rolle: Was ist ein lebenswertes Leben und was nicht? Wie genau können Prognosen sein? Was bedeutet eine **Behinderung** für den betroffenen Menschen und wer kann das einschätzen? Was bedeutet eine Behinderung des Kindes für die Eltern? Inwiefern sind sie bereit, ihre **Lebenspläne** anzupassen? Wie geht das **soziale Umfeld** damit um? Welche sozialen Unterstützungen gibt es? Wie werden Eltern beurteilt, die sich bewusst für eine Risikoschwangerschaft oder für die Geburt eines behinderten Kindes entscheiden? Was bedeutet es, ein Kind abzutreiben, kurzfristig und langfristig, für die Frau und für eine Gesellschaft?
Für die Kommunikation ist es wichtig, dass der beratende Arzt verständnisvoll, aber so weit wie möglich **bewertungsfrei, sachlich und transparent** mit den Klienten umgeht. Seine Aufgabe ist es nicht, eine persönliche Meinung zu vertreten oder Entscheidungen abzunehmen.
Die Kosten für eine humangenetische Beratung werden von den Krankenkassen übernommen.

2.4.5.2 Pränataldiagnostik und prädiktive Medizin

Die **Pränataldiagnostik** umfasst alle Untersuchungen, die während der Schwangerschaft bezüglich des Kindes vorgenommen werden. Dazu gehören die **Sonografie** und **Bluntuntersuchungen** bei der Mutter genauso wie die **Amniozentese** (Fruchtwasserpunktion), die **Chorionzottenbiopsie** oder die Blutentnahme aus der **Nabelschnur.**
Ziel dieser Untersuchungen ist es, **genetische Auffälligkeiten, Krankheiten** oder **Fehlbildungen** beim Kind frühzeitig zu entdecken, um ggf. die Schwangerschaft abzubrechen, therapeutische Maßnahmen in utero einzuleiten (Fetalchirurgie) oder sich auf mögliche **Geburtsrisiken** vorbereiten zu können. Dem Informationsgewinn auf der einen Seite stehen womöglich psychische bzw. emotionale Schwierigkeiten auf der anderen Seite gegenüber. Mit dem Wissen um die Möglichkeiten der Pränataldiagnostik und die Konsequenzen, die ihr Ergebnis haben kann, fällt es der Schwangeren unter Umständen schwer, unvoreingenommen eine Bindung zu dem Ungeborenen aufzubauen. Bis zum Erhalt der Untersuchungsergebnisse hat die Schwangerschaft so vielleicht den Charakter eines Probelaufs, der ggf. abgebrochen wird und eine entsprechende Distanziertheit erfordert.

Klinik

Die **Trisomie 21** (Down-Syndrom) hat eine Prävalenz von etwa 1:600, wobei die Wahrscheinlichkeit für diese Chromosomenfehlverteilung mit dem **Alter der Schwangeren** steigt. Sie lässt sich mittlerweile recht sicher pränatal mittels unterschiedlicher Methoden diagnostizieren. Im sogenannten **Ersttrimester-Screening** fällt möglicherweise in der Ultraschalluntersuchung eine Verdickung der Nackenfalte des Fetus auf. Invasive Verfahren wie die Amnionzentese oder die Choriozottenbiopsie ermöglichen einen direkten Zugriff auf fetale Zellen, aus denen der Chromosomensatz dargestellt werden kann. Sie sind allerdings nicht ganz ohne Risiko für das Kind und das Fortbestehen der Schwangerschaft. Seit 2012 ist in Deutschland ein Verfahren zugelassen, durch das fetale Chromosomen aus dem **mütterlichen Blut** extrahiert und gezählt werden können. Damit entfallen die Risiken der Fruchtwasser- oder Chorionuntersuchung. Kritiker befürchten, dass diese Methode früher oder später zum Standard in der Schwangerschaftsüberwachung werden und die Geburt von Menschen mit Trisomie 21 auf diese Weise systematisch verhindert werden könnte.

Die **prädiktive Medizin** sagt mögliche Gesundheitsstörungen voraus, ehe diese klinisch manifest werden. Es wird also das Vorhandensein von **Krankheitsanlagen** (genetischen Dispositionen), nicht von Krankheiten selbst untersucht. Der Umgang mit solchen Informationen ist schwierig: Wie soll z. B. eine Schwangere reagieren, wenn sie erfährt, dass ihre ungeborene Tochter eine genetische Veranlagung für Brustkrebs hat? Hier sind Beratung und Gespräch besonders wichtig.

2.4.5.3 Interdisziplinäre Beratung

Eine humangenetische Beratung richtet sich nicht nur an Personen in der Phase der Familienplanung oder Schwangere, sondern auch an Menschen, die sich aufgrund einer auffälligen Familienanamnese Gedanken um ihr eigenes Krankheitsrisiko machen. Viele Kliniken und Humangenetikinstitute bieten mittlerweile im Rahmen von Spezialsprechstunden eine **interdisziplinäre Beratung** an. Neben Genetikern und Psychologen oder Psychoonkologen gehören dem Team Gebietsärzte für die an der Erkrankung beteiligten Fachgebiete an.

Klinik

Brustkrebs (Mammakarzinom) ist die häufigste Krebserkrankung bei Frauen – etwa jede zehnte ist im Laufe ihres Lebens davon betroffen. In den meisten Fällen tritt die Krankheit spontan auf, in 5–10 % der Fälle lässt sie sich aber auf die Mutation einzelner Gene zurückführen und kommt dann **familiär gehäuft** vor. Oft ist gleichzeitig das Risiko für Ovarialkrebs erhöht. Die interdisziplinäre, durch Genetiker, Gynäkologen und Psychoonkologen angebotene Beratung richtet sich in erster Linie an Familien, in denen **drei oder mehr Personen** von Brust- oder Ovarialkrebs betroffen sind oder eine der Erkrankungen bei einer Person bereits **vor dem 36. Lebensjahr** aufgetreten ist. Dabei wird über die genetischen Zusammenhänge aufgeklärt und das Für und Wider einer genetischen Testung erwogen. In Kenntnis des individuellen Erkrankungsrisikos können Vorsorgeuntersuchungen gezielt durchgeführt werden.

Klinik

Etwa ¼ aller **Darmkrebserkrankungen** ist erblich mitbedingt. In 5 % der Fälle liegt ein **genetisches Syndrom** (z. B. erbliches Kolonkarzinom ohne Polyposis, HNPCC oder Familiäre Adenomatöse Polyposis, FAP) zugrunde. In Verdachtsfällen wird eine genetische Beratung angeboten, in der nach Erstellung eines Stammbaums das **individuelle Erkrankungsrisiko** abgeschätzt und **Früherkennungsmaßnahmen** geplant werden können. Zudem soll der Ratsuchende bzw. seine Familie in die Lage versetzt werden, sich bewusst für oder gegen eine molekulargenetische Untersuchung der anderen Familienmitglieder zu entscheiden.

Die wissenschaftlichen, medizinischen und präventiven Möglichkeiten der humangenetischen Beratung und Reproduktionsmedizin liegen auf der Hand: **Vorsorgeuntersuchungen** und **Therapien** können frühzeitig eingeleitet werden, sodass die Erkrankung nicht oder nur in abgeschwächter Form zum Ausbruch kommt. Betroffene können sich vorbereiten und ihre Lebensplanung ggf. anpassen.

In vielfacher Weise ist aber auch der Begriff **Risiko** mit der humangenetischen Beratung und Diagnostik verbunden. Zum einen geht es dabei um das Abschätzen **individueller Erkrankungsrisiken** bei klinisch gesunden Menschen (prädiktive Medizin), die mit den Maßen der Statistik ausgedrückt werden und demnach Wahrscheinlichkeiten sind, keine Wahrheiten. Zum anderen treffen Menschen aufgrund dieser Risiken **Entscheidungen,** die wieder mit Risiken verbunden sind (z. B. Abortrisiko bei invasiver pränataler Diagnostik). Die **psychischen Aspekte** beim Umgang mit Risiken werden in ihrer Auswirkung von den Betroffenen oft unterschätzt. Um impulsive Entscheidungen zu vermeiden, liegen zwischen Beratungsgesprächen und den sich daraus ergebenden Konsequenzen (z. B. genetische Untersuchung, pränatale Diagnostik, Abtreibung) meist mehrere Wochen **Bedenkzeit.**

Abgesehen von den individuellen Möglichkeiten und Risiken hat die Humangenetik auch **gesellschaftliche Auswirkungen:** Als Präventionsmaßnahme reduziert sie Morbidität und Mortalität und trägt zur Kostensenkung im Gesundheitssystem bei. Als „Angebot, das er nicht ablehnen kann" drängt sie den Einzelnen aber womöglich auch zu Entscheidungen im Sinne einer sozial geleiteten Eugenik, in der Krankheit und Behinderung als vermeidbar angesehen und Betroffene entsprechend stigmatisiert werden.

2.4.5.4 Fertilität und Infertilität

Fertilität heißt Fruchtbarkeit. **Infertilität** steht entsprechend für die Unfähigkeit, ein Kind zu zeugen, zu empfangen oder auszutragen. Die Ursachen der Unfruchtbarkeit sind vielfältig und können bei der Frau, beim Mann oder bei beiden liegen. Neben genetischen, hormonellen oder anatomischen Gründen spielen oft auch psychische Aspekte eine wichtige Rolle. **Sexuelle Funktionsstörungen** kommen genauso in Betracht wie **Stress, psychische** oder **psychosomatische Erkrankungen** und **Partnerschaftskonflikte.** Kein Kind bekommen zu können, obwohl ein gemeinsamer Wunsch danach vorhanden ist, stellt für viele Paare eine erhebliche Belastung dar. **Selbstzweifel** und **Versagensgefühle,** Identitätskrisen, **Zweifel an der Partnerschaft,** Hoffnungslosigkeit und Trauer angesichts einer nicht umsetzbaren Lebensplanung, **Zukunftsängste, Enttäuschung, Neid** auf andere Familien und **Wut** können die psychischen Folgen sein, die ihrerseits hinderlich für die Entstehung einer Schwangerschaft sind. Psychologische Beratungsgespräche, eventuell auch Sexual- oder Paartherapien sind hier möglicherweise hilfreich.

Kinderwunschmotive

Die **Geburtenrate** in Deutschland liegt derzeit bei etwa 1,4 Kindern pro Frau. Damit verbunden ist ein Schrumpfen der Bevölkerung. Immer mehr Menschen leben allein und entscheiden sich gegen traditionelle Familienformen. Diejenigen, die Kinder bekommen, haben dafür oft viele und unterschiedliche Motive, z. B.:

- Kinder und Familie als natürliche Lebensaufgabe und Lebenssinn („Seid fruchtbar und mehret euch")
- Elternschaft als Teil der Selbstverwirklichung und Identitätsfindung („Eine Frau ist erst eine Frau, wenn sie ein Kind bekommen hat")
- Eher emotionale als wirtschaftliche Vorsorge für das Alter (nicht allein sein müssen und Enkelkinder haben)
- Soziale und partnerschaftliche Gründe („Alle meine Freundinnen haben Kinder", „Wenn wir erst ein Kind zusammen haben, wird mich meine Frau bestimmt nicht verlassen")

Das generative oder **Geburtenverhalten** innerhalb einer Bevölkerung, also all das, was dazu führt, dass Menschen sich fortpflanzen (Eheschließung, Familienplanung, Kinderzahl), hängt wesentlich von wirtschaftlichen, politischen und sozialen Bedingungen sowie religiösen und weltanschaulichen Werten und Normen ab (► Kap. 1.4.9.1).

Paaren mit über Jahre bestehendem unerfülltem Kinderwunsch wird eine hohe **Ambiguitätstoleranz** abverlangt, also die Fähigkeit, mit Widersprüchen umzugehen. Einerseits stellen sie sich ganz auf Familie ein, planen ihre Zukunft mit einem Kind, treffen diesbezüglich vielleicht Entscheidungen in Hinsicht auf Beruf oder Wohnung. Andererseits realisieren sie nach und nach, dass ihr Wunsch vielleicht unerfüllt bleibt und sie Alternativen (künstliche Befruchtung, Adoption, Einzug in ein Mehrgenerationenhaus mit Familien) in Betracht ziehen oder ihr Leben ohne Kinder planen müssen.

Assistierte Reproduktion

Besteht über ein Jahr trotz entsprechender Bemühungen aus körperlichen Gründen ein unerfüllter Kinderwunsch, können die Betroffenen Maßnahmen der **assistierten Reproduktion** (künstliche Befruchtung) in Anspruch nehmen. Die am weitesten verbreitete Methode ist die **In-vitro-Fertilisation** (IVF), also die Befruchtung der Eizelle im Reagenzglas. Dafür werden der Frau nach hormoneller Unterdrückung des natürlichen Zyklus und anschließender **hormoneller Stimulierung** mehrere Eizellen entnommen, die extrakorporal (in vitro) mit den Spermien ihres Mannes in Kontakt kommen. Bei der klassischen IVF findet eine spontane Befruchtung im Reagenzglas statt. Bei der **intrazytoplasmatischen Spermieninjektion** (ICSI) wird ein einzelnes Spermium mit einer Pipette direkt in die Eizelle eingeführt. Diese Methode kommt zur Anwendung, wenn das Sperma sehr wenige oder nur kaum bewegliche Samenzellen enthält bzw. wenn die klassische IVF ohne Erfolg blieb. Zwei oder fünf Tage nach der Befruchtung werden üblicherweise zwei der Embryonen im Vierzell- oder Blastozystenstadium in den mütterlichen Uterus transferiert. Nach etwa 14 Tagen lässt sich durch einen Schwangerschaftstest feststellen, ob der Vorgang erfolgreich war. Dies ist in etwa 40 % der Fälle spätestens nach drei Versuchen der Fall.

Klinik

Insbesondere bei älteren Frauen und nach einer In-vitro-Fertilisation kommt es nicht selten zu einer **Mehrlingsschwangerschaft.** Seitens der Gynäkologie und Geburtshilfe wird diese als **Risikoschwangerschaft** klassifiziert, die mit vermehrten körperlichen Belastungen und einer erhöhten Komplikationsrate, sowohl pränatal als auch während der Geburt, einhergeht.
Auch wenn die Eltern meist bereits lange vor der Geburt realisieren, dass sie nicht eines, sondern zwei oder mehr Kinder erwarten, werden die **psychosozialen Belastungen,** die damit im Alltag einhergehen können, oft unterschätzt. Schon allein das Stillen von mehr als zwei Kindern ist organisatorisch und biologisch kaum zu leisten. Auch die weitere körperliche und emotionale Versorgung von mehreren in gleicher Weise bedürftigen Kindern zur selben Zeit stellt für Eltern eine enorme Herausforderung dar, insbesondere dann, wenn zumindest einer weiter seinen beruflichen Verpflichtungen nachgeht. Neben der **finanziellen Mehrbelastung** kommt es oft auch zu Gefühlen von **Überforderung** und Stress, in der Folge auch zu Versagensängsten und Niedergeschlagenheit, die sich belastend auf die Beziehung zu den Kindern auswirken können. Eltern von Mehrlingen sollten frühzeitig, möglichst schon während der Schwangerschaft, ausführlich über die Möglichkeiten **psychosozialer Unterstützung** aufgeklärt werden. Dazu gehören Haushalts-, Erziehungs-, Hebammenhilfe, Mutterschaftsgeld, erweiterter Mutterschutz, finanzielle Zuschüsse, psychologische Betreuung, Selbsthilfegruppen etc.

2.4.6 Sexualmedizin

Die Sexualmedizin beschäftigt sich mit der menschlichen Sexualität und deren Störungen. Sie ist fächerübergreifend und bezieht körperliche, psychische, psychosomatische und soziale Aspekte ein. Probleme mit der sexuellen Identität, sexuelle Funktionsstörungen, krankheits- oder medikamentenbedingte Einschränkungen der Sexualität und sexuelle Devianz sind nur einige Erscheinungen, die Menschen in sexualmedizinische Behandlung führen können. Diagnostik und Therapie betreffen häufig nicht einen Einzelnen, sondern ein Paar.
Drei Dimensionen bzw. Funktionen der Sexualität lassen sich unterscheiden:

- **Reproduktion** – Sexualität als evolutionär-biologische Voraussetzung für das Überleben einer Spezies
- **Soziale Bindung** – Sexualität als Kommunikationsform und wichtiges Element partnerschaftlicher Beziehungen
- **Lustgewinn** – Sexualität als menschliches Grundbedürfnis

2.4.6.1 Psychosoziale Dimensionen der Sexualität

Psychosexuelle Entwicklung

Nach Sigmund **Freud** gliedert sich die psychosexuelle Entwicklung in folgende Phasen:

- Orale Phase: im 1. Lebensjahr
- Anale Phase: 1.–3. Lebensjahr
- Phallische Phase: 3.–5. Lebensjahr
- Latenzphase: 5. Lebensjahr bis Pubertät
- Genitale Phase: beginnend in der Pubertät

In jeder Phase hat der Mensch **spezifische Quellen des Lustgewinns** und richtet seine entsprechenden Bedürfnisse an ein jeweils anderes „Objekt“. In jeder Phase kommt es zu spezifischen Konflikten, die gelöst werden müssen, da sie wesentliche Dimensionen der **Persönlichkeitsentwicklung** repräsentieren. Störungen der psychosexuellen Entwicklung führen, nach Freud, zu Neurosen (▸ Kap. 1.2.3.1).

Psychophysiologische Grundlagen sexueller Reaktionen

Der Gynäkologe William Howell **Masters** und die Sexualwissenschaftlerin Virginia **Johnson** beschäftigten sich in den 1960er-Jahren intensiv mit dem Thema Sexualität und interessierten sich dabei insbesondere für die **biopsychologischen** und **phy-**

siologischen Vorgänge des Geschlechtsakts. Zu ihren berühmtesten Publikationen gehört die über die **sexuelle Reaktion.** Ihr Vier-Phasen-Modell wurde von verschiedenen anderen Wissenschaftlern mehrfach überarbeitet und erweitert, bildet aber nach wie vor die Grundlage unseres Verständnisses von der Physiologie des Geschlechtsverkehrs.

- **Erregungsphase:** kann Minuten bis Stunden dauern, Herzfrequenz und Blutdruck steigen an, die Durchblutung von Genitalien und Haut nimmt zu, was eine Rötung hervorrufen kann („Sex-Flush"); bei der Frau schwellen Schamlippen, Klitoris und Brustwarzen an und die Vaginaldrüsen sondern Sekret ab, sodass die Scheide feucht wird; beim Mann kommt es zur Erektion des Penis.
- **Plateauphase:** unterschiedliche Dauer, meist einige Minuten; Puls, Blutdruck, Atemfrequenz und Muskeltonus steigen weiter an; bei der Frau schwillt die Vaginalschleimhaut und sondert ein Transsudat ab; beim Mann wird über die Cowper-Drüsen das Präejakulat abgegeben.
- **Orgasmusphase:** kurze, meist nur Sekunden andauernde Phase intensiven Lusterlebens; maximale Steigerung von Blutdruck, Herz- und Atemfrequenz, Rötung der Haut; bei der Frau kommt es zu Kontraktionen der orgastischen Manschette (vorderes Drittel der Vagina, Gebärmutter, Anus), beim Mann zur Ausstoßung des Spermas (Ejakulation).
- **Rückbildungsphase:** Dauer ist abhängig von der der vorherigen Phasen und oft auch vom Alter; Blutdruck, Herz- und Atemfrequenz kehren zu ihren Ruhewerten zurück, die Schwellung der Genitalien bildet sich zurück, Müdigkeit tritt ein; es kommt zu einer Refraktärphase, in der keine erneute Reaktion auf sexuelle Reizung möglich ist, diese dauert beim Mann meist länger als bei der Frau.

Sozialer Wandel und Sexualität

Lange Zeit galt im hiesigen Kulturkreis Sexualität als ein **Tabuthema** – selbst Küssen in der Öffentlichkeit war, wenn nicht verboten, so doch verpönt. **Prostitution** galt als „schmutziges Gewerbe" und war verboten. Geschlechtsverkehr hatte ausschließlich in der **Ehe** und mit nur einem Partner zu erfolgen. Sein Zweck war ausschließlich die **Fortpflanzung** – bis heute lehnt die katholische Kirche alle Methoden der **Empfängnisverhütung** ab. Sexuelle **Selbstbefriedigung** war als krank oder krank machend verschrien. Die sogenannte **sexuelle Revolution** (insbesondere in Verbindung mit der „68er-Bewegung") hatte die Enttabuisierung sexueller Themen zum Ziel und propagierte Akzeptanz und Toleranz sexueller Bedürfnisse bzw. der verschiedenen Formen sexueller Bedürfnisbefriedigung. Dies wurde unterstützt durch die Entwicklung der **Anti-Baby-Pille,** die eine Trennung von Fortpflanzung und Geschlechtsverkehr ermöglichte. Sexualaufklärung wurde Teil der schulischen Ausbildung. **Homosexualität** wurde als psychische Störung interpretiert und stand deshalb nicht länger unter Strafe – Debatten um die rechtliche Gleichstellung homosexueller und heterosexueller Ehen prägen die zeitgenössische politische Diskussion in fast allen europäischen Ländern.

Heute lässt sich ein Nebeneinander von **sexueller Freizügigkeit** und **Tabuisierung der Sexualität** beobachten, das insbesondere von Werbung und Medien für ihre Zwecke genutzt wird. Das, was in der Sexualität erwünscht und erlaubt ist, wird nicht mehr so sehr durch eine allgemeine gesellschaftliche Moral, sondern in der Verhandlung zwischen zwei Partnern ermittelt. Prostitution, Pornografie, Cybersex, sadomasochistische Praktiken usw. sind genauso ein Teil der Normalität wie Jugendliche, die sich bewusst für sexuelle Enthaltsamkeit vor der Ehe entscheiden. Grenzen, die auch gesetzlich untermauert sind, gibt es dort, wo **Abhängigkeits- und Machtverhältnisse** eine sexuelle Gleichberechtigung von vornherein ausschließen (z. B. Sexualität zwischen Erwachsenen und Kindern, zwischen Arzt und Patient, zwischen Lehrer und Schüler).

Sexualität in verschiedenen Lebensabschnitten

Das Interesse an und das Erleben von Sexualität ändern sich bei den meisten Menschen im Laufe ihres Lebens. Geht es in der **Jugend** vielleicht vornehmlich um die Entdeckung des eigenen Körpers, das Kennenlernen der eigenen sexuellen Erregbarkeit und sexueller Bedürfnisse und das Ausprobieren der eigenen Leiblichkeit im intimen Kontakt mit anderen, so spielen im **frühen Erwachsenenalter** und im Zuge der **Familiengründung** eher der reproduktive und der soziale Aspekt eine Rolle (► Kap. 1.4.8.1).

Als Teil der partnerschaftlichen Beziehung beschränkt sich Sexualität nicht auf den Geschlechtsakt, sondern schließt vielfältige Formen des erotischen Umgangs ein.

Klinik

In Deutschland werden jährlich etwa 10.000 Mädchen unter 18 Jahren schwanger. Weit mehr als die Hälfte davon entscheidet sich für einen Schwangerschaftsabbruch.
Orale Kontrazeptiva („Pille") verhindern auf hormonellem Weg den Eintritt einer Schwangerschaft. Die meisten Präparate enthalten Östrogene und Gestagene und wirken sich insbesondere bei jungen Frauen positiv auf Menstruationsbeschwerden, Androgenisierungserscheinungen und Akne aus. Als häufigste Nebenwirkungen treten Übelkeit und Erbrechen, Gewichtszunahme und Brustschmerzen auf. In seltenen Fällen begünstigt das Medikament eine Thrombose.
Abhängig von der durch den Gynäkologen eingeschätzten geistigen Reife der Jugendlichen, kann die Anti-Baby-Pille auch ohne Einverständnis der Eltern an unter 16-Jährige verschrieben werden.

Sexualität im Alter wird nach wie vor tabuisiert – die Geschlechtlichkeit alter Menschen gilt als anstößig. Tatsächlich schränken altersbedingte, hormonelle und gesundheitliche Veränderungen sowie Nebenwirkungen von Medikamenten die Sexualität häufig ein. Die Libido nimmt ab, sexuelle Funktionsstörungen treten öfter auf. Während die Häufigkeit und Intensität des Geschlechtsverkehrs also rückläufig sind, finden viele Menschen im Alter andere Formen eines zärtlichen und erfüllenden Kontakts. In Umfragen gaben allerdings auch über 50 % der über 60-jährigen Frauen und etwa 80 % der gleichaltrigen Männer an, noch regelmäßig sexuell aktiv zu sein.

2.4.6.2 Sexualität bei organischer und psychischer Krankheit

Fast alle organischen Krankheiten – nicht nur solche, die das Urogenitalsystem betreffen – schränken in mehr oder weniger großem Ausmaß die **sexuelle Erlebnisfähigkeit** und **Potenz** ein. Da viele Menschen sich scheuen, dieses Thema anzusprechen, sollte der Arzt insbesondere bei folgenden Erkrankungen die möglichen Auswirkungen auf die Sexualität thematisieren:

- Herz-Kreislauf-Erkrankungen (z. B. Herzinsuffizienz, Herzinfarkt, arterielle Hypertonie)
- Pulmonale Erkrankungen (z. B. Asthma, COPD)
- Stoffwechselerkrankungen (z. B. Diabetes mellitus)
- Neurologische Erkrankungen (z. B. Morbus Parkinson, Multiple Sklerose, Amyotrophe Lateralsklerose)
- Muskuloskeletale Erkrankungen (z. B. Arthritis, Arthrose)

Klinik

Zur **ärztlichen Aufklärung** im Vorfeld chirurgischer Eingriffe im Urogenital- und Beckenbereich gehört immer auch die Erwähnung möglicher sexueller Funktionsstörungen, z. B. infolge einer Schädigung des N. pudendus.

Auch im Rahmen **psychischer Erkrankungen** ist die Sexualität häufig verändert. Der Libidoverlust gehört zum sogenannten **somatischen Syndrom** einer Depression. Der Konsum von Rauschmitteln erhöht zuweilen kurzfristig die sexuelle Appetenz. Langfristig kommt es jedoch meist zum Auftreten sexueller Funktionsstörungen. Auch in der Manie können das sexuelle Verlangen und die Potenz gesteigert sein, was zuweilen zu riskantem sexuellen Verhalten führt.

Klinik

Potenz bedeutet Macht, Kraft, Fähigkeit – **Impotenz** das Gegenteil. Letzterer Begriff wird allgemeinsprachlich für die **erektile Dysfunktion** verwendet. Diese ist definiert als dauerhafte Unfähigkeit des Mannes, bei sexueller Erregung eine Erektion zu bekommen bzw. aufrechtzuerhalten. Im weiteren Sinne werden auch die Unfähigkeit, ein Kind zu zeugen oder ein Kind zu empfangen als Impotenz bezeichnet. Ursächlich sind in der Mehrzahl der Fälle organische Störungen bzw. Medikamente. Insbesondere dann, wenn regelmäßige nächtliche Erektionen auftreten, sollte aber auch an eine psychische Ursache gedacht werden.

Weitgehend tabuisiert ist die Sexualität bei Menschen mit **körperlicher** oder **geistiger Behinderung.** Dabei ist das Recht auf freie Entfaltung der Persönlichkeit, zu der auch die Geschlechtlichkeit gehört, angeboren und für alle gleich. Interessenvertretungen und Unterstützungsvereine bieten **sexualpädagogische Hilfestellungen** sowohl für die Behinderten selbst als auch für ihre Angehörigen und Betreuer an. Sogenannte **Sexualbegleiterinnen** bieten Menschen mit körperlicher oder geistiger Behinderung ihre Dienstleistungen für ein Therapeutenhonorar an. Dazu gehören Körperkontakt, Streicheln, Massieren und sexuelle Befriedigung – in der Regel ohne Küssen und Geschlechtsverkehr. Befürworter sehen auf diese Weise menschliche Grundbedürfnisse bei Behinderten in würdevoller Form erfüllt. Gegner befürchten die Ausnutzung eines Abhängigkeitsverhältnisses durch die Anbieter der Sexualbegleitung. Zudem kann nicht immer eindeutig erkannt werden, ob ein schwer geistig behinderter Mensch freiwillig dabei ist.

2.4.6.3 Sexuelle Störungen: diagnostische und therapeutische Ansätze

Organische Erkrankungen, Infektionen, psychische Leiden, Medikamente oder bestimmte Lebens-, Genuss- oder Rauschmittel können sexuelle Störungen verursachen. Darüber hinaus werden in der ICD-10 unter dem Stichwort **„Sexuelle Funktionsstörungen, nicht verursacht durch eine organische Störung oder Krankheit“** folgende Diagnosen aufgeführt:

- Mangel oder Verlust von sexuellem Verlangen (Libidoverlust)
- Sexuelle Aversion und mangelnde sexuelle Befriedigung (sexuelle Anhedonie)
- Versagen genitaler Reaktionen (bei Männern v. a. Erektionsstörungen, bei Frauen v. a. mangelnde vaginale Lubrikation)
- Orgasmusstörung
- Ejaculatio praecox (Unfähigkeit zur Kontrolle der Ejakulation)
- Nichtorganischer Vaginismus (Spasmus der Vagina, sodass der Penis nicht, oder nur unter Schmerzen eingeführt werden kann)
- Nichtorganische Dyspareunie (Schmerzen während des Geschlechtsverkehrs)
- Gesteigertes sexuelles Verlangen (Nymphomanie, Satyriasis)

Zentral für die Diagnostik dieser Störungen ist die **Sexual- und Beziehungsanamnese,** möglichst mit beiden Partnern gemeinsam. Anschließend sollte eine **sexualmedizinische Abklärung** in Frage kommender organischer Ursachen erfolgen, die ggf. eine entsprechende Behandlung nach sich zieht. Bei nicht organisch bzw. bei psychisch bedingten sexuellen Störungen ist eine sexualtherapeutische Behandlung indiziert. Diese ist zumeist als **Paartherapie** konzipiert und schließt Elemente der Verhaltens- und Gesprächstherapie sowie der Psychoanalyse ein. Ziele sind die Reduktion von sexuellem Leistungsdruck, Angst- und Schamgefühlen, die Verbesserung der Wahrnehmung des eigenen Körpers und der eigenen sexuellen Wünsche und Bedürfnisse sowie die Verbesserung der Kommunikation mit dem Partner.

2.4.7 Tod und Sterben, Trauer

Schlussstück
Der Tod ist groß.
Wir sind die Seinen
lachenden Munds.
Wenn wir uns mitten im Leben meinen,
wagt er zu weinen
mitten in uns.

Rainer Maria Rilke

2.4.7.1 Palliativmedizin, Hospize

Palliative Medizin ist nicht auf Heilung von Krankheit und Lebensverlängerung, sondern auf Linderung von Beschwerden und Förderung von Lebensqualität ausgerichtet. Dazu gehört in erster Linie eine ausreichende **Behandlung der Schmerzen,** ggf. auch mit hoch potenten Analgetika. Mit der Gabe von Morphium, z. B. gegen starke Tumorschmerzen, nimmt man im Rahmen der palliativen Versorgung das Risiko in Kauf, dass es aufgrund einer Atemdepression zum vorzeitigen Eintritt des Todes kommt. Die Grenze zur **indirekten Sterbehilfe** ist in manchen Fällen schwer zu ziehen – als „juristisch sicher“ gilt indes eine indikationsgeleitete medizinische Behandlung.
Die WHO definiert Palliativmedizin (Palliative Care) wie folgt:

Palliative Care ist ein Ansatz zur Verbesserung der Lebensqualität von Patienten und ihren Familien, die mit Problemen konfrontiert sind, welche mit einer lebensbedrohlichen Erkrankung einhergehen. Dies geschieht durch Vorbeugen und Lindern von Leiden durch frühzeitige Erkennung, sorgfältige Einschätzung und Behandlung von Schmerzen sowie anderen Problemen körperlicher, psychosozialer und spiritueller Art.
Palliative Care:

- *ermöglicht Linderung von Schmerzen und anderen belastenden Symptomen*

- *bejaht das Leben und erkennt Sterben als normalen Prozess an*
- *beabsichtigt weder die Beschleunigung noch Verzögerung des Todes*
- *integriert psychologische und spirituelle Aspekte der Betreuung*
- *bietet Unterstützung, um Patienten zu helfen, ihr Leben so aktiv wie möglich bis zum Tod zu gestalten*
- *bietet Angehörigen Unterstützung während der Erkrankung des Patienten und in der Trauerzeit*
- *beruht auf einem Teamansatz, um den Bedürfnissen der Patienten und ihrer Familien zu begegnen, auch durch Beratung in der Trauerzeit, falls notwendig*
- *fördert Lebensqualität und kann möglicherweise auch den Verlauf der Erkrankung positiv beeinflussen*
- *kommt frühzeitig im Krankheitsverlauf zur Anwendung, auch in Verbindung mit anderen Therapien, die eine Lebensverlängerung zum Ziel haben, wie z. B. Chemotherapie oder Bestrahlung, und schließt Untersuchungen ein, die notwendig sind, um belastende Komplikationen besser zu verstehen und zu behandeln.*

Mittelalterliche **Hospize** dienten Wanderern, Asylsuchenden, Armen und Kranken als Herberge. Heute sind sie Einrichtungen zur Begleitung schwer Kranker und Sterbender. Die moderne **Hospizbewegung** geht u. a. auf die britische Ärztin Cicely **Saunders** und die Arbeit in dem von ihr gegründeten St.-Christopher's-Hospiz zurück. Nach ihrer Ansicht ist die Sterbephase ein wichtiger Bestandteil des Lebens, in der wesentliche Erfahrungen gemacht werden können. In Hospizen, in denen **Palliativmedizin** praktiziert wird, geht es also um die Linderung von Schmerzen und Leid, Versorgung und Pflege im Sinne des Kranken, Trost und Beratung für ihn und seine Angehörigen. Träger der Hospize sind vor allem Kirchen, gemeinnützige Vereine und Stiftungen. Neben den stationären Einrichtungen, die Pflegeheimen ähneln, aber oft einen höheren Personalschlüssel haben, gibt es auch **ambulante Hospizdienste.** Diese unterstützen den Wunsch vieler Menschen, zu Hause und nicht etwa im Krankenhaus oder Heim sterben zu können. Häufig verteilen sich die Betreuungs-, Beschäftigungs-, Hilfs- und Pflegearbeiten auf haupt- und ehrenamtlich Tätige.

Patientenverfügung

In einer Patientenverfügung trifft ein Mensch im Voraus in schriftlicher Form Entscheidungen für eine Situation, in der er aufgrund einer Erkrankung nicht mehr entscheidungsfähig ist. Sie bezieht sich in erster Linie auf **medizinische Eingriffe** und **lebensverlängernde Maßnahmen,** wie z. B. Reanimation, künstliche Ernährung, künstliche Beatmung, Dialyse, Bluttransfusion oder Antibiotikagabe. Oft kann eine Situation allerdings nicht so genau beschrieben und im Voraus eingeschätzt werden, so dass unter Umständen doch Ärzte und Angehörige Entscheidungen anhand des **mutmaßlichen Willens** des Patienten treffen müssen. Dementsprechend ist es hilfreich, wenn auch Ausführungen zur Lebenseinstellung, zur religiösen Anschauung oder zu den eigenen Wertvorstellungen in die Verfügung aufgenommen und mit Angehörigen, Freunden oder dem Hausarzt besprochen werden. Das Dokument muss datiert und unterschrieben sein, um **Rechtskraft** zu erhalten. Gegebenenfalls sollte die Unterschrift beglaubigt werden. Ein **Widerruf** ist jederzeit formlos (auch mündlich oder durch Verhaltensäußerungen) möglich.
Von der Patientenverfügung zu unterscheiden ist die **Vorsorgevollmacht,** in der ein Mensch bestimmt, wer ihn im Falle seiner eigenen Entscheidungsunfähigkeit vertreten soll.

2.4.7.2 Phasenmodelle, Trauerverarbeitung

Sterbephasen nach Kübler-Ross

Der Name der Schweizerisch-US-amerikanischen Psychiaterin Elisabeth **Kübler-Ross** ist eng mit den Themen Trauer, Sterben und Tod verbunden. Sie gilt als Begründerin der **Sterbeforschung.** Mit dem Ziel, den Sterbeprozess zu verstehen und Formen der hilfreichen Begleitung zu finden, führte sie zahlreiche Interviews mit todkranken Menschen und Sterbenden. Daraus entwickelte sie u. a. ein **Fünf-Phasen-Modell des Sterbens,** bzw. im weiteren Sinne, des Umgangs mit einem Verlust. Das Modell ist nicht statisch. Einzelne Phasen können sehr lang andauern oder übersprungen werden, nicht jeder Patient durchläuft sie bis zum Schluss. Parallel zu dem Betroffenen erleben oft auch seine Angehörigen vergleichbare Phasen der Trauer, wobei diese nicht zwangsläufig parallel zueinander verlaufen.

1. **Nicht-wahrhaben-Wollen** (Denial): Der Sterbende oder Trauernde leugnet den Verlust, setzt

sich nicht damit auseinander, zweifelt Diagnose und Befunde an und versucht weiterzuleben, als sei nichts geschehen. Für seine Angehörigen ist er in dieser Phase nur schwer zu erreichen. Ihnen wird empfohlen, vor allem zuzuhören, Gesprächsbereitschaft zu signalisieren, zu reagieren, statt zu agieren, auf Befindensäußerungen einzugehen, die Wahrheit nicht ebenfalls zu verleugnen, aber sie auf schonende Weise zu vermitteln.

2. **Zorn** (Anger): Der Sterbende oder Trauernde lehnt sich auf, grollt allem und jedem, empfindet die große Ungerechtigkeit seines Verlusts und Neid gegenüber denen, die weiterleben können, macht Vorwürfe, hinter denen oft Angst und Trauer spürbar werden. Angehörige und Pflegende sollten diese Angriffe nicht persönlich nehmen, Verständnis zeigen und dem Kranken in seinem Bedürfnis nach Selbstbestimmung entgegenkommen.
3. **Verhandeln** (Bargaining): In kindlich-magischer Weise versucht der Sterbende mit Gott, dem Schicksal oder den Menschen um einen Aufschub seines Todes zu „feilschen“:
   „Wenn ich artig bin/alles mitmache/großzügig spende/immer freundlich bin/diese Tabletten nehme/mich mit meinen Feinden versöhne …, darf ich noch ein Jahr länger leben/bei der Geburt meines Enkelkindes dabei sein/wieder gesund werden/noch einmal nach Hause zurückkehren.“
   Angehörige sollten weder die Hoffnung nehmen, noch unrealistische Erwartungen wecken, auf die Wünsche des Betroffenen eingehen, sein Verhalten nicht bewerten und ihn – sofern möglich – von Schuldgefühlen entlasten.
4. **Depression:** Die Trauer bezieht sich sowohl auf das, was nicht mehr ist und was verloren wurde (reaktiv) als auch auf das, was nicht sein wird (vorausschauend). In dieser Phase herrschen Verzweiflung und Hoffnungslosigkeit vor. Angehörige sollten dort Unterstützung und Entlastung anbieten, wo es möglich ist, aufheitern und ermuntern, sofern das ohne Verlust der Authentizität geht, dem Betroffenen aber auch sein Recht auf Trauer zugestehen und diese Gefühle mit ihm teilen und aushalten.
5. **Zustimmung** (Acceptance): Der Betroffene fügt sich in sein Schicksal, nimmt es an und kämpft nicht länger. Das Interesse an der Welt und die Aktivität nehmen ab. Bedürfnisse nach Ruhe, Schlaf und Rückzug werden größer. Angehörige erleben dies zuweilen schmerzhaft als Zurückweisung. Ihre Aufgabe ist es, da zu sein, aber auf Forderungen an den Sterbenden zu verzichten und ihrerseits zu akzeptieren. Oft wird dann Schweigen als angemessene Form der Kommunikation empfunden.

Sterbephasen aus medizinischer Sicht

Die Palliativmedizin kennt eine Anzahl von Merkmalen, die auf das Nahen des Todes hinweisen. So schwindet in den Tagen des Sterbens oft spürbar die Kraft, der Betroffene zieht sich immer mehr von seiner Umwelt zurück, er ist schläfrig, häufig wie abwesend und die Sinnesfunktionen lassen nach. Möglicherweise tritt eine vorübergehende Unruhe auf, manche Menschen zeigen noch einmal eine unerwartete Energie, stehen auf, sprechen mehr als sonst oder essen mit Appetit, was sie vorher nicht mehr getan haben. Dann kann es zu Bewusstseinsveränderungen kommen, einer Vermischung von Gegenwart und Vergangenheit und traumartigem Erleben. Der Kreislauf und die Atmung verändern sich, der Puls wird flacher, die Körpertemperatur sinkt. Hunger und Durst lassen nach. Kurz vor dem Tod verändert sich häufig auch das Gesicht, der Blick geht in die Ferne, die Augen sind eingefallen, der Mund geöffnet. Die Atempausen werden immer länger, schließlich bleibt das Herz stehen.

Ein häufig beobachtetes Phänomen ist, dass Menschen in dem Moment sterben, in dem gerade niemand im Raum ist, als wäre ein Loslassen anders kaum möglich. Häufig bemerken Pflegende auch, dass ein Mensch noch eine Aufgabe lösen muss, ehe er sterben kann, z. B. einen Verwandten noch einmal sehen, sich mit einem Freund versöhnen, das Erbe regeln. Gelingt dies, scheinen Gefühle von Angst und Trauer im Sterben keine Rolle mehr zu spielen.

2.4.7.3 Alters-, geschlechts- und kulturspezifische Todesvorstellungen

Für die Art und Weise, in der sich Menschen mit dem Tod befassen, spielt nicht nur ihr **religiöser** oder **kultureller Hintergrund** eine Rolle, sondern auch **Lebensalter** und **Geschlecht.** Frauen denken mehr über Sterben und Tod nach als Männer und neigen eher dazu, den Tod nicht als Ende von allem zu sehen. Damit verbunden ist die Hoffnung, dass sich die, die durch den Tod getrennt wurden, in irgendeiner Form wieder begegnen. Männer beurteilen dies sachlicher und haben meist weniger Angst vor dem Tod als Frauen.

Erst mit vier oder fünf Jahren beginnen **Kinder** eine Vorstellung vom Tod zu entwickeln. Diese ist anfangs vage, eher auf äußere Erscheinungen bezogen (wer tot ist, bewegt sich nicht mehr, am Grab weinen alle, Oma kommt nicht mehr zu Besuch), wird aber konkret in der Konfrontation mit dem Tod naher Angehöriger, anderer Kinder oder in der unmittelbaren Berührung mit gestorbenen oder getöteten Tieren. Mit der Zeit entsteht ein Bewusstsein der **eigenen Sterblichkeit,** was häufig mit Angst verbunden ist. Für die meisten Schulkinder sind die biologischen und logischen Zusammenhänge des Todes nachvollziehbar, wobei Zusammenhänge mit höherem Lebensalter, schwerer Krankheit oder Unfällen hergestellt werden, die das persönliche Betroffensein in weitere Ferne rücken.

Klinik

Die interdisziplinären Verfahren der **Psychoonkologie** spielen besonders für die Begleitung krebskranker Kinder und ihrer Angehörigen eine wichtige Rolle. Zu ihren Aufgaben gehört es, psychische Begleiterkrankungen und negative soziale Folgen (z. B. Entfremdung von der Peer-Group, Verlust des schulischen Anschlusses) zu verhindern bzw. frühzeitig zu erkennen und dagegen vorzugehen. Dies geschieht in erster Linie mit den Mitteln der Psycho- und Sozialtherapie.

Mit zunehmendem Alter zwingt das Leben zur Auseinandersetzung mit dem Tod: Angehörige und Freunde sterben, eigene Krankheiten desillusionieren das unbestimmte Gefühl der eigenen Unverletzlichkeit bzw. Unsterblichkeit, Formalitäten wie der Abschluss einer Lebensversicherung, das Ausfüllen eines Organspendeausweises oder das Verfassen eines Testaments fordern zum Nachdenken über den Tod heraus.

Religion und **Kultur** bieten dafür ganz unterschiedliche Formen an. In den meisten Anschauungen ist der Tod eine Verwandlung bzw. eine Stufe und kein Ende. Beispielsweise ist für das Christentum der Glaube an die Auferstehung der Toten und das ewige Leben zentral, während man im Hinduismus und Buddhismus von einer Wiedergeburt in veränderter Form ausgeht. Mittelalterliche Darstellungen zeigen, wie der Sterbende seine Seele aushaucht, die dann zum Himmel auffährt. Der personifizierte Tod erscheint zuweilen als unbarmherziger Sensenmann, der zu früh das Lebenslicht auslöscht, zuweilen auch als willkommener Freund, erotischer Verführer, liebevoller Engel oder stummer Begleiter in eine andere Welt.

Abhängig von der Vorstellung dessen, was nach dem Tod kommen mag, ist natürlich auch die Gestaltung des Lebens, wobei in fast allen Kulturen das **Memento mori** (Bedenke, dass du sterben musst) mit dem **Carpe diem** (Nutze den Tag) verbunden ist. Sich durch das Sein und Handeln die Voraussetzungen dafür zu schaffen, dass man nach dem Tod nicht in die Hölle, sondern in den Himmel kommt, dient ja letztlich auch und vor allen Dingen einer Idee vom „guten Leben".

2.4.7.4 Sterben und Tod aus Sicht des medizinischen Personals

Rolle der Selbsterfahrung

Im Sinne von Elisabeth Kübler-Ross und Cicely Saunders stellen **Hospize** Orte dar, an denen das Sterben selbst bzw. etwas über das Sterben gelernt werden kann und zwar nicht nur von jenen, die sich im Sterbeprozess befinden, sondern auch von denen, die sie dabei begleiten. Deshalb werden theologischem und medizinischem Personal, pflegenden und trauernden Angehörigen und anderen Interessierten Seminare zur **Sterbebegleitung** angeboten. Diese leiten unter anderem zur Selbsterfahrung hinsichtlich eigener Gedanken und Gefühle, Erlebnisse und Fragen im Zusammenhang mit dem Tod an. Die **Sterbemeditation** nach dem Psychologenehepaar Reinhard und Anne-Marie **Tausch** führt in die konkrete Konfrontation mit dem eigenen Tod; dies geschieht durch Imagination der Mitteilung einer tödlichen Diagnose durch den Arzt, der Gestaltung der letzten Lebenswochen oder des Abschieds von Freunden und Angehörigen, und soll eine daraus erwachsende Auseinandersetzung mit dem Leben fördern.

In **Balintgruppen** tauschen sich Ärzte unter Anleitung eines Psychotherapeuten im Sinne einer persönlichen und beruflichen Selbsterfahrung über Erlebnisse und Schwierigkeiten ihres klinischen Alltags aus. Auch hier findet das Nachdenken über den Tod und den Umgang mit Sterbenden einen Raum.

Prinzipien der ärztlichen Sterbebetreuung

Die Bundesärztekammer veröffentlicht seit 1979 **Richtlinien zur ärztlichen Sterbebegleitung.** In der Präambel der aktuellen Fassung aus dem Jahr 2011 heißt es:

Aufgabe des Arztes ist es, unter Achtung des Selbstbestimmungsrechtes des Patienten Leben zu erhalten, Gesundheit zu schützen und wiederherzustellen sowie Leiden zu lindern und Sterbenden bis zum Tod beizustehen. Die ärztliche Verpflichtung zur Lebenserhaltung besteht daher nicht unter allen Umständen.
Es gibt Situationen, in denen sonst angemessene Diagnostik und Therapieverfahren nicht mehr angezeigt und Begrenzungen geboten sind. Dann tritt eine palliativmedizinische Versorgung in den Vordergrund. Die Entscheidung hierzu darf nicht von wirtschaftlichen Erwägungen abhängig gemacht werden.
Unabhängig von anderen Zielen der medizinischen Behandlung hat der Arzt in jedem Fall für eine Basisbetreuung zu sorgen. Dazu gehören u. a. menschenwürdige Unterbringung, Zuwendung, Körperpflege, Lindern von Schmerzen, Atemnot und Übelkeit sowie Stillen von Hunger und Durst.
Art und Ausmaß einer Behandlung sind gemäß der medizinischen Indikation vom Arzt zu verantworten. Er muss dabei den Willen des Patienten achten. Bei seiner Entscheidungsfindung soll der Arzt mit ärztlichen und pflegenden Mitarbeitern einen Konsens suchen.
Ein offensichtlicher Sterbevorgang soll nicht durch lebenserhaltende Therapien künstlich in die Länge gezogen werden. Darüber hinaus darf das Sterben durch Unterlassen, Begrenzen oder Beenden einer begonnenen medizinischen Behandlung ermöglicht werden, wenn dies dem Willen des Patienten entspricht. Dies gilt auch für die künstliche Nahrungs- und Flüssigkeitszufuhr.
Die Tötung des Patienten hingegen ist strafbar, auch wenn sie auf Verlangen des Patienten erfolgt.
Die Mitwirkung des Arztes bei der Selbsttötung ist keine ärztliche Aufgabe.
Diese Grundsätze sollen dem Arzt eine Orientierung geben, können ihm jedoch die eigene Verantwortung in der konkreten Situation nicht abnehmen. Alle Entscheidungen müssen unter Berücksichtigung der Umstände des Einzelfalls getroffen werden. In Zweifelsfällen kann eine Ethikberatung hilfreich sein.

Quelle: http://www.bundesaerztekammer.de/downloads/Sterbebegleitung_17022011.pdf (letzter Zugriff 28.11.2013)

2.4.7.5 Trauerreaktion der Hinterbliebenen

Traurigkeit ist die emotionale Reaktion auf einen Verlust, Trauer ein Teil des Abschiedsprozesses. Die von Elisabeth **Kübler-Ross** dargestellten Phasen des Sterbens lassen sich in etwas modifizierter Form auch als Trauerreaktion bei den Hinterbliebenen erkennen. Nach Verena **Kast** werden vier Phasen unterschieden:

1. Verleugnen, Nicht-wahrhaben-Wollen, Schockstarre
2. Gefühlschaos: Trauer, Angst, Zorn, Schuld; Ruhelosigkeit und Schlafstörungen
3. Suche nach dem Toten und Begegnung mit ihm in allen Dingen: in Gedanken und Bildern, Träumen und Erinnerungen, an gemeinsamen Orten, durch gemeinsame Freunde – dabei steht am Ende immer wieder das Bewusstsein, dass er nicht mehr da ist
4. Akzeptanz des Verlusts, Integration des Verlorenen, Fortsetzung und Neubeginn mit veränderten Selbst- und Welterfahrungen

Der deutsche Theologe Yorick **Spiegel** beschäftigte sich ebenfalls mit der Trauerreaktion von Hinterbliebenen und beschrieb folgende vier Phasen:

1. Schockphase: Gefühl der Betäubung, Nicht-wahrhaben-Wollen
2. Kontrollierte Phase: Distanzierung oder Unterdrückung von eigenen Gefühlen, Einnahme einer Beobachterrolle im eigenen Leben, Ablenkung durch praktische Aufgaben (z. B. Vorbereitung der Trauerfeier und Beerdigung)
3. Phase der Regression: Trauer, sozialer Rückzug, Verlust der Kontrolle über die eigenen Gefühle, Hilflosigkeit, Angst, Zorn, Idealisierung des Verstorbenen, wodurch sich das Verlusterleben noch verstärkt, Schlafstörungen, Appetitverlust
4. Phase der Anpassung: Akzeptanz des Verlusts, Lösung von dem Verstorbenen, der in die Erinnerung eingeht, Rückkehr in das eigene Leben

Häufig kommt es innerhalb der einzelnen Phasen immer wieder zu Rückfällen in die vorherigen. Insgesamt zieht sich der Prozess über mehrere Monate bis wenige Jahre. Der amerikanische Trauerforscher J. William **Worden** stellte vier Aufgaben heraus, die der Trauernde in dieser Zeit im Sinne einer **Trauerarbeit** zu lösen hat:

- Die Wirklichkeit des Todes begreifen, den Verlust als Realität akzeptieren

Abb. 2.5 Grabentwurf „ALLEIN" von Timothy Vincent für verwaiste Eltern nach dem Tod ihres Kindes [O902]

- Die Vielfalt der Gefühle erfahren, Schmerz, Angst, Wut und Trauer durchleben
- Die durch den Verlust veränderte Umwelt wahrnehmen und in ihr leben, sie gestalten und sich ihr anpassen
- Dem Toten einen Raum zuweisen und sich öffnen für neue Erlebnisse und Beziehungen

Dem **Hausarzt,** der den Sterbenden und dessen Familie oft über die gesamte Dauer des Krankheits- und Trauerprozesses medizinisch begleitet, kommt auch eine Bedeutung als Zuhörer und Berater sowie als außenstehendem, aber mitfühlendem Partner zu. Von besonderer Emotionalität geprägt und meist auch für die professionellen Helfer sehr belastend, ist der Umgang mit Sterben und Tod eines Kindes. Das scheinbar widernatürliche Geschehen macht fassungslos und konfrontiert mehr als alles andere mit der menschlichen Ohnmacht gegenüber dem Tod (▸ Abb. 2.5). Die **verwaisten Eltern** bedürfen oft einer umfassenden Unterstützung, die ihnen über Vereine für Trauerbegleitung, Beratungsstellen und Selbsthilfe- bzw. Angehörigengruppen angeboten wird.

2.5 Patient und Gesundheitssystem

Das **Gesundheitssystem** umfasst alle Einrichtungen, Personen und Maßnahmen, die mit der Förderung und dem Erhalt von Gesundheit oder der Prävention, Diagnostik und Behandlung von Krankheit zu tun haben. Jeder der das Gesundheitssystem in Anspruch nimmt, wird zum **Patient.** Angesichts einer zunehmenden Betonung des **Dienstleistungscharakters** vieler medizinischer Tätigkeiten, wird in immer mehr Zusammenhängen auch der Begriff **Klient** verwendet. Auf diese Weise wird das partnerschaftliche Einbezogensein des Hilfesuchenden sprachlich hervorgehoben.

2.5.1 Stadien des Hilfesuchens

2.5.1.1 Entscheidungsstufen

Vorübergehende Beschwerden wie Kopf-, Bauch- oder Rückenschmerzen, kleine Verletzungen, innere Unruhe, Schlafstörungen über wenige Nächte, Müdigkeit oder Gefühlsschwankungen gehören zum normalen Leben und werden von den Betroffenen meist gar nicht als Gesundheitsstörungen wahrgenommen. Alles, was über das Maß des Bekannten bzw. Gewohnten hinausgeht, fordert jedoch eine Entscheidung: „Ignorieren und weitermachen wie bisher" oder **„Symptomaufmerksamkeit** entwickeln und Hilfe suchen". Der Prozess über den ein Mensch zum Patienten wird, gestaltet sich abhängig von Persönlichkeit und Erfahrungen, gesellschaftlichen Konventionen, sozialem Umfeld, Wissen und Möglichkeiten des Betroffenen. Die dabei häufig beschrittenen Stufen sind in ▸ Abb. 2.6 dargestellt.

Ein Mensch informiert und orientiert sich zunächst im **Familien- und Freundeskreis:** Ist das Symptom „normal", kennen andere das auch, wofür könnte es stehen, muss man etwas unternehmen? Häufig wird das **Internet** zu Rate gezogen. Manchmal werden die Mediziner im Bekanntenkreis (z. B. auch die Medizin studierende Nichte im dritten Semester!) konsultiert. Auch Apotheker oder Physiotherapeuten werden häufig früher als der Hausarzt befragt. Im Rahmen einer **Laienätiologie** werden Art und Ursache der Beschwerden, das Maß der Bedrohlichkeit, die Prognose („Geht es von selbst wieder weg oder muss man etwas tun?") und die (Be-)Handlungsoptionen zusammengestellt. Diese Thesen können erheblich von der wissenschaftlichen Sicht abweichen und z. B. religiös (Krankheit als Strafe oder Sühne), magisch

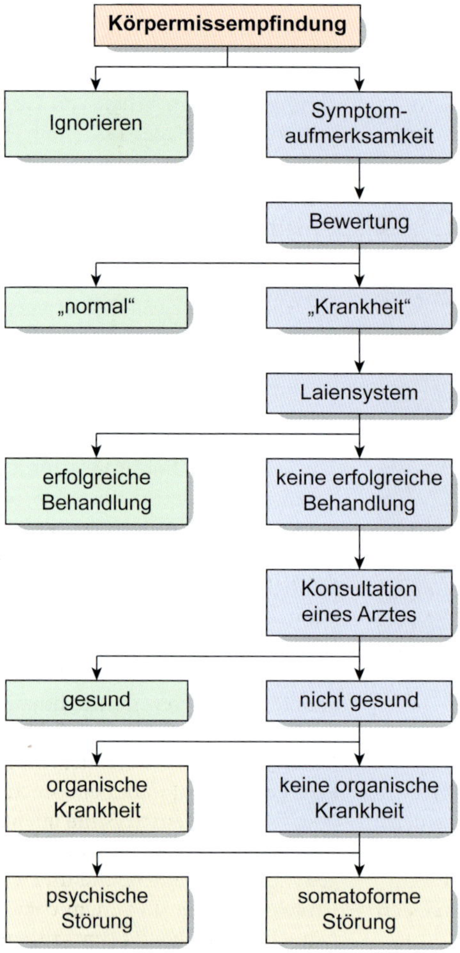

Abb. 2.6 Entscheidungsstufen vom Symptom zur Krankheit [L231]

(Krankheit als Fluch oder Schicksalsschlag) oder parawissenschaftlich (Krankheit als Folge ungünstiger stellarer Konstellationen oder von „bad vibrations“) geprägt sein.

Ehe ein Mensch zum Arzt kommt und Patient wird, hat er sich also meist schon über eine längere Zeit mit seinen Symptomen beschäftigt, Informationen gewonnen und ein Krankheitskonzept erstellt, dessen Kenntnis für die Arzt-Patient-Beziehung und die Behandlung nützlich ist.

2.5.1.2 Rolle von Information und Motivation

Ob ein **Symptom** (griech.: vorübergehende Eigentümlichkeit, Zufall) überhaupt wahrgenommen und dann als **Krankheitszeichen** bewertet wird, hängt von vielen Faktoren ab. Dazu gehören u. a.:

- **Persönlichkeit** und psychische Disposition: Ein ängstlicher, sensibler, besorgter Mensch wird größere Aufmerksamkeit auf Veränderungen richten und diese eher als bedrohlich bewerten als jemand, der über eine hohe **Symptomtoleranz** bis hin zu Indolenz verfügt. Andererseits können Ängste und Besorgnis auch eine Verdrängung von Krankheitszeichen bewirken, z. B. das **Ignorieren** von Knoten in der Brust aus Angst vor Brustkrebs oder die **Bagatellisierung** von chronischem Husten aus Angst vor Lungenkrebs.
- **Information:** Das Wissen um die mögliche Bedeutung eines Symptoms trägt ganz entschei-

Abb. 2.7 Bei Verdacht auf Herzinfarkt ... [W860]

dend zu dessen Wahrnehmung und Bewertung bei. Auch die mediale und gesellschaftliche Aufmerksamkeit für bestimmte Erkrankungen („Modediagnose") führt häufig dazu, dass mehr Menschen eine entsprechende Symptomatik an sich bemerken.

- **Motivation:** Es ist unbequem, Symptome als Zeichen dafür zu verstehen, dass etwas an der aktuellen Lebensführung verändert werden muss. Entsprechend tragen auch die grundsätzliche und momentane Veränderungsbereitschaft und Motivation zur Wahrnehmung und Interpretation von gesundheitlichen Beschwerden bei. In Zeiten beruflichen oder privaten Stresses neigen viele Menschen dazu, Symptome zu ignorieren in der Annahme, sich „jetzt gerade das Krankwerden nicht leisten zu können" und der Hoffnung, „dass das von selbst wieder weggeht".
- **Soziales Umfeld:** In einer Gemeinschaft, in der viel Wert auf eine gesunde Lebensführung gelegt wird und ein hohes Maß an Aufmerksamkeit füreinander besteht, in einer Familie, in der viele Erfahrungen mit Krankheit gemacht wurden oder in einer Gesellschaft, in der Normabweichungen stigmatisiert werden, ist die **Symptomaufmerksamkeit** vermutlich relativ hoch. Anders in einem sozialen Umfeld, dessen Beobachtungsschwerpunkte anderweitig gelagert sind. Ein Maß dafür sind u. a. die Medien (Zeitschriften, Fernsehen, Internet, Werbung), die Gesundheitsthemen in unterschiedlicher Weise gewichten.

Auch der Zugang zu den Einrichtungen des Gesundheitssystems, grundsätzliche Lebenseinstellungen, Ängste vor Behandlungsmaßnahmen und Vorerfahrungen mit Ärzten und Krankenhäusern entscheiden mit darüber, ob und wie rasch ein Mensch medizinische Hilfe in Anspruch nimmt.

Abhängig von diesen Faktoren kann es zu **Verzögerungen der Hilfesuche** und Verschleppung von Krankheiten kommen. Um dem Nichtwissen oder Nicht-wahrhaben-Wollen besonders schwerwiegender Diagnosen wie Herzinfarkt oder Schlaganfall entgegenzuwirken, werden kontinuierliche Informationskampagnen durchgeführt (▶ Abb. 2.7).

2.5.1.3 Determinanten der Inanspruchnahme von Ärzten

Innere und äußere Faktoren entscheiden darüber, ob und wie ein Mensch ärztliche Hilfe in Anspruch nimmt:

- Leidensdruck/Ausmaß der Beschwerden/Wahrnehmung der eigenen Hilfsbedürftigkeit
- Subjektive Einstellungen zu Gesundheit und Krankheit, Gesundheitssystem und Ärzten, Notwendigkeit und Möglichkeiten fremder Hilfe
- Annahme individueller Handlungsfähigkeit in der Krankheit, Modell der gesundheitlichen Überzeugungen (Health-Belief-Modell, ▶ Kap. 3.1.2.1)

- Emotionale (Angst, Stress, Depression) und kognitive (Erklärungsmodell, Erwartungen) Bedingungen
- Frühere Erfahrungen mit Ärzten und medizinischer Hilfe
- Geschlecht (Frauen nehmen eher medizinische Hilfe in Anspruch als Männer) und Bildung
- Zugang zum Hilfesystem/Barrieren: eigene Mobilität, Erreichbarkeit des Arztes, Öffnungs- und Wartezeiten, Terminvergabe
- Finanzielle und soziale Bedenken: kurzfristige Entlastung von beruflichem Druck vs. Angst vor Arbeitsverlust durch längere Krankschreibung

Leistungskatalog der Krankenversicherungen

Die Rahmenbedingungen für Leistungsansprüche, die Versicherte gegenüber ihrer Krankenkasse geltend machen können, sind im fünften Sozialgesetzbuch (SGB-V) festgelegt. So hat jeder das Recht auf **ausreichende, bedarfsgerechte** und **dem medizinischen Wissensstand entsprechende Behandlung.** Diese soll **zweckmäßig** und **wirtschaftlich** sein und das Maß des Notwendigen weder unter- noch überschreiten. Die Verantwortung dafür liegt vor allem bei den Ärzten. Die Krankenversicherungen selbst erstellen entsprechende **Leistungskataloge,** in denen sie – orientiert an den Vorgaben des SGB-V – festlegen, für welche Behandlungen sie ganz oder teilweise finanziell aufkommen. Sogenannte **individuelle Gesundheitsleistungen** (iGeL) müssen vom Patienten selbst bezahlt werden.

2.5.1.4 Motive für die Inanspruchnahme komplementärer und alternativer Heilkunde

Der Begriff **Schulmedizin** ist mit dem Begriff **Naturwissenschaft** assoziiert und steht für jenen Bereich der Medizin, der an **wissenschaftlichen Hochschulen** gelehrt und praktiziert wird. Davon abweichende Verfahren bezeichnet man als **Alternativ- oder Komplementärmedizin.** Da diesen meist die naturwissenschaftliche Begründung und ein auf statistischen Möglichkeiten beruhender Wirksamkeitsnachweis (Evidence-based Medicine, ► Kap. 1.3.8.2) fehlen, werden ihre Kosten üblicherweise nicht von den Krankenkassen übernommen. Die Methoden lassen sich unterteilen in:

- Verwendung von Naturheilmitteln, z. B. bestimmte Diäten, Vitamine, Kräuter, Bachblüten, Schüsslersalze
- Entspannungsverfahren, Methoden, bei denen es um die Einheit von Körper und Geist geht, z. B. Yoga, Tai Chi, Feldenkrais
- Manuelle Techniken, z. B. Osteopathie, Chiropraktik
- Sonstige, z. B. Reiki, Nutzung elektromagnetischer Felder, Heilung durch Steine u. v. m.

Weitgehend im hiesigen Gesundheitssystem etabliert, und mittlerweile zum Teil integriert in die universitäre Ausbildung, sind einige Methoden der traditionellen europäischen Medizin (z. B. **Homöopathie**) und traditionelle nicht europäische Lehren (z. B. **Akupunktur, Ayurveda**).

Klinik

Die **Traditionelle Chinesische Medizin** (TCM) geht von Energieströmen im Körper aus, deren Unterbrechung und Störung zu Krankheitssymptomen führt. Die Stimulation von Bahnen und Triggerpunkten, z. B. durch Druck (Akupressur) oder Nadelstiche (Akupunktur), bewirkt einen heilsamen Ausgleich. Die Methode findet u. a. Anwendung bei Schmerzsyndromen und psychischen Leiden (► Abb. 2.8).
Die indische **Ayurveda-Lehre** versteht Krankheit als das Resultat eines Ungleichgewichts der drei Energien, die Leib und Seele verbinden. Entsprechend sind ihre Methoden auf den Erhalt des gesunden Gleichgewichts ausgerichtet. Sie umfassen Ernährung, Entspannung, Meditation, Atem- und Körperübungen, Massage, Musik und Kunst.

Die **Motive** für die Inanspruchnahme alternativer oder ergänzender Verfahren sind vielfältig. Insbesondere Menschen mit **chronischen Krankheiten,** bei denen es weniger um Heilung als um Linderung und Symptomkontrolle geht, suchen häufig nach Unterstützung innerhalb eines breiteren medizinischen Rahmens. Aber auch **leichte Erkrankungen,** Befindlichkeitsstörungen und Präventionsgedanken führen häufig in Bereiche außerhalb naturwissenschaftlicher Denk- und Behandlungsprinzipien. Die Zuschreibungen der **Alternativmedizin** als sanft, natürlich, verträglich und ganzheitlich machen sie gegenüber der **Schulmedizin** attraktiv, die zuweilen als hart, mechanisch, chemisch, unnatürlich und nebenwirkungsreich gilt. Bei akuter und schwerer Krankheit greifen dennoch die meisten Menschen auf Letztere zurück.

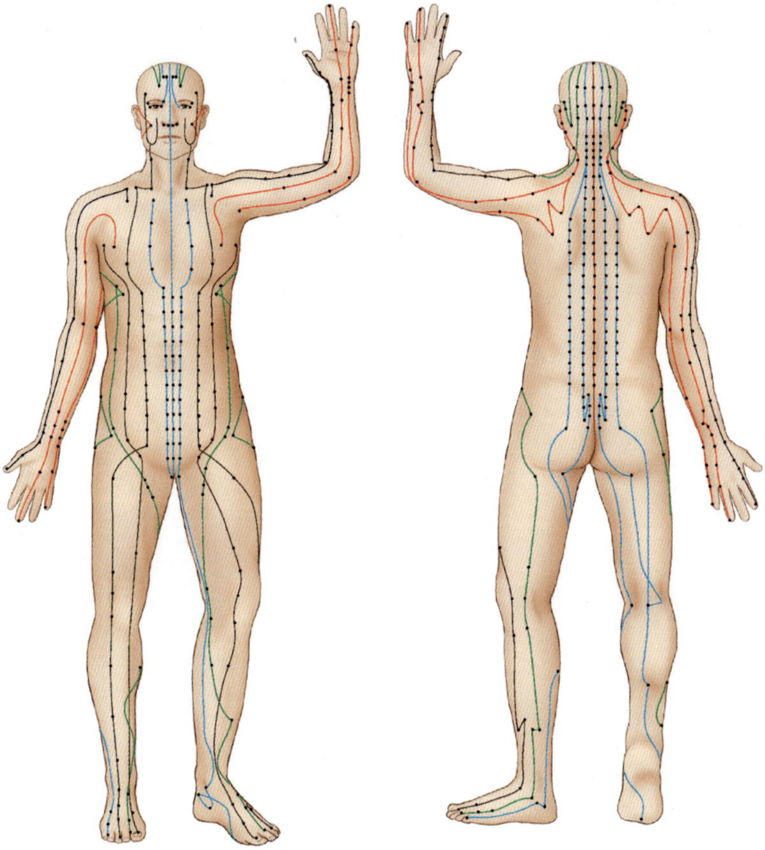

Abb. 2.8 Punkte und Meridiane, die im Rahmen der Traditionellen Chinesischen Medizin bedeutsam sind [E378]

2.5.2 Bedarf und Nachfrage

2.5.2.1 Bedarfsgerechte Versorgung, Über-, Unter- und Fehlversorgung

Im SGB-V wird die Sicherstellung einer **bedarfsgerechten medizinischen Versorgung** für alle Versicherten vorgeschrieben. Zur Verhinderung einer (wirtschaftlich nachteiligen) **Überversorgung** werden zudem Bestimmungen über eine „ausgewogene hausärztliche und fachärztliche Versorgungsstruktur" getroffen. Die **Kassenärztlichen Vereinigungen** regulieren die Anzahl sogenannter **Vertragsarztsitze** pro Versorgungsbereich. *„Überversorgung ist anzunehmen, wenn der allgemeine bedarfsgerechte Versorgungsgrad um 10 vom Hundert überschritten ist"* (§101 SGB V).

Neben den wirtschaftlichen gibt es auch medizinische Argumente gegen ein Zuviel an Diagnostik und Therapie: Mehrfachuntersuchungen (z. B. Röntgenaufnahmen) bei unterschiedlichen Ärzten bzw. in unterschiedlichen Kliniken, Polypharmazie, parallele und einander behindernde therapeutische Verfahren stellen eine eigene Form von Gesundheitsgefährdung dar, der man durch eine bessere Vernetzung aller Behandler eines Patienten entgegenzuwirken versucht.

Medizinische **Unterversorgung** kann strukturelle Ursachen haben: Insbesondere im **ländlichen Raum** sind viele vorgesehene Vertragsarztsitze unbesetzt. Dem versucht man zu begegnen durch finanzielle Anreize und soziale Vergünstigungen für Ärzte, die sich in weniger besiedelten Gebieten niederlassen. Die Idee einer „Landarztquote" taucht immer wieder in den politischen Diskussionen auf. Zu Unterversorgung kommt es aber auch dann, wenn es Patienten aus gesundheitlichen oder finanziellen Gründen nicht gelingt, medizinische Hilfe in Anspruch zu nehmen oder sie ihnen aus anderen Gründen verweigert wird.

Von **Fehlversorgung** spricht man, wenn die durchgeführten medizinischen Leistungen nicht indiziert sind, ihr Nutzen nicht ausreichend nachgewiesen ist, sie in nicht fach- und sachgerechter Weise durchgeführt werden (Behandlungsschäden) oder aber, wenn indizierte und wirtschaftlich gerechtfertigte Maßnahmen nicht oder mit Verzögerung erbracht werden (entgangener Nutzen).

2.5.2.2 Diskrepanz zwischen Bedarf und Nachfrage

Die Diskrepanz zwischen Bedarf und Nachfrage medizinischer Leistungen stellt sich vor allem als Unterschied dar zwischen dem, was wissenschaftlich und technisch machbar und dem, was gesellschaftlich finanzierbar ist. Wie in wirtschaftlichen Systemen üblich, wird die Nachfrage wesentlich durch das Angebot gesteuert: Alles, was machbar ist, soll auch gemacht werden, alles was da ist, wird auch gebraucht. Ob dahinter stets ein wirklicher Bedarf steckt oder erst ein Bedürfnis geweckt wurde, ist in vielen Fällen nicht eindeutig zu bestimmen – man spricht auch von einer **angebotsinduzierten Nachfrage.**

Merke

- Der Begriff **Over-Utilization** steht für eine hohe Nachfrage bei objektiv fehlendem Bedarf. Beispielsweise werden mit steigender Anzahl von Arztpraxen auch mehr medizinische Leistungen in Anspruch genommen.
- **Under-Utilization** bedeutet, dass der objektive Bedarf höher ist als die Nachfrage. Dies betrifft z. B. Präventionsangebote oder Patienten mit fehlender Krankheits- und Behandlungseinsicht.

Gründe für eine **Over-Utilization** können z. B. finanzielle Interessen auf Seiten der Anbieter oder das starke Bedürfnis nach Sicherheit und Versorgung bei Patienten sein. **Under-Utilization** kann ebenfalls wirtschaftlich bedingt sein („Kosten sparen im Gesundheitswesen") oder auf persönlichen (Angst, fehlende Einsicht, fehlende Motivation) oder gesellschaftlich-strukturellen (zu weiter Weg, zu hohe Kosten) Gegebenheiten beruhen.

Klinik

Zum Krankheitsbild der **hypochondrischen Störung** gehört es, dass sich die Betroffenen ständig Sorgen um ihre Gesundheit machen und ganz normale Körperempfindungen als Krankheitssymptome fehlinterpretieren. Ihre Nachfrage nach diagnostischer Abklärung und therapeutischer Intervention erfolgt mit besonderer Beharrlichkeit, obwohl objektiv oft kein Bedarf bzw. keine Indikation besteht.

2.5.2.3 Einfluss von Ärzteangebot und Spezialisierung, Anreize und Restriktionen

Je mehr Ärzte vorhanden sind, umso mehr Ärzte werden auch in Anspruch genommen **(angebotsinduzierte Nachfrage).** Dies betrifft insbesondere Ärzte mit fachlicher Spezialisierung. Entsprechend häufiger und insgesamt teurer sind die durchgeführten Maßnahmen – ein medizinischer Nutzen kann nicht immer nachgewiesen werden. Nicht zuletzt unter dem Druck der Konkurrenz sehen sich Ärzte in Gebieten mit hoher Praxisdichte veranlasst, ihre Patienten häufiger einzubestellen und ihnen mehr Behandlungsangebote zu unterbreiten, darunter zahlreiche „individuelle Gesundheitsleistungen" (iGel), die privat zu bezahlen sind. Der **Arzt als Unternehmer** unterliegt oft den Prinzipien der Marktwirtschaft, dies schließt Maßnahmen der Werbung mit ein.

Von Seiten der **Krankenkassen** besteht ein hohes Interesse daran, die Behandlungskosten so niedrig wie möglich zu halten. Dafür bieten sie einerseits den Patienten **Anreize** zur Reduktion der Nachfrage, wie Rückerstattung von Versicherungsbeiträgen, wenn medizinische Leistungen nicht beansprucht wurden oder finanzielle Vergünstigungen bei Präventionsmaßnahmen. Andererseits unterliegen die Ärzte seitens der Krankenkassen **Restriktionen** hinsichtlich eines Überangebots. Diese können sein: Deckelung des Praxisbudgets für Medikamente, Prüfung von Behandlungsindikationen durch den Medizinischen Dienst der Kassen (MDK) und ggf. Regressforderungen. Durch die Kassenärztliche Vereinigung wird die Zahl der in einem bestimmten Gebiet zugelassenen Ärzte beschränkt. Über einige Jahre war die 2013 abgeschaffte Praxisgebühr ein Versuch, auf finanziellem Wege die Nachfrage einzuschränken.

2.5.2.4 Ungleichheiten in der Versorgung

Wenn man von **Ungleichheiten der medizinischen Versorgung** bei einzelnen Patientengruppen spricht, geht es vorrangig um soziale, nicht um medizinische Gründe (▸ Kap. 1.4.10.3). Ihre Auswirkungen werden in erster Linie statistisch erfasst, z. B. über die Kennzahlen der gruppenspezifischen Morbidität und Mortalität. Ungleichheit in der Versorgung besteht z. B. bei:

- Privat und gesetzlich Versicherten
- Menschen mit und ohne Behinderung
- Menschen mit und ohne Migrationshintergrund
- Menschen aus unterschiedlichen Bildungs- und Einkommensschichten
- Stadt- und Landbewohnern

2.5.2.5 Medikalisierung und iatrogene Einflüsse

Mit dem Begriff **Medikalisierung** wird ein gesellschaftlicher Wandlungsprozess beschrieben, in dem alles, was mit Gesundheit und Krankheit, Befinden und Störung zu tun hat, dem medizinischen Fach und Einfluss übergeben wird. Gleichzeitig werden diesbezügliche religiöse, ethische, philosophische und soziale Deutungen und Handlungen zurückgedrängt.

Die Medizin nimmt eine **Monopolstellung** ein, was mit Allmachtsphantasien einhergeht, sowohl auf Seiten der „Anbieter" als auch der „Kunden". Im Rahmen der Medikalisierung werden auch Persönlichkeitsmerkmale, Entwicklungsaufgaben und Life-Events als medizinisch lösbare Probleme angesehen und die Verantwortung dafür in ärztliche Hände gegeben. Die Medizin begleitet Geburt und Sterben, Pubertät und Adoleszentenkrise, Scheidung und Beruf. Sie ermöglicht die Korrektur ungeliebter körperlicher Eigenschaften und nimmt über die Vereinahmung von Wellness und Fitness Einfluss auf die alltägliche Lebensgestaltung. Krankenhauskonzernslogans wie „Jeder Moment ist Medizin" unterstreichen diese Haltung.

Die **hohen Erwartungen,** die damit an das medizinische Personal gestellt werden (Ärzte als Halbgötter in Weiß), schüren die **Angst vor Fehlern.** In der Unsicherheit darüber, was „krank" und behandlungsbedürftig und was normal und tolerierbar ist, können **Fehlurteile** entstehen und tatsächliche Gesundheitsstörungen übersehen werden (Diagnostizierung Kranker als gesund). Gerade junge Ärzte, die sich als noch unerfahren erleben, neigen rasch dazu, lieber zu viel als zu wenig zu machen, was wiederum **Beurteilungsfehler** in umgekehrter Richtung (Diagnostizierung Gesunder als krank) verursachen kann.

Merke

- In der Statistik spricht man von einem **Fehler erster Art,** wenn die Nullhypothese zu Unrecht verworfen wird. Es wird also ein Effekt (z. B. das Vorliegen einer Krankheit) angenommen, obwohl dieser gar nicht besteht.
- Ein **Fehler zweiter Art** liegt vor, wenn die Nullhypothese zu Unrecht aufrechterhalten wird. Hier wird also ein Effekt (z. B. eine Krankheit) übersehen, obwohl er vorhanden ist.

Von Alters her gilt als die wichtigste **ärztliche Entscheidungsregel** „Primum non nocere" – das Wichtigste ist, nicht zu schaden. Darüber hinaus gehört auch „Primum utilis esse" zu den Maximen der medizinischen Zunft: das Wichtigste ist, zu nützen. So allgemein diese Regeln auch formuliert sind – in der konkreten Situation vermögen sie manchmal eine erstaunlich klare Entscheidungshilfe zu sein.

2.5.3 Patientenkarrieren im Versorgungssystem

Die Patientenkarriere beginnt üblicherweise mit einem Symptom bzw. einer Gesundheitsstörung oder Verletzung, die den Betroffenen veranlasst, mit dem Gesundheitssystem in Verbindung zu treten. Ihr Verlauf ist abhängig von der Krankheit, der Person und der Umwelt, also vom Gesundheitssystem und der Gesellschaft (▸ Kap. 2.1.3.2).

2.5.3.1 Primärarztfunktion und ärztliches Überweisungsverhalten

Als erster professioneller Ansprechpartner im Krankheitsfall nimmt der **Hausarzt** gewissermaßen eine Schlüsselposition im Verlauf der Patientenkarriere ein. Der **Primärarzt** bietet dem Patienten eine erste Orientierung bezüglich Krankheit und Behandlung, leitet Diagnostik und Therapie ein oder überweist an die entsprechenden Fachärzte. So ist der Hausarzt im Optimalfall Anlaufstelle, Begleiter und **Lotse im Krankheitsverlauf.**

Für das Gesundheitssystem fungiert der Primärarzt als **Gatekeeper,** der durch seine koordinierende

Tätigkeit überflüssige Maßnahmen und Doppeluntersuchungen verhindert (► Kap. 2.1.1.3).
Neben Hausärzten übernehmen auch Pädiater, Gynäkologen, Internisten, Augen- und Notärzte die Primärarztrolle. Viele **private Versicherungen** erstatten die vollen Kosten für fachärztliche Behandlungen und Medikamente nur dann, wenn zunächst ein Primärarzt konsultiert wurde. Ohne eine entsprechende Überweisung sind Abschläge von bis zu 20 % möglich. Allerdings haben alle Patienten das Recht auf eine **freie Arztwahl** und auf einen **direkten Zugang zu Fachärzten.**

2.5.3.2 Einfluss ärztlicher Spezialisierung und Kooperation auf die Behandlung

Die ärztliche Spezialisierung trägt dem an Komplexität immer weiter zunehmenden Wissen in der Medizin Rechnung. Selbst innerhalb eines Fachgebiets, wie z. B. der Inneren Medizin, der Pädiatrie oder der Neurologie, gibt es mittlerweile Verzweigungen und Spezialisierungsgrade, die die praktischen Mittel eines Einzelnen überschreiten. Die Möglichkeit, genauere Diagnosen zu stellen und effizienter und individueller zu therapieren, kommt dem Patienten allerdings nur dann zugute, wenn die Fachärzte miteinander kooperieren und ihre Interventionen sinnvoll koordinieren. Andernfalls wird aus der Behandlung eines Menschen die Behandlung seiner Körperteile, die meist Widersprüchlichkeiten erzeugt. So kann z. B. ein aus nephrologischer Sicht indiziertes Medikament die Risiken einer gleichzeitig durchgeführten kardiologischen Behandlung erhöhen und zu Beschwerden führen, für die sich am Ende keiner der Fachärzte zuständig fühlt. Auf die Behandlungscompliance des Patienten hat das dann höchstwahrscheinlich nachteilige Auswirkungen. Insbesondere im klinischen Bereich nimmt die Bedeutung **interdisziplinärer Fallbesprechungen** daher zu.
Die **Schnittstellenproblematik** (Wer übernimmt die Gesamtbetreuung? Wie gestalten sich die Übergänge zwischen den beteiligten Fachgebieten?) betrifft vor allem Menschen mit **chronischen Erkrankungen,** in deren Verlauf mehrere Organe und Organsysteme betroffen sind. Hier greifen sogenannte Disease-Management-Programme (DMP), wobei diese bisher nur für einige wenige Krankheitsbilder (z. B. Diabetes mellitus, Asthma, chronisch obstruktive Lungenkrankheit, Brustkrebs, koronare Herzkrankheit) etabliert sind (► Kap. 2.1.1.3). Im ambulanten Sektor gibt es zudem **Schwerpunktpraxen** für einige Krankheitsbilder (z. B. Diabetes, Epilepsie, AIDS), in denen Patienten umfassend durch ein multiprofessionelles Team behandelt werden.

2.5.3.3 Strukturelle Besonderheiten des deutschen Gesundheitssystems

Das Gesundheitswesen in Deutschland fußt auf dem von Bismarck eingeführten **Sozialversicherungssystem.** Für alle Bürger besteht eine **Versicherungspflicht.** Etwa 90 % der Bevölkerung sind gesetzlich krankenversichert, 10 % sind Mitglieder einer privaten Krankenversicherung. Über die paritätisch von Arbeitnehmern und Arbeitgebern in die gesetzliche Krankenversicherung (GKV) eingezahlten Beiträge werden etwa 60 % aller medizinischen Leistungen finanziert.
Die gesetzlichen Krankenkassen sind **selbstverwaltete** Körperschaften des öffentlichen Rechts. Ihr wichtigstes Organ ist der **Gemeinsame Bundesausschuss** (G-BA), der sich aus Vertretern der Ärzteschaft, der Krankenkassen und der Krankenhäuser zusammensetzt. Patientenvertreter haben in ihm ein Antrags- und Beratungsrecht. Dem Staat kommen lediglich regulierende und beaufsichtigende Funktionen zu. Der G-BA entscheidet darüber, welche Leistungen von den Krankenkassen bezahlt werden, sodass einerseits eine gute medizinische Versorgung aller Versicherten gewährleistet und andererseits den Maßgaben der Wirtschaftlichkeit Genüge getan wird.
Aufgabe der ebenfalls selbstverwalteten **Kassenärztlichen Vereinigungen** ist es, von Seiten der Ärzteschaft die ambulante medizinische Versorgung der Bevölkerung sicherzustellen. Dafür schließen sie mit den Krankenversicherungen Verträge ab und erhalten eine finanzielle Gesamtsumme, die sie auf die Praxen in ihrem jeweiligen Versorgungsgebiet verteilen. Darüber hinaus können Krankenversicherungen Einzelverträge mit Ärzten oder ärztlichen Gemeinschaften schließen.
In Deutschland sind die ambulante und die stationäre medizinische Versorgung strikt voneinander getrennt **(sektorale Trennung).** Krankenhausärzte sind in der Regel nicht an der ambulanten Patientenbetreuung beteiligt, niedergelassene Ärzte geben ihre Patienten für die Zeit des stationären Aufenthalts ab. Dadurch entsteht eine **doppelte Facharztstruktur,** die zuweilen zu

wirtschaftlicher und medizinischer Fehlversorgung führt.
Im Rahmen einer Patientenkarriere kann ein Mensch die unterschiedlichen Sektoren des Gesundheitssystems durchlaufen, also z. B. von der ambulanten in die stationäre Behandlung, von dort in eine Rehabilitationsmaßnahme und zurück in die ambulante Versorgung. An den Übergängen kommt es zuweilen zu **Informationsverlusten,** die die Behandlung erschweren, z. B. durch versäumte Mitgabe von Vorbefunden ins Krankenhaus oder verzögert entsendete Entlassbriefe an den Hausarzt.

2.5.4 Qualitätsmanagement im Gesundheitswesen

Das Qualitätsmanagement (QM) umfasst alle Maßnahmen, die der Sicherung und Verbesserung qualitätsbezogener Vorgaben und dem Erreichen festgesetzter Qualitätsziele in einem Unternehmen dienen. Für das Gesundheitswesen in Deutschland sind der **Gemeinsame Bundesausschuss** (G-BA) und das **Institut für Qualität und Wirtschaftlichkeit im Gesundheitswesen** (IQWiG) maßgeblich an der Festlegung und Prüfung von Qualitätszielen beteiligt. Krankenhäuser, die diese Ziele nicht erreichen, werden von der Versorgung gesetzlich krankenversicherter Patienten ausgeschlossen.

2.5.4.1 Struktur-, Prozess- und Ergebnisqualität

Qualitätsmanagement bzw. Qualitätssicherung erfolgen auf drei Ebenen:

- **Strukturqualität:** Sie umfasst alle strukturellen Aspekte der Leistungserbringung, z. B. personelle und technische Ausstattung, fachliche Qualifikation der Mitarbeiter, räumliche Gegebenheiten, Organisation von Abläufen, Teilnahme an Weiterbildungen und Qualitätszirkeln oder Hygiene.
- **Prozessqualität:** Sie bezieht sich auf das Wie der medizinischen Versorgung, z. B. Art der Anamneseerhebung, Diagnostik und Therapie, Dokumentation, Orientierung an Leitlinien, Indikationsstellung und Monitoring der Therapie und des Therapieerfolgs.
- **Ergebnisqualität:** Sie bezieht sich auf das Erreichen angestrebter Ziele und lässt sich z. B. über statistische Maßzahlen (Morbidität) oder die Patientenzufriedenheit ermitteln.

2.5.4.2 Grundprinzipien evidenzbasierter Medizin

Ziel der **Evidence-based Medicine** (EbM) ist es, wissenschaftliche Grundlagen für ärztliches Handeln zu schaffen, um den einzelnen Patienten gemäß eines optimalen medizinischen Standards zu versorgen (► Kap. 1.3.8.2). Dafür wird die medizinwissenschaftliche Literatur hinsichtlich einer bestimmten Fragestellung systematisch nach Befunden und Studienergebnissen durchsucht, wobei es in erster Linie um Wirksamkeit und Nutzen diagnostischer und therapeutischer Verfahren geht. In der Praxis wirken in der Regel die individuellen Kenntnisse und Erfahrungen des handelnden Arztes und die externe Evidenz systematischer medizinischer Forschung nach einem vom kanadischen EbM-Pionier David **Sackett** vorgestellten Schema zusammen:

- Ableitung einer wissenschaftlichen Fragestellung aus dem konkreten klinischen Fall
- Recherche der für diese Frage relevanten wissenschaftlichen Literatur
- Kritische Bewertung der Literatur hinsichtlich Validität und Nützlichkeit
- Anwendung der als valide und nützlich eingeschätzten Verfahren im konkreten klinischen Fall
- Bewertung der eigenen Leistung und Ergebnisse

Die nach dem Begründer der Evidence-based Medicine Archie **Cochrane** benannte **Cochrane Collaboration** stellt ein weltweit verbreitetes Netz von Wissenschaftlern und Medizinern dar, das es sich zur Aufgabe gemacht hat, systematische Übersichtsarbeiten **(Systematic Reviews)** zu medizinischen Fragestellungen zu entwickeln, zu verbreiten und zu aktualisieren. Diese werden in der digitalen **Cochrane Library** (www.thecochranelibrary.com) Wissenschaftlern, Ärzten und Patienten zur Verfügung gestellt. Ziel beider Einrichtungen und ihrer nationalen Sektionen ist es, verbesserte wissenschaftliche Grundlagen für Entscheidungen im Gesundheitswesen zu schaffen.

Leitlinien in der Medizin

Aufbauend auf den Ergebnissen wissenschaftlicher Untersuchungen und Studien werden **systematische Leitlinien** zur medizinischen Diagnostik und Therapie bestimmter Krankheitsbilder erstellt (► Kap. 1.3.8.5). Sie sind im Idealfall wissenschaftlich fundiert, praxisorientiert und dem Prinzip der Wirtschaftlichkeit verbunden. Anders als Richtlinien dienen Leitlinien lediglich der Orientierung und sind nicht rechtsverbindlich. Zu den Herausgebern von Leitlinien gehören u. a. die wissenschaftlichen medizinischen Fachgesellschaften (AWMF), die einzelnen Organisationen der ärztlichen Selbstverwaltung (Bundesärztekammer, Kassenärztliche Bundesvereinigung) sowie die Berufsverbände.

2.5.4.3 Interne und externe Qualitätskontrolle

Interne Qualitätskontrolle erfolgt, wie die Bezeichnung vermuten lässt, von innen: Diejenigen, die unmittelbar mit der Leistungserbringung bzw. dem Leistungsempfang zu tun haben, evaluieren, führen Kontrolluntersuchungen durch, geben gegenseitig Rückmeldung und überprüfen ihre Tätigkeiten anhand eigener Qualitätsstandards.

Externe Qualitätskontrollen werden von Personen durchgeführt, die außerhalb der zu bewertenden Einheit stehen und ermöglichen den Vergleich mit anderen. In Deutschland sind alle medizinischen Einrichtungen verpflichtet, sich an Maßnahmen der externen Qualitätskontrolle zu beteiligen.

Zu den Methoden der Qualitätskontrolle gehören unter anderem:

- **Supervision:** Dieses Verfahren ist vor allem in der Psychiatrie und Psychotherapie verbreitet. Es enthält meist Elemente der Selbsterfahrung. Im Rahmen von Gruppen- und Fallsupervisionen werden Beziehungsgestaltungen betrachtet und interaktionelle Zusammenhänge in einem Team deutlich gemacht. Einzelsupervisionen dienen der gezielten Klärung therapeutischer Probleme.
- **Intervisionen** bzw. **Qualitätszirkel** stellen dagegen Orte des Erfahrungsaustauschs und der kollegialen Beratungen ohne den moderierenden „Blick von oben/außen" dar. Sie werden regelmäßig durchgeführt und beruhen auf der gleichberechtigten, problem- und zielorientierten Zusammenarbeit ihrer Teilnehmer.
- **Peer-Review:** Damit bezeichnet man die unabhängige Beurteilung einer Arbeit bzw. einer wissenschaftlichen Publikation durch „Ebenbürtige" (Peers). In der Wirtschaft gestaltet sich eine Peer-Review z. B. so, dass ein Experte aus einem Unternehmen die Qualität eines Projekts von einem anderen Unternehmen prüft. In der Medizin ist das Verfahren insbesondere in der externen Qualitätssicherung von Rehabilitationseinrichtungen verbreitet.
- Eine gesetzlich vorgeschriebene Form der internen Qualitätssicherung sind **Zertifizierungen.** Zu deren bekanntesten Anbietern gehören **KTQ** (Kooperation für Transparenz und Qualität im Gesundheitswesen), **DIN** (Deutsches Institut für Normung) und **ISO** (International Standardisation Organisation). Im Rahmen der in regelmäßigen Abständen durchgeführten Zertifizierungsverfahren wird die Einhaltung von vorgegebenen Qualitätsstandards (z. B. in einem Krankenhaus oder einer Praxis) geprüft und damit eine Orientierung und Vergleichsmöglichkeit sowohl für Patienten als auch für medizinisches Personal und Kostenträger geschaffen.

2.5.4.4 Patientenzufriedenheit und gesundheitsbezogene Lebensqualität als zusätzliche Beurteilungsparameter

Neben dem in unterschiedlicher Weise messbaren therapeutischen Erfolg spielt die **Patientenzufriedenheit** als Qualitätsmerkmal eine wichtige Rolle. Sie setzt sich zusammen aus der Beurteilung der ärztlichen Leistung, der pflegerischen Versorgung und Faktoren, die vor allem etwas mit Service und Ambiente zu tun haben. Dies schließt die Freundlichkeit der Mitarbeiter, die räumliche Ausstattung der Praxis oder der Klinik, die Qualität des Krankenhausessens, die Kooperation mit anderen medizinischen Einrichtungen, Terminvergabe und Wartezeiten, Gestaltung der Homepage (sofern vorhanden) usw. ein. Im Internet entstehen immer mehr Foren, in denen sich Patienten über Ärzte und Krankenhäuser austauschen, Empfehlungen geben oder Kritik üben. Dies betont die Entwicklung eines **Dienstleistungscharakters** der Medizin, der einer marktwirtschaftlichen Orientierung folgt. Daneben wird in vielen Krankenhäusern und Arztpraxen die Patientenzufriedenheit regelmäßig mithilfe von Fragebögen erfasst. Aufgabe des **Beschwerdemanagements** ist es, Gründe für Unzufriedenheit aktiv zu erfragen und, wenn möglich, zu beseitigen.

Die **gesundheitsbezogene Lebensqualität** (Health-Related Quality of Life) ist ein mehrdimensionales, subjektives Konstrukt, in das körperliche, psychische und soziale Aspekte einfließen. Sie wird ebenfalls mittels Fragebögen und Bewertungsskalen erfasst und drückt die Zufriedenheit der Bevölkerung mit ihrem Gesundheitszustand aus. Andere Bezugsfelder der Lebensqualität sind z. B. Beruf,

Wohlstand, Bildung, Kultur, Religion oder Politik. Mit der Bewertung **qualitätsangepasster Lebensjahre** (Quality Adjusted Life Year, QALY) wird der gesundheitliche „Nutzwert" eines Jahres beschrieben. Ein QALY von 1 bedeutet ein Lebensjahr in vollständiger Gesundheit, QALY = 0 bedeutet den vollständigen Verlust der Gesundheit durch Tod. Die Einschätzung der Lebensqualität ist subjektiv. Um sie statistisch verwertbar zu machen, wird z. B. gefragt, wie viele Jahre ein Mensch opfern würde, um den Rest seines Lebens in vollständiger Gesundheit zu verbringen oder welches Maß an Gesundheitseinschränkungen für ihn akzeptabel wäre.

2.5.4.5 Qualitätswettbewerb

Der im Rahmen des technischen Fortschritts (immer mehr Möglichkeiten) und des sozialen Wandels (Immer mehr Leistungsempfänger) zunehmende **Kostendruck** bleibt nicht ohne Auswirkungen auf die Struktur des Gesundheitswesens. Dieses entwickelt sich zum **Gesundheitsmarkt** mit all seinen Regeln. In einer Gesellschaft, in der jeder Mensch ein Recht auf medizinische Versorgung und freien Zugang zum Gesundheitssystem hat, werden Patienten zu Kunden und Qualität zum wichtigsten Wettbewerbsmerkmal. Viele Einrichtungen gehen, nach anfänglichem Zögern, offensiv damit um und veröffentlichen z. B. im Internet die Daten der bei ihnen durchgeführten Qualitätskontrollen. Dazu gehören natürlich auch kritische Zahlen, wie die der jährlichen Todesfälle oder der Operationskomplikationen und eine sogenannte **offene Fehlerkultur.** Der Qualitätswettbewerb stellt einen Gegenentwurf zu rein finanziell geleiteten Vergleichen dar und dient letztlich der Verbesserung der Patientenversorgung.

Mit dem Ziel der Kostensenkung bei gleichzeitig stabiler Versorgungsqualität und zur Einschränkung der marktwirtschaftlichen Ausuferung des Gesundheitswesens gewinnt **Managed Care** an Bedeutung. Mit diesem Begriff werden Maßnahmen erfasst, die durch vertragliche Regelungen die Auswahlmöglichkeiten der Patienten beschränken. Dazu gehören z. B. das Hausarztmodell, Modelle der integrierten Versorgung oder die Disease-Management-Programme.

Förderung und Erhaltung von Gesundheit

03

3.1 Prävention

IMPP-Hits

Folgende Themen wurden vom IMPP besonders häufig zum Thema Förderung und Erhaltung von Gesundheit geprüft (Reihenfolge absteigend):
- Modell der Selbstwirksamkeit bzw. der Kompetenzerwartung (▸ Kap. 3.1.2.4)
- Transtheoretisches Modell der Verhaltensveränderung (▸ Kap. 3.1.2.6)
- Spezifität und Sensitivität (▸ Kap. 3.1.4.3)
- Verhaltens- und Verhältnisprävention (▸ Kap. 3.1.1)
- Health-Belief-Modell (▸ Kap. 3.1.2.1)
- Resilienz (▸ Kap. 3.1.3.2)
- Risiko- und Schutzfaktoren der Erkrankung (▸ Kap. 3.1.4.1)
- Einsatz von Screening-Verfahren (▸ Kap. 3.1.4.3)

Die Themen in ▸ Kap. 3.1 Prävention werden häufiger abgefragt als die in ▸ Kap. 3.2 Maßnahmen.

3.1.1 Präventionsbegriff

Die lateinische Herkunft des Begriffs **Prävention** (praevenire heißt so viel wie zuvorkommen oder verhüten) gibt einen Hinweis darauf, wie alt diese Idee ist. Präventiv Nahrungsvorräte anzuschaffen, Wohnraum zu sichern oder Krieg zu führen, war schon in vorsprachlichen Zeiten überlebenswichtig. Die wissenschaftliche Auseinandersetzung mit Prävention – z. B. in den Bereichen Medizin, Kriminologie, Soziologie, Wirtschaft oder Politik – findet seit Mitte des 20. Jahrhunderts statt.

Ganz allgemein versteht man unter dem Begriff der **Krankheitsprävention** alle Maßnahmen, die das Auftreten von Krankheit oder deren Verschlimmerung verhindern sollen. Diese begründen sich sowohl **ethisch** – der Mensch soll nicht leiden und möglichst lange und zufrieden leben – als auch **ökonomisch:** finanzielle und wirtschaftliche Einbußen, die durch den Krankheitsausfall von Arbeitnehmern oder die Behandlung von Patienten entstehen, sollen verhindert werden.

1964 führte der amerikanische Psychiater Gerald **Caplan** die Begriffe **primäre, sekundäre** und **tertiäre Prävention** ein, um die zeitlichen Ansatzpunkte möglicher Interventionen zu unterscheiden.
- **Primäre Prävention:** Sie richtet sich an gesunde Menschen sowie Vertreter von Risikogruppen und soll Krankheit oder gesundheitsschädliches Verhalten verhindern (z. B. Impfungen).
- **Sekundäre Prävention:** Sie dient der Früherkennung einer Erkrankung, bevor eine spürbare Gesundheitsstörung eingetreten ist und soll ein Fortschreiten verhindern (z. B. Brustkrebs- oder Darmkrebs-Screening).

- **Tertiäre Prävention:** Die hier einzuordnenden Maßnahmen sollen bei Menschen mit manifesten (chronischen) Erkrankungen eine weitere Verschlechterung, Komplikationen, Folgeschäden oder Rückfälle verhindern (z. B. Rehabilitation nach Schlaganfall, regelmäßige Tumor-Nachsorgeuntersuchungen).

Noch relativ neu ist der Begriff der **Quartären Prävention,** die dem Prinzip „primum non nocere" (zuerst einmal nicht schaden) folgt und es sich zur Aufgabe macht, ein Zuviel an medizinischen Maßnahmen und Medikation zu vermeiden.

Merke

Die „Number Needed to Treat" (= NNT) bezeichnet die Anzahl der Patienten, die behandelt werden müssen, um ein einziges negatives Ereignis zu verhindern.

Abhängig vom Gegenstand der Maßnahmen lassen sich **Verhaltens-** und **Verhältnisprävention** voneinander abgrenzen.

- **Verhaltensprävention:** Gesundheitsschädliches Verhalten soll erkannt und verändert werden (z. B. Ernährungsumstellung, Raucherentwöhnung, Steigerung der körperlichen Aktivität).
- **Verhältnisprävention:** Lebens- und Arbeitsbedingungen werden auf ihr gesundheitsschädliches Potenzial hin geprüft und ggf. verändert (z. B. Maßnahmen des Arbeitsschutzes, Lärmdämmung, Grenzwerte für Gefahrenstoffe).

3.1.2 Modelle gesundheitsrelevanten Verhaltens

Um Präventionsstrategien zu entwerfen, ist es wichtig, die Ursachen für gesundheitsschädigende Verhaltensweisen und die Motivationsfaktoren für gesundheitsförderliches Verhalten zu verstehen. Dazu wurden verschiedene Modelle entwickelt, die häufig kombiniert auf die Entwicklung von Präventionsmaßnahmen Einfluss nehmen.

3.1.2.1 Health-Belief-Modell

Das Modell der **Gesundheitsüberzeugungen** (Health-Belief) wurde in den 1950er-Jahren entwickelt und beruht auf der Annahme, dass Menschen rational denken und sich, wenn ihnen die Konsequenzen ihres Verhaltens klar vor Augen geführt werden, gemäß sachlicher Abwägungen für das „richtige" Handeln entscheiden. Dabei spielen folgende Überlegungen eine Rolle:

- **Bin ich gefährdet?** Subjektive Wahrnehmung der eigenen Krankheitsanfälligkeit bzw. der eigenen Verwundbarkeit:
  „Ich rauche, aber alle anderen rauchen ja auch."
- **Ist die Krankheit schlimm?** Subjektive Einschätzung der Schwere bzw. der Folgen der Erkrankung:
  „Vom Rauchen kann man Krebs bekommen. Krebs ist eine schwere, möglicherweise tödliche Erkrankung. Wenn man sie früh genug entdeckt, ist Heilung aber möglich."
- **Bringt mir eine Verhaltensänderung etwas?** Kosten-Nutzen-Analyse und Einschätzung von Effektivität und Effizienz einer Veränderung:
  „Wenn ich aufhöre zu rauchen, sinkt die Wahrscheinlichkeit, dass ich Krebs bekomme. Außerdem werde ich leistungsfähiger sein. Und meine Kleidung riecht nicht mehr so nach Rauch."
- **Gibt es Hindernisse?** Wahrnehmung von Barrieren und Schwierigkeiten bei der Verhaltensänderung:
  „Wenn ich nicht mehr rauche, werde ich wahrscheinlich mehr essen und zunehmen. Außerdem muss ich mir dann etwas anderes für die Raucherpause ausdenken."

Aus der Einschätzung der eigenen **Bedrohung** und der Abwägung von **Aufwand** und **Nutzen** einer Verhaltensänderung resultiert die Entscheidung für oder gegen ein bestimmtes Handeln.

Als **modifizierende Variablen** kommen noch Alter, Geschlecht, sozioökonomischer Status, kultureller Hintergrund usw. hinzu sowie die Einschätzung der **Selbstwirksamkeit** und interne oder externe **Handlungsanstöße** („In der Zeitung wurde das qualvolle Sterben eines bekanntermaßen Kette rauchenden Prominenten beschrieben").

3.1.2.2 Theorie der Schutzmotivation

Das von **Rogers** 1983 vorgeschlagene Modell beinhaltet die Anwendung von **Furchtappellen.** Diese suggerieren häufig auf drastische Weise eine schwere Bedrohung von Leben, Gesundheit oder Sicherheit (z. B. Warntexte oder -bilder auf Zigarettenschachteln). Die Motivation, sich zu schützen, beruht auf Faktoren, die denen des Health-Belief-Modells ähnlich sind:

- Die **Konsequenzen** einer Beibehaltung des gesundheitsschädigenden Verhaltens werden als sehr schwerwiegend eingeschätzt.
- Die Wahrscheinlichkeit, selbst von diesen Konsequenzen betroffen zu sein, wird als sehr hoch eingestuft.
- Die **Veränderung** hin zu einem gesundheitsförderlichen Verhalten wird als tatsächlich möglich und sinnvoll angesehen.
- Die **Nachteile,** die mit der Aufgabe des bisherigen Verhaltens einhergehen, müssen geringer sein als die Vorteile, die das neue Verhalten mit sich bringt.

Erneut geht es also um die Einschätzung der subjektiven Bedrohung sowie der persönlichen Bewältigungsmöglichkeiten.

3.1.2.3 Modell des geplanten Verhaltens

Dieses 1991 von Icek **Ajzen** entworfene Konzept, auch als Modell des vernünftigen oder überlegten Handelns bezeichnet, beschreibt den Zusammenhang zwischen Einstellung und Verhalten. Man geht davon aus, dass bestimmte theoretische Einstellungen zu einem Sachverhalt unter günstigen Umständen (ausreichend Bedenkzeit, passende äußere Gegebenheiten) ein entsprechendes Handeln generieren.

Neben der **subjektiven Einstellung** („Ich finde es gut, komplett auf Alkohol zu verzichten"), spielt aber auch die Einstellung des Umfeldes bzw. die **soziale Norm** („Meine Freunde sagen, dass man nur cool ist, wenn man Alkohol trinkt") eine wichtige Rolle. Dabei sind es aber nicht die subjektive Einstellung und die soziale Norm allein, die das Verhalten bestimmen, sondern auch die wahrgenommene **Verhaltenskontrolle:** Wie schwer oder leicht ist es, ein theoretisch als sinnvoll erachtetes Verhalten praktisch umzusetzen („Ich würde gern komplett auf Alkohol verzichten, aber in meinem Beruf ist es notwendig, regelmäßig an Sektempfängen teilzunehmen")?

Merke

Persönliche Einstellung und soziale Norm bedingen eine Intention, deren Umsetzung insbesondere von den Möglichkeiten der subjektiven Verhaltenskontrolle abhängig ist.

3.1.2.4 Modell der Selbstwirksamkeit bzw. Kompetenzerwartung

1977 entwickelte der Psychologe Albert **Bandura** das Konzept der Selbstwirksamkeit. Dabei geht es um die Annahme bzw. das Ausmaß des eigenen Einflusses auf das Geschehen und die Welt oder, noch allgemeiner, um die Zuversicht, mittels eigener Handlungen eine **Wirkung** erzielen zu können. Menschen mit einer hohen Selbstwirksamkeit bzw. Kompetenzerwartung sind häufig in ihren Aufgaben anspruchsvoll und ausdauernd und neigen weniger zu Angsterkrankungen oder Depressionen.

Bandura ermittelte vier Quellen der Kompetenzerwartung:

- **Eigene Erfolgserlebnisse** (Performance Accomplishments): Wer seine eigene Wirksamkeit erlebt hat, tritt selbstbewusster und zuversichtlicher in ähnlichen Situationen auf.
- **Stellvertretende Erfahrungen** (Vicarious Experience): Beobachtungen von Erfolg oder Misserfolg bei Personen, die man für sich selbst ähnlich hält, haben Einfluss auf die eigene Selbstwirksamkeitserwartung.
- **Verbale Ermutigung** bzw. **positives Feedback** (Verbal Persuasion): Das gute Zureden bzw. das darin zum Ausdruck kommende Zutrauen anderer Personen erhöhen die eigene Kompetenzerwartung.
- **Emotionaler Zustand** (Emotional Arousal): Im Wechselspiel emotionaler, körperlicher und kognitiver Wahrnehmungen und Reaktionen kann die Kompetenzerwartung unterschiedlichen Einflüssen ausgesetzt sein. So könnte das Empfinden von Angst und Anspannung in Verbindung mit Zittern und Schwitzen zu dem Gedanken „Das schaffe ich nicht" führen. Andererseits könnte jemand, der seine Selbstwirksamkeit oftmals positiv erfahren hat, die Anspannung auch als Antrieb erleben und sich zur Bewältigung motiviert fühlen.

3.1.2.5 Modell des sozialen Vergleichsprozesses

1954 verfasste der amerikanische Sozialpsychologe Leon **Festinger** „A Theory of Social Comparison Processes", in der er herausstellte, dass Menschen Informationen über sich selbst häufig aus **sozialen Vergleichen** ziehen. Dies spielt insbesondere dann eine Rolle, wenn objektive Maßstäbe fehlen, z. B.

bei der Betrachtung des eigenen Gesundheitszustands oder des individuellen Glücks. Vergleiche können dabei „auf gleicher Ebene" erfolgen, also mit Menschen, deren Eigenschaften und Voraussetzungen in Vielem den eigenen gleichen, oder **auf- oder abwärts** gerichtet sein.
Ein aufwärtsgerichteter Vergleich liegt z. B. vor, wenn sich ein Fünfjähriger im Weitsprung mit einem 14-Jährigen misst – wobei sich Letzterer damit gleichzeitig auf einen abwärtsgerichteten Vergleich einlässt.

3.1.2.6 Transtheoretisches Modell der Verhaltensänderung

Das 1982 von J. O. **Prochaska** und C. C. **DiClemente** entwickelte Stufenmodell der Verhaltensänderung wird als transtheoretisch bezeichnet, weil es eklektisch aus unterschiedlichen Theorien zu Verhalten und Verhaltensänderung schöpft. Es findet Anwendung als Erklärungs- und Interventionsmodell in vielen Bereichen, die für die Prävention von Interesse sind, z. B. Ernährung, Sport, Sucht. Man unterscheidet sechs Stufen innerhalb des Veränderungsprozesses:

- **Absichtslosigkeit** (Pre-Contemplation): Es besteht kein Anreiz, eine Verhaltensänderung durchzuführen („Alles ist super, so wie es ist").
- **Absichtsbildung** (Contemplation): Es entsteht die vage Idee, irgendwann etwas am Verhalten zu ändern („Ich sollte vielleicht mal ein bisschen Sport machen").
- **Vorbereitung** (Preparation): Es werden konkrete Schritte hin zur Verhaltensänderung unternommen („Morgen gehe ich ins Fitnessstudio und melde mich an").
- **Handlung** (Action): Das neue Verhalten wird ausgeführt („Ich mache Sport").
- **Aufrechterhaltung** (Maintenance): Das neue Verhalten wird zur Normalität („Ich mache jetzt seit drei Monaten dreimal pro Woche Sport").
- **Andauernde Aufrechterhaltung** (Termination): Das neue Verhalten ist vollständig integriert („Ich kann mir gar nicht vorstellen, auf Sport zu verzichten").

Erst später wurde auch – insbesondere aus den Erfahrungen mit Abhängigkeit und Sucht – der **Rückfall** in vorbestehende Verhaltensweisen als ein natürlicher Bestandteil des Prozesses aufgenommen. Er beendet die Aufrechterhaltung und führt zumeist in eine unterschiedlich lang andauernde Phase der Absichtslosigkeit zurück.
Die Aufgabe eines begleitenden Therapeuten ist es, herauszufinden, auf welcher Stufe sich der Betroffene befindet und den jeweils nächsten Schritt durch spezifische Interventionen zu unterstützen.

3.1.2.7 Prozessmodell gesundheitlichen Handelns (HAPA)

Der Psychologe Ralf **Schwarzer** greift in seiner als sozial-kognitiv klassifizierten **Health Action Process Approach** (HAPA, 1992) Elemente aus allen zuvor beschriebenen Modellen auf und fasst sie in ein erweitertes Schema zusammen (► Abb. 3.1) Grundsätzlich werden eine **intentionale,** also absichtsbildende, und eine **volitionale** Phase unterschieden.

> **Merke**
> Volitional = durch den Willen bestimmt (z. B. eine durch den Willen bestimmte Verhaltensänderung)

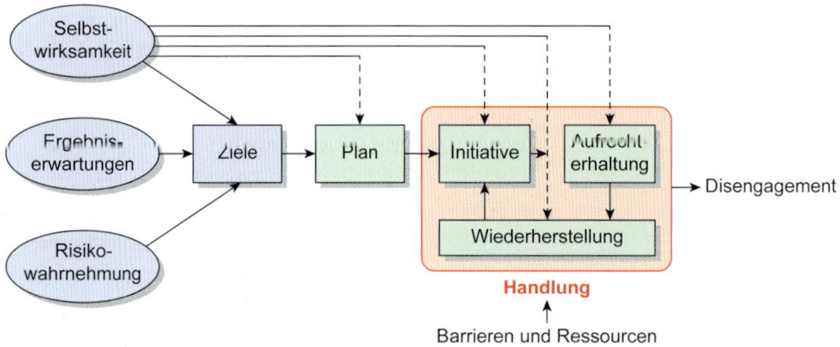

Abb. 3.1 Das Prozessmodell gesundheitlichen Handelns nach Schwarzer [T616/L231]

Die Absichtsbildung beeinflussende (intentionale) Faktoren sind:

- Art und Ausmaß der wahrgenommenen **Bedrohung** und der eigenen Verwundbarkeit
- **Selbstwirksamkeit** bzw. Kompetenzerwartung
- **Ergebniserwartung**

Faktoren des volitionalen Prozesses sind:

- **Handlungsplanung**
- **Handlungskontrolle**
- **Handlung**

Dabei können, ähnlich wie im transtheoretischen Modell, noch einmal eine Vorbereitungs-, Aktions- und Aufrechterhaltungsphase unterschieden werden.

3.1.2.8 Psychosoziale Stressbelastung und gesundheitsschädigendes Verhalten

Die Spielarten von **psychosozialem Stress** sind geradezu unerschöpflich: Überlastung oder Unterforderung am Arbeitsplatz, Mobbing, Konkurrenz- und Zeitdruck, Konflikte innerhalb der partnerschaftlichen Beziehung, der Familie, des Freundeskreises, Erkrankung, Unfall, Naturkatastrophen – um nur einige zu nennen. Wie ein Mensch auf Stress reagiert und welche **Bewältigungsstrategien** er entwickelt, hängt u. a. von Erziehung und Erfahrung, Selbstwirksamkeits- und Kompetenzerwartungen sowie immateriellen und materiellen Ressourcen ab.

Nicht selten führt kurzfristiger Stress zur **Ressourcenaktivierung,** während die langfristige Belastung krank macht. Neben psychosomatischen Erkrankungen und Depressionen bzw. Burnout-Syndromen ist hier in erster Linie auch an gesundheitsschädigendes Verhalten in Form von Substanzmissbrauch und Sucht zu denken. Durch zahlreiche Biografien belegt ist z. B. der Zusammenhang zwischen **beruflichem Misserfolg** und **Alkoholabhängigkeit.** Sehr vereinfacht lässt sich ein **Circulus vitiosus** aufzeichnen: Alkohol wird zur raschen Entlastung bei Stress und Anspannung genutzt, bedingt aber auf Dauer eine Minderung der Leistungsfähigkeit, was zu einer Zunahme von Stress und Anspannung führt, die wiederum durch Alkohol gedämpft werden muss.

3.1.3 Primäre Prävention

Zweck der primären Prävention im Gesundheitswesen ist die Verhinderung von Krankheit. Entsprechend umfasst sie die **Aufklärung über Risikofaktoren und Schutzmaßnahmen** (z. B. Impfungen, Hygiene) und die **Förderung** von bekanntermaßen die Gesundheit unterstützenden Verhaltensweisen. Die wichtigsten Themen sind Infektionskrankheiten, Ernährung, Bewegung, Stress und Sucht. Der Leitgedanke der primären Prävention: **„Vorbeugen ist besser als Heilen"**, ist nicht zuletzt auch wirtschaftlich zu verstehen.

3.1.3.1 Gesundheit als gesellschaftlicher Wert und als persönliches Kapital

Mit über 11 % des Bruttoinlandsprodukts bzw. knapp 280 Milliarden Euro bilden die Ausgaben im Gesundheitswesen einen der größten Posten im Staatshaushalt. In den vergangenen Jahren hat sein Volumen immer weiter zugenommen. Krankheit verursacht (Behandlungs-)Kosten und verhindert durch Minderung der Arbeitskraft die Produktionsleistung und damit letztlich die finanziellen Einnahmen des Staates. Gesundheit wird so zu einem wesentlichen **wirtschaftlichen** und **gesellschaftlichen Wert.**

Aber auch für das Individuum stellt sie als wichtige Voraussetzung der individuellen Arbeits- und Verdienstmöglichkeit, also im ökonomischen Sinn, ein **persönliches Kapital** dar. Die Einschätzung der Gesundheit erfolgt zunächst aus subjektiver Sicht, anhand von äußerlichen Merkmalen und bestimmten Fähigkeiten. Nach Freud ist gesund, wer „lieben, arbeiten und genießen" kann. Veränderungen in diesen Bereichen werden zumeist als Krankheit wahrgenommen, was zur ärztlichen Konsultation mit dem Versuch der Objektivierung des Gesundheitszustands führt.

3.1.3.2 Protektion, Resilienz, Salutogenese

Der Schutz oder die **Protektion** der Gesundheit ist entsprechend dem oben Gesagten sowohl ein gesellschaftliches als auch ein individuelles Anliegen, das durch zahlreiche Angebote der primären Prävention unterstützt wird, z. B. Sport, Ernährungsberatung, Stressreduktionsverfahren oder Informationskampagnen zu Nikotin, Alkohol, Drogen und nicht stoffgebundenen Süchten an Schulen. Für die Optimierung derartiger Maßnahmen ist es zum einen wichtig, zu verstehen, was krank macht bzw. wie Krankheit entsteht. Zum anderen interessiert sich die Forschung seit längerer Zeit auch für die Eigenschaften und Verhaltensweisen von Menschen, die trotz widriger Umstände und üblicherweise „kränkender" Einflüsse gesund bleiben.

Mit dem Begriff **Resilienz** beschreibt man eine Art seelischer Widerstandsfähigkeit. Sie beruht auf einem gesunden Selbstbewusstsein, positiven Erfahrungen von Selbstwirksamkeit sowie hilfreichen Sozialkontakten und verlässlichen Bindungen. In der möglichst frühzeitigen Stärkung dieser Faktoren (z. B. durch entsprechende Aufklärungs- und Unterstützungsangebote an junge Familien) liegt ein weiterer Schwerpunkt der primären Prävention.

Der amerikanisch-israelische Soziologe Aaron **Antonovsky** entwickelte in den 1970er-Jahren das Konzept der **Salutogenese,** der Glücks-, Heils- oder Gesundheitsentstehung, als Gegenentwurf zu der bis dahin üblichen pathogenetischen Sichtweise (► Kap. 1.1.1.1).

3.1.3.3 Gruppendruck, soziale Normen und Sanktionen bei gesundheitsrelevantem Verhalten

Am Thema Gesundheit und an einer Bewertung von eigenen und fremden Verhaltensweisen anhand der Kriterien „gesundheitsförderlich" oder „gesundheitsschädigend" führt in dieser Gesellschaft kein Weg vorbei. **Gesundheit** wird oftmals in einen Zusammenhang gebracht mit Vitalität, Attraktivität und mit einem gelingenden Leben, während sich in der **Krankheit** ein Fehlverhalten zu offenbaren scheint. In einer Zeit, in der man sich „gesund essen" und „gesund schlafen" kann, in der Sport- und Entspannungskurse durch die Krankenversicherungen unterstützt werden, in der es ein weitverbreitetes Wissen über die Gefahren einer zu kalorienreichen Ernährung gibt und in der jede Zigarettenschachtel vor den schädlichen Folgen des Tabakkonsums warnt, scheint es in erster Linie eine Frage des individuellen Wissens und Wollens und der Disziplin zu sein, ob ein Mensch erkrankt oder nicht.

Medien und Werbung haben unterschiedliche Strategien im Umgang mit dem Thema Gesundheit und formen so die öffentliche Meinung: Nahrungsmittel können „probiotisch" und „bei regelmäßigem Verzehr gesundheitsfördernd" sein oder aber „eine Sünde" darstellen, die man sich als grundsätzlich gesunder Mensch hin und wieder erlauben darf – beides dient dazu, Menschen zum Kauf dieser Produkte anzuregen.

Besonders deutlich wird der ambivalente Aspekt beim Thema Gesundheit im Umgang mit Alkohol und Nikotin: Im Wissen um das gesundheitsschädigende Potenzial dieser Substanzen werden sie mit Werten wie Freiheit, Attraktivität, Individualität, Coolness und Spaß assoziiert. Dies hat Auswirkungen auf das Image von gesundem Verhalten, das dann zuweilen als langweilig, anstrengend und lustfeindlich wahrgenommen wird. In diesem vermeintlichen Gegeneinander von Werten spielen die sozialen Normen innerhalb der **Peergroup,** also der Gruppe Gleichgestellter und Gleichaltriger, eine wichtige Rolle für die Entscheidungen und Handlungen des Individuums. Eine Abweichung von der Normalität innerhalb der Peergroup wird sanktioniert, möglicherweise durch den Ausschluss aus der Gemeinschaft. So mag es unter Schülern als cool und mutig oder lässig und chic gelten, Drogen zu konsumieren; häufig wird besonders unter Jugendlichen Trinkfestigkeit als Stärke gewertet, und es bringt Ehre und Anerkennung, bei Trinkspielen möglichst lange durchzuhalten. Wer sich davon – z. B. aufgrund gesundheitlicher Bedenken – distanziert, riskiert schnell, als „Spielverderber" oder „Langweiler" zum Außenseiter zu werden. In Präventionskampagnen, in denen es um den Verzicht auf Drogen oder den maßvollen Genuss von Alkohol geht, werden derartige Normen bewusst aufgegriffen und dekonstruiert (► Abb. 3.2).

Abb. 3.2 Foto aus der Kampagne „Kenn Dein Limit" der BZgA: „Anflirten oder Abstürzen?" [W233]

3.1.3.4 Adoleszenz als kritische Phase

Die Adoleszenz als Übergang zwischen Kindheit und Erwachsensein (lat. adolescere = heranwachsen) gilt gemeinhin als kritische Phase. Zwischen „nicht mehr" und „noch nicht" entsteht die Persönlichkeit, gilt es die Orientierung zu finden, Ziele zu entwickeln und zu verfolgen, Möglichkeiten und Grenzen zu erfahren, Selbstbewusstsein und ein geeignetes Weltbild aufzubauen. Die Loslösung von den Eltern geht in dieser Phase häufig mit einer Infragestellung des von ihnen gepflegten Lebensstils und der Schaffung konträrer Lebensentwürfe einher, die sich im Wesentlichen an den sozialen Normen der Peergroup orientieren. Bildlich gesprochen werden in dieser Zeit die Weichen gestellt und damit der „Lebensreise" die Richtung gegeben. Das Interesse der Außenwelt – Politik und Wirtschaft, Bildung und Medien, Kunst und Kultur, Meinungsbildner jeder Couleur –, hier Einfluss zu nehmen, ist verständlicherweise groß. Viele Präventionsprogramme richten sich deshalb auch explizit an Jugendliche.

3.1.3.5 Konzept des gesundheitsbezogenen Lebensstils

Zu einem gesundheitsbezogenen Lebensstil gehören neben gesunder **Ernährung,** regelmäßiger **Bewegung,** genügend **Schlaf** und dem **Verzicht** auf Drogen, Nikotin und übermäßigen Alkoholkonsum auch die Fähigkeiten der **Stressbewältigung** und **Emotionsregulation.** Ein davon abweichender ungesunder Lebensstil gilt als wichtigster vermeidbarer Risikofaktor für die Entstehung chronisch-degenerativer Krankheiten des Herz-Kreislauf-Systems und des Bewegungsapparats, aber auch von psychischen Störungen. Programme der Gesundheitsförderung und Primärprävention setzen gezielt und mittlerweile meist geschlechts- und altersspezifisch bei den genannten Lebensstilfaktoren an. Daneben entwickelt sich Gesundheitsbewusstsein zu einer Art Strukturmerkmal bestimmter Subkulturen wie z. B. dem Vegetarismus.

3.1.4 Sekundäre Prävention

Mit dem stetig wachsenden (molekular-)biologischen und medizinischen Wissen lassen sich immer häufiger Hinweise auf eine Erkrankung finden, lange bevor diese tatsächlich zum Ausbruch kommt. Die **Früherkennung** ermöglicht eine frühzeitige Behandlung bzw. die Durchführung von Maßnahmen, die den Krankheitsbeginn hinauszögern oder sogar ganz verhindern. Dies ist das Anliegen der sekundären Prävention.

3.1.4.1 Risiko- und Schutzfaktoren der Erkrankung – prädiktive Medizin

Risikofaktoren erhöhen die Wahrscheinlichkeit des Auftretens einer Erkrankung, **Schutzfaktoren** vermindern sie. So kennt man z. B. eine Reihe von Genen (z. B. Leptin-Gen, FTO, MC4R) die mit einer Neigung zu Übergewicht einhergehen, aber auch solche, die dem Abbau von Nervenzellen entgegenwirken. Die wichtigsten Risiko- und Schutzfaktoren für Bluthochdruck und Schlaganfall sind in ▸ Abb. 3.3 und ▸ Abb. 3.4 dargestellt.

Abb. 3.3 Risiko- und Schutzfaktoren für Bluthochdruck [J787]

Abb. 3.4 Risiko- und Schutzfaktoren für Schlaganfall [J787]

Klinik

Das Breast-Cancer-1-Gen (BRCA-1) gehört zu den sogenannten **Tumor-Suppressorgenen.** Das in ihm kodierte Protein ist an der Reparatur von DNA-Schäden beteiligt, die z. B. durch ionisierende Strahlung entstanden sind. Eine zum Funktionsverlust führende Mutation von BRCA-1 geht mit einem erhöhten Risiko für Brust-, Ovarial-, Dickdarm- und Prostatakrebs einher.

Als **psychosoziale Risikofaktoren** für das Auftreten von Erkrankungen gelten unter anderem eine mangelhafte soziale Integration, Armut, Arbeitslosigkeit, Verlusterlebnisse, erlernte Hilflosigkeit oder Depression. **Schutzfaktoren** sind z.B. eine gute soziale Integration, Selbstwirksamkeitserwartung und Optimismus.

Die prädiktive Medizin befasst sich mit der individuellen oder gruppenbezogenen Vorhersage von Erkrankungsrisiken auf der Grundlage genetischer Merkmale. Dabei wird ein **gesunder** Mensch auf die genetische Anlage für eine möglicherweise im Laufe seines Lebens auftretende Erkrankung hin untersucht. Die **Genotyp-Prävention** möchte die Weitergabe erblicher Erkrankungen, z.B. durch Familienberatung, Pränataldiagnostik und ggf. Schwangerschaftsabbruch verhindern. Bei der **Phänotyp-Prävention** geht es um den Schutz des Individuums vor dem Ausbruch der in ihm angelegten Erkrankung, z.B. durch Modifikation von Umweltfaktoren und Lebensstil. Insbesondere die Genotyp-Prävention fordert mit ihrer Nähe zur **Eugenik,** also der gezielten Erbgutverbesserung, zur ethischen Diskussion und gesetzlichen Regulation auf. In Deutschland gibt es entsprechend seit 2009 ein **Gendiagnostikgesetz** (GenDG – Gesetz über genetische Untersuchungen bei Menschen).

3.1.4.2 Diskrepanz zwischen Einstellung und Verhalten – Theorie der kognitiven Dissonanz

Zwischen der Einstellung, die ein Mensch zu einer bestimmten Sache hat und seinem Verhalten bestehen zuweilen auffällige Widersprüche. Wer „öffentlich Wasser predigt und heimlich Wein trinkt" wird der Heuchelei beschuldigt; oft beruht die Diskrepanz zwischen Reden und Handeln auf der Abwägung kurz- und langfristiger Ziele zugunsten Ersterer. Bei dem Versuch, Einstellung und Verhalten einander anzugleichen ist es oft leichter, die Einstellung zu verändern. Dies beschrieb bereits vor 2.600 Jahren der griechische Dichter Äsop in seiner Fabel vom Fuchs und den Weintrauben:

Ein Fuchs, der auf die Beute ging, fand einen Weinstock,
der voll schwerer Trauben an einer hohen Mauer hing.
Sie schienen ihm ein köstlich Ding, allein beschwerlich abzuklauben.
Er schlich umher, den nächsten Zugang auszuspähn.
Umsonst! Kein Sprung war abzusehn.
Sich selbst nicht vor dem Trupp der Vögel zu beschämen,
der auf den Bäumen saß, kehrt er sich um und spricht
und zieht dabei verächtlich das Gesicht: Was soll ich mir viel Mühe nehmen?
Sie sind ja herb und taugen nicht.

Aus den Fabeln von Äsop, ca. 600 vor Chr., hier in der Übersetzung durch Karl Wilhelm Ramler (1725–1798)

Als **kognitive Dissonanz** wird das unangenehme Gefühl bezeichnet, zwischen zwei unvereinbaren Gedanken, Gefühlen, Haltungen oder Wünschen zu stehen. Nach einer in den 1950er-Jahren von Leon **Festinger** aufgestellten Theorie kommt es in der Folge zu einem Spannungszustand, den es zu vermeiden oder aufzulösen gilt. Dies gelingt zunächst durch **selektive Wahrnehmung:** Menschen neigen dazu, besser wahrzunehmen oder höher zu bewerten, was zu ihrer Einstellung passt. Was nicht passt, wird übersehen oder entwertet. Erst wenn der **Dissonanzdruck** die individuelle Toleranzschwelle überschreitet, kommt es zu einer **Einstellungs- oder Verhaltensänderung.**

Im Rahmen der Krankheitsprävention sind oft grundlegende Veränderungen des Lebensstils notwendig, was aus genannten Gründen häufig mit deutlichen Widerständen einhergeht. Gut nachzuvollziehen ist dies z. B. im Gespräch mit Rauchern über die Gründe für eine Nikotinentwöhnung. Auch der von Ärzten zuweilen beklagten **Non-Compliance** (fehlende Kooperation und Therapietreue) ihrer chronisch kranken Patienten liegt meist eine kognitive Dissonanz zugrunde („Mein Großvater ist doch auch ohne Medikamente alt geworden").

3.1.4.3 Einsatz von Screening-Verfahren und Risikokommunikation

Ein wichtiges Mittel der sekundären Prävention sind **Screening-Verfahren,** mit deren Hilfe innerhalb ausgewählter Risikogruppen gezielt nach dem Vorkommen von **Risikofaktoren** gesucht werden kann. Um entsprechende Maßnahmen möglichst effizient durchzuführen, ist die Kenntnis bestimmter epidemiologischer und statistischer Parameter unerlässlich (▸ Tab. 3.1). Dazu zählen unter anderem:

- **Krankheitsprävalenz:** Wie viele Individuen einer bestimmten Population weisen eine bestimmte Erkrankung auf?
- **Spezifität** (Genauigkeit) eines Screening-Verfahrens: Wie sicher identifiziert der Test Gesunde als gesund?
- **Sensitivität** (Empfindlichkeit): Wie sicher erkennt der Test Kranke als krank?
- **Positiver Vorhersage- oder Prädiktionswert:** Mit welcher Wahrscheinlichkeit sind die vom Test als krank identifizierten Personen wirklich krank?
- **Negativer Vorhersage- oder Prädiktionswert:** Mit welcher Wahrscheinlichkeit sind die vom Test als gesund identifizierten Personen wirklich gesund?

Klinik

Von der gesetzlichen Krankenversicherung werden zur Früherkennung von Brustkrebs bei Frauen derzeit folgende Leistungen bezahlt: ab dem 30. Lebensjahr jährliche klinische Untersuchung (Abtasten) der Brüste und der Achselhöhlen sowie Anleitung zur Selbstuntersuchung. Zwischen dem 50. und 70. Lebensjahr zweijährliche Mammografie.

Bei der Kommunikation über die mit bestimmten Verhaltensweisen verknüpften Krankheitsrisiken geht es darum, alle Kenntnisse sachlich, klar und offen darzulegen und dabei auf **Angstappelle** zu verzichten. Statistische Begriffe wie **relative Risikoreduktion** oder **absolute Risikoreduktion** und die damit verbundenen Prozentzahlen treffen Aussagen, die der Patient zur Grundlage seiner oft weitreichenden, individuellen Entscheidungen machen muss. In der Interpretation statistischer Werte und der verständlichen Darstellung von Risiken und Konsequenzen liegt eine wichtige und verantwortungsvolle Aufgabe des Arztes.

Tab. 3.1 Vier-Felder-Tafel zur Veranschaulichung von Sensitivität, Spezifität, positivem und negativem Prädiktionswert

	Krank	Nicht krank	
Test positiv	A richtig positiv	B falsch positiv	positiv prädiktiver Wert: A/(A + B)
Test negativ	C falsch negativ	D richtig negativ	negativ prädiktiver Wert: D/(C + D)
	Sensitivität A/(A + C)	**Spezifität** D/(B + D)	

3.1.5 Tertiäre Prävention

Die tertiäre Prävention setzt ein, wenn die Erkrankung bereits ausgebrochen ist und dient dann der Verringerung oder Vermeidung von **Folgeschäden** und **Komplikationen.** Sie wendet sich somit in erster Linie an chronisch Kranke und Menschen mit angeborenen oder erworbenen Behinderungen.

3.1.5.1 Chronische Krankheit und Behinderung

Der altgriechische Begriff „Chrónos" bedeutet „Zeit" und so sind auch chronische Erkrankungen zunächst durch ihre lange Dauer gekennzeichnet. Häufig beruhen sie auf kaum beeinflussbaren **degenerativen Prozessen** und Störungen.

Einige verlaufen **schubweise** (chronisch-rezidivierend): nach Phasen der Stabilität, in denen keine oder nur eine geringe Krankheitssymptomatik besteht, kommt es zu einem erneuten Ausbruch der Beschwerden.

Andere sind charakterisiert durch ein **stetes Fortschreiten** der Symptomschwere (progredient).

Auch mit einer chronischen Erkrankung kann sich ein Mensch gesund fühlen, sofern es ihm gelingt, die Symptome auszugleichen bzw. zu kompensieren. Bei fortbestehendem subjektiven Krankheitsgefühl und Leiden spricht man von **dekompensierten** Verläufen.

Behinderung wird im **IX. Sozialgesetzbuch** wie folgt definiert:

„Menschen sind behindert, wenn ihre körperliche Funktion, geistige Fähigkeit oder seelische Gesundheit mit hoher Wahrscheinlichkeit länger als sechs Monate von dem für das Lebensalter typischen Zustand abweichen und daher ihre Teilhabe am Leben in der Gesellschaft beeinträchtigt ist."

Die WHO hat mit der **Internationalen Klassifikation der Funktionsfähigkeit, Behinderung und Gesundheit (ICF)** eine sprachliche und definitorische Grundlage für die Beschreibung des „funktionalen Gesundheitszustands" auf biopsychosozialer Ebene geschaffen. ► Abb. 3.5 zeigt die Faktoren, die dabei berücksichtigt werden.

Laut ICF ist ein Mensch – unter Berücksichtigung seines Lebenshintergrundes – dann **funktional gesund,** wenn:

- seine körperlichen, geistigen und seelischen **Funktionen** und seine **Körperstrukturen** allgemein anerkannten Normen entsprechen (Konzept der Körperfunktionen und -strukturen)
- er in seinen **Tätigkeiten** keine Nachteile oder Einschränkungen gegenüber Menschen ohne gesundheitliche Probleme hat (Konzept der Aktivitäten)
- er sich in allen **Lebensbereichen,** in denen er das möchte, genau so wie ein Mensch ohne gesundheitliche Probleme entfalten kann (Konzept der Teilhabe bzw. Partizipation).

Der jeweilige Lebenshintergrund bzw. die **Kontextfaktoren,** also die Gegebenheiten des Lebensumfelds und persönliche Eigenschaften, können sich unterstützend oder hinderlich auf die funktionale Gesundheit auswirken.

Ein Mensch mit einer chronischen Erkrankung, z. B. einem insulinpflichtigen Diabetes mellitus, kann durch eine gute **Compliance** (Therapietreue) funktional gesund sein: Die dem Bedarf angepasste Insulin-Substitution führt zum Erhalt der Körperfunktion. Dank eines flexiblen Applikationsverfahrens und einer guten Kenntnis von Erkrankung und Behandlung ist der Patient in der Lage, seine Tätigkeiten zu verrichten und mit der Berücksichtigung einiger individueller Bedürfnisse (Ernährung, Bewegung) in allen Lebensbereichen zu par-

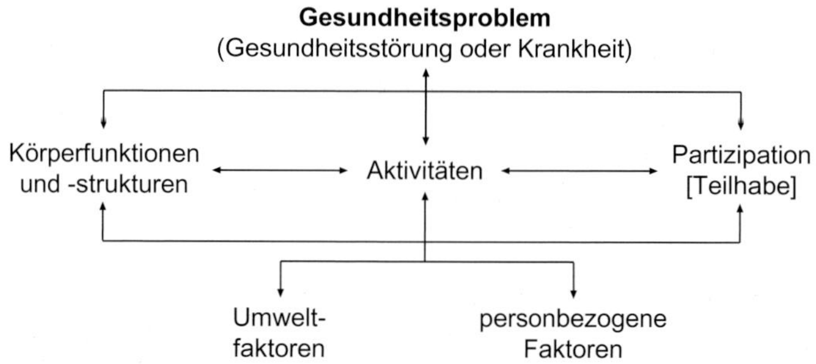

Abb. 3.5 Komponenten von Gesundheit und ihre Wechselwirkungen: International Classification of Functioning, Disability and Health (ICF), Modell der WHO [W798]

tizipieren. Denkbar ist aber auch ein Patient mit einem schlecht eingestellten Diabetes, bei dem die funktionale Gesundheit aus unterschiedlichen Gründen nicht gegeben ist.

Kommt es, z. B. infolge eines Unfalls, zu einer dauerhaften (Körper-)Behinderung, können **Umschulungsmaßnahmen** und die Einrichtung eines **behindertengerechten Arbeitsplatzes** die funktionale Gesundheit gemäß der oben genannten drei Kriterien wiederherstellen.

3.1.5.2 Personale Krankheitsbewältigung (Coping)

Wie ein Mensch mit Krankheit, Veränderungen, Belastungen, Stress usw. zurechtkommt, hängt weniger von diesen Faktoren an sich als von individuellen Eigenschaften der betroffenen Person ab. Für die Arten der Stress- oder Krankheitsbewältigung wurde der Begriffe **Coping** geprägt (engl. to cope = zurechtkommen, beherrschen, bewältigen). Der amerikanische Psychologie Richard S. **Lazarus** veröffentliche 1974 ein Modell, nach dem für eine Stressreaktion in erster Linie die subjektive Situationsbewertung durch die betroffene Person ausschlaggebend ist. Den **Bewertungsprozess** teilte Lazarus in drei Stufen ein:

- **Primäre Bewertung:** Einstufung der Situation als positiv, irrelevant oder „stressend"; „stressend" wird dann weiter bewertet als Herausforderung, Bedrohung oder Schädigung bzw. Verlust
- **Sekundäre Bewertung:** Einschätzung der persönlichen Ressourcen und Bewältigungsmöglichkeiten, Entwicklung von Coping-Strategien
- **Tertiäre Bewertung:** Evaluation und ggf. Anpassung der Erstbewertung und der Bewältigungsstrategie

Für das **Coping** unterschied Lazarus drei Formen:

- **Problemorientiert:** Dabei stehen Informationssuche über die Situation und Handlung im Vordergrund.
- **Emotionsorientiert:** Hier liegt der Schwerpunkt auf der Regulation der durch die Situation ausgelösten Gefühle.
- **Bewertungsorientiert:** Bei diesem kognitiven Ansatz wird die Situation (positiv) um- oder neubewertet, sodass z. B. ein Rückschlag als Herausforderung interpretiert wird.

Häufig werden die drei Coping-Strategien intuitiv

- **adaptiv,** also funktional, langfristig hilfreich, lösungsorientiert, oder
- **maladaptiv,** dysfunktional, nur kurzfristig wirksam, ablenkend und überdeckend, kombiniert.

Angelehnt an die **Trauerphasen** nach Elisabeth **Kübler-Ross** und Verena **Kast** kann man auch die Krankheitsbewältigung als einen stufenweisen Prozess beschreiben, der von der Verkündung der Diagnose bis zu deren Akzeptanz durch den Betroffenen reicht:

1. **Schock,** Verleugnung, Nicht-wahrhaben-Wollen: „Ich bin doch nicht krank! Da liegt eine Fehldiagnose vor."
2. **Aggression** und Widerstand: „Warum ausgerechnet ich?", „Die anderen sind schuld."
3. **Depression:** „Mit so einer schweren Krankheit hat das Leben doch keinen Sinn mehr."
4. **Verhandeln:** „Vielleicht finde ich doch noch irgendwo einen Experten, der mich heilt.", „Wenn ich von nun an alles richtig mache, muss die Krankheit doch wieder verschwinden."
5. **Akzeptanz:** „Ich habe eine chronische Erkrankung, aber ich kann damit umgehen."

Darin bildet sich das Konzept einer **Krankenkarriere** ab. Anders als die **Krankenrolle** stellt diese einen dynamischen Prozess dar, in dem Betroffene durch unterschiedliche Bewältigungsstrategien mehr oder weniger lange auf den genannten Stufen verweilen. Zu berücksichtigen sind dabei auch **psychosoziale Determinanten** wie Bildung, Arbeit, Sozialstatus, Lebensphase, soziales Netz und Umwelt-/Umfeldbedingungen.

Lerntipp

Das Coping-Modell von Lazarus wird häufig vom IMPP gefragt.

Danach erfolgt die Einschätzung von Stressoren auf verschiedenen Stufen der kognitiven Bewertung (Coping-Modell):

- Zur primären Stressbewertung zählt die Bewertung der Stressoren als irrelevant, günstig/positiv oder belastend/schädigend.
- Die sekundäre Bewertung beinhaltet die eigenen Möglichkeiten zur Bewältigung.
- Als Neubewertung bezeichnet man den Glauben, einen Stressor bewältigen zu können und die damit verbundene Bewertung desselben als weniger schlimm.

3.1.5.3 Interpersonelle Bewältigung

Der Mensch lässt sich grundsätzlich eingebunden in ein soziales Gefüge betrachten: Sein Wohlerge-

hen, seine Krankheit und sein Verhalten haben Auswirkungen auf das ihn umgebende System und vice versa.
Das Konzept der **interpersonellen** (zwischenmenschlichen) **Bewältigung** trägt diesem Wissen Rechnung, indem es das Umfeld des Kranken im Sinne einer sozialen Unterstützung in die Behandlung einbezieht. Als **primäres Hilfesystem** gelten dabei Familie, Freunde oder Kollegen, das **sekundäre Hilfesystem** besteht aus Gemeinde, Staat und Institutionen. Dabei spielen neben der **emotionalen Unterstützung** durch Zuneigung, Wertschätzung und (persönliche und soziale) Anerkennung auch **praktische Hilfen** (z. B. Verschreibung von Hilfsmitteln durch den Arzt, Hilfe bei der Lebensführung und im Haushalt, besondere institutionelle Unterstützungen vermittelt über den Schwerbehindertenausweis) und eine weitreichende **Informationsvermittlung** eine Rolle. Untersuchungen belegen, dass die Überlebenswahrscheinlichkeit, z. B. von Patienten nach einem Herzinfarkt höher ist, wenn sie über ein gutes soziales Netz verfügen.

3.1.5.4 Chronifizierung und Prävention

Von Chronifizierung spricht man, wenn eine Erkrankung oder ein Symptom dauerhaft vorliegen und mit den Mitteln der Akuttherapie kaum mehr beeinflusst werden können. Durch die Vielzahl der Betroffenen und die durch Arbeitsausfälle bedingten wirtschaftlichen Folgen liegt ein besonderer Schwerpunkt in der Erforschung und Behandlung **chronischer Schmerzsyndrome.**
Als wichtige Präventionsmaßnahme gilt z. B. eine konsequente Schmerzminimierung (Analgesie) im Zusammenhang mit operativen Eingriffen. Wissenschaftlich begründet wird dies mit der Hypothese eines **Schmerzgedächtnisses:** Sensible Nervenzellen erhöhen nach einer längeren oder stärkeren (Schmerz-)Reizung ihre Empfindlichkeit, was dazu führen kann, dass dann auch schwächere Impulse (Berührung, Wärme) als Schmerz wahrgenommen werden. Die Funktion von Schmerz als Warnung vor einer körperlichen Schädigung geht damit verloren.
Um gezielte Präventionsmaßnahmen ergreifen zu können, interessieren sich Mediziner für Faktoren, die eine Chronifizierung von Krankheitssymptomen begünstigen. Diese werden als **Yellow Flags** bezeichnet und sollten in der Anamneseerhebung besondere Berücksichtigung finden. Zu den „gelben Flaggen" gehören unter anderem:

- Familiäre/soziale Konflikte, Stress
- Unzufriedenheit/Überforderung am Arbeitsplatz, Mobbing, Rentenbegehren
- Psychische Vorerkrankungen wie Angststörung oder Depression
- Belastende Erlebnisse/körperliche oder psychische Traumata in der Vorgeschichte
- Frühere Episoden chronischer oder rezidivierender Schmerzen
- Passive, vermeidende, ängstliche Persönlichkeitsstruktur

Als wesentliche **iatrogene,** also von der ärztlichen Behandlung ausgehende Faktoren für eine Chronifizierung gesundheitlicher Beschwerden gelten:

- Missachtung multikausaler Zusammenhänge der Erkrankung/Vernachlässigung psychosozialer Bedingungen des Patienten
- Mängel in der Informationsvermittlung
- Überdiagnostik und -therapie
- (Medikamentöse) Fehlbehandlung

3.1.6 Rehabilitation

„Habilitation" bedeutet befähigen, geeignet machen. Rehabilitation hat die Wiederherstellung bestimmter Zustände und Fähigkeiten zum Ziel. Im deutschen Sozialrecht gilt der Grundsatz **Rehabilitation vor Rente,** worin sowohl persönlich-gesundheitliche als auch (volks-)wirtschaftliche Interessen zum Ausdruck kommen.
Unter **medizinischer Rehabilitation** versteht man alle Maßnahmen, die der Erhaltung oder Verbesserung des Gesundheitszustands dienen (z. B. nach Herzinfarkt, Krebserkrankung, Operation). Die **berufliche Rehabilitation** hat die Wiedereingliederung ins Arbeitsleben zum Ziel. Bei der **sozialen Rehabilitation** geht es um die Teilhabe am Leben in der Gemeinschaft und die Wiederherstellung oder den Erhalt eines möglichst selbstständigen Lebens.
Im neunten **Sozialgesetzbuch** (SGB IX) werden unter §26 die Leistungen zur medizinischen Rehabilitation aufgeführt (Quelle: http://www.sozialgesetzbuch-sgb.de/sgbix/26.html; letzter Zugriff 28.11.2013):

(1) Zur medizinischen Rehabilitation behinderter und von Behinderung bedrohter Menschen werden die erforderlichen Leistungen erbracht, um

1. ***Behinderungen** einschließlich chronischer Krankheiten abzuwenden, zu beseitigen, zu mindern, auszugleichen, eine Verschlimmerung zu verhüten oder*

2. ***Einschränkungen*** *der Erwerbsfähigkeit und Pflegebedürftigkeit zu vermeiden, zu überwinden, zu mindern, eine Verschlimmerung zu verhüten sowie den vorzeitigen Bezug von laufenden Sozialleistungen zu vermeiden oder laufende Sozialleistungen zu mindern.*

(2) Leistungen zur medizinischen Rehabilitation umfassen insbesondere

1. *Behandlung durch Ärzte, Zahnärzte und Angehörige anderer Heilberufe, soweit deren Leistungen unter ärztlicher Aufsicht oder auf ärztliche Anordnung ausgeführt werden, einschließlich der Anleitung, eigene Heilungskräfte zu entwickeln,*
2. *Früherkennung und Frühförderung behinderter und von Behinderung bedrohter Kinder,*
3. *Arznei- und Verbandmittel,*
4. *Heilmittel einschließlich physikalischer, Sprach- und Beschäftigungstherapie,*
5. *Psychotherapie als ärztliche und psychologische Behandlung,*
6. *Hilfsmittel,*
7. *Belastungserprobung und Arbeitstherapie.*

(3) Bestandteil der Leistungen nach Absatz 1 sind auch medizinische, psychologische und pädagogische Hilfen, soweit diese Leistungen im Einzelfall erforderlich sind, um die in Absatz 1 genannten Ziele zu erreichen oder zu sichern und Krankheitsfolgen zu vermeiden, zu überwinden, zu mindern oder ihre Verschlimmerung zu verhüten, insbesondere

1. *Hilfen zur Unterstützung bei der Krankheits- und Behinderungsverarbeitung,*
2. *Aktivierung von Selbsthilfepotentialen,*
3. *mit Zustimmung der Leistungsberechtigten Information und Beratung von Partnern und Angehörigen sowie von Vorgesetzten und Kollegen,*
4. *Vermittlung von Kontakten zu örtlichen Selbsthilfe- und Beratungsmöglichkeiten,*
5. *Hilfen zur seelischen Stabilisierung und zur Förderung der sozialen Kompetenz, unter anderem durch Training sozialer und kommunikativer Fähigkeiten und im Umgang mit Krisensituationen,*
6. *Training lebenspraktischer Fähigkeiten,*
7. *Anleitung und Motivation zur Inanspruchnahme von Leistungen der medizinischen Rehabilitation.*

3.1.6.1 Soziale Folgen chronischer Krankheit

Fallbeispiel

Frau L. ist Assistenzärztin in einer psychiatrischen Notaufnahme. Seit einem Angriff durch einen schwer alkoholisierten Patienten, bei dem sie einige Prellungen im Kopf- und Schulterbereich davontrug, leidet sie unter Schlafstörungen, Unruhe und flashbackartigen Erinnerungen an den Vorfall. Beim Verlassen ihrer Wohnung und in größeren Menschengruppen treten Ängste auf: Frau L. zittert, spürt starkes Herzklopfen und Übelkeit. Ihre Konzentrationsfähigkeit ist deutlich herabgesetzt. Mit der Zeit entwickelt sie zunehmend depressive Symptome. Auch sechs Wochen nach dem Ereignis ist sie noch krankgeschrieben. Die meiste Zeit des Tages verbringt sie zu Hause, ist müde und antriebslos, dabei innerlich unruhig. Aus ihrem Freundeskreis hat sie sich weitgehend zurückgezogen, wenn das Telefon klingelt, erschrickt sie und geht meistens nicht ran. Ihre Kollegen, die sie anfangs noch ermutigt haben, rasch zur Arbeit zurückzukehren, arrangieren sich nun mit dem dauerhaften Ausfall von Frau L. Diese erhält mittlerweile von ihrem Hausarzt ein schlafanstoßendes Antidepressivum und vereinbart nach weiteren zwei Wochen einen Gesprächstermin bei einer Psychotherapeutin. Mit der Diagnose einer akuten Belastungsreaktion wird sie aufgrund der anhaltenden depressiven Symptomatik mit zwischenzeitlich auftretenden Suizidgedanken zur Rehabilitation in eine psychotherapeutische Klinik eingewiesen. Nach einem sechswöchigen Aufenthalt dort geht es ihr deutlich besser. Die ambulante Verhaltenstherapie wird fortgeführt, während Frau L. eine berufliche Wiedereingliederung bei ihrem früheren Arbeitgeber beginnt, allerdings auf einer anderen Station.

Das Beispiel verdeutlicht auch bei einem guten Ausgang die Gefahr von mit der Chronifizierung einer Erkrankung einhergehender **Abwärtsmobilität** und **sozialem Ausschluss:** Während längerer Krankschreibung fällt der Patient aus dem sozialen Bezugssystem seiner Arbeit und es wird mit zunehmender Dauer immer schwieriger, den Wiedereinstieg zu finden. Auch in der Freizeitgestaltung kommt es zu Einschränkungen: Sowohl körperliche als auch psychische chronische Erkrankungen gehen meist mit einem deutlichen Rückgang der Aktivität einher, soziale Kontakte können nicht aufrechterhalten werden, der Bedarf an z. B. behindertengerechten Vorrichtungen, hochfrequenter ärztlicher Betreuung oder ständiger Unterstützung bedingt einen erheblichen Rückgang der Mobilität. Der Mangel an **äußeren Verstärkern** führt weiter in die Depression, den Rückzug und die Isolation. Schließlich kommt es aufgrund einer dauerhaften Arbeits- und Erwerbsunfähigkeit zur **Frühberentung.**

Ziel der **Rehabilitation** ist es, frühzeitig in diesen Verlauf einzugreifen und mittels medizinischer, beruflicher und sozialer Maßnahmen die Arbeitsfähigkeit wiederherzustellen.

3.1.6.2 Medizinische Rehabilitation, ambulante und stationäre Rehabilitation

Nicht nur aus wirtschaftlichen Gründen, sondern auch im Sinne der Mobilisierung und Eigenaktivität bzw. der Prävention einer Hospitalisierung gilt für Rehabilitationsmaßnahmen der Grundsatz: **ambulant vor stationär.** Ambulante Rehabehandlungen sollen möglichst wohnortnah durchgeführt werden. Der Patient sucht eine entsprechende Praxis oder Tagesklinik auf, nimmt an den dortigen Angeboten teil, wohnt aber weiterhin in seinem eigenen Zuhause. Bei Bedarf kann ein Fahrdienst eingerichtet werden, der den Patienten zur Rehabilitationseinrichtung und zurück bringt.
Reicht eine ambulante Maßnahme nicht aus, gibt es die Möglichkeit einer stationären Therapie in einem Krankenhaus oder einer Kurklinik. Kostenträger beider Formen sind entweder die Kranken- oder die Rentenversicherung.

3.1.6.3 Stigmatisierung

Stich, Brandmal, Wundmal oder Narbe – als Stigma wird ein (oftmals negativ bewertetes) Merkmal bezeichnet, mit dem eine Person von der Normalität abweicht. Stigmatisierung ist der Prozess des **Ausgrenzens** anhand von Zeichen der Andersartigkeit. Körperliche oder geistige Behinderung und Krankheit gehen häufig mit einer mehr oder weniger offensichtlichen und mehr oder weniger bewussten Stigmatisierung einher.
Mit dem Begriff der **primären Abweichung** bezeichnet man die auf der Erkrankung selbst beruhende Unterscheidung von der Norm. Die **sekundäre Abweichung** beruht auf den Erwartungen, Vorurteilen und Zuschreibungen der sozialen Umwelt („Wer krank ist, muss unter allen Umständen geschont werden und darf auf keinen Fall das Bett verlassen") und stellt zuweilen die gravierendere Behinderung für den Betroffenen dar.

3.1.6.4 Psychosoziale Einflüsse auf Krankheitsverlauf und Mortalität

Für den Krankheitsverlauf und die Sterblichkeit sind nicht allein die körperlich-biologischen Gegebenheiten entscheidend. Auch psychosoziale Faktoren wie Bildung, Beruf, Einkommen bzw. Vermögen, soziales Netz und die durch Lernen und Erfahrung geprägten Coping-Strategien haben einen Einfluss. Dieser ist allerdings schwer zu standardisieren und naturgemäß auch schwer zu beeinflussen. Die Studien zu diesem Thema liefern häufig Widersprüche und Ungenauigkeiten und lassen die Betrachtung von größeren gesellschaftlichen Zusammenhängen vermissen.
Welche Schlüsse sind aus der Erkenntnis zu ziehen, dass Erwachsene mit Haupt- oder Realschulabschluss häufiger einen Herzinfarkt erleiden als jene mit Abitur? Welcher therapeutische Ansatz ergibt sich aus der Feststellung, dass psychische Störungen häufiger bei Menschen mit niedrigem als bei Menschen mit hohem sozioökonomischen Status auftreten? Derartige Beobachtungen lassen sich schon im Kindes- und Jugendalter machen: So gibt es eine Korrelation zwischen dem Bildungsstand der Eltern und der Zahngesundheit der Kinder. Auch Übergewicht tritt häufiger in den sogenannten bildungsfernen Schichten auf. Allergien und Neurodermitis hingegen sind in Familien mit niedrigerem Bildungsgrad seltener anzutreffen.

3.1.6.5 Sozialberatung

Über die rein medizinischen und psychotherapeutischen Unterstützungsmöglichkeiten hinaus bietet die **Allgemeine Sozialberatung** (ASb), vermittelt durch kirchliche wie staatliche Wohlfahrtsverbände, ein breites Spektrum an Beratung und Hilfe an. In entsprechenden Beratungsstellen, aber auch online, stellen sich Sozialarbeiter und Sozialpädagogen kostenlos als Zuhörer und Koordinatoren im oft unübersichtlichen Feld sozialer Einrichtungen und Dienste zur Verfügung. Dabei geht es z. B. um Themen wie:

- Umgang mit einer durch chronische Krankheit veränderten familiären oder wirtschaftlichen Situation
- Unterstützung bei der Antragstellung in Ämtern und Behörden, Hilfe bei der Umsetzung von Rechtsansprüchen
- Beratung bezüglich finanzieller Beihilfen bei Arbeitslosigkeit oder Verschuldung
- Vermittlung an spezialisierte Beratungsstellen (Ehe-, Sucht-, Schuldenberatung etc.)
- Entwicklung von Kontaktstrukturen und sozialen Netzwerken
- Selbsthilfe und Angehörigenberatung im Zusammenhang mit (chronischen) Erkrankungen

3.2 Maßnahmen zur Förderung der Gesundheit

3.2.1 Gesundheitserziehung und Gesundheitsförderung

3.2.1.1 Gesundheitserziehung und Gesundheitsbildung

Der früher verbreitete, etwas autoritär anmutende Begriff der **Gesundheitserziehung** weicht heute zunehmend dem zeitgeistig angepassten Konzept der **Gesundheitsbildung.** Zielgruppe für die Vermittlung eines gesundheitsbewussten Lebensstils bzw. gesundheitsfördernder und krankheitsvermeidender Verhaltensweisen sind Menschen jeden Alters. Bereits in **Kindergarten** und Grundschule kommen die Prinzipien einer **gesunden Ernährung,** von ausreichender **Bewegung** und des ausgewogenen Verhältnisses von Aktivität und Entspannung zur Umsetzung und werden Grundkenntnisse zu Körper und Seele vermittelt. Auch Methoden der **Unfallverhütung** spielen früh eine wichtige Rolle. Im weiteren Verlauf der schulischen Ausbildung kommen **Sexualaufklärung** und **suchtpräventive Maßnahmen** hinzu. Wichtigste Träger der Gesundheitsbildung für Erwachsene sind die **Volkshochschulen.** Daneben engagieren sich – insbesondere mittels Aufklärungskampagnen (▸ Abb. 3.6) – die **Bundeszentrale für gesundheitliche Aufklärung** (BZgA) und die **Krankenkassen** (z. B. durch Kursangebote, finanzielle Anreize und Bonusprogramme). Um möglichst viele Menschen zu erreichen, werden alle Medien genutzt: So gibt es neben Büchern und Zeitschriften, Fernseh- und Radiosendungen, Messen und Vorträgen auch eine Vielzahl von Angeboten im Internet.

Neben der Schaffung von Anreizen für gesundheitsförderliches Verhalten greift die **Regierung** auch gezielt gegen gesundheitsschädliche Verhaltensweisen durch, indem sie z. B. die Werbung für Alkohol und Zigaretten reglementiert und den Verkauf dieser Genuss- und Suchtmittel an Kinder und Jugendliche untersagt.

Kinderärzten kommt im Rahmen der Kindervorsorgeuntersuchungen (U1 bis J1) die Aufgabe zu, über Schutzimpfungen zu informieren und diese durchzuführen.

3.2.1.2 Gesundheitsförderung in Organisationen

Der unter §20a des Sozialgesetzbuches (SGB V) angeführten **betrieblichen Gesundheitsförderung** (BGF) liegt die Erkenntnis zugrunde, dass ein Unternehmen auf Dauer nur Bestand haben kann, wenn es über mehrheitlich gesunde und motivierte Mitarbeiter verfügt. Leistungserbringer sind auch hier die Krankenkassen, die u. a. **Informations- und Schulungsmaßnahmen** anbieten und dabei sowohl auf gesundheitliche Aspekte des Arbeitsplatzes und der Arbeitsorganisation als

Abb. 3.6 Poster aus „Liebesorte" – eine Kampagne der BZgA für die Benutzung von Kondomen zur Prävention sexuell übertragbarer Erkrankungen [W233]

auch auf das **individuelle Gesundheitsverhalten** des einzelnen Arbeitnehmers eingehen. Die Gründe für Krankschreibungen und Arbeitsunfähigkeiten werden analysiert, Befragungen durchgeführt und – hierarchienübergreifend – unternehmensspezifische gesundheitsfördernde Maßnahmen entwickelt. Übergeordnete Themen sind Ernährung und Bewegung, Stressbewältigung, Sucht und Raucherentwöhnung. Mit dem Begriff der **Work-Life-Balance** kommen sowohl die klare Unterscheidung von Arbeit und Privatleben als auch das Bestreben, beide in ein gesundes Gleichgewicht zu bringen, zum Ausdruck.

3.2.1.3 Gesundheitsförderung in der Kommune

Die Idee der kommunalen Gesundheitsförderung beruht auf den Thesen der WHO, wie sie 1986 in der Ottawa-Charta beschrieben wurden. In diesem Zusammenhang wurde das European Healthy Cities Network gegründet, dem sich 1988 eine deutsche Sektion als **Gesunde-Städte-Netzwerk** anschloss. Dieses wird von den darin vertretenen Kommunen als „Lern-, Aktions- und Diskussionsinstrument" verstanden, mit dessen Know-how im Sinne der Gesundheitsförderung Einfluss auf Kommunalpolitik, Städteplanung und Sozialwesen genommen werden soll. Dadurch sollen auf kommunaler Ebene Rahmenbedingungen für eine möglichst hohe Eigenbeteiligung der Bürger an der Gestaltung ihrer Umwelt entstehen. Die Kriterien „gesund" und „nachhaltig" stehen dabei im Mittelpunkt. Kirchengemeinden oder Sportclubs, Beratungsstellen und Vereine bieten ihre Dienste gezielt auch sozial benachteiligten Familien an und tragen so zur kommunalen Gesundheits- und Bildungsförderung bei.

3.2.1.4 Strukturelle und personale Gesundheitsförderung

Die **strukturelle Gesundheitsförderung** schafft durch entsprechende Gesetzgebung die grundsätzlichen Bedingungen dafür, dass Menschen gesund leben können. Sie ist verhältnisorientiert. Beispiele sind ausgewogene Schul- und Betriebskantinenspeisung, gesetzliche Vorgabe von Erholungsurlaub, Zusetzung von Jod zum Speisesalz, Tabaksteuer und Rauchverbot in Gaststätten oder die Anschnallpflicht im Auto.

Die **personale Gesundheitsförderung** zielt dagegen auf individuelles Verhalten ab: Risiken sollen minimiert und Gesundheit gestärkt werden. Beispiele für solche Maßnahmen sind Werbung für die Nutzung von Kondomen zur Prävention von Geschlechtskrankheiten und AIDS oder der Anreiz per Bonusheft zur jährlichen zahnärztlichen Untersuchung.

3.2.1.5 Ethische und ökonomische Probleme der Prävention

Präventive Maßnahmen basieren auf statistischen Zusammenhängen und agieren somit anhand einer starken Vereinfachung der Wirklichkeit: Auch unter „gesunden" Bedingungen werden Menschen krank; nicht jeder Raucher bekommt Lungenkrebs und nicht jeder, der an Lungenkrebs erkrankt, ist Raucher. Impfgegner argumentieren mit einer möglichen Gesundheitsschädigung durch den Impfstoff. Eine präventive Medikation bei Gesunden erscheint zumindest fragwürdig.

Mit dem Konzept der „Number Needed to Treat" wird ausgedrückt, wie viele Menschen auch ohne persönlichen Nutzen an einer Screening- oder Behandlungsmaßnahme teilnehmen müssen, damit einer tatsächlich profitiert. Daraus kann geschlossen werden, ob sich die Maßnahme letztlich ökonomisch für die Gesamtgesellschaft lohnt. Unterschieden werden ein **bevölkerungs-** und ein **risikogruppenbezogener Präventionsansatz,** wohinter sich das Problem einer gerechten und wirtschaftlich sinnvollen Ressourcenverteilung verbirgt. Des Weiteren muss die mögliche Diskriminierung jener, die präventive Maßnahmen für sich ablehnen, als ethisches Problem berücksichtigt werden.

3.2.1.6 Entwicklungsbedarf präventiver Maßnahmen im Gesundheitssystem

Der Entwicklungsschwerpunkt hinsichtlich präventiver Maßnahmen liegt neben der inhaltlichen Vielfalt (Angebote für alle Altersgruppen, Berücksichtigung aller Bildungs- und Einkommensschichten, Erweiterung des Spektrums der erfassbaren Gesundheitsstörungen) zunehmend im Bereich der Qualitätssicherung und des **Qualitätsmanagements.** Dazu gehört auch die stärkere Verankerung des Themengebietes Prävention in die **medizinische Aus- und Weiterbildung** und in das Leitbild von Arztpraxen und Krankenhäusern.

3.2.2 Rehabilitation, Selbsthilfe und Pflege

3.2.2.1 Rehabilitationskonzepte und -einrichtungen

Ziel aller Rehabilitationsmaßnahmen ist es – im Sinne der tertiären Prävention –, die nachteiligen Folgen einer Krankheit zu minimieren, **Chronizität** und dauerhafte Behinderung zu vermeiden oder einzuschränken und die **Teilhabe** am Sozial- und Berufsleben zu ermöglichen. Dafür bestehen unterschiedliche Konzepte und Einrichtungen, die sich sowohl an der Frage der Effizienz und Praktikabilität als auch an psychodynamischen und sozialen Aspekten orientieren. Wichtig ist dabei die Balance zwischen notwendiger äußerer Unterstützung und eigenverantwortlicher Selbstständigkeit.

Stationäre Rehabilitationseinrichtungen bieten in diesem Sinne das höchste Maß an Hilfe bei geringstem Grad an Autonomie. Sie nehmen die Patienten meist unmittelbar im Anschluss an eine stationäre Akuttherapie auf (z. B. nach Operation, Alkoholentgiftung). Daneben gibt es ein breites Angebot **teilstationärer** (z. B. Tages- oder Nachtklinik) und **ambulanter** (z. B. Physiotherapie, Psychotherapie) Einrichtungen, die eine schrittweise Wiedereingliederung in das soziale und berufliche Umfeld ermöglichen.

Das Prinzip der **gemeindenahen Versorgung** spielt insbesondere im Bereich der Psychiatrie eine wichtige Rolle: mithilfe dezentraler **Wohngruppen,** Beratungsstellen, Tagesstätten und durch spezielle **psychiatrische Pflegedienste** soll die **soziale Desintegration** der Betroffenen aus dem gewohnten Umfeld verhindert werden. Die Sektorisierung des Versorgungsauftrags großer Kliniken fördert dabei die stationäre Behandlungskontinuität.

Besonders umfangreich ist der Rehabilitationsplan innerhalb der **Suchttherapie:** Nach Abschluss der körperlichen Entgiftung erfolgt eine Vorsorgemaßnahme, an die sich die Entwöhnungsbehandlung anschließt. Die darauf folgende Nachsorge beinhaltet zumeist die berufliche Wiedereingliederung. Insgesamt kann diese Art der Rehabilitation mehr als ein Jahr in Anspruch nehmen, wobei für jeden Abschnitt stationäre und ambulante Einrichtungen zur Verfügung stehen.

Ziel **kommunaler Gesundheits- und Pflegekonferenzen** ist es, die gesundheitliche, pflegerische und soziale Versorgung der Bevölkerung sicherzustellen, immer unter Berücksichtigung von Wirtschaftlichkeit, Gerechtigkeit und Qualität. Sie fungieren als Kommunikations- und Koordinationsstelle der beteiligten Institutionen.

3.2.2.2 Beratungsangebote an chronisch Kranke

Ein gelingendes **Selbstmanagement** im Umgang mit einer womöglich lebenslang bestehenden Krankheit oder Behinderung bringt dem Betroffenen Lebensqualität und Autonomie und entlastet das medizinische und soziale Hilfesystem. Insbesondere der **Hausarzt** und der **öffentliche Gesundheitsdienst** spielen dabei eine wichtige Rolle als Gegenüber und Begleiter für einen Patienten, der sukzessive zum eigentlichen „Experten seiner Krankheit" wird.

Beratung und Behandlung umfassen dann vor allem Begleitstörungen, Orientierung im oft unübersichtlichen Feld der (behördlichen) Unterstützungsangebote und Motivation zur Selbsthilfe. Mit dem Begriff des **Case-Managements** wird ein Ideal beschrieben, demzufolge eine Person (z. B. Sozialarbeiter, Pfleger) dem Patienten als Koordinator

Abb. 3.7 Beispiel für eine Kampagne der Deutschen AIDS-Hilfe [W244]

innerhalb des gesamten Gesundheits- und Sozialsystems zur Verfügung steht und so eine optimale Nutzung aller Möglichkeiten gewährleisten soll. Wichtiges Beispiel für eine umfassende Beratungsstelle ist die **Deutsche AIDS-Hilfe** (► Abb. 3.7). Sie wurde 1983 in Berlin gegründet und betreibt mittlerweile Beratungsstellen im gesamten Bundesgebiet. Neben Aufklärung und Prävention geht es dem Verein insbesondere um die Beratung und Unterstützung HIV-positiver Personen und ihrer Angehörigen.

3.2.2.3 Selbsthilfegruppen und -einrichtungen

Die große Bedeutung von Selbsthilfegruppen im Versorgungssystem chronisch Kranker wird nicht zuletzt daran deutlich, dass das Fünfte Sozialgesetzbuch (SGB V) deren Förderung durch die Krankenversicherungen vorschreibt, zumindest bei bestimmten Krankheitsbildern. Zuweilen wird Selbsthilfe auch als „Vierte Säule" des Gesundheitswesens bezeichnet.

In Selbsthilfegruppen schließen sich Menschen zusammen, die an einer bestimmten Krankheit oder unter einer schwierigen Lebenssituationen leiden. Die Gruppe dient dem **Austausch** und der **Informationsvermittlung** sowie der emotionalen und praktischen **Unterstützung** der Mitglieder. Viele Gruppen leisten zudem **Aufklärungsarbeit** in der Öffentlichkeit und engagieren sich in der Politik als **Interessenvertreter** der Patienten. Neben den regelmäßigen Gruppentreffen bieten immer mehr Selbsthilfevereine auch Beistand und Beratung per Internet an. Hinsichtlich Struktur und Offenheit weisen die über 70.000 Gruppen in Deutschland deutliche Unterschiede auf: Während die Mehrheit ausschließlich Betroffene aufnimmt, greift ein Teil auch auf die Beteiligung oder die Anleitung professioneller Therapeuten zurück. Zudem lassen sich umfassend organisierte **formelle** von eher lose verbundenen **informellen Gruppen** unterscheiden.

Zu den bekanntesten Selbsthilfegruppen innerhalb des Suchthilfesystems gehören die weltweit verbreiteten **Anonymen Alkoholiker** (AA). Anhand von zwölf Schritten und zwölf Traditionen entwerfen sie ein Gemeinschaftskonzept, das unter Anerkennung des Krankheitscharakters der Sucht ein alkoholabstinentes Leben anstrebt. In der Präambel ihrer Satzung heißt es:

„Anonyme Alkoholiker sind eine Gemeinschaft von Männern und Frauen, die miteinander ihre Erfahrung, Kraft und Hoffnung teilen, um ihr gemeinsames Problem zu lösen und anderen zur Genesung vom Alkoholismus zu verhelfen.
Die einzige Voraussetzung für die Zugehörigkeit ist der Wunsch, mit dem Trinken aufzuhören.
Die Gemeinschaft kennt keine Mitgliedsbeiträge oder Gebühren, sie erhält sich durch eigene Spenden.
Die Gemeinschaft AA ist mit keiner Sekte, Konfession, Partei, Organisation oder Institution verbunden; sie will sich weder an öffentlichen Debatten beteiligen, noch zu irgendwelchen Streitfragen Stellung nehmen.
Unser Hauptzweck ist, nüchtern zu bleiben und anderen Alkoholikern zur Nüchternheit zu verhelfen."

(Quelle: http://www.anonyme-alkoholiker.de)

3.2.2.4 Pflegeversicherung und Pflegeeinrichtungen

Die **Sozialversicherung** ruht auf fünf Säulen: Kranken-, Unfall-, Renten- und Arbeitslosenversicherung und, als jüngste Säule, die **Pflegeversicherung.** Letztere trägt dem Risiko der Pflegebedürftigkeit Rechnung und erbringt nach Bedarfsprüfung Geld- und Sachleistungen. Dazu gehören z. B. Pflegedienste, Pflegehilfsmittel, Schulung pflegender Angehöriger und Pflegegeldzahlungen.

Grundsätzlich gilt:

- Rehabilitation geht vor Pflege
- Ambulante geht vor teilstationärer oder stationärer Pflege

Merke

In Deutschland gibt es ca. 2,2 Millionen Menschen mit festgestellter Pflegebedürftigkeit, von denen 1,5 Millionen zu Hause und 700.000 in Pflegeheimen betreut werden.

Die **ambulante Pflege** wird im Wesentlichen durch **Sozialstationen** bzw. Pflegedienste geleistet, deren Mitarbeiter den Klienten zuhause aufsuchen und z. B. bei der Körperpflege, dem An- und Auskleiden oder der Medikamenteneinnahme unterstützen. Reicht diese häusliche Pflege nicht aus, gibt es die Möglichkeit der **teilstationären oder stationären Pflege in Heimen.** Dies kann eine vorübergehende (Kurzzeitpflege), aber auch langfristige Einrichtung sein. In **Hospizen** wird schwer Kranken und Sterbenden palliative Pflege angeboten, die nicht auf Heilung, sondern auf Beschwerdelinderung ausgerichtet ist. Die Pflegeversicherung übernimmt in diesen Fällen die Kosten der Grund- und Behandlungspflege sowie der hauswirtschaftlichen Versorgung. Für Unterkunft und Ernährung muss der Betroffene selbst zahlen.

Merke

Grundpflege umfasst Körperpflege, Ernährung und Mobilität.
Zur **Behandlungspflege** gehören alle medizinisch-pflegerischen Leistungen (z. B. Wundversorgung, Infusionen, Medikamentengabe).

3.2.2.5 Beurteilung der Pflegebedürftigkeit, Pflegequalität

Die **Pflegebedürftigkeit** wird üblicherweise durch einen Gutachter des Medizinischen Dienstes der Krankenkassen (MDK) festgestellt und anhand von drei Schweregraden klassifiziert. Diese haben unmittelbar Einfluss auf die Höhe der Versicherungsleistungen.

- **Pflegestufe 1:** erhebliche Pflegebedürftigkeit, täglicher Hilfebedarf mindestens 90 Minuten, davon 45 Minuten für die Grundpflege; mehrfach wöchentlich Unterstützungsbedarf bei der Hauswirtschaft
- **Pflegestufe 2:** schwere Pflegebedürftigkeit, mindestens dreimal täglich Hilfebedarf von insgesamt mindestens 180 Minuten Dauer, davon 120 Minuten für die Grundpflege, mehrfach wöchentlich Unterstützungsbedarf bei der Hauswirtschaft
- **Pflegestufe 3:** schwerste Pflegebedürftigkeit, täglicher Hilfebedarf mindestens 300 Minuten, davon 240 Minuten für die Grundpflege, welche auch nachts geleistet werden muss, mehrfach wöchentlich Unterstützungsbedarf bei der Hauswirtschaft

Seit 2008 werden mit der **Pflegestufe 0** auch jene Menschen berücksichtigt, die zwar, z. B. aufgrund einer Demenz, in ihren Alltagskompetenzen erheblich eingeschränkt sind und denen eine prinzipielle Heimbedürftigkeit zugeschrieben werden kann, die aber noch nicht die Voraussetzungen für die Pflegestufe 1 erreichen.

Für die Verrichtung der Pflege ist ein **zeitlicher Rahmen** gesetzt, dessen Überschreitung zu Lasten des Pflegedienstes geht, was z. T. einen erheblichen Druck auf die Pflegekräfte ausübt. In ▸ Tab. 3.2 sind einige der Zeitvorgaben aufgeführt.

Der **Medizinische Dienst der Krankenkassen** (MDK) überprüft jährlich auf der Grundlage des **Pflegeversicherungsgesetzes** die **Pflegequalität,** sowohl in stationären als auch in ambulanten Einrichtungen. Die Ergebnisse werden nach der Prüfung im Internet und in der Einrichtung selbst veröffentlicht. Folgende Kriterien werden u. a. beurteilt:

- Wie ist der Pflegezustand des Klienten?
- Werden die vereinbarten Leistungen erbracht?
- Erfolgt eine fachgerechte Versorgung bei Inkontinenz?
- Werden ärztliche Anordnungen zutreffend erfüllt?
- Werden Hygieneregeln eingehalten?
- Wird der Klient über die Eigenbeteiligung an den Pflegekosten aufgeklärt?
- Werden in der Pflegeeinrichtung freiheitseinschränkende Maßnahmen durchgeführt und sind diese innerhalb des gesetzlichen Rahmens?
- Werden regelmäßige Weiterbildungen für alle Mitarbeiter durchgeführt?

Tab. 3.2 Orientierungswerte zur Pflegezeitbemessung

Anwendung	Zeit (min)
Ganzkörperwäsche	20–25
Duschen	15–20
Baden	20–25
Zahnpflege	5
Kämmen	1–3
Rasieren	5–10
Hilfe beim Wasserlassen	2–3
Hilfe beim Stuhlgang	3–6
Hilfe bei der Nahrungsaufnahme	15–20
Aufstehen/zu Bett gehen	1–2
Ankleiden	8–10
Auskleiden	4–6

Quelle: http://www.pflegestufe.info/

3.2.2.6 Psychosoziale Belastungen der Pflege

Mitarbeiter in Pflegeberufen sind oft hohen psychosozialen und körperlichen Belastungen ausgesetzt, was sich nicht zuletzt in überdurchschnittlich häufigen Krankmeldungen, Burnout und Arbeitsplatzwechseln zeigt. Allenthalben ist vom „Pflegenotstand" die Rede, der sich vor allem in einem Mangel an gut ausgebildeten Pflegekräften äußert. In Deutschland rekrutiert sich ein Großteil der Mitarbeiter in Alten- und Pflegeheimen und in der ambulanten Krankenpflege mittlerweile aus dem, insbesondere osteuropäischen, Ausland.

Zu den wichtigsten **Belastungsfaktoren** gehören:

- Mehrarbeit für den Einzelnen durch personelle Unterbesetzung und Sparzwänge bei der Ausstattung, hoher Zeitdruck und mangelnde persönliche Entfaltungsmöglichkeit
- Mängel bei der Personalführung (z.B. durch mangelhafte Ausbildung, fehlende Sachlichkeit, unzureichende Qualitätsstandards und Leitbilder usw.)
- Arbeit im Schichtsystem
- Erhöhter Aufwand bei Pflegedokumentation und Verwaltung
- Unzureichende persönliche und finanzielle Anerkennung
- Konflikte mit Klienten und deren Angehörigen bis hin zu Aggression und Gewalt

Pflegende Angehörige sind in ihrer Doppelrolle oft hohen psychischen Belastungen ausgesetzt. Insbesondere die Pflege Demenzkranker stellt eine große Herausforderung dar. Beidseitige Schuld- und Schamgefühle, Trauer und Wut, Schwierigkeiten in der Regulation von Nähe und Distanz, fehlende pflegerische Ausbildung, Überforderung durch zusätzliche berufliche und private Verpflichtungen, Zuspitzung vorbestehender familiärer Konflikte, finanzielle Schwierigkeiten und das Gefühl mangelnder Unterstützung sind nur einige Beispiele für die Belastungen, denen sich pflegende Angehörige ausgesetzt sehen.

Literatur

Ajzen I., Fishbein M. Understanding attitudes and predicting social behavior. NJ: Prentice Hall, 1980.

Ajzen I. From intentions to actions: a theory of planned behavior. In: Kuhl J., Beckmann J., (eds.). Action control: from cognition to behavior. Göttingen: Hogrefe & Huber, 1985. p. 11–39.

Davison, M. (Hrsg.) Klinische Psychologie. 7. A. Basel: Beltz PVU, 2007.

Eysenck H. J. The structure of human personality. London: Methuen, 1970.

Eysenck H. J., Eysenck M. W. Personality and individual differences: a natural science approach. New York: Plenum Press, 1985.

Eysenck H. J., Eysenck M. W. Persönlichkeit und Individualität. Ein naturwissenschaftliches Paradigma. PVU, Weinheim: Beltz/PVU, 1987.

Eysenck H. J., Eysenck S. B. G. Manual of the Eysenck personality (junior and adult). Kent, UK: Hodder & Stoughton, 1975.

Faller H., Lang H. Medizinische Psychologie und Soziologie. 3. A. Heidelberg: Springer, 2010.

Fritz S., Grosenbach J. Mosby's essential sciences for therapeutic massage. Philadelphia: Elsevier/Mosby, 2009.

Henry, J. P. The relation of social to biological processes in disease. Social Science and Medicine. 1982; 16: 369–380.

Henry J. P. Mechanisms by which stress can lead to coronary heart disease. Postgraduate Medical Journal. 1986; 62: 687–693.

Henry J. P. Neuroendocrine patterns of emotional response. In: Plutchik R., Kellerman S. (eds.). Emotion: theory, research, and experiences, vol. 3. San Diego: Academic Press, 1986; 37–60.

Henry J. P. Psychological and physiological responses to stress: the right hemisphere and the hypothalamo-pituitary-adrenal axis, an inquiry into problems of human bonding. Acta Physiol Scan Supp. 1997; 640: 10–25.

Henry J. P., Stephens, P. M. Stress, health, and the social environment. Berlin: Springer, 1977.

Herpertz S. C., Caspar F., Mundt Ch. (Hrsg.). Störungsorientierte Psychotherapie. München: Elsevier/Urban&Fischer, 2008.

Levelt W. Speaking: From intention to articulation. MIT Press, Cambridge Mass, 1989.

Levelt W. Lexical access in speech production. Blackwell, Cambridge Mass, 1993.

Levelt W. Formal grammars in linguistics and psycholinguistics (Nachdr. d. Ausg.: The Hague: Mouton 1994 in 3 Bd.). Amsterdam: Benjamins, 2008.

Levelt W. An introduction to the theory of formal languages and automata. Amsterdam: Benjamins, 2008.

Maslow A. H. A theory of human motivation. Psychol Rev. 1943; 50(4) Jul: 370–396.

Maslow A. H. Motivation and personality. New York: Harper & Row, 1954.

Maslow A. H. Farther reaches of human nature (posthum veröffentlicht). New York: Viking Press, 1971.

Payk T. R. Das Böse in uns. Über die Ursachen von Mord, Terror und Gewalt. Düsseldorf: Pathmos, 2008.

Rothgangel S. Kurzlehrbuch Medizinische Psychologie und Soziologie. 2. A. Stuttgart: Thieme, 2010.

Schwarzer R. Psychologie des Gesundheitsverhaltens: Einführung in die Gesundheitspsychologie. 3. überarb. u. erw. A. Göttingen: Hogrefe, 2004.

Selye H. A syndrome produced by diverse nocuous agents. Nature. 1936; 138(4) Jul: 32.

Selye H. The physiology and pathology of exposure to STRESS. ACTA Medical Publishers, 1950.

Selye H. Einführung in die Lehre vom Adaptationssyndrom. Stuttgart: Thieme 1953.

Selye H. Elektrolyte, Stress und Herznekrose. Basel: Schwabe, 1960.

Selye H. Stress beherrscht unser Leben. München: Heyne, 1991.

Trepel M. Neuroanatomie. 5. A. München: Elsevier/Urban&Fischer, 2011.

Waugh N. C., Norman D. A. Primary Memory. Psychol Rev. 1965; 72(2) March: 89–104.

Internet-Links

(letzter Zugriff: 29.11.2013)

http://www.psychology48.com/deu/d/kognition/kognition.htm

http://www.ruhr-uni-bochum.de/biopsyseminare/data/studentenprojekte/seminar-lernen_ws0102/Wissenserwerb_0701/Katharina/Uni/Wissenserwerb.htm

http://www.rki.de/DE/Content/Gesundheitsmonitoring/Gesundheitsberichterstattung/GBEDownloadsT/migration.pdf?__blob=publicationFile

http://lexikon.stangl.eu/530/assimilation/

http://arbeitsblaetter.stangl-taller.at/BERUFSFINDUNG/Berufliche-Sozialisation.shtml

http://www.bundesaerztekammer.de/page.asp?his=1.100.1143#B41

http://www.kbv.de/koop/8791.html

http://flexikon.doccheck.com/de/Arztrolle_nach_Parsons

http://www.vsp-net.de/html/download/bwf-doku/Kraenkungsverarbeitung_von_Helfern.pdf

http://www.icd-code.de/icd/code/ICD-10-GM-2013.html

http://www.who.int/en/

http://www.wikipedia.de/

Register

H

T